Paris
1892

Geddes, P.

L'évolution du sexe

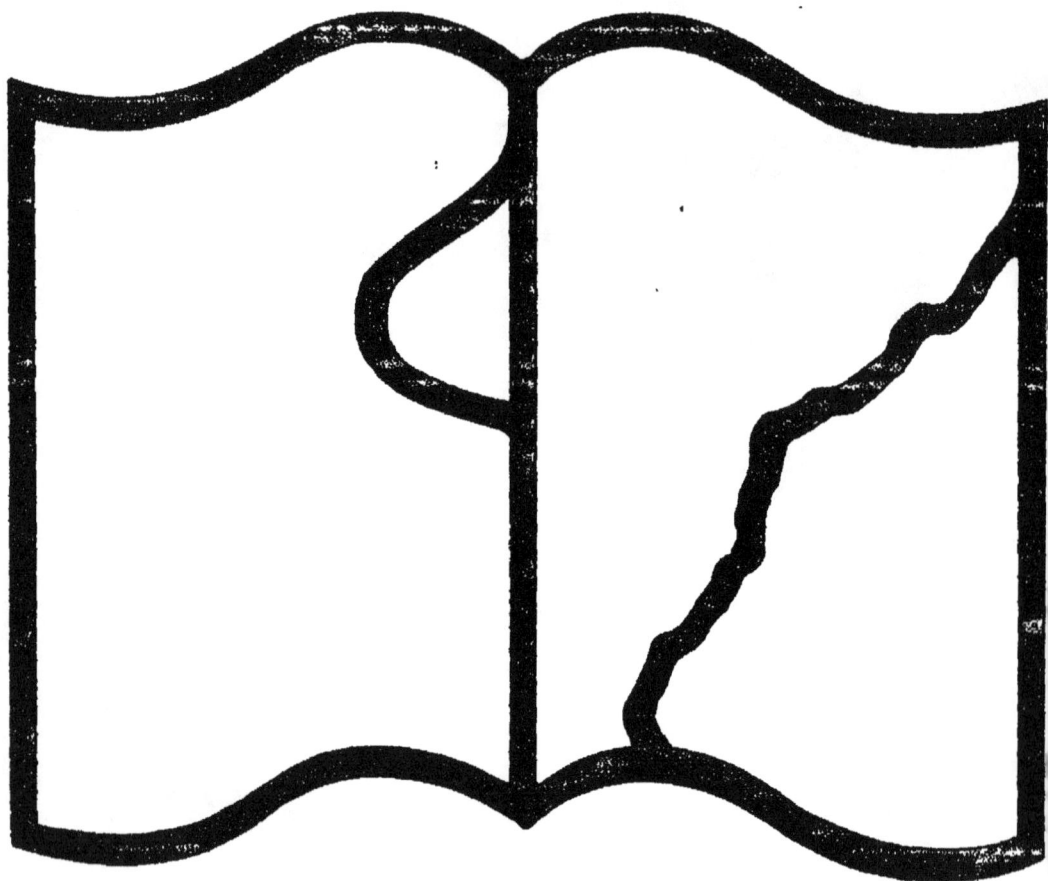

Symbole applicable
pour tout, ou partie
des documents microfilmés

Texte détérioré — reliure défectueuse

NF Z 43-120-11

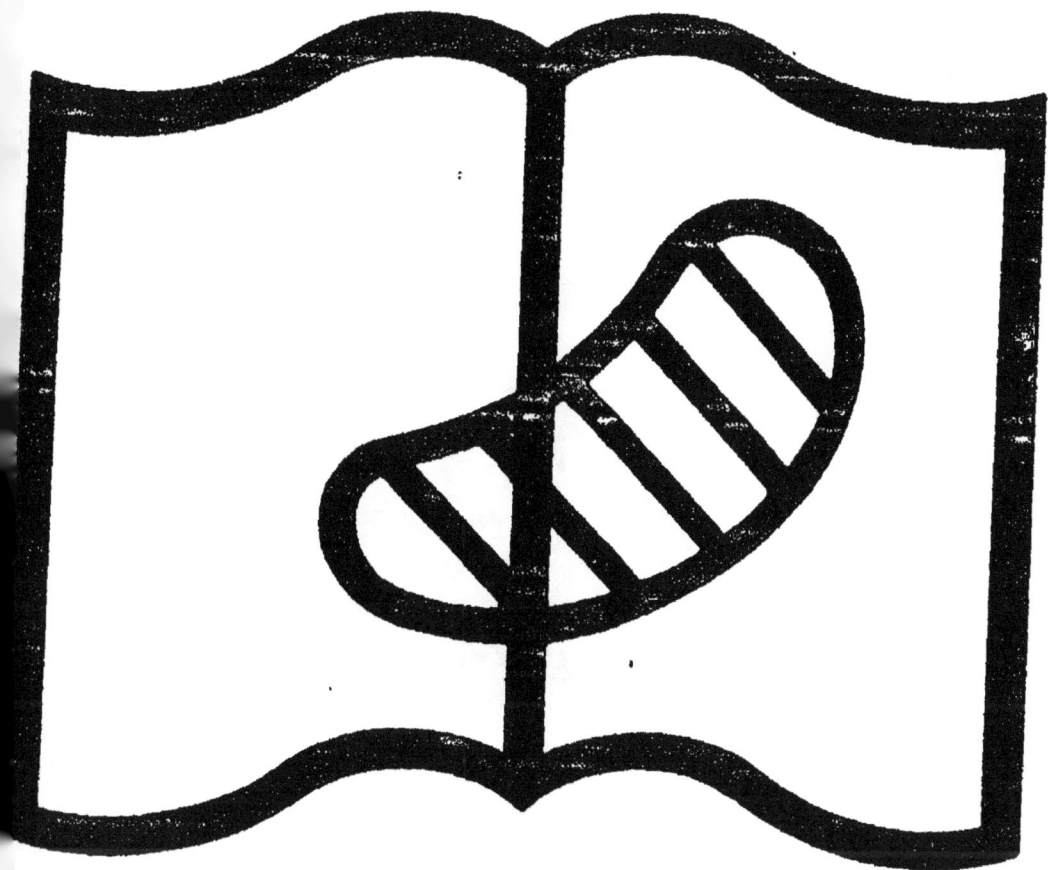

Symbole applicable
pour tout, ou partie
des documents microfilmés

Original illisible

NF Z 43-120-10

BIBLIOTHÈQUE ÉVOLUTIONISTE

PUBLIÉE SOUS LA DIRECTION DE

HENRY DE VARIGNY

III

L'ÉVOLUTION DU SEXE

BIBLIOTHÈQUE ÉVOLUTIONISTE

III

L'ÉVOLUTION DU SEXE.

PAR

P. GEDDES.

PROFESSEUR A L'UNIVERSITÉ DE DUNDEE

ET

J. ARTHUR THOMSON

TRADUCTION FRANÇAISE, AVEC FIGURES,

PAR

HENRY DE VARIGNY

Docteur ès-Sciences,
Membre de la Société de Biologie

PARIS

Vᵉ BABÉ ET Cⁱᵉ, LIBRAIRES-ÉDITEURS

23, PLACE DE L'ÉCOLE-DE-MÉDECINE, 23

1892

PRÉFACE

Au cours de la préparation de résumés critiques, tels que les articles « Reproduction » ou « Sexe », qu'un de nous a publiés dans l'*Encyclopædia Britannica*, et de l'exposé des progrès récents que l'autre publie chaque année dans le *Zoological Record*, nous avons, naturellement, accumulé une masse considérable de matériaux pour une théorie générale de ce sujet; mais, de plus, nous avons été amenés à considérer sous un point de vue nouveau et tout à fait en dehors des opinions reçues, les questions générales de la biologie, en particulier celle des facteurs de l'évolution organique. D'où il suit que ce petit livre a la tâche difficile d'appeler la critique du biologiste, bien que s'adressant d'abord au lecteur en général, ou au commençant. Le spécialiste ne doit, par conséquent, pas s'attendre à ce que nous ayons épuisé le sujet, malgré beaucoup de petit caractère et de bibliographie que d'autres lecteurs (à cause desquels nous avons évité, autant que pos-

sible, les discussions techniques) seront libres de
laisser de côté.

Notre but principal a été, premièrement, de présenter des processus principaux destinés à la continuation de la vie organique une esquisse aussi
complète que le rend possible l'état de nos connaissances, et, en second lieu, d'indiquer la voie à l'interprétation de ces processus dans les termes biologiques ultimes auxquels les physiologistes atteignent
déjà, en ce qui regarde les fonctions de la vie individuelle: ceux des changements constructif et destructif (anabolisme et catabolisme) de la matière
vivante, ou du protoplasme.

Mais, tandis que les livres I et II sont ainsi les plus
importants, et que certains chapitres, tels que ceux
sur l'Hermaphrodisme, la Parthénogénèse, et l'Alternance des Générations, n'ont qu'un intérêt secondaire, d'une nature toute technique, on verra que
notre sujet, en général, soulève presque toutes les
questions les plus brûlantes de la biologie. C'est
ainsi, par exemple, que nous donnons une discussion
et une critique des théories du professeur Weismann,
théories qui récemment présentées aux lecteurs
français [1], ont éveillé un intérêt si général. La discussion de la théorie de Darwin, à propos de la Sélection Sexuelle, est à la fois moins technique, et, par
suite, plus facile à comprendre, et, à quelques égards,
présente des conséquences encore plus vastes, telle

1. *Essais sur l'Hérédité*, traduction Henry de Varigny, Paris,
Reinwald, 1892.

qu'elle vient de se rouvrir par la contribution à la
littérature biologique que nous devons à M. Alfred
Russel-Wallace [1].

Après être entré, dès le début du volume, au
cœur de cette controverse, nous avons essayé, dans
la suite, de montrer que la théorie des processus
relatifs à la conservation de l'espèce conduit nécessairement à un changement profond dans nos vues
concernant son origine, bien que les vastes problèmes ainsi soulevés doivent nécessairement être examinés, séparément, d'une façon plus complète. Il
est juste, cependant, de dire que le nouvel énoncé
de la théorie de l'évolution organique auquel nous
essayons de préparer le lecteur (théorie de la variation définie, et non pas indéfinie, avec le progrès
et la survivance produits essentiellement par la subordination de la lutte et du développement individuels aux fins conservant l'espèce), nous amène à
nous faire franchement endosser la responsabilité
de la vulgarisation d'un champ de connaissances
naturelles dont beaucoup de raisons superficielles
pourraient nous écarter, et que la science et l'ignorance conspirent si communément à nous cacher.
Car si non seulement la dégénérescence extrême,
mais aussi le progrès le plus élevé et la floraison de
la vie sous toutes ses formes, — homme, bête ou
fleur, — sont manifestement attachés à la continuation de l'espèce organique, la première applica-

1. *Le Darwinisme*, traduction Henry de Varigny, *Bibliothèque
Évolutioniste*, t. I, Lecrosnier, Paris, 1891.

tion pratique de la science biologique doit consister non seulement à fouiller et à dessiner ces deux voies du progrès organique, mais encore à les éclairer. Nous avons, par suite, essayé d'indiquer l'application de l'étude du monde organique qui a été notre thème principal à des questions touchant à la population et au progrès humain, bien qu'ici, plus encore qu'ailleurs, nous ne puissions tout au plus que suggérer et non épuiser le sujet. Les limites restreintes dont nous disposons ne nous ont pas permis de donner à la partie botanique une attention en proportion avec son importance, mais nos exemples de faits essentiels suffisent à montrer le parallélisme des processus reproducteurs dans toute la nature.

Il nous reste à remercier le professeur F. Jeffrey Bell de ses précieuses suggestions pendant que l'ouvrage était sous presse, et M. G.-F. Scott-Elliot qui nous a aidés à résumer certaines parties de la bibliographie, et nos graveurs, MM. Harry S. Percy, F.-V. M. Combie, et G.-A. Morison, et surtout le premier de ces trois, qui a exécuté avec beaucoup de soin et d'habileté la plupart de nos figures.

Patrick GEDDES.

J.-Arthur THOMSON.

AVIS

La *Bibliothèque Évolutioniste* a pour but d'offrir au grand public, comme aux savants, un ensemble d'ouvrages strictement scientifiques dus aux auteurs les plus compétents, français et étrangers, et où seront exposés avec clarté les différents principes et les diverses applications de la théorie évolutioniste. Elle n'est inféodée à aucun principe en particulier d'entre ceux qui sont à la base de cette théorie : elle est évolutioniste au sens le plus large de ce terme. Nous nous adressons à tous les esprits réfléchis, à tous ceux qui comprennent la nécessité de posséder une base solide de croyances philosophiques, à tous ceux qui sentent la portée véritable de la doctrine évolutioniste au point de vue métaphysique. Par cette publication, nous espérons faire mieux connaître les faits et les doctrines qui ont captivé l'attention de tous dans les pays de Goethe et de Darwin, et qui devraient être plus répandus dans leur pays d'origine, dans la patrie des Buffon, des Lamarck, des Geoffroy St-Hilaire, des Bory de Saint-Vincent, des Duchesne, des Naudin.

BIBLIOTHÈQUE ÉVOLUTIONISTE

—

Plusieurs autres ouvrages, par des auteurs français et étrangers, sont en préparation.

Châteauroux. — Typ. et Stéréotyp. A. Majesté.

LIVRE PREMIER

———

LES SEXES ET LA SÉLECTION SEXUELLE

L'ÉVOLUTION DU SEXE.

CHAPITRE PREMIER.

LES SEXES ET LA SÉLECTION SEXUELLE.

Un des faits les plus faciles à observer, c'est que tous les animaux supérieurs sont représentés par des formes mâle et femelle distinctes, qui sont assez frappantes dans plus d'un mammifère et d'un oiseau pour être distinguées au premier coup d'œil, et que nous exprimons familièrement en nombre de noms populaires caractérisant les deux sexes. Chez les animaux inférieurs, le contraste ou même la séparation des sexes disparaît souvent ; pourtant, il est arrivé que des naturalistes ont pris d'abord pour des espèces différentes des individus qui plus tard, ont été reconnus comme étant le mâle et la femelle d'une seule espèce.

I. *Caractères primaires et secondaires.* — Si, de ce fait d'observation banale, nous passons à une enquête plus précise sur les différences entre les sexes, nous reconnaissons promptement qu'il y a beaucoup de degrés. Dans quelques cas, aucune différence marquée n'est reconnaissable ; ainsi une astérie, ou un oursin mâle, ressemble exactement à la femelle, et il faut examiner soigneusement les organes reproducteurs essentiels pour déterminer lesquels produisent, respectivement, l'élément mâle et les œufs.

Dans d'autres cas, par exemple, chez la plupart des reptiles, il n'y a pas de différences externes frappantes, mais l'aspect des organes reproducteurs internes, soit essentiels, soit secondaires, règle aussitôt la question. En nombre d'autres cas, les sexes se ressemblent beaucoup, mais chacun d'eux a des caractères anatomiques secondaires qui décident, de prime abord, de leur masculinité ou de leur féminéité respective. Ainsi, chez les mâles, il existe fréquemment des organes proéminents qui servent à l'union des sexes, tandis que les fonctions particulières des femelles sont indiquées par des organes spéciaux pour la ponte des œufs, ou pour la nourriture des jeunes. Tous les caractères de ce genre, associés comme ils le sont avec les fonctions essentielles des sexes sont compris sous le titre de caractères sexuels *primaires*.

Les nombreuses distinctions de dimensions, de couleur de peau, de squelette, etc., qui souvent caractérisent chaque sexe, ont moins d'importance réelle, bien qu'elles soient souvent plus frappantes. On les nomme caractères sexuels *secondaires* ; car si, dans quelques cas au moins, on fera voir qu'ils font réellement partie de la constitution du mâle et de la femelle, ils ne sont que d'une importance secondaire dans le processus reproducteur. La barbe de l'homme, la crinière du lion, les andouillers du cerf, la défense de l'éléphant, le plumage splendide du paon ou de l'oiseau de paradis, sont des exemples familiers des caractères sexuels chez les mâles. Les femelles ne sont pas dépourvues de signes caractéristiques spéciaux qui servent d'indices de leur véritable nature. Un grand volume est un des plus communs ; dans quelques cas rares, la perfection de la couleur et d'autres ornements est plutôt l'apanage des femelles que celui de leurs compagnons.

Le sujet des caractères sexuels secondaires a été traité en entier, de la manière la plus étendue, dans la

Fig. 1. — Oiseaux de Paradis *(Paradisea minor)* mâle et femelle. (D'après le catalogue du Musée Zoologique de Dresde.)

Descendance de l'Homme, de Darwin, et c'est à ce livre, dont les limites dépassent celles de notre volume, que le lecteur est supposé se référer.

Tout ce qu'il nous est possible d'entreprendre ici, c'est
d'éclaircir, par des exemples types, les principales différences des sexes ; après quoi, nous passerons aux interprétations de Darwin, et après les avoir étudiées, à l'explication que nous nous proposons d'ajouter à sa théorie.

2. *Exemples d'après Darwin.* — Chez les invertébrés,
on voit rarement de caractères sexuels secondaires
marqués, en dehors de la grande division des Arthropodes. Mais là, parmi les crustacés et les araignées, et
surtout parmi les insectes, les beaux exemples abondent.
Ainsi les pinces des crabes sont fréquemment beaucoup
plus grandes chez les mâles ; et les araignées mâles diffèrent souvent de leurs compagnes férocement chastes

Fig. 2. — Mâle ailé et femelle aptère d'*Orgyia antiqua*. (D'après Leunis.)

par des dimensions moindres, des couleurs plus foncées,
et parfois la faculté d'émettre des sons rappelant le bruit
d'une râpe. Chez les insectes, les mâles se distinguent
fréquemment par des couleurs plus brillantes et attiran-
tes, par des armes utilisées pour se débarrasser de leurs
rivaux, et par la possession exclusive de la faculté de
pousser de bruyants appels d'amour. Aussi les Grecs di-
saient-ils que les mâles des cigales « vivent heureux,
ayant des femmes privées de voix ». Un assez grand
nombre de papillons mâles sont beaucoup plus brillants
que les femelles, et beaucoup de coléoptères mâles se
battent avec acharnement pour la possession de leurs
compagnes.

En passant aux vertébrés, nous trouvons que, parmi
les poissons, les mâles sont souvent distingués par des

couleurs brillantes et des appendices ornementaux,
aussi bien que par des adaptations structurales pour le
combat. Ainsi le *Callionymus lyra* est couvert de magnifiques couleurs qui contrastent grandement avec l'apparence « sordide » de sa femelle ; et en outre, il est orné
d'un gracieux prolongement de la nageoire dorsale. Dans
plusieurs cas, comme celui du scorpion de mer (*Lottus scor-
pius*) ou de l'épinoche (*Gasterosteus*), les mâles ne prennent
ces apparences qu'au moment de la reproduction ; ils revê-
tent littéralement un habit de noces. Tout le monde connaît, d'autre part, la mâchoire inférieure à crochets du
saumon mâle, qui lui sert dans les luttes furieuses entre
rivaux ; et ce n'est là qu'un exemple de nombreuses
structures utilisées dans les combats précédant l'accouplement. En ce qui concerne les amphibiens, il suffit de
rappeler les crêtes échancrées et la coloration vive de
nos petits tritons, et la puissance musicale infatigable
des crapauds et grenouilles mâles, aux sérénades desquels ne répondent que faiblement les femelles. Chez les
reptiles, ce genre de différences est relativement rare,
mais les serpents mâles ont souvent des teintes plus fortement prononcées, et les glandes odorantes deviennent
plus actives dans la saison de l'accouplement. Dans ce
cas, comme dans beaucoup d'autres, la prière bruyante
de l'amour est remplacée par l'appel silencieux d'un
encens parfumé. Chez les lézards, les mâles sont souvent
décorés de couleurs plus brillantes, dont la splendeur
s'exagère encore au moment des amours. On peut les
distinguer, en outre, par leurs crêtes et leurs poches en
forme de caroncules, tandis que quelques caméléons
mâles ont des cornes, dont ils se servent probablement
quand ils se battent.

C'est chez les oiseaux, cependant, que l'appareil organique qui leur sert à faire leur cour est le plus compliqué. Les mâles brillent généralement par des couleurs

et des ornements plus éclatants. Un beau plumage, des tresses plumeuses allongées, des crêtes et des caroncules de couleurs vives, des huppes et des bigarrures curieuses, se produisent avec une variété et une richesse merveilleuses. Ceux qui les possèdent en font fréquemment parade sous les yeux des compagnes qu'ils désirent, avec des émotions mixtes d'amour empressé et de vanité pompeuse; parfois, les adorateurs comptent plus encore sur les charmes plus pénétrants de la musique. Pendant la saison de la reproduction, les mâles sont en proie à une excitation jalouse et belliqueuse, et sont armés contre leurs rivaux d'armes spéciales. Chacun sait la différence entre les magnifiques oiseaux de Paradis mâles et leurs modestes femelles, et celle qui existe entre le paon et sa queue aux cent yeux, et la paonne au plumage uni; entre les puissances musicales des oiseaux chanteurs et celles de leurs compagnes. Puis, les crêtes et les « barbes » du coq, les caroncules des dindons, l'immense huppe du *Cephalopterus ornatus*, la poche de la gorge de l'outarde sont des exemples d'une autre série de caractères sexuels secondaires. L'éperon du coq et d'autres oiseaux ailés est un des exemples les plus familiers d'armes employées par les mâles à combattre leurs rivaux. Il est important de remarquer que les oiseaux mâles, de même que les autres animaux, ne présentent leurs caractères secondaires spéciaux, tels que couleurs, bigarrures, et plumage de forme spéciale, que lorsqu'ils approchent de la maturité sexuelle, et que parfois ils ne les conservent dans toute leur splendeur que durant la saison de l'accouplement.

Chez les mammifères qui offrent, de tant de façons, des contrastes tranchés avec les oiseaux, la loi de la force prime celle de la sélection dans le problème de l'amour. La plupart des caractères secondaires tranchés des mammifères sont, par conséquent, des armes. Cependant, il y a des crêtes, des aigrettes de poils, et d'autres hommages rendus à la beauté, tandisque le parfum des glandes odorantes est un moyen très fréquent d'attraction sexuelle. Les couleurs des mâles sont souvent, aussi, plus fortement accusées, et il y a des différences secondaires dans la voix, etc., qu'on ne peut passer sous silence. Quant aux armes, les plus grosses dents canines de beaucoup d'animaux mâles, tels que les sangliers; les défenses spéciales, par exemple de l'éléphant et du narval; les

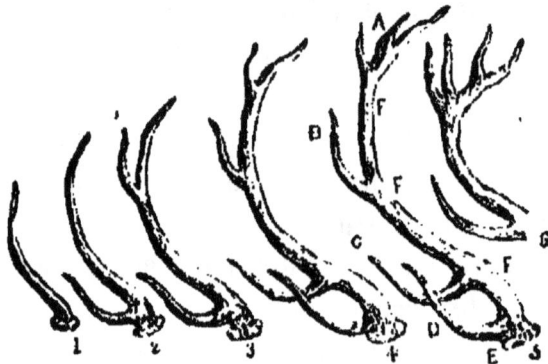

Fig. 3. — Développement des bois chez un même cerf ou dans l'évolution générale de la tribu. (D'après Carus Sterne.)

andouillers des cerfs, tous presque exclusivement l'apanage du sexe guerroyant ; les cornes des antilopes, des boucs, des béliers, des taureaux, etc. — qui du moins dominent chez les mâles — en sont des exemples bien connus. La crinière des lions, bisons et babouins mâles, la barbe de certains boucs, les crêtes du dos de quelques antilopes, les fanons des taureaux, forment une autre série de caractères secondaires. Les glandes odorantes de beaucoup de mammifères sont plus développées chez le mâle, et fonctionnent spécialement pendant la saison de l'accouplement. Les boucs, les cerfs, les musaraignes et les éléphants en fournissent les exemples. Les différences de couleur, légères si on les compare à celles qui séparent les sexes chez les oiseaux, sont cependant assez distinctes dans plus d'un ordre; les mâles sont, dans la grande majorité des cas, colorés d'une façon plus vive et plus brillante. Parmi les singes, la différence de couleur dans les parties glabres, et l'effet plus décoratif de l'arrangement des poils sur le visage, sont souvent très remarquables.

L'explication de Darwin. — La Sélection Sexuelle. — Darwin prit pour point de départ la production des variations de structure ou d'habitudes qui pouvaient servir, soit comme attrait entre les sexes, soit dans la lutte directe entre mâles rivaux. Les possesseurs de ces variations réussissaient mieux que leurs voisins à conquérir des compagnes; ils transmettaient à leur postérité les facteurs qui avaient assuré leur propre succès; et, par degrés insensibles, les variations furent établies et intensifiées comme caractères sexuels secondaires de l'espèce.

Il appela « sélection sexuelle » le processus par lequel les possesseurs des heureux dons de la beauté et de la force avaient évincé ou vaincu leurs concurrents moins bien doués. Il n'est que juste, cependant, d'exposer la thèse de Darwin par une citation littérale.

La sélection sexuelle « dépend de l'avantage qu'ont certains individus sur d'autres du même sexe et de la même espèce au seul point de vue de la reproduction...» Dans les cas où « les mâles ont acquis leur structure actuelle, non parce qu'ils étaient plus aptes à survivre dans la lutte pour l'existence, mais parce qu'ils avaient gagné sur les autres mâles un avantage qu'ils ont transmis à leurs seuls descendants mâles, la sélection sexuelle est ainsi entrée en jeu »... « Un léger degré de variabilité, menant à un avantage, si léger qu'il fût, dans des luttes mortelles réitérées, suffirait à l'œuvre de la sélection sexuelle... » De même aussi, d'autre part, les femelles « ont, par une sélection prolongée des mâles les plus attrayants, ajouté à leur beauté ou à leurs autres qualités attrayantes... » .... « Si un homme peut, en un court espace de temps, donner un port élégant à ses coqs *bantams*, suivant leur type de beauté, je ne vois aucune raison de douter que les oiseaux femelles, en choisissant pendant des milliers de générations les mâles les plus beaux ou les meilleurs chanteurs, suivant leur type de beauté, aient pu produire un effet marqué»... « Résumons-nous au sujet des moyens par lesquels, autant que nous en pouvons juger, la sélection sexuelle a favorisé le développement des caractères sexuels secondaires. On a montré que le plus grand nombre de rejetons vigoureux résultera de l'accouplement des mâles les plus forts et les mieux armés, vainqueurs dans la lutte avec les autres mâles, avec les femelles les plus vigoureuses et les mieux nourries qui sont les premières à couver au printemps. Si ces femelles choisissent les mâles les plus beaux et en même temps les plus vigoureux, elles élèveront un bien plus grand nombre de rejetons que ne le feraient les femelles en retard qui doivent se contenter des mâles moins vigoureux et moins beaux. Il en sera de même si les mâles les plus vigoureux choisissent les femelles qui sont à la fois les plus belles, les plus saines et les plus vigoureuses, et il en sera d'autant plus ainsi si le mâle défend la femelle et l'aide à nourrir les jeunes. L'avantage qu'ont ainsi gagné les couples les plus vigoureux en élevant un plus grand nombre de rejetons a suffi, apparemment, à rendre la sélection sexuelle efficace. » Il nous faut cependant ajouter encore une phrase du premier exposé de la théorie de Darwin. « Je ne voudrais pas, dit-il dans l'*Origine des Espèces*, attribuer à cette action toutes les différences sexuelles de ce genre ; car nous voyons des particularités naissant et se fixant sur le sexe masculin chez nos animaux domestiques, particularités que nous ne pouvons croire ni utiles aux mâles, dans le combat, ni attrayantes pour les femelles. » Si Darwin eut cru possible une autre interprétation des faits, il l'eût certainement reconnu franchement.

4. *Critique de l'explication darwinienne.* — L'explication ci-dessus peut se résumer en une seule phrase : une variation accidentelle, avantageuse à son possesseur (d'ordinaire mâle) pour faire sa cour et se reproduire, s'établit et se perfectionne par le succès qu'elle amène. La sélection sexuelle n'est ainsi qu'un cas spécial du processus plus général de la sélection naturelle, avec cette différence pourtant que la femelle, la plupart du temps, joue le rôle du milieu général pour le choix et la sélection qui sont supposés opérer le perfectionnement de l'espèce.

Les objections les plus sérieuses qui ont été élevées, jusqu'ici, contre cette hypothèse, à part la critique de cas spéciaux, peuvent se grouper sous quatre titres.

I. Quelques auteurs, tout en accordant beaucoup d'importance à la sélection, soit naturelle, soit sexuelle, ne tiennent pas pour suffisante l'analyse de Darwin, et cherchent une base plus profonde aux variations si généralement limitées au sexe masculin. J'exposerai, plus bas, le principe soutenu par Brooks.

II. D'autres voudraient expliquer les faits d'après la théorie plus générale de la sélection naturelle, n'accordant qu'une petite importance relative à la sélection sexuelle qu'on suppose exercée par la femelle. C'est sur cette base que Wallace a fait la critique de la théorie darwinienne.

III. St-George Mivart pose un principe différent des deux précédents, qui n'attache que peu d'importance à la sélection, qu'elle soit naturelle ou sexuelle.

IV. Nous avons enfin à signaler des travaux, tels que ceux de Mantegazza, qui suggèrent que les variations en question pourraient bien avoir une origine organique, ou constitutionnelle. C'est cette ligne de critique, plutôt constructive que destructrice que nous allons nous-mêmes chercher à suivre et à développer.

a) Objection de Wallace. — Il est plus commode de commencer par l'objection de Wallace puisqu'elle a précédé celle de Brooks dans l'ordre chronologique. Elle nous aidera puissamment à déblayer le terrain, les théories de Wallace et de Darwin étant en opposition marquée, et, à première vue, inconciliables. Suivant Darwin, le coloris brillant des oiseaux mâles est dû à la sélection exercée par les femelles; suivant Wallace, la nuance modeste des oiseaux femelles doit être attribuée à la sélection naturelle qui a éliminé celles qui gardaient jusqu'à la mort leurs couleurs brillantes.

Il fait remarquer qu'il serait dangereux, fatal même d'attirer l'attention pendant l'incubation ; et que celles qui avaient ce don fatal ont dû être arrachées de leurs nids par les éperviers, les renards, et d'autres ennemis, d'où ce résultat qu'il ne reste plus que des femelles de couleur terne. Darwin, partant de formes peu voyantes, fait dériver les mâles splendides de la sélection sexuelle ; Wallace prend son point de départ dans les formes voyantes, et fait dériver les femelles à teintes modestes de la sélection naturelle : l'un croit à la conservation de la beauté, l'autre à son extinction. En 1773, l'honorable Daines Barrington, naturaliste qu'on se rappelle encore comme correspondant de Gilbert White, suggéra que les oiseaux chanteurs étaient petits, et leurs femelles muettes, dans l'intérêt de leur sécurité. Wallace a repris cette idée, en la perfectionnant, surtout en ce qui concerne les oiseaux et les insectes. La femelle du papillon, en danger pendant la ponte des œufs, est souvent de couleur terne et peu voyante comparée à son compagnon. La splendeur primitive a été abandonnée comme rançon de la vie. Semblablement, les femelles dans les nids non couverts sont, souvent, de la couleur de leur entourage : tandis que chez celles des oiseaux qui nichent dans des nids couverts ou en forme de dôme, le plumage est bril-

lant chez les deux sexes. En même temps, Wallace admet
l'importance de la sélection sexuelle, à l'origine, pour
la production, des deux côtés, des couleurs brillantes et
ornements semblables. Nous n'avons pas besoin de rappeler la réponse de Darwin aux objections de Wallace,
le lecteur ayant sans doute reconnu à chacune des manières de voir des avantages sérieux [1].

b) Brooks a appelé l'attention sur les différences
sexuelles des lézards, où pourtant les femelles ne couvent
point, et sur celles des poissons où les femelles sont même
moins exposées que les mâles, et sur celles des oiseaux
domestiques où, bien que tout danger soit éloigné, les
mâles sont encore le sexe le plus voyant et le plus diver-
sifié. « Le fait, aussi, que beaucoup d'organes, qui n'ont
rien de voyant, sont, comme les plumes brillantes, réser-
vés aux mâles, indique l'existence d'une explication plus
fondamentale que celle qu'offre Wallace, explication qui
ne dit point pourquoi les femelles d'espèces alliées sont

---

1. Depuis que ceci a été écrit, le livre de M. Wallace sur *le Darwinisme* a été publié, et l'auteur y pousse encore plus loin sa critique destructive de la sélection sexuelle de Darwin. Il discute
les phénomènes d'ornementation masculine, et les résume comme
étant « dûs aux lois générales de la croissance et du développement » et comme étant tels qu'il est « inutile d'appeler à notre
aide une cause aussi hypothétique que l'action accumulée de la
préférence de la femelle ». Ou, plus loin, « si les ornements sont
le produit naturel, le résultat direct de la santé et de la vigueur
surabondantes, il n'est besoin d'aucun autre mode de sélection
pour expliquer la présence de ces ornements ». Les conclusions
ne sont pas importantes seulement à l'égard de la théorie Darwinienne, mais elles le sont en ce qu'elles ouvrent évidemment
la voie à la possibilité d'interpréter comme « produit naturel
et résultante directe de conditions constitutionnelles » (*voyez*
chap. XXI) non seulement ces ornements, mais bien d'autres
traits encore. Cette considération, toutefois, est grosse de conséquences sérieuses pour la thèse principale de M. Wallace.

Voy. *Le Darwinisme*, de A. R. Wallace, tome I de la *Bibliothèque
Évolutioniste*.

si souvent exactement semblables tandis que les mâles sont très différents. » Il nous faut donc passer à l'explication de Brooks.

Suivant Darwin, dit Brooks, la plus grande modification des mâles est due à leur lutte avec des rivaux et à leur sélection par les femelles, mais « je ne crois pas que ceci explique le sujet à fond ». L'étude des pigeons domestiqués, par exemple, montre qu'il y a quelque chose, dans l'animal, qui décide que le mâle a le pas sur la femelle dans l'évolution de nouvelles races. Il en est de même pour d'autres animaux apprivoisés, chez lesquels, par la nature des circonstances, il est inadmissible d'expliquer le cas comme Darwin en supposant que le mâle est plus exposé que la femelle à l'action de la sélection, soit naturelle, soit sexuelle. Darwin a conclu, il est vrai, que le mâle varie plus que la femelle, mais sans expliquer d'une façon satisfaisante pourquoi les variations de la femelle sont moins héréditaires que celles du mâle, ou, en d'autres termes, pourquoi le droit de transmission est si exclusivement réservé au sexe masculin. Darwin attribue simplement ce fait à la plus grande ardeur des mâles qui « chez presque tous les animaux ont des passions plus fortes que les femelles ». La théorie soutenue par Brooks est liée à une théorie de l'hérédité qui diffère considérablement de celle de Darwin. Il suppose que les cellules du corps émettent des gemmules, surtout pendant le changement de fonctions ou de milieu, et croit que « la cellule reproductrice mâle a graduellement acquis, comme fonction spéciale et distinctive, la faculté particulière de recueillir et de conserver ces gemmules. »

Les cellules reproductrices femelles conservent les caractères constants de l'espèce, les cellules mâles transmettent les variations. « Au cours de l'évolution de la vie s'est produite une division du travail physiologique, et les

fonctions des éléments reproducteurs se sont spécialisées
en diverses directions. » La cellule mâle a été adaptée à
conserver les gemmules (les résultats des variations dans
le corps), et en même temps a perdu graduellement sa
puissance, inutile et sans objet, de transmettre les caractères héréditaires. »

« Nous considérons, ainsi, les cellules du corps mâle
comme étant l'origine de la plupart des variations par
lesquelles l'espèce est arrivée à son organisation actuelle. » Les mâles sont les plus variables ; mais il y a
plus ; leurs variations sont beaucoup plus aptes à être
transmises. « Nous sommes, ainsi, à même de comprendre la grande différence entre les mâles d'espèces alliées,
la différence entre le mâle et la femelle, ou le jeune, et
les grandes diversité et variabilité des caractères mâles secondaires, et nous nous attendons à trouver — ce qui existe
en effet, — que, chez les animaux supérieurs, quand les
sexes ont été longtemps séparés, les mâles varient plus
que les femelles. » On peut résumer encore en une phrase
le contraste entre Darwin et Brooks. Darwin dit que
les mâles sont plus divers et plus riches en caractères
sexuels secondaires, surtout à cause de la sélection
sexuelle qui s'exerce à la fois dans leurs amours et leurs
combats. Brooks admet la sélection sexuelle, mais explique dans sa théorie la plus grande diversité des mâles
par la fonction particulière des éléments mâles de transmettre les variations, en opposition avec la tradition
constante de structure conservée par les cellules-œufs ou
œufs. En d'autres mots, la femelle peut choisir, mais
c'est le mâle qui dirige, bien plus, qui doit diriger ; car
dans l'hypothèse, il est plus probable que sa variation
soit transmise que celle de la femelle.

Un examen approfondi de cette hypothèse implique-
rait une longue discussion des problèmes de l'hérédité
qui feront le sujet d'un volume en cours de préparation ;

mais la conclusion générale de la variabilité naturellement plus grande des mâles, sera exposée sous un jour
différent vers la fin du chapitre suivant. Il y sera montré que le « quelque chose dans l'animal » qui détermine
la prépondérance de la variabilité masculine peut être
défini en termes plus simples que ne l'implique la théorie
de l'hérédité de Brooks. C'est, au plus, analyser les
choses à demi que de faire remonter la variabilité masculine à une faculté qu'auraient les cellules mâles reproductrices de recueillir et de conserver de soi-disant
gemmules.

Les deux critiques qui précèdent sont d'accord avec
Darwin sur les points essentiels. Bien que Wallace
veuille expliquer par la sélection naturelle ce que Darwin
expliquait par la sélection sexuelle, il ne nie point l'importance de cette dernière en beaucoup de cas. Brooks,
de plus, insiste sur un facteur plus fondamental sans
mettre en doute la vérité générale de l'exposé du processus par Darwin. St-George Mivart occupe une position
qui diffère de celles de l'un et de l'autre, en ce qu'il cherche un motif plus profond que ceux que Darwin et
Wallace suggèrent. La théorie entière de la sélection
naturelle lui semble une hypothèse qui n'est pas vérifiée,
et qui ne paraît plausible que parce qu'elle est soutenue
par toute une série de suppositions subsidiaires. Il présente nombre de critiques de détail ; mais sa thèse principale est que la beauté des mâles, et les autres caractères sexuels secondaires sont non les résultats indirects
d'un long processus de sélection externe, mais les expressions directes d'une force interne.

Les vagues suggestions de Mantegazza et d'autres n'ont
d'autre importance que d'indiquer le progrès vers une
explication fondamentale. Une objection évidente, souvent faite à la théorie de la sélection sexuelle, est que,
tout en expliquant, dans une certaine mesure, la per-

sistance et le progrès des caractères secondaires après qu'ils ont atteint un certain degré de développement, elle n'explique point leur conservation quand ils sont faibles ou peu visibles; en un mot, la théorie explique le perfectionnement mais non l'origine des caractères. Sans doute, c'est quelque chose que d'expliquer la longueur et les accessoires du vêtement vital, mais ce qu'il nous faut, c'est le secret de son tissu. Darwin explique l'évolution des yeux du plumage du faisan Argus d'une façon réellement ingénieuse et intéressante, mais, quel qu'en soit le degré de probabilité, il nous importe plus de savoir la signification de la beauté dominante chez les mâles comme fait physiologique général. Il est intéressant, aussi, de remarquer les suggestions de Mantegazza, Wallace, et autres, qui associent directement l'effet décoratif avec un excès de matière reproductrice, et l'étalage des parures nuptiales avec l'excitation générale de l'organisme sexuel arrivé à sa maturité. Il est temps de quitter cette discussion pour traiter le sujet d'une façon plus constructive.

RÉSUMÉ

1-2 L'existence d'animaux mâles et femelles est un fait d'observation banale. Ils diffèrent par les caractères sexuels primaires et secondaires, dont on donne des exemples, tirés surtout de Darwin.

3. L'hypothèse de la sélection sexuelle, de Darwin, s'appuie sur la conservation et le perfectionnement des variations qui sont utiles au temps des amours ou dans la lutte contre des rivaux.

4. Wallace soutient que les femelles ont été retardées, d'une façon protectrice, par la sélection naturelle ; Brooks, que les mâles prédominent par le pouvoir de transmettre les variations, et, par conséquent, varient davantage ; tandis que Mivart réclame une analyse plus profonde que n'offrent les sélections naturelle et sexuelle. — On suggère une analyse rationnelle physiologique.

BIBLIOGRAPHIE

Brooks (W. K.) *The Laws of Heredity : A Study of the Cause of Variation and the Origin of Living Organisms*. Baltimore, 1883.

Darwin (C). *Origine des Espèces*, trad. Barbier, 1859.

Darwin (C). *La Descendance de l'Homme*, trad. Barbier, 1871.

Mivart (St-Georges). *Lessons from Nature*, 1876.

Wallace (A. R.) *Contributions à la Théorie de la Sélection Naturelle*, trad. de Candolle, 1871.

Wallace (A. R.), *Le Darwinisme*, trad. H. de Varigny, 1891.

CHAPITRE II

LES SEXES ET LA CRITIQUE DE LA SÉLECTION SEXUELLE

1. Pour être à même de fonder sur une base plus large et mieux affermie, une théorie des différences entre les sexes, il est nécessaire que nous nous livrions à un nouvel examen des faits. Au lieu de classer les différences comme elles se trouvent dans des classes successives d'animaux, il sera plus commode de les arranger pour elles-mêmes, suivant l'influence qu'elles exercent sur l'habitus, les dimensions, la durée de la vie, et autres choses semblables. Notre examen doit encore être purement représentatif, et ne saurait essayer d'être complet.

2. *Habitus général.* Commençons par un cas extrême, mais bien connu. La femelle de l'insecte qui produit la cochenille, chargée de produits de réserve sous forme du pigment bien connu, passe la plus grande partie de sa vie comme une simple galle, immobile sur le cactus. D'autre part, le mâle, à l'état adulte, est agile, toujours en mouvement, et a la vie courte. Ce fait n'est pas une pure curiosité d'entomologiste, mais un véritable et vivant emblème de ce qui est, en moyenne, la vérité dans tout le monde des animaux — à savoir, la passivité prépondérante des femelles, l'activité prépondérante des mâles. Ces Coccidés sont martyrs de leurs sexes respectifs. Prenons un autre exemple, quelque peu extrême aussi. Il y

a un Ascaride (*Heterodera Schachtii*) qui infeste le navet, et qui reproduit en plus d'une manière le contraste des Coccidés. Le mâle adulte est agile, et ressemble à beaucoup d'autres Ascarides, mais la femelle adulte est toujours au repos, et bouffie comme un citron étiré. On peut demander cependant, si ce n'est point là l'effet de la vengeance du parasitisme? L'histoire de leur vie répond à cette objection. Les deux sexes sont d'abord semblables, agiles, et pareils à la plupart des Ascarides; ils deviennent parasites, et perdent à la fois l'activité et la forme nématode; mais le fait le plus intéressant, c'est que le mâle se rétablit, tandis que la femelle reste victime. Dans d'autres types d'insectes et de vers, la même histoire peut se lire distinctement en caractères plus ou moins prononcés. Chez beaucoup de crustacés, les femelles seules sont parasites; et quoique ce fait s'explique en partie par l'habitude de chercher un abri pour déposer les œufs, il exprime aussi la tendance constitutionnelle du sexe.

Fig. 4. — *Chondracanthus* femelle avec mâle minuscule *(a)* fixe au-dessus des longs ovisacs *(b)* de la femelle (D'ap. Claus.)

L'ordre des Strepsiptères est remarquable en ce que ses femelles parasitaires aveugles sont complètement passives, et ressemblent à des larves, tandis que leurs mâles sont libres, ailés, et vivent peu. Dans toute la classe des insectes, on trouve de nombreux exemples de la supériorité des mâles sur les femelles, à la fois comme puissance musculaire et comme acuité des sens. La série diverse des efforts par lesquels les mâles de tant d'animaux différents, en remontant des cigales jusqu'aux oiseaux, soutiennent l'harmonie du chœur des amours, donne un ensemble d'exemples de la prééminence de l'activité masculine.

Pour ne pas multiplier les exemples, nous renvoyons le lecteur à l'examen du règne animal, ou à la lecture des pages de Darwin ; cela suffira pour confirmer la conclusion que, en moyenne, les femelles inclinent vers la passivité, les mâles vers l'activité. Il est vrai que chez les animaux supérieurs ce contraste se révèle plutôt par beaucoup de petites manières que dans une différence très frappante d'habitudes, mais jusque dans l'espèce humaine elle-même, il est reconnaissable. Chacun admettra que les élans d'activité violents, spasmodiques, caractérisent l'homme, surtout dans sa jeunesse et chez les races les moins civilisées ; tandis qu'une persévérance patiente, avec une dépense moins violente d'énergie, accompagne généralement le travail de la femme.

Pour compléter cet argument, on peut rappeler ici, simplement, deux faits qui réclameront plus tard une discussion complète. (*a*). Au seuil même de la différence des sexes, nous voyons qu'une petite cellule active, ou spore, incapable de se développer seule, s'unit avec fatigue à un individu plus grand, plus tranquille. Voilà, dès le début, le contraste entre le mâle et la femelle. (*b*) On retrouvera la même antithèse, en comparant, ainsi que nous le ferons plus tard, en détail, l'élément mâle, minuscule, se mouvant activement dans la plupart des animaux et beaucoup de plantes, avec la cellule femelle ou œuf, plus grande, passive et au repos.

Il est possible que lecteur élève contre le contraste ci-dessus l'objection du cas extrêmement familier des abeilles mâles. Il faut avouer franchement qu'il se produit, en effet, des exceptions, bien que d'ordinaire ce soit dans des conditions qui donnent la clef de l'anomalie. Ainsi, on conviendra que les abeilles mâles sont dans une position particulière comme membres masculins d'une société très complexe, dans laquelle ce qui est, pratiquement, un troisième sexe, se trouve représenté par le grand corps des « ouvrières ». Ils ne sont pas plus des exemples normaux de la moyenne masculine naturelle, que les femmes maltraitées du paresseux Cafre n'ont les fonctions normales de leur sexe. L'exception n'en est pas réellement une, car l'abeille mâle, bien passive relativement aux ouvrières neutres, est active comparée à la reine extraordinairement passive.

On peut ajouter u contraste, qui précède, de l'habitus général, deux autres points, sur lesquels, malheureusement, les observations exactes sont

Fig. 5. *Sarcopsylla penetrans. a,* femelle pleine d'œufs. *b.* mâle. (D'après Leuckart.)

encore très rares. Dans quelques cas, la température du corps qui indique le degré de vitalité, est très distinctement plus basse chez la femelle, ainsi qu'on l'a pu voir dans des cas aussi nettement différents que ceux de l'homme, des insectes et des plantes. En outre, en beaucoup de cas, la longévité des femelles est beaucoup plus grande. Le fait que les femmes paient des primes d'assurance moindres que les hommes est souvent attribué, par le jugement populaire, à leur plus grande immunité à l'égard des accidents; mais la plus grande longévité normale sur laquelle l'actuaire base ses calculs a, ainsi que nous commençons à le voir, une explication constitutionnelle d'un sens plus profond.

3. *Dimensions.* Chez les animaux supérieurs, il y a de curieuses alternances dans la prépondérance d'un sexe sur l'autre, en ce qui regarde les dimensions. Ainsi, chez les mammifères et les oiseaux, les mâles sont, dans la plupart des cas, plus grands que les femelles; il en est de même chez les lézards; mais chez les serpents, ce sont les femelles qui l'emportent. Les poissons mâles sont, en moyenne, plus petits, parfois d'une manière très marquée, jusqu'au point de n'atteindre pas même la moitié des dimensions de leurs compagnes. Plus bas, chez les invertébrés, il y a une beaucoup plus grande constance de supériorité de volume chez la

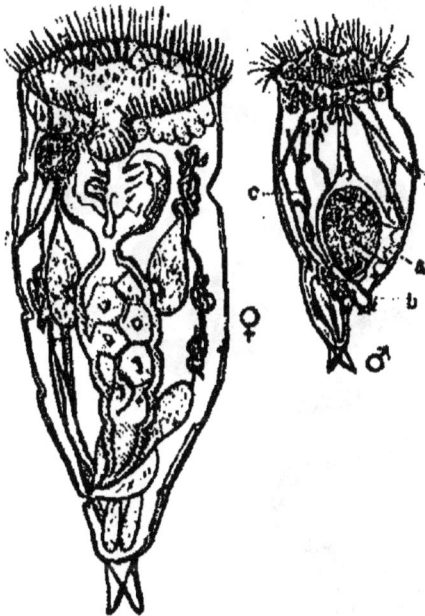

Fig. 6. — Rotifères femelle et mâle (*Hydatina senta*). D'après Leunis

femelle. Ainsi, parmi les insectes, les mâles plus actifs sont généralement plus petits, et parfois de beaucoup. On en peut dire autant des araignées, chez qui les mâles étant souvent très petits sont forcés à des prodiges d'agilité pendant leurs avances à leurs compagnes intraitables. Les mâles des Crustacés sont souvent plus petits que les femelles, et chez beaucoup d'espèces parasitaires, les mâles qu'on a fort bien nommé des mâles « pygmées », offrent de ce contraste un exemple presque risible entre les sexes.

Deux cas de types de vers aberrants présentent d'une façon très marquée cette même antithèse de dimensions. Chez les rotifères communs, les mâles sont presque toujours différents des femelles, et beaucoup plus petits. Il semble parfois qu'ils aient perdu l'existence, car on ne connaît plus que leurs femelles. Dans d'autres cas, tout en étant présents, ils n'accomplissent même pas leur fonction fécondatrice, et la parthénogenèse gagnant du terrain, ils ne sont pas seulement minuscules, mais inutiles. Chez la Bonellie, curieux ver marin de couleur verte, le mâle subsiste, comme un ancêtre éloigné de la femelle. Il habite, en parasite, sur elle, ou en elle, et il est de taille microscopique, ne mesurant guère que la centième partie de la longueur de son hôtesse et compagne. Quelque peu semblable est le cas du *Lecanium hesperidum*, insecte coccidé vivipare, où les mâles sont très

Fig. 7. — Bonellie femelle (d'après l'Atlas de l'Aquarium de Naples) avec son mâle parasitaire pygmée. La figure de ce dernier est agrandie.

dégénérés, petits, aveugles et aptères. En dépit de cet état, et peut-être, devrions nous dire, à cause de cet état, leur sexe est fort accusé, car les larves elles-mêmes, quand elles sont encore renfermées dans la mère, ont été trouvées contenant des spermatozoïdes pleinement développés.

Il serait injuste de conclure d'après un cas aussi extrême que celui de la Bonellie seule, mais il est indubitable que, jusqu'aux Amphibiens du moins, les femelles sont en général plus grandes. Ce fait doit être rapproché de la conclusion du paragraphe précédent. La lenteur et la paresse du corps tendent à en augmenter le volume ; une dépense prodigue d'énergie empêche l'accumulation d'une réserve. Nous trouverons à corroborer cette conclusion, plus tard, par des preuves, quand nous comparerons : (a) les grandes et les petites spores qui marquent les commencements des différences de sexe, ou (b) les cellules femelles ou œufs, relativement grands, avec la cellule mâle (spermatozoïde) microscopique.

Il est vrai qu'il y a des exceptions apparentes, chez les animaux supérieurs. Chez les oiseaux et les mammifères, les mâles sont d'ordinaire plus grands que les femelles. Cette différence vient spécialement de ce que les os et les muscles sont plus grands. L'exception apparente résulte, en partie, naturellement, de l'activité externe plus grande dont le fardeau retombe sur le mâle lorsque sa femelle est empêchée d'en prendre sa part, soit par l'incubation, soit par la grossesse. En outre, il nous faut reconnaître l'influence fortifiante des combats entre les mâles, et l'effet produit sur la constitution accumulatrice des femelles par le sacrifice maternel croissant qui caractérise les animaux supérieurs.

4. *Autres caractères.* Bien qu'il soit facile d'indiquer l'importance physiologique relative d'une grande ou d'une petite taille, la physiologie n'est pas encore assez avancée pour fournir un point d'appui solide dans l'étude des détails des caractères sexuels secondaires. On ne peut qu'indiquer le sentier qui nous conduira, finalement, à leur explication raisonnée. Ce sentier paraîtra mieux tracé si l'on y revient après qu'on aura saisi le sens des chapitres suivants. Le point de vue est assez simple.

L'agilité des mâles n'est pas une adaptation spéciale permettant à ce sexe d'exercer ses fonctions par rapport à l'autre, mais un trait caractéristique naturel de l'activité constitutionnelle masculine ; et le petit volume de beaucoup de poissons mâles n'est pas du tout un avantage, mais encore, simplement, le résultat du contraste entre la croissance plus végétative de la femelle et l'activité dépensière du mâle. Ainsi l'éclat du coloris, l'exubérance du poil et des plumes, l'activité des glandes odorantes, et même le développement des armes, ne sont pas, et ne peuvent être (sinon téléologiquement) expliqués par la sélection sexuelle, mais sont, dans leur origine et leur développement, des affleurements de la constitution féminine. Pour résumer le raisonnement par un paradoxe, nous dirons que tous les caractères sexuels secondaires sont, au fond, primaires, et sont des expressions du même habitus général de corps (ou, selon le terme médical, de la même *diathèse*) qui, dans un cas, a pour résultat la production des éléments masculins, et, dans l'autre, celle des éléments féminins[1].

Il faut, ici, rappeler à l'esprit du lecteur trois faits bien connus. Premièrement, dans un grand nombre de cas, les caractères sexuels secondaires font leur apparition à mesure que la maturité sexuelle elle-même se montre. Quand l'animal — soit oiseau, soit insecte — devient franchement mâle, ces petits affleurements secondaires se manifestent. Ainsi l'oiseau de paradis, qui devient si resplendissant, est d'ordinaire dans sa jeunesse relativement terne et semblable à la femelle par la couleur et le plumage. Très souvent aussi, soit dans la livrée nuptiale des poissons mâles, soit dans les glandes odorantes des mam-

---

1. On a déjà indiqué (plus haut) que M. Wallace a adopté la même explication des différents caractères sexuels dans son *Darwinisme*.

mifères, le caractère s'identifie ou s'efface selon le même rythme que les époques de reproduction. Il est impossible de ne pas considérer au moins un grand nombre des caractères sexuels secondaires comme faisant partie intégrante de la diathèse sexuelle — comme expression, pour la plupart, d'une masculinité exubérante. En second lieu, lorsque les organes reproducteurs sont supprimés par la castration, les caractères sexuels secondaires tendent à rester rudimentaires. Ainsi, comme le fait remarquer Darwin, les cerfs châtrés ne renouvellent plus leurs andouillers, bien qu'à l'état normal ils les renouvellent à chaque saison d'accouplement. Le renne, chez qui les femelles ont aussi des cornes, est une exception intéressante, car il les renouvelle encore après la castration. Cependant ceci ne fait qu'indiquer que les caractères, primitivement sexuels, sont devenus organisés dans la vie générale du corps. Chez les moutons, les antilopes, les bœufs etc., la castration modifie ou réduit les cornes, et il en va de même pour les glandes odorantes. Le crustacé parasitaire la Sacculine, suivant Delage, effectue une castration partielle des crabes auxquels il s'attache, et Giard a vu le même effet dans d'autres cas. Dans deux de ces derniers on a observé quelque chose qui se rapproche de la forme féminine des appendices. Enfin, chez les femelles âgées, chez qui la fonction reproductrice a cessé, les particularités secondaires de leur sexe disparaissent souvent, et elles deviennent plus semblables aux mâles, soit par leur structure, soit par leurs habitudes, comme dans l'exemple familier des poules qui produisent le chant du coq.

En partant, donc, de la présupposition du rapport intime entre la sexualité et les caractères secondaires (qui est d'ailleurs admis partout) nous pouvons faire un pas de plus en avant. Ainsi, c'est un fait reconnu en ce qui regarde la couleur, que le mâle est d'ordinaire plus brillant que la femelle. Mais les pigments de beaucoup d'espèces sont considérés, au point de vue physiologique, comme étant de la nature de produits de desassimilation. Telle est, par exemple, la guanine, si abondante dans la peau des poissons et de quelques autres animaux. L'abondance de ces pigments, et la richesse de variété des séries en rapport, indiquent une activité prédominante de processus chimiques chez les animaux qui les possèdent. En termes techniques, les pigments abondants sont l'expression d'un métabolisme intense. Mais on a déjà vu que l'activité prédominante caractérise le sexe masculin; ces couleurs brillantes sont donc souvent naturelles à la masculinité. Dans un sens littéral c'est pour la cendre que les animaux se parent de beauté, et les mâles le font davantage parce qu'ils sont mâles, et non par aucune autre raison quelconque. Nous savons bien, que, malgré les recherches de Krukenberg, Sorby, Mac Munn, et d'autres, notre connaissance de la physiologie de beaucoup de pigments est encore très limitée. Pourtant, en beaucoup de cas, chez les plantes comme chez les animaux, les pigments expriment des processus de rupture, et sont de la nature des déchets; ce fait général suffit pour notre thèse, à savoir que le coloris brillant ou la richesse du pigment sont une expression naturelle de la constitution masculine. Il faut faire une exception pour le pigment rouge, si abondant chez l'insecte femelle de la cochenille qui semble être plutôt une réserve qu'un déchet, et pour quelques cas semblables.

De la même manière, les excroissances cutanées des poissons mâles au moment du frai semblent être pathologiques plutôt que décoratives, et peuvent se rattacher directement à l'excitation sexuelle. On peut donner un exemple de la façon dont la maturité reproductrice effectue un résultat qui n'a aucun rapport apparent avec elle. Tout naturaliste sait que l'épinoche mâle construit son nid parmi les mauvaises herbes, et qu'il en tisse les matériaux ensemble, au moyen de fils muqueux, secrétés par les reins. On sait aussi que ce petit animal a les passions vives ; il pratique la polygamie, et combat contre ses rivaux avec acharnement. Le professeur Moebius a montré que son organe reproducteur mâle (testicule) devient très gros à la saison de l'accouplement, et exerce alors une pression anormale sur le rein. Cette compression produit dans le rein un état pathologique dont le résultat est la formation d'une sécrétion muqueuse, quelque peu semblable à celle qui se produit dans les maladies des reins chez les animaux supérieurs. Pour se délivrer de la pression irritante de cette sécrétion, le mâle se frotte contre les objets extérieurs, et surtout contre son nid qui est le plus à portée. Ainsi l'instinct curieux du tissage du nid ne demande, ni ne trouve de raison explicative dans l'action accumulée de la sélection naturelle sur une variation inexplicable, et peut être rattaché à une origine pathologique et mécanique dans la masculinité accentuée de l'organisme. La ligne de variation étant donnée ainsi, on conçoit, naturellement, que la sélection naturelle puisse l'avoir accélérée.

On peut aussi, malgré la pauvreté de détails physiologiques, interpréter de la même façon la croissance surabondante des poils et des plumes, comme une manière de se débarrasser de produits superflus, car nous verrons, plus tard, comment le catabolisme local favorise la multiplication des cellules. Les crêtes, les caroncules et les excroissances de la peau indiquent une prédominance de la circulation dans la peau des mâles fiévreux dont les températures sont reconnues, en beaucoup de cas, sensiblement plus élevées que celles des femelles. Des armes squelettiques, comme les andouillers, même, peuvent s'expliquer semblablement, tandis que l'activité

exagérée des glandes odorantes est un autre expédient
pour l'élimination des déchets.

Relativement aux cornes, plumes et autres accessoires, associés à une circulation vigoureuse, on peut citer
deux phrases de Rolph. « La circulation extrêmement
abondante qui se produit périodiquement dans les pro-
tubérances, d'abord tendres, des cerfs, permet et cause
le développement colossal de la corne et du velours qui
leur forme une gaine délicate..... De la même manière

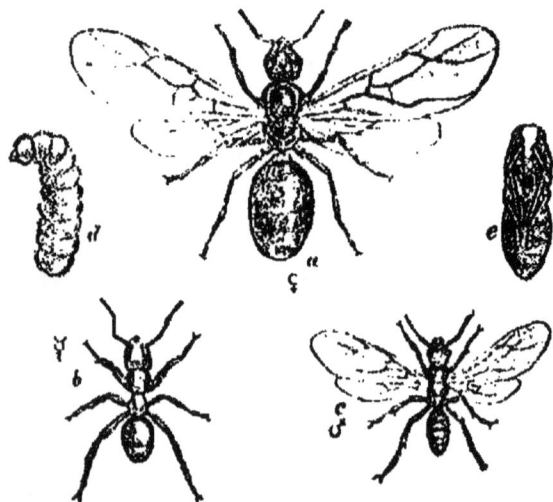

Fig. 8. — Fourmis mâle (c), ouvrière (b) et Reine (a) D'après Lubbock.

l'afflux généreux du sang dans les papilles des plumes
cause l'immense croissance du plumage... et il en est de
même pour les cheveux, les épines et les dents. »

Quelques-unes des différences plus subtiles encore entre les sexes montreront d'une façon intéressante l'antithèse générale. Ainsi, pour les lueurs de la brillante
Luciole, on dit que la couleur est identique chez les deux
sexes, et l'intensité à peu près la même. Celle de la femelle, cependant, qui, sous d'autres rapports, est plutôt
masculine dans ses émotions amoureuses, est plus faible.
Il est intéressant, en outre, de noter que, chez le mâle,
le rythme de la lumière est plus rapide, et que les éclairs

en sont plus courts, tandis que chez la femelle elle est plus durable et que les éclairs en sont plus éloignés et vacillants. Cet exemple peut ainsi servir, en définitive, d'indication littérale des contrastes de la physiologie des deux sexes.

5. *Sélection sexuelle. Sa validité en tant qu'explication.* Nous sommes maintenant en meilleure position pour critiquer la théorie de Darwin. Suivant lui, les mâles sont plus forts, plus beaux, ou plus émotionnels parce que des formes de leurs ancêtres étaient devenue telles, à quelque léger degré. En d'autres termes, la récompense du succès dans l'élevage des jeunes, se trouve dans la perpétuation perfectionnée d'un avantage accidentel. Suivant cette théorie, les mâles sont plus forts, plus beaux, ou plus émotionnels, simplement parce qu'ils sont mâles — c'est à dire d'habitus physiologique plus actif que leurs compagnes. Selon une phraséologie qui deviendra bientôt plus intelligible et plus concrète, les mâles vivent à perte, sont plus *cataboliques* — les changements dissolvants tendent à dominer dans la somme totale des changements de leur matière vivante, ou protoplasme. Les femelles, au contraire, vivent à bénéfice, sont plus *anaboliques* — les processus constructifs prédominant dans leur vie, d'où résulte, en fait, la capacité de produire des rejetons.

Personne ne niera que les processus conservateurs de la nutrition, de la végétation, etc., chez la plante ou l'animal, ne soient en opposition avec les processus de reproduction, de multiplication, ou de conservation de l'espèce, comme le revenu l'est avec la dépense, ou la construction avec la démolition. Mais dans les fonctions ordinaires, nutritives ou végétatives, du corps, il y a, nécessairement, une antithèse continuelle entre deux séries d'opérations : le métabolisme constructif et le métabolisme destructif. On retrouve, dans toute la nature, le contraste entre ces deux opérations, que ce soit dans les phases alternantes de la vie de la cellule, phases de l'activité et du repos, ou dans la grande antithèse entre la croissance et la reproduction ; et c'est ce même contraste que nous reconnaissons comme étant la différence fondamentale entre le mâle et la femelle. Cet ouvrage entier en fournira la preuve, mais nous pouvons énoncer, en gros, notre thèse fondamentale par un diagramme (que nous devons, sous sa forme actuelle, à notre ami M. W. E. Fothergill) :

SOMME DES FONCTIONS

Nutrition.   Reproduction.

Anabolisme.   Catabolisme.   Femelle.   Mâle.

Ici la somme totale des fonctions se divise en fonctions nutritives et reproductrices, dont les premières se divisent en processus anaboliques et cataboliques, les dernières en activités masculines et féminines. — Jusqu'ici, nous sommes d'accord avec tous les physiologistes, sans exception et sans conteste [1].

1. Le lecteur dont les études physiologiques ne seraient pas assez récentes pour le familiariser avec la conception que tous les processus physiologiques trouvent leur dernière expression dans le métabolisme (anabolisme et catabolisme) du protoplasme, se placera facilement en état de contrôler notre raisonnement (souvent, nous l'espérons, pour pousser notre interprétation du sexe dans de plus grands détails) en prenant pour point de départ l'exposé de cette théorie dans l'article *Physiology* du Doc-

Notre théorie spéciale consiste, cependant, dans l'idée du parallélisme des deux séries de processus, la reproduction du mâle étant associée à un catabolisme dominant, et celle de la femelle à un anabolisme relatif. Dans les termes de cette thèse, par conséquent, les caractères sexuels primaires et secondaires expriment la tendance physiologique fondamentale qui caractérise chaque sexe.

La sélection sexuelle ressemble à la sélection artificielle, mais la femelle y prend la place de l'éleveur humain; elle ressemble à la sélection naturelle, mais les femelles qui choisissent, et les mâles qui combattent pour leur possession, représentent un rôle qui est rempli dans la plupart des cas par l'action protectrice ou éliminatrice du milieu. Comme cas spécial de sélection naturelle, la théorie secondaire de Darwin prête le flanc à l'objection d'être téléologique, c'est-à-dire d'expliquer les structures en termes d'un avantage final. Il est tout à fait loisible au critique logique d'insister, ainsi que l'ont fait quelques-uns, sur la convenance qu'il y aurait à expliquer les parties, avant, tout comme après, l'étape où elles étaient assez développées pour être utiles. L'origine, ou, en d'autres termes, la partie physiologique fondamentale des structures doit être expliquée avant que nous ne puissions former une théorie complète ou adéquate de l'évolution organique.

Sans même tenir compte de cette insuffisance logique, la théorie de la sélection sexuelle soulève beaucoup d'objections secondaires, dont Darwin lui-même a traité quelques-unes, ainsi qu'il a été dit dans le chapitre historique précédent. On peut aussi avancer une objection détaillée. L'évolution des marques de couleur par suite de

teur Michael Foster dans l'*Encyclopædia Britannica*, ou dans le *Presidential Address to Section D of the British Association*, 1889, par le Docteur Burdon Sanderson. L'idée essentielle, cependant, deviendra plus claire à mesure que nous avancerons.

préférences sélectives porte avec elle le postulat d'un
certain niveau de goût esthétique et de faculté critique
chez la femelle, qui non seulement aurait été très élevé
et très scrupuleux quant aux détails, mais serait resté
en permanence comme type de mode, de génération
en génération, — postulats énormes, et à peine vérifiables dans l'expérience humaine. Cependant, nous ne
pouvons supposer que Darwin considérât la femme
comme particulièrement peu développée. Il est vrai,
sans doute, que les insectes et les oiseaux ont jusqu'ici,
et d'une façon croissante, été élevés à ce degré de
sensibilité ; mais, quand nous considérons les bigarrures compliquées de l'oiseau ou insecte mâle, et les
lentes gradations d'une étape de perfection à l'autre, il
semble difficile d'accorder à des oiseaux ou à des papillons un degré de développement esthétique qu'aucun
être humain ne présente sans avoir à la fois une finesse
esthétique spéciale et une éducation spéciale. En outre,
le papillon qu'on suppose doué de ce développement
extraordinaire de subtilité psychologique, volera naïve-
ment vers un morceau de papier tombé à terre, sera attiré par le stimulus esthétique primitif d'un papier de
tenture suranné, sans parler de l'éclat voyant et mono-
tone de quelques-unes des fleurs de nos parterres. D'où
surgit une autre difficulté, puisque nous devons supposer
que la femelle du papillon possède un double type de
goût, un pour les fleurs qu'elle et son compagnon visitent,
et un autre pour les dessins et les couleurs bien plus complexes du mâle. Et même, parmi les oiseaux, si nous admettons ces révélations indéniables de l'éveil du sens esthétique que manifestent certain oiseau Australien ou le
geai commun dans leur admiration pour les objets brillants, combien ce goût nous paraît-il grossier en comparaison de l'examen critique des variations infinitésimales
du plumage sur lequel compte Darwin. Sa supposition

essentielle n'est-elle donc pas trop manifestement anthro-
pomorphique ?

En outre, les plus beaux mâles sont souvent très belli-
queux ; ce n'est qu'une coïncidence, mais elle est fatale
aux idées de Darwin, car la bataille décidant ainsi la
question de l'accouplement, et dans des cas, où suivant
l'hypothèse, la femelle exercerait le plus de choix, elle
cède simplement au vainqueur. Dans notre théorie, toutefois, la combativité et la beauté sexuelle s'élèvent *pari
passu* avec le catabolisme du mâle.

Puis, dans le groupe *Æneas* du genre *Papilio*, Darwin
note les fréquentes gradations dans la quantité de différence entre les sexes. Parfois les deux sexes sont également de couleur terne, et il nous faut supposer que la
perception esthétique s'est perdue, d'une façon quelconque, ou a été arrêtée ; parfois les femelles sont ternes, et
les mâles splendides, — ce qui est, pour Darwin, un
exemple du résultat d'une perception sexuelle esthétique,
d'une sorte d'une exquise subtilité cependant, et sans
l'agrandissement cérébral proportionnel. Dans une troisième série de cas, les deux sexes sont splendides, d'où
l'on devrait, en bonne logique, conclure que le mâle a
contracté le goût de la beauté. Mais des cas semblables,
qui nécessitent généralement de plus ou moins embarrassantes hypothèses surajoutées (d'hérédité et autres) servant à les expliquer, sont pourtant assez intelligibles si
nous les considérons comme des exemples de catabolisme
croissant dans une série d'espèces. La troisième série
peut être considérée comme plus mâle, ou plus catabolique
que la première, la seconde série étant intermédiaire,
bien que l'on doive convenir franchement qu'une connaissance des habitudes, de la grandeur, etc., de l'espèce
en question, serait nécessaire pour vérifier la justesse de
l'interprétation de ce cas particulier [1].

1. On peut renvoyer le lecteur, pour une discussion approfondie

Il faut maintenant reprendre la comparaison entre les doctrines de Darwin et de Wallace. Suivant Darwin, la sélection sexuelle, par la loi de l'amour, a accéléré chez les mâles le développement du coloris brillant; suivant Wallace, la sélection naturelle, en vue de la protection, a retardé les femelles (d'oiseaux ou de papillons), et les a gardées modestement laides. Il n'est plus difficile d'établir une transaction, un compromis. La vraie doctrine semble être que les deux sexes se sont différenciés, en route, vers leurs buts respectifs, mais les mâles plus vite, à cause de leur catabolisme; les limites étant constamment fixées par la sélection naturelle dans les cas de Wallace, et constamment accrues par la sélection sexuelle dans ceux de Darwin. Il n'y a, dans le fait, aucune raison qui empêche d'admettre les deux sélections comme facteurs secondaires; mais la plus grande partie de l'explication se trouve dans la théorie exposée ci-dessus, à savoir, la constitution physiologique des mâles et des femelles mêmes. Bref, le principe posé admet quelque vérité dans chacune de ces conclusions, mais considère le coloris éclatant comme exprimant le sexe mâle à catabolisme prédominant, tandis qu'une laideur simple est également naturelle chez les femelles où domine l'anabolisme. Nous nous trouvons, ici, en état de rétablir une partie du principe affirmé par Brooks. La plus grande variabilité des mâles est en effet naturelle, puisqu'ils sont le sexe le plus catabolique. Là où domine le catabolisme, les combinaisons et permutations de molécules qui constituent ce qu'on appelle la variation, sont néces-

---

du développement progressif de la couleur et des marques, soit chez les papillons, soit chez les mammifères, aux ouvrages du professeur Aimer, et surtout à son ouvrage en cours de publication sur les lépidoptères. Il faut citer aussi les études sur la théorie de la descendance de Weismann, pour les marques des chenilles et des papillons.

sairement plus probables que chez les femelles anaboliques, passives, au repos. Il n'est nul besoin de théorie spéciale d'hérédité. Les mâles transmettent la majorité des variations, parce qu'ils en ont plus à transmettre.

Nous dirons, plus tard, quelque chose de plus de la sélection naturelle, et de ses limites en tant qu'explication des faits. Mais il est désirable de déclarer ici, que tout en admettant l'importance de la sélection sexuelle comme accélérant d'une façon secondaire la différenciation des sexes, nous sommes forcés de reconnaître que la sélection naturelle est aussi, continuellement, à l'œuvre pour arrêter une divergence des sexes qui, sans elle, pourrait tendre à devenir extrême. Si cette influence retardante de la sélection naturelle sur le processus d'évolution n'était pas toujours présente, nous trouverions les cas comme ceux de la bonellie et des rotifères beaucoup plus communs qu'ils ne le sont parmi les animaux. Mais c'est une erreur d'exagérer cette action limitante jusqu'à en faire l'explication du processus lui-même. Il faut aussi prendre note de l'importance croissante qu'ont et l'action retardante de la sélection naturelle, et l'action accélérante de la sélection sexuelle à mesure que nous remontons la série. Et c'est ainsi, en réalité, que nous sommes poussés vers une hérésie, qui, ainsi que nous le verrons plus tard, offre contre la théorie de la sélection naturelle, des arguments dont la portée dépasse les limites de notre thème actuel.

Post-Scriptum. Le docteur T. W. Fulton, naturaliste du *Scottish Fishery Board* a eu la bonté de nous fournir quelques-uns des résultats de ses observations sur la taille et les proportions numériques des poissons mâles et femelles.

(1.) Les femelles sont, d'ordinaire, beaucoup plus nombreuses que les mâles, et ne sont moins nombreuses que chez la baudroie et le loup. La proportion des femelles aux mâles

RÉSUMÉ

1, 3. Il faut chercher une base plus large pour comprendre les différences entre les sexes. Un examen général montre que les mâles ont des habitudes plus actives, tandis que les femelles en ont de plus passives; que les mâles tendent à être plus petits et à avoir une température plus élevée, tandis que la tendance des femelles est d'être plus grosses et de vivre plus longtemps.

4. L'association étroite des caractères sexuels secondaires avec la fonction reproductrice se voit dans la période, ou la périodicité de leur développement, dans les effets de la castration, dans les particularités des femelles âgées, etc. Une plus grande richesse en pigment, et d'autres traits caractéristiques masculins doivent être interprétés comme des expressions de la prédominance catabolique dans la constitution des mâles, en opposition avec la prépondérance de l'anabolisme chez les femelles.

5. La sélection sexuelle, comme explication des caractères sexuels secondaires, est bornée par le fait qu'elle est téléologique plutôt qu'étiologique; elle ne donne pas la raison des origines ni des étapes primitives; elle suppose une sensibilité esthétique trop subtile, et donne lieu à de nombreuses difficultés d'ordre secondaire. Cependant, les points de vue contraires de Darwin et de Wallace mettent en lumière des faits indéniables; tandis que les critiques de Mivart, la théorie de Brooks, et les suggestions de Rolph, Mantegazza et autres, nous conduisent vers une analyse plus profonde. La conclusion générale qui en découle reconnaît la sélection sexuelle (tout comme Darwin) comme élément accélérant secondaire, et la sélection naturelle (tout comme le fait Wallace) comme un « frein » retardant, pour la différenciation des caractères sexuels; ceux-ci trouvent essentiellement leur origine

varie chez les poissons plats, depuis 1 : 1 chez le carrelet, jusqu'à environ 12 : 1 chez la limande. Parmi les poissons « ronds » la même proportion varie depuis 3 : 2 chez le cabillaud ou morue, jusqu'à 9 : 2 chez le rouget commun. (2.) La femelle, chez tous les poissons plats, est plus longue et plus grosse, parfois de trente pour cent. Chez le cabillaud, l'eglefin et le loup, les mâles sont plus grands, tandis que les femelles du merlan sont un peu plus grosses, et qu'elles le sont d'une façon marquée chez le rouget commun. Le sujet est traité à fond par le naturaliste nommé ci-dessus, et ne peut manquer de donner de précieux résultats.

constitutionnelle ou organique dans les diathèses cataboliquc ou anabolique qui dominent chez les mâles et les femelles, respectivement.

BIBLIOGRAPHIE

BROOKS, DARWIN, MIVART, WALLACE. — *Comme précédemment.*

EIMER, G. H. T. — *Die Enstehung der Arten auf Grund von Vererben erworbener Eigenschaften, nach den Gesetzen organischen Wachsens.* Iéna 1888.

GEDDES, P. — Articles *Reproduction, Sex, Variation,* et *Selection* dans l'*Encycl. Brit.* Aussi, *Growth, Reproduction, Sex and Heredity. Proc. Roy. Soc. Edinburgh.* 1885-6.

ROLPH, W. H. — *Biologische Probleme.* Leipzig, 1884.

WEISMANN, A. *Studies in the Theory of Descent* (traduction Meldola) Londres 1880-82.

WALLACE A. R. *Le Darwinisme*, Paris, 1891.

CHAPITRE III

Jusqu'ici, nous avons considéré les différences des sexes, telles qu'on les observe à l'âge adulte. Il faut maintenant tourner notre attention vers l'origine du sexe lui-même, dans l'organisme individuel. Le début historique du sexe sera discuté plus tard ; le problème actuel concerne les facteurs qui déterminent si un organisme donné sera mâle ou femelle. En d'autres termes, la question qui se pose est celle de la détermination du sexe.

1. *L'époque où le sexe est déterminé.* Chaque organisme, mâle ou femelle, sort d'une cellule-œuf fécondée, excepté naturellement les cas de reproduction asexuelle et de parthénogénèse. Cette substance qui, dans un cas devient un mâle, et dans l'autre une femelle, est, en tant que notre expérience peut en décider, toujours la même ; et il n'est pas possible de répondre d'une manière générale à la question : quand le sexe de l'organisme est-il absolument décidé ? Chez les animaux supérieurs (oiseaux et mammifères) il est possible, à une date très précoce de la vie embryonnaire, de dire si le jeune organisme deviendra mâle ou femelle, quoiqu'aux toutes premières phases il soit impossible de décider si le rudiment des organes reproducteurs deviendra un testicule ou un

ovaire. Mais chez les vertébrés inférieurs, tels que les grenouilles, la période d'indifférence de l'embryon est grandement prolongée, et il semble certain qu'un têtard éclos, même après avoir manifesté une tendance vers la masculinité, peut sous certaines conditions suivre la direction opposée. Chez les invertébrés, les organes sexuels tardent souvent à prendre une prépondérance définie en faveur d'un sexe c'est-à-dire que la période de non-différence est d'ordinaire beaucoup plus longue, ainsi qu'on pourrait s'y attendre.

Les facteurs qui ont de l'influence pour la détermination du sexe sont nombreux, et entrent en jeu à des périodes différentes, de telle sorte qu'il est possible que la destinée future d'une cellule-germe change plusieurs fois. La constitution de la mère, la nutrition des ovules, la constitution du père, l'état de l'élément mâle au moment de la fécondation, la nutrition de l'embryon, et même le milieu des larves en certains cas, tous ces facteurs et d'autres encore doivent entrer en ligne de compte.

Laulanié a fait sur les organes embryonnaires quelques observations qui ont un intérêt particulier pour notre cas. Il distingue chez les oiseaux et les mammifères trois phases de développement individuel des organes reproducteurs. Il les nomme : (1) *Germiparité*, (2) *Hermaphrodisme*, (3) *Unisexualité différenciée*, et les considère comme parallèles aux phases d'évolution historique. Cependant, il n'admet pas, même pour la première phase, où les éléments sont encore très primitifs, que les termes neutralité ou indifférence soient exacts. Dans les deux sexes, les éléments sont presque semblables, mais pourtant leur destinée future a été décidée.

Sutton a aussi affirmé avec conviction qu'il règne, dans le développement individuel un état embryonnaire d'hermaphrodisme, et maintient que c'est un groupe d'éléments qui prédomine sur l'autre pour établir l'état unisexuel normal. Ploss et d'autres prennent des positions semblables relativement à un état primitif hermaphrodite. On ne peut conclure que ceci : plus l'organisme est élevé dans l'ordre des séries, et plus tôt sa destinée se trouve fixée; et ce n'est que chez les vertébrés inférieurs, et parmi les animaux sans vertèbres que l'on peut trouver une neutralité sexuelle prolongée, ou l'hermaphrodisme embryonnaire.

2. *Réponses à la question: Qu'est-ce qui détermine le sexe?* — On a donné beaucoup de réponses, et des plus variées, à cette question qui décide du sexe de l'organisme. Au commencement du dernier siècle, on comptait cinq cents théories du sexe, et depuis, elles n'ont fait qu'augmenter. Il est évident qu'une énumération de ces théories, fût-elle possible, ne serait pas désirable. Comme dans beaucoup d'autres cas, nos idées concernant la détermination du sexe ont pris trois directions différentes. Pour le théologien, il a suffi de dire « Dieu les créa mâle et femelle ». Dans la période de métaphysique académique, qui est bien loin d'être close, il était naturel de s'en référer aux « propriétés inhérentes de masculinité et de féminéité »; et c'est encore une « explication » à la mode que d'invoquer des « tendances naturelles » indéfinies pour expliquer la production de mâles ou de femelles. Il est presque inutile de dire que ce mode de traitement du sujet est abandonné par les biologistes. On a reconnu que ce problème relève de l'analyse scientifique; par suite, ce qu'il faut prendre spécialement en considération, c'est la constitution, l'âge, la nutrition et le milieu des parents. Les investigations qui se bornent à des observations et des statistiques seront d'abord enregistrées; les recherches d'une nature plus expérimentale et les conclusions générales seront discutées dans le chapitre suivant. Nous devons cependant encore rappeler au lecteur que l'explication physiologique définitive est, et doit être, en termes du métabolisme protoplasmique.

3. La théorie suivant laquelle il y aurait deux sortes

d'œufs, respectivement destinés à devenir mâles ou femelles, est plus qu'une pétition de principes. La constitution de l'œuf est sans doute un fait d'importance primaire, mais nous devons reconnaître, aussi, que ce qui est décidé virtuellement, à cette première étape, peut être ensuite contrecarré par des influences ultérieures d'un caractère opposé. B. S. Schultze, par exemple, a avancé l'hypothèse de deux sortes d'œufs, mais comme on n'admet pas les bases de sa théorie, il suffit de prendre note de celle-ci jusqu'à ce qu'il se produise d'autres observations.

4. De nombreux auteurs ont attaché une grande importance au procédé de la fécondation comme agent déterminant le sexe.

Un des raisonnements les plus grossiers a été celui de Canestrini qui attribuait la détermination du sexe au nombre des spermatozoïdes entrant dans l'œuf : — plus il y a de spermatozoïdes, et plus grande est la tendance vers la postérité mâle. Il a été montré, cependant, par Fol, Pflüger, Hertwig, et d'autres, que la « polyspermie » ou entrée de plus d'un spermatozoïde est extrêmement rare, et, dans le fait, généralement impossible, et que, lorsqu'elle se produit, dans de rares conditions, elle indique un état pathologique de la cellule-œuf, et tend à produire des anomalies. Pflüger a délayé le fluide séminal de grenouilles mâles, et trouve qu'il n'en résulte aucun changement dans la proportion numérique normale des sexes. Les cas des frelons, en outre, où l'on sait que le mâle naît d'œufs non fécondés, est un exemple familier, exactement contraire à la proposition de Canestrini qui peut être écartée comme entièrement insoutenable.

6. *Époque de la Fécondation.* Diverses autorités ont insisté, avec un poids bien supérieur, sur l'importance de l'époque de la fécondation. Ainsi, suivant Thury (1863) que suit Düsing (1883), un œuf fécondé peu après sa mise en liberté tend à produire une femelle, tandis qu'un œuf plus vieux tendra à produire un mâle. Comme éleveur pratique, Thury se vantait

de déterminer le sexe de son bétail d'après ce principe ; Cornaz et Knight ont tous les deux confirmé sa théorie pratiquement. Girou a fait voir que les fleurs femelles fécondées dès qu'elles étaient en état de recevoir le pollen tendaient à produire des fleurs femelles. Hertwig a montré, aussi, que les phénomènes intérieurs de la fécondation varient quelque peu suivant l'âge de l'œuf à ce moment. Hensen incline à croire la conclusion de Thury exacte, d'une manière générale, mais il veut l'étendre aussi à l'élément mâle. « Une condition très favorable, chez l'œuf et le spermatozoïde à la fois, amènera probablement la formation d'une femelle. »

« Suivant sa condition, le spermatozoïde peut soit corroborer d'une façon insuffisante l'état favorable de l'œuf, soit fortifier constitutionnellement un œuf moins heureusement conditionné. »

6. *L'âge des parents.* Hofacker (1823) et Sadler (1830) publièrent, chacun de son côté, des listes statistiques comprenant chacune environ 2000 naissances, à l'appui de la généralisation suivante : quand le parent mâle est plus âgé, la progéniture est masculine d'une façon prépondérante ; tandis que si les parents sont du même âge, ou *a fortiori* si le mâle est plus jeune, la postérité féminine est en majorité. Cette conclusion, qui est généralement connue sous le nom de loi de Hofacker et Sadler, a reçu à la fois des confirmations et des contradictions embarrassantes. Gohlert, Boulenger, Legoyt et d'autres l'ont confirmée, ainsi que quelques éleveurs de bétail et d'oiseaux, mais elle a été niée par d'autres autorités pratiques, et contredites d'une façon directe par les statistiques récentes de Stieda, en Alsace-Lorraine, et de Berner, en Scandinavie.

RÉSUMÉ DES STATISTIQUES SUR LES PROPORTIONS RESPECTIVES DES SEXES
MÂLES ET FEMELLES

OBSERVATEURS	Nombre de naissances.	LIEU	PROPORTION des garçons pour 100 filles				OBSERVATIONS
			Père plus âgé.	Père de même âge.	Père plus jeune.	Moyenne.	
Hofacker..	1,994	Tübingue	117,8	92,0	90,6	107,5	
Sadler....	2,068	Angleterre	124,4	91,8	86,5	114,7	
Göhlert...	1,584		108,4	91,3	82,6	105,3	
Legoyt ..	52,311	Paris.	104,49	102,44	97,5	102,07	
Boulenger	6,006	Calais.	109,98	107,92	101,63	107,9	
Noirot ...	4,000	Dijon.	99,7		116,0	103,5	
Breslau .	8,054	Zürich.	103,9	103,1	117,6	106,6	
Stieda....	100,500	Alsace-Lorr.	105,03	»	108,39	106,27	Contradictoire
Berner ...	267,946	Suède.	104,61	106,23	107,45	106,0	Contradictoire. Voyez le texte.

Le tableau ci-dessus (pris surtout à Hensen d'après Œsterlen) montre d'une façon frappante combien les résultats de Stieda et de Berner sont en contradiction avec la loi d'Hofacker et Sadler. Il faut noter, pour les chiffres de Berner, qu'ils se rapportent à des cas où le père, ou la mère, n'étaient plus âgés l'un que l'autre que d'un à dix ans. Si le père avait plus de dix ans d'aînesse, la majorité masculine est de 103, 54 ; si la mère est plus âgée de plus de dix ans, la proportion est de nouveau 104, 10, contre les conclusions d'Hofacker et de Sadler. Comparés à la statistique humaine ci-dessus, les résultats de Schlechter, concernant les chevaux, combattent aussi la loi alléguée.

Quant aux plantes, divers naturalistes ont appelé l'attention sur l'influence de l'âge sur le sexe. Heyer cite les observations suivantes : chez le *Leontarus domestica*, suivant Rumpf, la plante femelle peut porter des fleurs mâles avant sa propre floraison femelle. Chez le *Morus nigra*, et dans d'autres cas, suivant Miller, les fleurs mâles peuvent paraître d'abord, et les fruits ensuite. Tréviranus a observé que les premières fleurs du hêtre, du châtaignier, et d'autres arbres sont mâles. Clausen donne des exemples semblables, et Hoffmann fait remarquer que, chez le marronnier, et en divers autres cas, les fleurs mâles paraissent d'abord, et sont suivies de fleurs hermaphrodites ou femelles.

La plupart des résultats au sujet de l'influence de l'âge sont, cependant, extrêmement peu satisfaisants, et contradictoires. La statistique ci-dessus le prouve d'une façon évidente. On ne peut considérer comme établie la loi de Hofacker et Sadler. Dans le fait, ainsi qu'Hensen en fait la remarque, les tableaux statistiques ne prouvent rien à moins d'être d'une immense étendue. Le nombre des autres facteurs, en dehors de l'âge des parents, qui peuvent influencer chaque cas, est évidemment grand, la santé, la nourriture, la fréquence des relations sexuelles, l'abstinence après la naissance d'un mâle, et d'autres circonstances semblables, réduisent toutes l'application pratique de la méthode statistique. Pour le moment, en tous cas, nous n'avons pas de raisons pour attribuer beaucoup d'importance à l'âge relatif des parents, excepté comme facteur secondaire, qui a sans doute une influence par rapport à la nutrition.

7. *La vigueur comparative*. La théorie la mieux connue, et probablement encore la plus répandue, est celle de la « vigueur comparative ». Telle que l'ont élaborée Girou et quelques autres, cette hypothèse relie le sexe de la postérité à celui du parent le plus vigoureux. On ne peut dire, cependant, que les faits la vérifient. Ainsi, des mères phtisiques produisent un grand nombre de filles, tandis que la théorie de Girou nous ferait attendre le contraire. Nous devons analyser la « vigueur » dans les facteurs qui la composent, et en ce faisant, nous trouverons non seulement des faits mais des raisons en

faveur de la conclusion, qui est en partie renfermée dans la théorie ci-dessus, que les femelles qui sont fortement nourries tendent à produire une postérité féminine. La forme de l'hypothèse qui rapporte la détermination du sexe à la « supériorité génitale », ou à l' « ardeur relative », ne peut être sérieusement examinée. En connexion avec cette doctrine on a soutenu que dans les « mariages d'amour », après de courtes fiançailles, la postérité féminine prédomine ; et l'on a suggéré une foule d'autres faits intéressants de même nature. Cependant, il est difficile d'éviter un peu de scepticisme à l'endroit d'inductions si peu pratiques.

8. *La loi du sexe, de Starkweather.* La théorie élaborée par Starkweather est étroitement alliée à celle de la vigueur comparative, et est assez suggestive pour mériter un résumé séparé. Le point de départ est une discussion de la supériorité supposée d'un des sexes. L'égalité essentielle des sexes n'est pas soutenue généralement, et encore moins l'excellence des femelles; la tendance générale a donné la palme aux mâles. Dès les premiers âges, les philosophes ont soutenu que la femme n'était qu'un homme non développé ; la théorie de la sélection sexuelle de Darwin présuppose une supériorité et un droit d'héritage dans la ligne masculine; pour Spencer, le développement de la femme est arrêté de bonne heure par les fonctions de la procréation. Bref, l'homme de Darwin est une femme qui a achevé son évolution, et la femme de Spencer est un homme dont l'évolution a été arrêtée.

Cette notion de la supériorité des mâles a été la base de beaucoup de théories du sexe. Comme bon exemple de cette opinion, nous citerons quelques phrases de Richarz: — « Le sexe n'est point une qualité transmise par les parents, mais se base sur le degré d'organisation atteint par la postérité. Le sexe masculin représente, jus-

qu'à un certain point, un degré supérieur d'organisation
ou de développement chez l'embryon. Ce point est atteint
quand l'action reproductrice de la mère est spécialement
bien développée, et le rejeton mâle qui en résulte ressemble plus ou moins à sa mère. Mais la puissance maternelle reproductrice est faible, l'œuf n'atteint pas la masculinité, et la postérité féminine qui en résulte ressemble
plus ou moins au père. » Hough pense ainsi que les mâles naissent quand l'organisation maternelle est à son
apogée, et les femelles aux périodes de croissance, de
réparation, ou de maladie. Tiedman et d'autres regar-
dent la postérité féminine comme arrêtée dans son état
primitif, tandis que Velpeau, réciproquement, considère
les femelles comme étant dégénérées d'une masculinité
primitive.

Réagissant contre ces spéculations au sujet de la supériorité d'un des sexes, Starkweather soutient avec fer-
meté qu' « aucun des sexes n'est supérieur, physiquement, à l'autre, mais que tous les deux sont égaux, essentiellement, dans un sens physiologique ». Cela est
vrai, en moyenne ; mais, cependant, dans chaque couple, il faut, d'ordinaire, convenir qu'il y a, d'un côté ou
de l'autre, un plus ou moins grand degré de supériorité.
Accordant cela, Starkweather affirme, comme sa conclusion principale « que le sexe est déterminé par le parent
supérieur, et que celui-ci produit le sexe opposé ». Ren-
voyant le lecteur à l'article *Sex* de la *British Encyclopaedia*, où il trouvera quelques notes critiques, nous
nous bornons à faire remarquer que, tout comme la « vigueur comparative », la « supériorité » n'a guère pour
se recommander que sa simplicité d'expression, puisqu'elle englobe une grande variété de facteurs sous un
nom commun. Cependant, pour être juste envers l'auteur, nous admettrons que c'est la somme algébrique de
ceux-ci qu'il a essayé d'exprimer.

9. *L'opinion de Darwin.* Darwin n'a, en ce qui concerne l'origine du sexe, ou sa détermination en des cas individuels, rien vu de plus que ses contemporains. Il renvoie aux théories courantes sur l'influence de l'âge, la période d'imprégnation, etc; et fournit, en outre, une masse de statistiques sur les proportions numériques des deux sexes, et l'influence supposée de la polygamie. « Il y a des raisons de soupçonner, dit-il, qu'en quelques cas l'homme a, par la sélection, influencé indirectement sa propre puissance de produire le sexe. » Il se replie sur la « croyance (non analysée) que la tendance à produire l'un ou l'autre sexe pourrait être héréditaire, comme presque toute autre particularité, par exemple celle de produire des jumeaux » ... » Dans aucun cas, nous ne pouvons voir qu'une tendance héréditaire à produire les deux sexes en nombres égaux, ou à produire un sexe en excédent, serait un avantage direct ou un désavantage direct pour certains individus plus que pour d'autres; ..... et, par conséquent, une tendance de ce genre n'a pu être acquise au moyen de la sélection naturelle. » ..... « Je pensais, autrefois, que si une tendance à produire les deux sexes en nombres égaux était un avantage pour l'espèce, elle résulterait de la sélection naturelle, mais je m'aperçois, maintenant, que tout ce problème est si compliqué qu'il est plus sage d'en abandonner la solution à l'avenir. » Toutes les autres allusions de Darwin, à ce sujet, ont été si heureusement élaborées par l'ouvrage de Düsing sur la manière dont se règlent elles-mêmes les proportions des sexes, qu'il vaut mieux renvoyer le lecteur à ce dernier.

10. *Düsing, sur les proportions des sexes, et la manière dont elles sont réglées.* — Dans un ouvrage important, Düsing a, récemment, traité tout ce sujet, avec quelque succès synthétique. Il reconnaît que les facteurs qui déterminent le sexe sont de plusieurs sortes, et agissent à des époques différentes. L'état des éléments reproducteurs, c'est-à-dire la constitution et les habitudes des parents y ont une grande part; beaucoup dépend aussi du moment de la fécondation, tandis qu'encore la nutrition de l'embryon peut être décisive. Düsing a recueilli un grand nombre de faits, concernant à la fois les plantes et les animaux, à l'appui de ses conclusions ; mais le résumé copieux de son ouvrage, que nous avons donné dans l'article *Sex* déjà cité, est inutile à reproduire ici, ses résultats expérimentaux devant être renfermés dans le prochain chapitre.

Le mémoire de Düsing a, cependant, une importance très grande, car il analyse ce qu'on peut appeler le mécanisme par lequel la proportion des sexes est réglée. Au lieu de rapporter, d'une façon vague, la question toute entière à la sélection naturelle, il montre, en détail, comment les nombres se règlent eux-mêmes, en quelque sorte, comment il se produit toujours une majorité du sexe dont il est besoin. C'est-à-dire que, si un sexe est décidément en minorité, ou sous des conditions qui reviennent au même, alors se produira une majorité de ce sexe. S'il y a, par exemple, une grande majorité de mâles, il sera d'autant plus probable que les œufs seront fécondés de bonne heure, mais cela signifie une prépondérance probable de progéniture féminine, et ainsi, l'équilibre se trouvera rétabli. Il serait peut-être téméraire de dire que dans chacun des cas il justifie sa thèse, mais son raisonnement général, que les perturbations dans les proportions des sexes amènent leurs propres compensations, est exposé avec soin, et de façon à convaincre.

11. *Le sexe des jumeaux.* — Il arrive quelquefois, parmi beaucoup de classes différentes d'animaux, que deux organismes se développent dans un seul œuf. Nous avons là un cas de « vrais » jumeaux, en opposition aux cas où un même œuf ne produit pas de postérité multiple. De tels « vrais » ju-

meaux ne sont pas rares chez l'espèce humaine, et sont alors soit remarquablement semblables l'un à l'autre, soit fortement dissemblables. La portée de ceci constitue un des problèmes secondaires de l'hérédité, et ne saurait être discutée ici, mais nous devons noter le fait général qui est vrai, sans exception, dans l'espèce humaine, que les « vrais » jumeaux sont du même sexe.

A partir d'une date très ancienne, on a connu à cette règle une exception chez le bétail, et elle s'applique aussi bien à d'autres organismes. Il ressort des recherches attentives de Spiegelberg et d'autres, que, chez le bétail : (a) les jumeaux peuvent être tous deux femelles, et tous deux normaux ; ou (b) que les sexes peuvent être différents et normaux ; ou (c) que tous deux peuvent être mâles, auquel cas, il y en a toujours un qui présente une anomalie particulière : les organes internes sont mâles, mais les organes externes accessoires sont femelles, et il y a aussi des conduits femelles rudimentaires. Aucune théorie n'a encore réussi à expliquer les faits de ce cas étrange.

Il faut maintenant, — et Düsing nous servira de transition — procéder du mode historique d'exposition à quelque chose de plus constructif. Laissant derrière nous les hypothèses, ainsi que les théories qui ne reposent que sur une statistique insuffisante, nous établirons une induction d'après les témoignages de l'expérience, dans le chapitre qui suit.

RÉSUMÉ

1. L'époque à laquelle le sexe est finalement déterminé varie chez les différents animaux, et divers facteurs agissent à diverses époques, successivement.

2. Les théories théologiques et métaphysiques, à l'égard du sexe, ont précédé les théories scientifiques. On s'est adressé à l'observation et aux statistiques avant de recourir à l'expérience, et plus de cinq cents théories ont été exposées.

3-6. On ne peut encore qu'assumer qu'il y a deux sortes d'œufs et il est erroné de supposer qu'à l'état normal, il entre plus d'un spermatozoïde, et qu'il soit le facteur déterminant. L'insistance de Thury sur l'âge de l'ovaire au moment de la fécondation est probablement justifiée ; Hensen applique cette notion à l'élément mâle tout comme à l'élément féminin. L'âge des parents n'est, probablement, que d'une importance secondaire, et la loi de Hofacker et Sadler attend confirmation.

7. 8. La théorie de la « vigueur comparative » et d'autres du même genre, doivent être écartées ; celle de Starkweather sur la supériorité relative de l'un ou l'autre des sexes, et l'influence de cette supériorité sur le sexe du rejeton, demande à être analysée plus à fond.

9. 10. La thèse de Darwin ne contient rien de nouveau, et a été remplacée par le système de Düsing, et l'explication que donne ce dernier des proportions numériques des sexes, et de la façon dont elles se règlent elles-mêmes.

10. Nous pouvons maintenant, après une note relative au sexe semblable des « vrais » jumeaux, passer aux données expérimentales.

BIBLIOGRAPHIE

BERNER, Hj. — *Om Kjönsdannelsens Aarsager, En biologisk Studie,* (bibliographie) Christiania, 1883.

DARWIN, C. — *La Descendance de l'Homme,* chap. VIII, 1871. — *La Variation des Plantes et des Animaux Domestiques.*

DÜSING, C. — *Die Regulierung des Geschlechtsverhältnisses bei der Vermehrung der Menschen, Thiere, und Pflanzen,* Iéna, 1884, ou (en. Zeitsch. f. Naturw, XVII, 1883).

GEDDES, P. — Comme précédemment.

HESSEN, V. — *Physiologie der Zeugung* dans le *Handbuch der Physiologie,* de Hermann t. VI, p. 304, avec renvois à Ploss, Schultze, etc., Leipzig, 1881.

HIS, W. — *Theorien der geschlechtlichen Zeugung. Arch. f. Anthropologie,* t. IV-VI.

HOFACKER. — *Ueber die Eigenschaften, welche sich bei Menschen und Thieren auf die Nachkommen vererben,* Tübingue, 1828.

LAULANIÉ, F. — *Comptes-Rendus,* t. CI, p. 593-5, 1885.

ROLPH, W. H. — Comme précédemment.

RORN, E. — *Die Thatsachen der Vererbung* (historique) Berlin, 1885.

PFLÜGER, E. — *Ueber die das Geschlecht bestimmenden Ursachen und die Geschlechts-verhältnisse der Frosche (Arch. f. d. ges., Physiol. XXIX.)*

SADLER. — *The Law of Population,* Londres, 1830.

SCHLECHTER. — *Ueber die Ursachen welche das Geschlecht bestim_men.* Rev. f. Thierheilkunde, Vienne, 1884 ; *Biol. Centralblat*, t. IV, p. 627 à 629.

STARKWEATHER. — *The Law of Sex.* Londres, 1883.

STIEDA. — *Das Sexual Verhältniss bei Geborenen,* Strasbourg, 1875.

SUTTON J. B. — *General Pathology.*, Londres, 1886.

THURY. — *Ueber das Gesetz der Erzeugung der Geschlechter,* Leipzig, 1863.

WAPPÆUS. — *Allgemeine Bevölkerungs-Statistik.* Leipzig, 1861.

CHAPITRE IV

LA DÉTERMINATION DU SEXE (EXPÉRIENCES ET RAISONNEMENT)

1. *Influence de la nutrition*. — Dans la nature entière, l'influence de la nourriture est, sans aucun doute, un des facteurs les plus importants du milieu. Pour Claude Bernard, presque tout le problème de l'évolution se réduisait à une question de variations de la nutrition. « L'évolution, c'est l'ensemble constant de ces alternatives de la nutrition ; c'est la nutrition considérée dans sa réalité, embrassée d'un coup d'œil, à travers le temps ». Il convient que nous commencions notre examen des facteurs dont l'influence sur le sexe est reconnue, par la fonction fondamentale de la nutrition.

a) *Le cas des têtards*. — Il ne manque point d'observateurs qui, en passant de la statistique et de l'hypothèse à l'expérimentation et à l'induction, ont trouvé la matière de leurs travaux chez les têtards, où le sexe paraît être indéterminé pendant une période relativement longue. Si nous acceptons les affirmations de Yung, qui a fait le plus grand nombre d'observations sur ces formes animales, les têtards traversent une phase hermaphrodite, en commun, suivant d'autres autorités, avec la plupart des animaux. C'est pendant cette phase que les influences externes, et surtout la nourriture, décident de leur sort

quant au sexe, bien que parfois, ainsi que nous le verrons dans la suite, l'hermaphrodisme persiste dans la
vie de l'adulte. Il n'est que juste d'ajouter, pourtant, que
Pflüger explique un peu différemment les faits distin-
guant parmi les têtards trois variétés: (a) les mâles distincts; (b) les femelles distinctes, et (c) les hermaphrodites. Chez ces derniers, les testicules, ou organes mâles,
se développent autour des ovaires primitifs, et si les têtards doivent finir par être mâles les organes féminins
renfermés sont résorbés.

Adoptant la thèse de Yung, nous exposerons simplement les résultats frappants d'une série d'observations.
Quand les têtards furent abandonnés à eux-mêmes, la proportion des femelles était plutôt en majorité. Dans trois
lots, les proportions des femelles aux mâles étaient comme
suit: — **54 : 46 ; 61 : 39 ; et 56 : 44.** Le nombre moyen de
femelles était donc d'environ 57 pour cent. Dans une première éducation, en les nourrissant de bœuf, Yung éleva
la proportion moyenne des femelles à **78** ; dans la seconde,
avec du poisson, la proportion s'éleva de **64 à 81** ; et dans
la troisième série, lorsqu'on eût donné la chair de grenouille, particulièrement nourrissante, la proportion
monta de **56 à 92.** C'est-à-dire que, dans le dernier cas,
le résultat d'une forte nourriture fut qu'il y eut **92** femelles pour **8** mâles. Ces résultats frappants ont droit à
peser d'un grand poids sur notre jugement, à cause de
l'expérience et de la sagacité de l'observateur.

b) *Le cas des abeilles.* — Les trois sortes d'habitants
des ruches sont connus de tous comme étant reines, ouvrières et frelons; ou comme femelles fécondées, femelles
imparfaites, et mâles. Quels sont les facteurs qui déterminent les différences entre ces trois formes ? En premier
lieu, on croit que les œufs donnant naissance aux frelons ne sont pas fécondés, tandis que ceux d'où proviennent la reine et les ouvrières ont l'histoire normale. Mais

quel est l'arbitre de la destinée des deux dernières, qui décide si un œuf donné sera la mère possible de toute une génération nouvelle, ou demeurera à un niveau inférieur sous forme de femelle ouvrière et stérile? Il paraît certain que leur destinée dépend surtout de la quantité et de la qualité de la nourriture. Une nourriture riche et abondante développe les organes reproducteurs de la future reine; une nourriture plus maigre et moins recherchée retarde la sexualité des futures ouvrières, chez qui ne se développent pas les organes reproducteurs. Jusqu'à un certain point les abeilles-nourricières peuvent décider de la destinée des objets de leurs soins en changeant leur régime, et cela arrive certainement en quelques cas. Si une larve, en train de se dé-

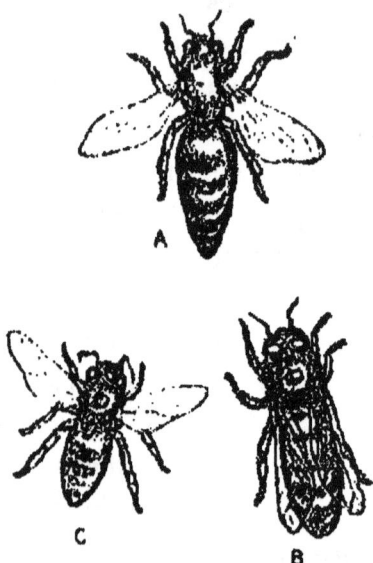

Fig. 9. — Reine (A) ouvrière (C) et (B) mâle d'abeilles.

velopper en ouvrière reçoit, par hasard, quelques miettes de la table royale, la fonction reproductrice peut se développer chez elle, et il en résultera ce qu'on appelle des « ouvrières fécondes » parce qu'elles sont d'un degré au-dessus de la stérilité moyenne, ou bien, par une intention directe, une larve d'ouvrière peut être élevée au rang de reine-abeille.

Le tableau suivant, d'après une analyse récente, de A. von Planta, montre les différences de régime en ce qui concerne les solides. Dans les reines il y a 69,38 pour cent; chez les frelons 52,75 pour cent, et chez les ouvrières 71,63 pour cent, d'eau.

Solides	Reines	Frélons de 1 à 4 jours	Frélons après 4 jours	Ouvrières
Azote.............	45.14	55.91	31.67	54.21
Graisse	13.55	41.90	4.74	6.84
Glucose..........	20.39	9.57	38.49	27.65
Cendres..........	4.06		2.02	

On voit, ci-dessus, que les larves de reines reçoivent une quantité de corps gras double de celle des ouvrières. Les frélons reçoivent une proportion considérable de substances azotées, mais bientôt elle devient inférieure à celle qui reçoivent les ouvrières et les reines. La substance graisseuse aussi, d'abord abondante, tombe bientôt au tiers de celle que reçoivent les reines. D'où il suit que la proportion de glucose, excepté au début, est bien plus considérable que dans les deux autres cas.

Il n'est pas nécessaire, toutefois, d'entrer dans les détails pour apercevoir l'importance de ce point principal, que les différences de nutrition, en grande partie du moins, déterminent les distinctions d'importance majeure entre le développement et le retardement de la féminéité. Et il y a peu de faits plus significatifs que ce fait si simple et si connu que, durant les huit premiers jours de la vie larvaire, l'addition d'un peu de nourriture décidera des différences marquantes, anatomiques et physiologiques, qui séparent l'ouvrière de la reine.

Eimer a appelé l'attention sur la corrélation intéressante que révèle le fait qu'une larve destinée à être ouvrière, mais transformée en reine, acquiert avec l'accroissement de sa sexualité toutes les petites différences anatomiques et physiologiques qui distinguent une reine. Considérant la fécondation comme une sorte de nutrition, il regarde les frélons, les ouvrières, et les reines comme étant les trois termes d'une série ; et la même

idée est suggérée par Rolph. Eimer rappelle quelques
faits intéressants, empruntés aux bourdons, qui corrobo-
rent cette opinion. Là, la reine mère, s'éveillant de son
sommeil hivernal sous les rayons du soleil printanier,
fait un nid, recueille de la nourriture, et pond sa première couvée. Celle-ci n'est pas trop abondamment
nourrie, la reine ayant fort à faire; les larves se développent en petites femelles, ouvrières en un sens, mais
fécondes, quoique ne produisant que des mâles. Bientôt
naît une seconde couvée d'ouvrières; celles-ci bénéfi-
cient de l'existence de leurs sœurs aînées, sont mieux
nourries, et deviennent de grandes femelles. Cependant,
de même que la première couvée, elles ne produisent
encore que des mâles, ou, par occasion, quelques femelles.
Enfin, avec l'avantage de deux couvées précédentes de
femelles petites et grandes, les reines futures naissent.
Ces faits n'offrent pas seulement une confirmation complète de l'influence de la nutrition sur la sexualité, mais
ils ont de l'importance en ce qu'ils suggèrent l'origine
de la société plus hautement spécialisée de l'abeille de
ruches.

c) Les expériences de von Siebold. — Dans un but quelque
peu différent de celui que nous poursuivons, von Siebold a fait
une série d'observations attentives sur une espèce de guêpe,
Nematus ventricosus ; ces observations donnent, ainsi que
Rolph l'a remarqué, des résultats précieux concernant la détermination du sexe. Chez cette guêpe, les œufs fécondés,
contrairement à ceux de l'abeille, se développent en mâles
aussi bien qu'en femelles, tandis que les œufs non fécondés,
ou parthénogénétiques, peuvent produire une petite proportion de femelles. A partir du printemps, à mesure que la
chaleur et la nourriture augmentaient à la fois, von Siebold a
calculé la proportion des mâles et des femelles dans des édu-
cations de larves nées d'œufs fécondés. Les résultats de sa série d'observations peuvent se résumer en un tableau:

Fin de la période larvaire (l'upation)	Nombre de femelles pour 100 mâles	Nombre de femelles	Nombre de mâles
15 juin.........	14	19	136
Juillet..........	77	63	66
Juillet	269	579	215
Août............	340	»	»
Fin d'Août.......	500	»	»
Septembre	100	»	»

Ainsi que Rolph le fait observer, ces résultats ne sont pas entièrement satisfaisants pour notre but actuel, « mais ceci du moins est clair, que le tant pour cent de femelles augmente du printemps au mois d'août, et qu'après il diminue. Nous pouvons conclure, sans hésitation, que la production des femelles provenant d'œufs fécondés augmente avec la chaleur et avec l'abondance de la nourriture (*Assimilationsleistung*, et décroît lorsque celles-ci diminuent. »

Nous citerons de l'ouvrage de Rolph, qui est tout plein d'une suggestivité que l'auteur n'a malheureusement pu développer, en raison de sa fin prématurée, un autre paragraphe qui résume des expériences ultérieures de von Siebold :

« Non moins instructives, dit-il, sont les expériences sur les œufs non fécondés ». (Voir le tableau suivant).

NUMERO des EXPÉRIENCES.	DURÉE des phases embryonnaire ET LARVAIRE	SEXE	
		MALES	FEMELLES
11	21 jours	tous	0
12	19 —	tous	0
13	18 —	493	2
14	17 —	265	2
15	17 —	374	8
16	18 —	168	1
17	21 —	1	

« Ce tableau montre le même résultat général que précédemment. Plus abondants sont le métabolisme (*Stoffwechsel*) et la nutrition, et plus grande est la tendance à produire des femelles, qui, au début et à la fin, sont entièrement absentes. Dans la série ci-dessus d'expériences, elles ne paraissent que lorsque le métabolisme et la nutrition étaient si abondants que le développement complet des jeunes guêpes n'occupa que dix-huit jours, ou moins, jusqu'à la période de pupation ».

La particularité de ce dernier cas, en supposant les expé-

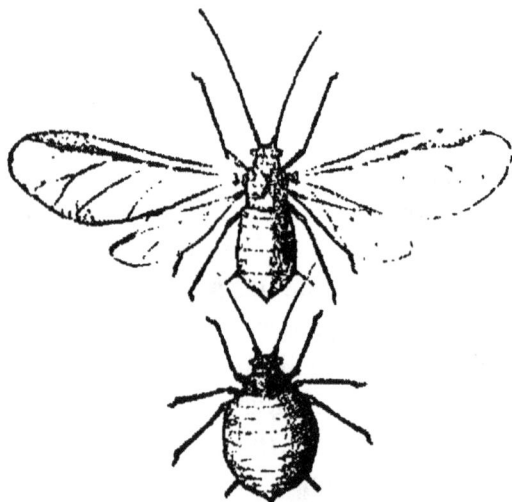

Fig. 10. — Deux formes du puceron commun (*Aphis*). Cette figure montre trois choses différentes : un mâle ailé et une femelle aptère ; une femelle ailée et une femelle parthénogénétique aptère ; une femelle sexuelle ailée et une femelle parthénogénétique aptère ordinaire. D'après Kessler.

riences exactes, est que dans la parthénogénèse, où la production des mâles est l'état normal, des influences favorables du milieu paraissent amener la production de femelles.

d) Le cas des Aphides. — Un des exemples les plus familiers de l'influence de la nutrition sur le sexe se trouve dans l'histoire des pucerons ou aphides, qui, d'ailleurs, est remplie d'autres faits suggestifs relatifs à toute la théorie du sexe et de la reproduction. Les détails concernant ces pucerons, qui se multiplient si rapidement sur nos rosiers, nos arbres fruitiers, et autres, diffèrent un peu dans les diverses espèces, mais on a reconnu chez tous les faits généraux qui suivent. Pendant les mois d'été, avec une température favorable, et une nourriture abondante, les aphides produisent, par parthénogénèse, génération sur génération de femelles. L'arrivée de l'automne, cependant, avec le froid et la disette de nourriture qui l'accompagnent, amène la naissance de mâles, et par conséquent le retour de la reproduction strictement sexuelle. Dans le milieu artificiel d'une serre, équivalent à un été perpétuel pour la chaleur et la nourriture, on a observé la succession parthénogénétique des femelles, d'une façon expérimentale, pendant quatre ans; il semble, dans le fait, qu'elle se prolonge jusqu'à ce que l'abaissement de la température, et la diminution de la nourriture, à la fois, fassent reparaître les mâles et la reproduction sexuelle.

e) Papillons et phalènes. — Pendant que nous traitons des insectes, nous pouvons noter l'expérience intéressante de Madame Treat : si des chenilles sont enfermées, et mises à la diète avant de devenir chrysalides, les papillons ou phalènes qui en résultent sont mâles, tandis que ceux de chenilles de la même ponte, fortement nourries, sont des femelles. Gentry a aussi montré, pour les phalènes, qu'une nourriture peu substantielle ou malsaine produit des mâles, et a suggéré que ce fait peut expliquer pourquoi, en automne, les mâles sont en excédent; nous soupçonnons cependant que, dans ce cas, la température joue le premier rôle.

f) Crustacés. — Pour soutenir cette thèse, Rolph a appelé l'attention sur les faits suivants, entre autres. Une des crevettes d'eau salée (*Artemia salina*) ressemble à plus d'un crustacé par la rareté locale, et périodique, des mâles, associée, naturellement avec la parthénogénèse. A Marseille, dit Rolph, cette *Artemia* se trouve dans des conditions particulièrement favorables, ainsi que sa grosseur remarquable l'indique clairement ; et là, elle ne produit que des femelles. Là où les conditions de l'existence sont moins favorables, elle produit aussi des mâles. « Un certain maximum d'abondance, et un certain optimum de conditions vitales, chez les animaux parthénogénétiques — Daphnides et Aphides, Apus, Branchipe, Artemia, et de nombreux autres crustacés — produisent des femelles, tandis que des conditions moins favorables s'accompagnent de la production des mâles ». En ce qui concerne les Daphnides, cependant, il est juste de faire remarquer que les conclusions de Rolph ne s'accordent pas tout à fait avec celles de Weismann, qui, avec une expérience consommée en ce qui concerne ces curieux petits animaux, n'est pas disposé à admettre l'influence directe de la température et de la nutrition en cette matière.

g) Mammifères. — Chez les animaux supérieurs, il est plus difficile de prouver l'influence de la nutrition sur le sexe. Pourtant, il y a des observations décisives qui viennent grossir les témoignages accumulés. Ainsi, Girou fit, il y a longtemps, une expérience importante sur un troupeau de trois cents brebis ; il le divisa en parties égales, les brebis de l'une furent très bien nourries, et saillies par deux jeunes béliers, tandis que les cent cinquante autres furent saillies par deux vieux béliers, et maigrement nourries. La proportion d'agneaux femelles dans les deux cas fut respectivement de soixante et de quarante pour cent. Malgré la combinaison de deux facteurs, l'expérience est certainement éloquente. Düsing cite encore d'autres témoignages en faveur de la même conclusion ; il note, par exemple, que ce sont d'ordinaire les brebis les plus grosses qui portent les agneaux femelles. Il insiste sur le fait que les femelles faisant un sacrifice beaucoup plus sérieux dans l'acte de la reproduction, sont dans une plus grande dépendance à l'égard des va-

riations de la nutrition que les mâles. Même chez les oiseaux, ainsi que Stolzmann l'indique, il y a un bien plus
grand afflux de sang vers les ovaires que vers les testicules, les dépenses sont plus grandes, et les conséquences
sont par suite, plus sérieuses, si celles-ci ne sont pas com-
pensées.

h) Chez l'homme, enfin, l'influence de la nutrition,
bien que difficile à apprécier, se manifeste. On peut
citer Ploss comme une autorité qui a insisté sur ce facteur chez l'homme. Les statistiques semblent montrer
qu'après une épidémie ou une guerre, les naissances
masculines sont en plus grand nombre que d'ordinaire.
Düsing fait remarquer aussi que les femmes qui ont de
petits placentas, et une faible menstruation, donnent naissances à plus de garçons, et il soutient que le nombre
des mâles varie selon les récoltes et les prix. Dans les
villes, et dans les familles riches, il semble qu'il y ait plus
de filles, tandis que les garçons sont plus nombreux à la
campagne et chez les pauvres.

i) *Détermination du sexe chez les plantes.* — Il est, actuellement, très difficile d'arriver à quelque conclusion
réellement satisfaisante au sujet de l'influence de la nutrition sur le sexe des plantes. Ce sujet a été, au point
de vue bibliographique, récemment discuté par Heyer,
mais son examen ne trahit pas d'enthousiasme. Ses conclusions paraissent en effet le mener à un scepticisme
quant aux modifications de l'organisme par les influences de milieu, que nous sommes loin de partager. Il faut
admettre que les expériences de Girou (1823) de Haber-
landt (1869) et autres, n'ont pas donné de résultat certain, tandis que les conclusions de quelques autres sont
assez contradictoires pour justifier, sinon le désespoir
de Heyer, du moins sa circonspection actuelle. Cependant quelques investigations, surtout celles de Meehan
(1878) qui sont corroborées, essentiellement, par Düsing

1883) tendent à montrer, pour quelques cas, qu'une abondance d'humidité et de nourriture tend à produire des femelles. Quelques-uns des points qu'il a traités sont extrêmement instructifs. Ainsi de vieilles branches de conifères, surmontées et ombragées par de plus jeunes, ne produisent que des inflorescences mâles. Plusieurs

Fig. 11. — Fleurs mâle et femelle de *Lychnis diurna*.

botanistes, cités par Heyer, sont d'accord sur l'observation que les prothalles de fougères qui ont poussé dans des conditions défavorables de nutrition ne produisent que des anthéridies (organes mâles), et point d'archégones, ou organes femelles.

Le témoignage de la botanique, bien qu'il ne soit guère important, corrobore certainement le résultat général que la bonne alimentation produit une prépondérance des femelles. Le contraste des sexes, chez nos plantes dioïques communes est ici très instructif. Si nous prenons pour exemple la mercuriale (*Mercurialis perennis*) de n'importe quel vallon ombreux, ou la Lychnis (*L. diurna*) qui si souvent abonde tout autant sur les pentes ensoleillées, nous voyons qu'il manque assurément des expériences concernant les plantes données à l'égard des circonstances qui ont déterminé, primitivement, leurs différences sexuelles, mais le fait de la végétation constitutionnelle supérieure chez les femelles est ici à ce point évident qu'il ne peut manquer de donner à croire que des conditions nutritives plus ou moins avantageuses, soit de l'embryon, soit de la graine, suffisent à expliquer les différences de sexe.

2. *Influence de la température.* — Sur ce sujet, plus d'un écrivain a cité une observation de Knight, laquelle, vu sa date relativement ancienne, mérite peut-être d'être rapportée dans les termes même de l'auteur, quand ce ne serait que pour montrer la nécessité de la prudence en pareille matière.

Un melon d'eau fut élevé dans une serre chauffée où la température, dans les journées chaudes, s'élevait à 43° cent. « La plante crût, vigoureuse et luxuriante, et se couvrit d'abondantes fleurs; mais toutes celles-ci étaient mâles. Ce résultat ne m'étonna pas le moins du monde, car j'avais, beaucoup d'années auparavant, réussi, par une température très basse longuement prolongée, à faire porter à des plantes de concombres des fleurs femelles seulement; et je ne doute point que les mêmes tiges à fruit ne puissent être forcées, dans cette espèce et dans la première citée, à porter des fleurs, soit mâles, soit femelles, sous l'action de causes externes ».

Cette expérience était évidemment plus optimiste que satisfaisante. Heyer fait remarquer, très justement, que l'on n'avait pris qu'une seule plante de pastèque. En outre, dit-il, dans la nature, la pastèque ne porte que des fleurs femelles sur les sommets de ses plus anciennes tiges, et peut n'en porter qu'un nombre minimum. Les observations de Knight sur les concombres appellent aussi certaines objections, et n'ont pas été assez nombreuses pour prouver quoi que ce soit.

Meehan découvre que les plantes mâles de coudrier

poussent plus vite, avec la chaleur, que les femelles ; et
Ascherson a fait l'observation intéressante que le *Stra-
tiotes aloïdes* ne porte que des fleurs femelles au nord de
52° de latitude, et au sud de 50° des fleurs mâles seulement.

Chez l'espèce humaine, Düsing et d'autres ont remarqué qu'il naît plus de mâles pendant les mois les plus
froids ; et Schlechter est arrivé au même résultat dans
ses observations sur les chevaux. La température — celle
du moment de la détermination du sexe naturellement,
et non celle de la naissance — doit naturellement être
notée ; on ne doit pas oublier, non plus, que la température peut exercer une influence indirecte par les fonctions nutritives.

3. *Résumé des facteurs.* — Si nous nous résumons
maintenant, nous devons d'abord reconnaître que nombre de facteurs coopèrent à la détermination du sexe ;
mais que les plus importants de ceux-ci, avec de plus pé-
nétrantes méthodes d'analyse, peuvent se résoudre de
plus en plus dans une question de variation de nutrition,
agissant sur les parents, les éléments sexuels, l'embryon,
et, dans quelques cas, sur les larves.

a) Si nous prenons pour point de départ l'organisme
des parents mêmes, nous trouvons une grande probabilité à la conclusion générale que les circonstances adver-
ses, surtout celles de la nutrition, mais aussi l'âge et
d'autres de même genre, tendent à la production de mâles, et les conditions opposées favorisent celle des femelles.

b) Quant aux éléments reproducteurs, un œuf très
fortement nourri, comparé à un œuf moins favorisé, tendra, selon toute probabilité, vers un développement femelle plutôt que mâle. La fécondation, quand l'œuf est
frais et vigoureux, avant que la déperdition n'ait commencé, confirmera cette même tendance.

c) Si nous acceptons l'opinion de Sutton sur l'existence d'une période transitoire hermaphrodite chez la plupart des animaux, d'où la transition à l'unisexualité s'opère par l'hypertrophie du côté femelle ou la prépondérance du mâle, respectivement, il faut alors admettre l'importance des influences primaires du milieu. Plus longue est la période de non-différence sexuelle (bien que ce terme ne soit point satisfaisant), et plus importants doivent être ces facteurs externes, qu'ils opèrent directement, ou qu'ils agissent indirectement, par l'intermédiaire de la mère. Ici, encore, donc, les conditions favorables de nutrition, de température, etc. tendent à la production des femelles, et le cas inverse augmente les probabilités de prépondérance masculine.

La conclusion générale, donc, que de nombreux chercheurs ont plus ou moins clairement saisie, est que les conditions de nutrition favorables tendent à produire des femelles, et les conditions défavorables des mâles.

4. Formulons, pourtant, ceci d'une façon plus précise. Des conditions telles qu'une nourriture insuffisante ou anormale, une température élevée, une lumière insuffisante, etc., sont évidemment de nature à déterminer une prépondérance de la déperdition sur la réparation — un habitus *catabolique* — et ces conditions tendront à produire des mâles. Semblablement, la série opposée de facteurs, tels qu'une nutrition abondante et succulente, la lumière et l'humidité en abondance, favorisent les processus constructifs, c'est-à-dire créent un habitus *anabolique*, et ces conditions ont pour résultat la production de femelles. Avec moins de certitude, nous pouvons comprendre parmi ces facteurs l'influence de l'âge, de la jeunesse physiologique de chaque sexe, et de la période de la fécondation. Mais la conclusion générale est passablement assurée, savoir que, dans la détermination du sexe, les influences amenant le catabolisme

ont pour résultat la production de mâles, tandis que celles qui favorisent l'anabolisme augmentent, semblablement, la probabilité des femelles.

5. Ce n'est pas tout, cependant. La conclusion ci-dessus est réellement précieuse, mais elle a un sens bien plus profond quand nous la rapprochons de celle d'un chapitre précédent. On a vu, comme conclusion d'une induction indépendante, que les mâles sont des formes de moindre grandeur, d'habitudes plus actives, de température plus élevée, de vie plus courte, etc., et que les femelles sont les formes plus grandes, plus passives, plus végétatives et plus conservatrices. On a rejeté les théories de la masculinité ou féminéité « inhérente », parce qu'elles n'étaient, pratiquement, que des mots ; il serait plus exact, cependant, de dire qu'elles ont été remplacées par une conception plus matérielle, qui trouve que la tendance de toute la vie, la résultante de toutes ses activités, est une prédominance des processus protoplasmiques soit du côté de la destruction, soit de celui de la construction. Cette conclusion attend encore ses preuves, mais il nous arrive, dans ce même chapitre, un témoignage considérable. Si les influences favorables au catabolisme encouragent la production de mâles, et les conditions anaboliques celle des femelles, nous nous trouvons confirmés dans notre conclusion précédente, que le mâle est la résultante d'un catabolisme prédominant, et la femelle celle d'un anabolisme également accentué.

6. *Théorie de l'Hérédité de Weismann.* En tenant le milieu pour facteur déterminant le sexe, il est impossible de ne pas noter que les faits cités ci-dessus ont quelque portée sur le problème de l'hérédité. On doit à Weismann une grande partie du progrès qui s'est accompli dans l'éclaircissement des faits de l'hérédité ; par sa théorie de la continuité du plasma germinatif, il a posé de nouveau les bases de la conception fondamentale et très

importante d'une continuité existant entre les éléments
reproducteurs d'une génération et ceux de la suivante.
Nous aurons plus tard l'occasion de nous référer à ce
rétablissement des bases, mais nous avons ici affaire à
une autre thèse, qui ne lui est pas propre, mais sur laquelle il a insisté, à savoir : sa négation de l'hérédité des
caractères acquis par l'individu. Tout caractère nouveau
que présente un organisme peut naitre de deux manières, qu'il est assez aisé de distinguer, théoriquement ;
il peut être le produit de quelque propriété inhérente à
la cellule-œuf fécondée, c'est-à-dire, il peut avoir son
origine dans la constitution ou le germe ; mais, d'autre
part, il peut avoir été imprimé à l'organisme par le milieu,
ou acquis au cours de son fonctionnement, c'est-à-dire,
qu'il peut avoir une origine fonctionnelle, ou une origine
de milieu. Ainsi, un accroissement de matière calcaire
chez un animal pourrait être entièrement d'origine constitutionnelle ; mais un changement de régime ou de milieu pourrait être suivi de modifications naissant, dans
un sens, au dehors. Mais, suivant Weismann, toutes les
variations semblables de fonctions ou de milieu sont
bornées à l'organisme individuel ; elles ne se transmettent pas.

Et pourquoi pas ? Cette négation de l'hérédité des em-
preintes extérieures et des habitudes acquises autres que
celles de la constitution ne peut pas être un pur optimisme de la part de Weismann. Il soutient que c'est un
septicisme scientifique, basé d'une part sur l'absence de
données qui démontrent ce que nous appelerons l'opinion courante, et de l'autre sur la difficulté d'admettre
que des changements, produits ainsi qu'on l'a expliqué,
réagissent du « corps » sur les cellules reproductrices.
Si cette réaction ne se produit réellement pas, et bien
que chez un organisme saturé d'alcool, ou transféré à un
nouveau climat, les cellules reproductrices puissent va-

rier *en même temps* que le corps, aucune modification nerveuse ou musculaire ne peut, en tant que telle, être transmise par l'hérédité. Bref, le protoplasme reproducteur doit, dans un sens, être isolé, vivre d'une vie enchantée, loin de toute perturbation externe.

Cette thèse, soutenue ainsi qu'elle l'est par beaucoup d'autorités, est évidemment de la plus grande importance, à la fois pour la théorie générale de l'évolution, et pour les problèmes pratiques tels que ceux du pathologiste et du moraliste. Il est impossible, ici, de l'examiner complètement, car elle entraînerait la matière d'un traité spécial sur l'hérédité. La difficulté de la négation ou de l'affirmation gît surtout dans la rareté relative des données expérimentales, et grandement aussi dans la difficulté d'appliquer nos distinctions logiques ou anatomiques aux faits compliqués de la nature. Ainsi la distinction entre « acquis » et, germinal, ou constitutionnel, se fait aisément sur le papier, mais est difficile dans la pratique ordinaire; on ne pose pas non plus, aisément, la ligne de démarcation entre une variation des cellules reproductrices se produisant en même temps que celle du corps, et une variation produite par le corps, dans des cas concrets.

Le chapitre présent suggère une critique. Jusqu'à quel point l'isolement, ou la séparation supposée des éléments reproducteurs d'avec la vie générale du corps, est-elle réelle ? Si l'on considère l'unité propre de l'organisme, la « vie enchantée » d'un de ses systèmes semble, pour quelques-uns, un « véritable miracle physiologique », et, c'est pourquoi nous attirons l'attention sur les cas du genre de celui des têtards de Yung, où une influence extérieure d'ordre nutritif a saturé tout l'organisme, et affecté les éléments de la reproduction, non pas jusqu'au point de changer un trait à l'anatomie de l'espèce, mais cependant au point de changer les proportions numériques naturelles des sexes.

RÉSUMÉ

1. La nutrition est un des facteurs les plus importants pour déterminer le sexe. Comme exemples, il faut noter : (*a*) les expériences de Yung qui, au moyen d'une bonne nourriture, éleva la proportion des femelles de 56 à 92 0/0 (*b*) le cas des abeilles, où les différences entre la reine et les ouvrières mettent en lumière les résultats énormes d'un léger avantage de nutrition. et aussi le cas des bourdons qui, en trois générations successives, augmentent en prospérité nutritive et en féminéité ; (*c*) les expériences de von Siebold avec une guêpe qui montrèrent que les conditions favorables produisent plus de femelles; (*d*) les Aphides, qui dans la prospérité de l'été, donnent une succession de femelles parthénogénétiques, tandis qu'avec le froid et la disette de l'automne les mâles reviennent ; (*e*) les chenilles affamées de phalènes et de papillons devenant mâles; (*f*) les observations de Rolph sur les crustacés ; (*g*) aussi les faits observés par Girou, Düsing et autres, sur l'influence que la bonne nourriture des mères mammifères exerce en faveur de la progéniture féminine ; *h*) les indications de mêmes résultats chez l'espèce humaine ; (*i*) les observations variées, à l'égard des plantes, qui sont en faveur de la même conclusion générale.

2. Quant à l'influence de la température, les conditions favorables tendent encore vers la féminéité de la postérité, les extrêmes opposés à la masculinité.

3. Les facteurs sont maintenant résumés ; (*a*) la nutrition, l'âge, etc des parents ; (*b*) la condition des éléments sexuels : (*c*) le milieu environnant l'embryon.

4. Nous avons ainsi atteint la généralisation que les conditions anaboliques favorisent la prépondérance des femelles, les conditions cataboliques tendant à produire des mâles.

5. Mais on avait déjà vu que les femelles sont plus anaboliques. et les mâles plus cataboliques. Cette théorie du sexe est par conséquent confirmée.

6. Comment Weismann explique-t-il la détermination du sexe, qui représente un exemple d'une influence extérieure pénétrant jusqu'aux cellules reproductrices ?

BIBLIOGRAPHIE

Voir les ouvrages mentionnés au chapitre III, surtout ceux de Düsing, Geddes, (article *Sex : Encyc. Brit.*) Hensen et Sutton ; aussi ceux de Eimer, Geddes et Rolph, chap. II.

Düsing, C. — Comme précédemment, et aussi : *Die experimentelle Prüfung des Theorie von der Regulirung des Geschlechtsverhältnisses. Jen. Zeitschs. f. Naturwiss.* XIV. Supplément, 1885.

Heyer, F. — *Untersuchungen uber das Verhältniss des Geschlechts bei einhaüsigen und zweihaüsigen Pflanzen, unter Berücksichtigung des Geschlechtesverhältnisses bei den Thieren und dem Menschen. Ber. Landwirthschaftl. Inst.* Halle, R. 1884, p. 1 à 152.

Merras, T. — *Relation of Heват to the Sexes of Flowers. Proc. Acad. Nat. Science*, Philadelphie (1884), p. 111 à 117.

Semper, B. — *The natural Conditions of Existence as they affect animal Life*, Londres, 1881.

Thomson, J. A. — *Synthetic Summary of the Influence of the Environment upon the Organism. Proc. Roy. Phys. Soc. Edinburgh*, IX (1888), p. 446 à 499, (Bibliographie).

The History and Theory of Heredity. (*Proc. Roy. Soc. Edin.* 1889, p. 91 à 116, avec bibliographie.)

Weismann, A. — *Sélection et Hérédité*, trad. Henry de Varigny, 1891, Reinwald.

Wilckens, M. — *Untersuchungen über das Geschlechtsverhältniss und die Ursachen der Geschlechtsbildung in Hausthieren. Biol. Centralblatt.* VI, (1886), p. 503 à 510, Landworth. J. B. XV, p. 607 à 610.

Yung, E. *Contributions à l'Histoire de l'Influence des Milieux physiques sur les Etres Vivants. Arch. Zool. Expér*, VII, (1878) p. 251 à 282 ; (1883) p. 31 à 55 : *Arch. Sci. Phys. Nat.* XIV, (1885), p. 502 à 522, etc.

LIVRE DEUXIÈME

ANALYSE DU SEXE. — ORGANES, TISSUS, CELLULES

CHAPITRE V

ORGANES ET TISSUS SEXUELS

Cette partie du livre aura pour objet de continuer l'analyse des caractères sexuels, mais d'une manière plus approfondie, passant en revue, successivement, les organes, les tissus, et les cellules qui jouent un rôle dans la reproduction sexuelle. Les organes, tant essentiels qu'auxiliaires, des deux sexes, leur fréquente combinaison dans les plantes et animaux hermaphrodites, et les cellules sexuelles mâles et femelles, seront discutés dans l'ordre qui leur convient. Cet examen sera en grande partie anatomique, ou morphologique; nous ne discuterons que plus tard la physiologie spéciale de l'union sexuelle et de la fécondation.

1. *Organes sexuels essentiels des animaux.* C'est un fait bien établi, maintenant, que parmi les Infusoires ciliés, qui pullulent surtout dans les eaux stagnantes, un processus a lieu qu'on ne peut décrire autrement qu'étant, en partie, la reproduction sexuelle. Deux individus, semblables selon toute apparence, devons-nous noter, s'associent d'une façon temporaire, et échangent quelques-uns des éléments de leurs corps nucléaires accessoires; le processus de fécondation est essentiel pour le maintien de la vigueur de l'espèce, et sera décrit plus tard tout au long. Une forme si simple d'union sexuelle diffère de

celle qui se produit chez les animaux supérieurs, à deux
égards très évidents : (a) les organismes sont, apparemment, tout à fait semblables de forme et de structure ;
(b) ils sont unicellulaires, et ainsi, il n'existe aucune
distinction entre le « corps » et les cellules reproductrices. Ce qui est fécondé dans l'échange mutuel de ces

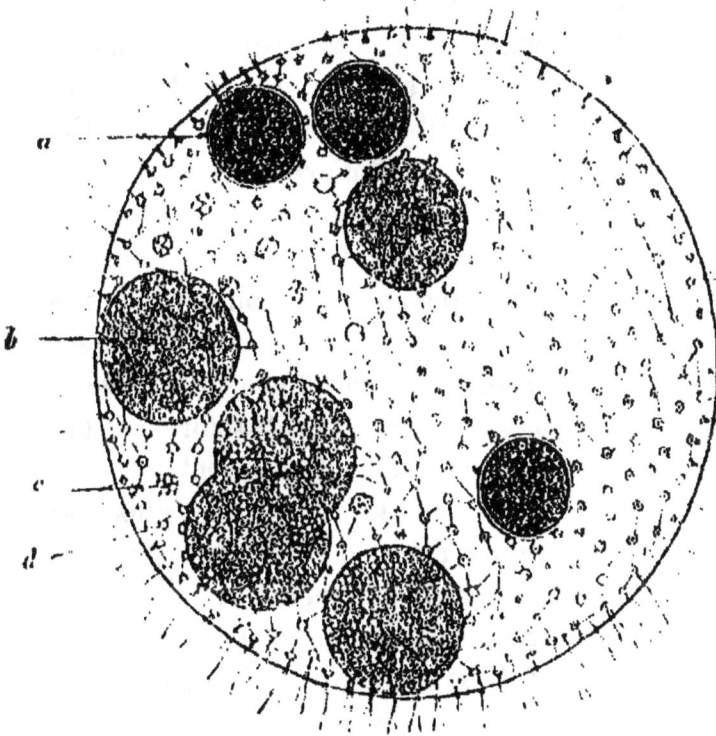

Fig. 12. — Un Volvox, colonie de cellules réunies, dont quelques unes ré-
servées pour la reproduction. D'après Klein.

Infusoires, c'est, à parler en gros, l'animal entier, car le
tout ne forme qu'une agglomération de matière vivante.

Chez les Protozoaires, cependant, il y a des colonies
lâches de cellules qui comblent l'abîme entre les animaux unicellulaires et les animaux multicellulaires. Chez
ces derniers nous trouvons les premières indications de la
différence, si évidente, après, entre le « corps » et les cellules reproductrices. Quelques-unes des unités qui les

composent s'échappent de ces colonies lâches, et, en rencontrant d'autres plus ou moins semblables à elles, se fondent pour former ensemble une double cellule, c'est-à-dire, en fait, un œuf fécondé, duquel, par une division continuelle, se forme alors une nouvelle colonie. Chez ces formes de transition il y a ainsi des cellules reproductrices légèrement distinctes, mais jusqu'ici il n'y a visiblement aucun organe sexuel.

En passant aux Éponges, nous y trouvons des colonies consistant en myriades de cellules, parmi lesquelles règne une division du travail considérable. Une couche externe, ou ectoderme, consistant d'ordinaire en cellules très subordonnées, une couche interne, ou endoderme, de cellules bien nourries et actives et une couche intermédiaire de parties hétérogènes, peuvent toujours se distinguer. Chaque infusoire moyen vaut autant que ses voisins, en tant qu'il s'agit de reproduire de nouveaux individus par la division ; chez les Protozoaires en colonie, les unités mises en mouvement diffèrent très peu de celles qui restent en arrière ; mais ceci n'est plus vrai des colonies où une grande division du travail s'est établie. Il est certainement vrai que même un minuscule fragment d'éponge, coupé à la grande masse, peut, s'il contient assez d'échantillons du corps, et si les conditions sont favorables, reproduire un nouvel individu. Les cultivateurs d'éponges font habituellement leur profit de ce fait. Mais l'éponge commence ses nouvelles colonies, par elle-même, habituellement, d'une manière toute différente, c'est-à-dire par le processus de la reproduction sexuelle. Parmi les cellules de la couche moyenne du corps de l'éponge, apparaissent certaines cellules passives bien nourries. Ce sont les œufs, d'abord peu différents, mais finalement bien distincts des autres unités constituant la couche. Outre celles-ci, il y a d'autres cellules, soit dans la même éponge, soit dans une autre, qui présentent des

caractères très différents. Au lieu de devenir grandes et
riches en matériaux de réserve, comme les cellules ova-
laires ou œufs, elles se divisent, à plusieurs reprises, en
groupes de cellules infinitésimales, et forment en ce faisant les éléments mâles, ou spermatozoïdes. Les cellules
mâle et femelle se rencontrent, elles forment un œuf fécondé; il en résulte la division continue jusqu'à construction d'une nouvelle éponge. Il y a donc ici des cellules reproductrices spéciales, tout à fait distinctes de
celles du « corps », et ici, en outre, ces cellules reproductrices ont les caractères tranchés d'éléments mâles et
femelles. Pourtant, jusqu'ici, il n'y a point d'organes
sexuels.

En remontant à la classe suivante, celle des Cœlentérés,
nous trouvons un bon exemple d'organes sexuels primitifs chez le plus simple et le plus connu de tous, l'Hydre
commune d'eau douce. Comme chez les éponges, un fragment coupé du corps, s'il contient assez d'échantillons
des différentes cellules qui la composent, peut reconstituer le tout. Mais aucune cellule somatique n'a seule un
tel pouvoir; ce n'est possible que pour l'œuf fécondé. Cet
œuf ne se présente pas partout dans une couche donnée,
comme cela arrive chez les éponges, mais toujours près
d'un certain point du corps. Vers la base du tube il se développe une protubérance de cellules ectodermiques. Cela
forme un *ovaire* rudimentaire, ou organe femelle. Il a
cette particularité, qui ne lui est pas cependant exclusivement propre, que, tandis que l'organe consiste en nombre de cellules, une seule d'entre elles devient un œuf.
Une protubérance pareille, ou même plus d'une, souvent en même temps, et sur le même animal, peut être
reconnue plus loin dans le haut du tube, plus près des
tentacules de l'hydre. De taille un peu plus petite, cette
protubérance supérieure consiste en nombreuses petites
cellules, la plupart desquelles, se multipliant par di-

vision, forment les éléments mâles ou spermatozoïdes. Nous avons ici l'organe mâle ou testicule le plus simple.

Des organes plus élaborés se trouvent chez les autres Cœlentérés, compliqués, toutefois, par deux faits intéressants que nous discuterons plus tard : (*a*) Beaucoup de Cœlentérés forment, ainsi qu'on le sait, des colonies complexes — Zoophytes, Siphonophores, et autres. Chez ceux-ci, la division du travail va souvent plus loin que la séparation des organes spéciaux. Des individus entiers deviennent des « individus » (nom technique) reproducteurs, en opposition avec les « individus » nourriciers de la colonie ; (*b*) Chez quelques-uns de ces individus reproducteurs, un phénomène curieux, connu sous le nom de migration des cellules, a été observé par Weismann et d'autres. Les cellules reproductrices, naissant en diverses parties du corps, ont émigré parfois d'une partie à l'autre, où elles peuvent trouver un logement définitif dans des organes plus ou moins définis. Cette rencontre est intimement associée avec l' « alternance des générations », et on en parlera plus tard sous ce titre.

Il n'est pas dans le but de cet ouvrage de décrire en détail les ovaires et les testicules, tels qu'ils se trouvent dans les diverses classes des animaux. Il nous suffit d'avoir insisté sur le fait de leur différenciation graduelle, et de noter qu'ils sont presque toujours développés vers la couche moyenne du corps, et occupent d'ordinaire une position en arrière de la paroi de la cavité du corps. On trouvera les détails désirables dans n'importe quel livre classique d'anatomie comparée, très commodément par exemple dans la *Comparative Anatomy and Physiology* du professeur Jeffrey Bell (Londres, 1885).

2. *Canaux associés.* — Ce n'est que chez peu d'animaux, tels que l'hydre et ses alliés, que les ovaires et les testicules sont des organes externes, qui n'ont qu'à éclater pour livrer leur contenu. Ils sont, naturellement, d'ordinaire, internes, d'où

naît la nécessité de quelque moyen de communication avec le monde extérieur. Dans les cas les plus simples, les éléments mâles se frayent un chemin jusqu'au milieu environnant sans aucun mode spécialisé de sortie. Là, ils rencontrent par un hasard combiné avec une attraction physique à courte portée, les œufs, qui, dans les cas les plus simples ont aussi trouvé leur chemin d'une façon également primitive. Ainsi, chez les Mésozaires parasites si énigmatiques (*Orthonectides*), la mise en liberté des germes peut se produire par perforation ou par la rupture de leurs corps excessivement simples. Chez quelques-uns des vers de mer (*Polygordius*), le dégagement des œufs, du moins, est accompagné de la rupture mortelle de l'organisme de la mère, qui est un exemple frappant de sacrifice reproducteur. Même chez quelques-unes des Néréides communes, on retrouve ce même mode peu économique de mise en liberté par la rupture de l'animal-mère. On explique cette rupture inévitable par la pression qu'exerce la masse relativement grande de cellules en voie de croissance que présentent souvent les ovaires.

En remontant jusqu'aux Vertébrés, l'absence de canaux persiste. Ainsi chez les Tuniciers, les organes reproducteurs n'ont pas de conduits, et il en est de même chez quelques Poissons. Les cellules sexuelles envahissent la cavité du corps, et trouvent, de là, une issue vers l'extérieur par des ouvertures. Dans la plupart des cas où il y a absence de conduits, la fécondation des œufs est externe; mais ce n'est pas nécessairement toujours ainsi. Chez les Éponges, par exemple, la fécondation est presque toujours interne. Les éléments mâles y sont entraînés par les courants de l'eau, parviennent aux œufs, et les fécondent *in situ*. Presque tous les embryons d'éponge qui ne sont pas des œufs, se portent vers l'extérieur. Chez les animaux supérieurs où se voient des conduits définis, à la fois, pour le passage des spermatozoïdes à l'intérieur et pour la sortie des œufs ou embryons, il y a, en outre, à remarquer que les ovaires peuvent à peine être considérés comme étant en connexion directe avec leurs conduits. Les œufs se projettent, habituellement, de l'ovaire dans la cavité générale où ils sont, plus ou moins immédiatement saisis, ou forcés dans les canaux, au moyen desquels ils parviennent au dehors. Il en est autrement pour les testicules qui, lorsqu'il y a des conduits, sont en connexion directe avec eux.

Il suffit de dire que, dans la plupart des cas, des conduits sont associés aux organes essentiels. Ceux du mâle servent à la sortie des spermatozoïdes, et peuvent être modifiés à leur extrémité comme organes d'intromission. Ceux des femelles servent uniquement, soit à l'émission d'œufs non fécondés, soit à la réception des spermatozoïdes, et à la sortie subséquente des œufs fécondés, ou embryons en voie de croissance. Dans quelques types de Vers, et chez tous les Vertébrés en remontant depuis les Amphibiens, les conduits de la reproduction sont aussi, à divers degrés, associés à des fonctions excrétoires. Nous renverrons le lecteur, pour un exposé de l'origine des conduits chez les animaux supérieurs, aux manuels d'embryologie de Balfour et Hertwig, ou, pour plus de commodité, à celui de Haddon. Pareillement, pour toutes les modifications, telles que celle du conduit de la femelle en oviducte et en utérus, nous le renverrons aux ouvrages d'anatomie plus considérables, de Gegenbaur et Wiedersheim, ou, pour un résumé plus succinct, à la traduction et édition que Parker a faite du manuel plus abrégé de Wiedersheim, et à l'ouvrage déjà cité du professeur Jeffrey Bell.

3. *Les glandes vitellines.* — L'œuf, ainsi que nous le verrons plus tard, est souvent pourvu d'une grande quantité de matière nutritive. C'est là le fonds alimentaire du jeune embryon ou de la larve. Il provient de diverses sources, du fluide vasculaire, du sacrifice des cellules adjacentes, ou d'organes particuliers connus sous le nom de glandes vitellines. Ces glandes, telles qu'elles se présentent, par exemple, chez quelques-unes des Annélides inférieures (Turbellariés, Douves, Ténias) offrent quelque intérêt général. Elles représentent, ainsi que Graaf l'a montré, une portion dégénérée de l'ovaire où les cellules sont devenues encore plus nourrissantes que les œufs. « L'origine des glandes vitellines, dit Gegenbauer, se trouve probablement dans la division du travail chez un ovaire primitivement très grand. » En

termes plus techniques, les glandes vitellines sont des parties hypertrophiées ou hyper-anaboliques de l'ovaire. En outre de ce capital de nutrition, l'œuf est souvent pourvu d'enveloppes ou de coquilles d'une sorte quelconque, que fournissent des organes spéciaux, ou le sacrifice des cellules environnantes, ou les parois des conduits à mesure que les œufs passent au dehors.

4. *Organes auxiliaires de l'imprégnation.* — Chez la plupart des animaux où se produit la fécondation interne des œufs, il y a, dans les deux sexes, des organes spéciaux qui aident à la fonction fécondatrice. Ainsi l'extrémité du conduit mâle est communément modifiée en un tube d'intromission ou pénis, à travers lequel les éléments mâles se déversent dans le canal femelle. Chez les Crustacés quelques-uns des accessoires externes sont souvent modifiés, comme chez l'écrevisse, pour remplir ce but, et il en est de même pour les organes minuscules du post-abdomen de beaucoup d'insectes. Quelquefois, comme chez l'*Helix*, qu'on peut prendre comme type extrême de spécialisation reproductrice, des organes séparés sont présents, dans lesquels les spermatozoïdes se trouvent en masses compactes ou paquets, connus sous le nom de spermatophores. Dans la plupart des Céphalopodes, ces paquets passent des conduits mâles dans un des « bras », qui, ainsi chargé, est, à l'occasion, abandonné dans la cavité du manteau de la femelle, où, autrefois, on l'a souvent prise pour un ver, et appelée *Hectocotyle*. De même, chez quelques Araignées, les palpes près de la bouche reçoivent les éléments mâles et les transmettent à la femelle. Des réceptacles de réserve particuliers et des glandes sécrétoires sont, aussi, très fréquemment associés aux conduits mâles, et il y a une longue liste des modifications curieuses utilisées dans le processus de la copulation. Ainsi, les grenouilles mâles ont leur pouce spatulé, et les poissons cartila-

gineux leurs « pinces » qui sont des parties modifiées
des membres postérieurs, et s'insèrent dans le cloaque
de la femelle. Les escargots communs sortent un dard
visqueux (*spiculum amoris*) qui paraît être un excitant
à la copulation.

De même aussi, dans le sexe féminin, les extrémités
du canal peuvent être modifiées pour faciliter l'intromission de l'organe mâle, et des réceptacles spéciaux
peuvent être présents pour conserver les spermatozoïdes.
Là où ne s'opère qu'une seule fécondation, comme chez
la reine des abeilles, fécondation précédant une période
de ponte longuement prolongée, l'importance d'un organe d'emmagasinage saute aux yeux. La femelle étant
d'ordinaire plus ou moins passive durant la copulation,
les adaptations à cet acte sont moins nombreuses chez
elle que chez le mâle. Il est intéressant de noter, en passant, que chez les Amphibiens, où le mâle prend souvent
à sa charge des devoirs positivement maternels, on connaît un cas où la femelle semble plus active que le mâle
pendant la copulation.

5. *Organes de ponte.* — Les cas où les œufs passent,
simplement, dans l'eau ou à terre, sont naturellement
associés avec l'absence d'organes spéciaux. Chez un très
grand nombre d'animaux, cependant, il y a plus de
précautions prises, et on trouve des organes auxiliaires.
Un des perfectionnements utiles des plus simples consiste
en glandes dont la sécrétion visqueuse fixe les œufs pour
ainsi dire, et les empêche d'être emportés à la dérive.
Parmi les Insectes, où il est particulièrement important
que les œufs soient bien cachés, ou enterrés dans une
substance apte à les nourrir, il reste un vestige des appendices abdominaux des ancêtres dans ce qu'on appelle les « ovipositeurs ». Dans toute la série, il se produit une grande variété d'organes pour répondre à ces
nécessités.

6. *Organes servant à couver, et à nourrir les jeunes.* —
Même chez des animaux très inférieurs, il y a des organes
qui sont utilisés pour protéger les jeunes dans les phases
où ils sont incapables de se défendre. Les bourgeons reproducteurs de certains Cœlentérés deviennent de vraies
pépinières; dans l'un au moins des vers de mer (*Spiror-
bis spirillum*), un tentacule sert de poche incubatrice; les
Echinodermes se servent de diverses adaptations telles
que des tentes d'épines, ou les cavités de la peau. Les jeunes s'abritent sous l'épiderme dur, ou parmi les appendices piquants chez les Crustacés, dans les branchies des Bivalves, et on a vu un Céphalopode portant ses œufs dans
sa bouche. Chez les animaux supérieurs, les poches incubatrices des Appendiculaires, les poches de plus d'un
Poisson, les cavités dorsales du crapaud de Surinam, les
poches des Marsupiaux, ne sont que quelques exemples
tirés d'un grand nombre. Quelquefois, surtout chez les
Poissons et les Amphibiens — l'Hippocampe, avec sa
poche, et le *Rhinoderma Darwinii*, avec ses grands
sacs — c'est le mâle qui couve. Là où il y a viviparité,
les conduits femelles internes se développent, dans cette
connexion, pour former l'utérus. L'ovaire semble servir
de matrice au genre *Girardinus* chez les poissons, mais
c'est d'ordinaire la partie médiane du canal femelle qui
remplit cette fonction. Chez les mammifères placentaires,
où les jeunes naissent à une phase avancée, et où le sacrifice maternel est à son maximum, les adaptations
utérines deviennent plus importantes et plus complexes.
On traitera plus tard des organes de l'allaitement.

RÉSUMÉ

1. La différenciation graduelle des organes sexuels chez les
animaux — cellules isolées, tissus agrégés, organes définis.

2. Conduits mâles et femelles associés pour la libération des
éléments mâles, fécondation, sortie des œufs, ou naissance des
embryons.

3. Glandes vitellines, etc., pour la nourriture et l'équipement des œufs; organes vitellins considérés comme des ovaires dégénérés.

4. Exemples d'organes aidant à l'imprégnation. Chez le mâle, pénis, sacs de réserve, organes produisant les spermatophores. Curiosités, telles que l'Hectocotyle des Céphalopodes, et le Dard de Cupidon des escargots. Les adaptations, chez la femelle, sont rares, mais les réceptacles de réserve pour les éléments mâles sont communs.

5. Organes de ponte : fréquence des ovipositeurs.

6. Les poches incubatrices se présentent, en grand nombre, chez la plupart des animaux.

BIBLIOGRAPHIE

BALFOUR, F. M. — *A Treatise on Comparative Embryology*, 2 vol. Londres, 1881.

BELL, F. JEFFREY. — *Comparative Anatomy and Physiology*, Londres, 1885.

CLAUS, C. — *Traité de Zoologie*, trad. Moquin-Tandon.

GEDDES, P. — *Op. cit.*

GEGENBAUR, C. — *Eléments d'Anatomie Comparée*, Paris, Reinwald.

HADDON, A. C. — *An Introduction to the Study of Embryology*, Londres, 1887.

HENSEN, V. — *Op. cit.*

HERTWIG, O. — *Lehrbuch des Entwicklungsgeschichte des Menschen und der Wirbelthiere*, Iéna, 1888.

ROLLESTON. — *Forms of Animal Life*, nouvelle édit. Oxford, 1888.

HUXLEY, T. H. — *Anatomy of Vertebrate and Invertebrate Animals*, Londres, 1871 et 1875.

SACHS, J. — *Text-Book of Botany*. — *Lectures on the Physiology of Plants*, trad. par le professeur Marshall Ward, Cambridge, 1887.

VINES, S. H. — *Vegetable Reproduction (Ency. Brit.) Lectures on the Physiology of Plants*, Cambridge, 1886.

WIEDERSHEIM, R. — *Eléments of the Comparative Anatomy of Vertebrates*, trad. par le prof. W. N. Parker, Londres, 1886.

CHAPITRE VI

HERMAPHRODISME

1. Lorsqu'un organisme réunit à la fois la production des éléments mâles et des éléments femelles, on dit qu'il est bisexué ou hermaphrodite. C'est le cas pour la plupart des fleurs, et pour beaucoup d'animaux inférieurs — tels, par exemple, que les vers de terre et les escargots. Il n'est pas désirable d'étendre cette définition, ainsi qu'on le fait parfois, au cas des Infusoires ciliés où le sexe même en est à ses débuts. Sans doute, des recherches récentes ont distingué dans ces Protozoaires ce qu'une analogie peu exacte ferait appeler des éléments nucléaires mâles et femelles ; mais cette condition primitive est plutôt un état antécédent au sexe que l'union des deux sexes dans un organisme.

Chez la plupart des Phanérogames, ainsi que chacun le sait, les organes mâles et femelles se trouvent sur des feuilles différentes (étamines et carpelles) de la même fleur. On pourrait donc appeler la fleur dans son ensemble, ou la plante entière, hermaphrodite. Mais les organes mâle et femelle étant bornés à des feuilles différentes, chaque feuille par elle-même est unisexuée, quand on la compare, par exemple, au prothalle d'une fougère qui porte sur la même petite étendue les organes des deux sexes. Lorsque les étamines et les carpelles s'unissent, comme dans les Orchidées, un hermaphrodisme plus intime se développe évidemment. Il en va de même pour les animaux. La définition générale de l'hermaphrodisme, comme union des deux sexes dans un seul organisme, est assez claire à discerner, mais cette union se manifeste en une grande variété de modes et de degrés. Il est nécessaire, d'abord, de les passer en revue.

2. *Hermaphrodisme embryonnaire.* — Quelques animaux sont hermaphrodites dans leurs phases de jeunesse, mais unisexués à l'état adulte. On a déjà fait allusion au cas des têtards, chez qui la bisexualité de la jeunesse persiste, parfois, jusque dans la vie adulte. Suivant quelques-uns, la plupart des animaux supérieurs traversent une étape d'hermaphrodisme embryonnaire, mais les preuves décisives de ce fait nous manquent encore.

Les recherches de Laulanié peuvent maintenant être exposées beaucoup plus longuement. Comme résultat de ses observations sur le développement des organes reproducteurs chez les vertébrés supérieurs, et en particulier chez les oiseaux, il cherche à établir un parallélisme étroit entre l'histoire de l'individu, et celle de la race. Dans le poussin, il distingue trois étapes principales dans le développement : (1) gemmiparité — (2) hermaphrodisme — (3) unisexualité différenciée. Il considère que c'est la récapitulation des grands pas de l'évolution historique. (1) Pour la première période de « gemmiparité » — du quatrième au sixième jour — la désignation de neutralité ou indifférence sexuelle n'est pas appropriée, puisque les « ovules corticaux » de l'épithélium germinal ont dès le début la signification anatomique précise d'éléments femelles ou œufs. Chez la femelle, ces ovules, par multiplication, forment l'ovaire ; chez le mâle, ils dégénèrent. (2) La période d'hermaphrodisme commence au septième jour. Chez le mâle, les ovules mâles, d'où se développent ensuite les spermatozoïdes, apparaissent dans le tissu central ; mais en même temps, on peut voir persister les ovules corticaux ou femelles. Semblablement, dans l'ovaire qui se développe chez la femelle, la partie centrale ou médullaire, séparée strictement par une paroi de tissu connectif de la couche d'œufs en formation, contient un grand nombre d'ovules médullaires ou mâles. (3) Cet hermaphrodisme est de courte durée. Les ovules corticaux ou femelles disparaissent des testicules dès le huitième ou neuvième jour ; et les ovules médullaires ou mâles ont disparu de l'ovaire dès le dixième jour. En ce que concerne les mammifères, Laulanié affirme, tout en admettant quelques particularités, que les trois mêmes étapes de gemmiparité, d'hermaphrodisme et d'unisexualité existent.

Nous avons déjà cité Ploss comme étant un autre observateur qui soutient l'existence de l'hermaphrodisme embryonnaire. Telle est aussi l'opinion du professeur Sutton, qui conclut qu'il y a deux séries d'organes qui vont se développant jusqu'à une période définie, et il insiste sur la nécessité, qui en résulte, de l'hypertrophie d'un des rudiments sexuels. L'unisexualité, selon lui, ne peut être établie autrement. Il faudrait peut-être noter ici, que le mot d'hypertrophie ne peut s'appliquer, d'une façon exacte, à la prééminence des organes mâles sur les organes femelles, puisque, dans notre raisonnement, toute la nature des organes ou éléments mâles est le contraire physiologique d'une nutrition abondante.

3. *Hermaphrodisme accidentel ou anormal.* — Chez beaucoup d'espèces qui sont normalement unisexuées, une forme hermaphrodite accidentelle se présente quelquefois. L'équilibre embryonnaire ou bisexualité — l'un des deux doit exister en un degré variable, — est conservé, sous forme d'anomalie, jusque dans la vie adulte. Même en remontant, dans la série des organismes, jusqu'aux oiseaux et aux mammifères, des hermaphrodites accidentels, mais cependant réels, se produisent. Dans la plupart des cas, le résultat est la stérilité. Chez les Amphibiens, qui abondent en particularités reproductrices, l'hermaphrodisme se présente exceptionnellement excepté dans un cas (*voir plus bas*) où l'on sait qu'il est constant. La grenouille commune, si disséquée dans nos laboratoires, a donné plusieurs bons exemples de ce fait. Ainsi Marshall remarque que les testicules peuvent se trouver à côté de véritables œufs, ou qu'un ovaire peut paraître sur un des côtés, et un testicule avec une portion antérieure de l'ovaire sur l'autre. Bourne cite un cas de grenouille ayant un

ovaire, bien développé du côté droit, et de l'autre côté complètement antérieurement par un testicule. Un crapaud (*Pelobates fuscus*) semble être souvent hermaphrodite, le mâle étant pourvu d'un ovaire rudimentaire à côté des testicules.

Un hermaphrodisme semblable n'est pas du tout rare chez le cabillaud, le hareng, le maquereau, et beaucoup d'autres poissons, et en descendant un peu dans la série, il se produit chez la myxine. Parfois un poisson est mâle d'un côté et femelle de l'autre, ou mâle dans sa partie antérieure, et femelle dans la postérieure. Sir J. W. Simpson, dans un savant article sur ce sujet, a distingué les cas de véritable hermaphrodisme, suivant la position des organes, comme latéraux, transversaux, verticaux ou doubles. On a observé la même chose, à l'occasion, chez les invertébrés, surtout parmi les papillons chez lesquels des différences frappantes dans la coloration des ailes, des deux côtés, ont été trouvées correspondre à la coexistence interne de l'ovaire et du testicule. On a observé un cas pareil chez le homard, et il est permis de supposer que la chose est plus commune que les faits recueillis n'autorisent à le supposer. Chez les Cœlentérés, encore, l'hermaphrodisme accidentel peut se produire, ainsi que F. E. Schulze l'a montré chez une méduse.

4. *Hermaphrodisme partiel.* — On peut dire d'un organisme qu'il est hermaphrodite quand les organes mâles et femelles sont présents, ou quand, sans qu'il y ait d'organes séparés, les éléments mâle et femelle sont produits en même temps. Alors l'organisme est hermaphrodite anatomiquement aussi bien que physiologiquement, et nous verrons qu'il y a d'abondants exemples de ce genre parmi les animaux inférieurs. L'escargot, le lombric, et la sangsue sont des exemples de cet hermaphrodisme, avec des degrés différents d'intimité.

Mais, ainsi que nous venons de le remarquer, une espèce normalement unisexuée peut, à l'occasion, offrir des individus hermaphrodites. Chez ces derniers, il se peut qu'un seul des doubles organes essentiels soit fonctionnel, ou les deux peuvent être stériles. Qu'ils le soient physiologiquement ou non, de tels animaux sont hermaphrodites anatomiquement. Les deux sortes d'organes essentiels sont, du moins, présents.

Il faut ajouter maintenant aux cas précédents une autre série de cas auxquels le terme d'hermaphrodisme partiel semble très applicable. Une seule sorte d'organes sexuels, l'ovaire ou le testicule, est développée ; mais bien qu'un sexe prédomine, il y a plus ou moins de rudiments de l'autre. Les organes reproducteurs étant regardés comme la plus importante, mais nullement la seule expression des différences fondamentales du sexe, il est impossible de séparer l'hermaphrodisme partiel, par une ligne inflexible, de celui qu'on a mentionné ci-dessus, et des séries suivantes de cas (paragraphes 3 et 5). Presque tous les cas d'hermaphrodisme partiel se produisent sous forme d'exceptions, bien que quelques-uns soient constants.

Chez les animaux supérieurs, l'hermaphrodisme partiel est exprimé généralement par la nature des canaux reproducteurs. Il faut, à ce propos, insister une fois de plus sur la ressemblance anatomique des organes mâle et femelle. Les Grecs eux-mêmes avaient des théories vagues et fantaisistes à l'égard de ce que nous appelons maintenant l'homologie des organes et canaux reproducteurs dans les deux sexes. Grâce aux travaux des anatomistes des écoles de Cuvier et de Geoffroy St-Hilaire, et surtout grâce à des découvertes embryologiques plus récentes, il y a maintenant plus de clarté et de certitude à l'égard des faits principaux. Les organes reproducteurs proprement dits, les canaux et les parties externes, sont développés sur un même plan chez le mâle et chez la femelle. Ainsi, excepté chez les vertébrés inférieurs, ce qui sert d'oviducte à la femelle, se trouve également dans l'embryon mâle, et persiste chez l'adulte à l'état de vestige plus ou moins privé de fonctions. De la même manière, ce qui sert de conduit aux spermatozoïdes (*vas deferens*), chez le mâle est également présent dans l'embryon femelle, et persiste chez l'adulte comme vestige, ou est détourné vers quelque autre but. C'est un événement parfaitement normal, qui se rattache à l'histoire embryonnaire des conduits en question. Il est nécessaire, pourtant, de réaliser à la fois la ressemblance primitive et l'unité fondamentale des deux séries d'organes, pour comprendre comment l'hermaphrodisme partiel est si fréquent, et aussi pour le distinguer du « faux hermaphrodisme » où une anomalie simplement superficielle, ou même une lésion des canaux, chez un des sexes, produit une ressemblance avec l'autre.

Nous avons déjà dit que dans le cas de veaux jumeaux, deux femelles peuvent se présenter, toutes deux normales ; ou que deux veaux jumeaux normaux peuvent être de sexes opposés ; mais dans un troisième cas, si tous deux sont mâles, un d'eux présente, très généralement, un phénomène particulier qui, dans sa forme la plus commune, est un excellent exemple d'hermaphrodisme partiel. Les organes essentiels sont mâles, mais il y a un utérus et un vagin rudimentaires, et les autres organes externes sont ceux d'une femelle.

Il faut noter qu'une simulation de cet hermaphrodisme partiel, même, peut résulter d'une malformation ou d'un développement rudimentaire des organes externes. Sur ce sujet, nous pouvons citer une autorité reconnue, tant pour les choses de l'anatomie que pour celles de la physiologie. Le professeur O. Hertwig le fait remarquer : « Nous pouvons comprendre, du fait que les organes sexuels externes sont, à l'origine, d'une structure uniforme chez les deux sexes, que, dans une perturbation du développement normal, des formes naissent chez lesquelles il est très difficile de reconnaître si nous avons affaire à des organes mâles ou femelles. Ces cas, aux temps anciens, étaient faussement interprétés comme cas d'hermaphrodisme. Ils peuvent avoir une double origine. On peut, ou bien les attribuer au fait que chez le sexe féminin le développement peut suivre le même chemin que celui du sexe masculin, ou bien au fait que chez le mâle le développement normal peut arriver, de bonne heure, à un point d'arrêt, et contribuer à la formation d'organes qui ressemblent aux parties de la femelle. » Dans le premier cas, dit-il ensuite, il peut y avoir un simulacre de pénis, et les ovaires peuvent même être déplacés de façon à produire l'apparence des testicules dans leur bourse. On a constaté de nombreux cas de cet hermaphrodisme superficiel, qui n'est réellement pas de l'hermaphrodisme, chez les mammifères. Mais il reste un nombre considérable d'exemples recueillis, dans lesquels l'anatomie des conduits était, d'une façon prédominante, celle du sexe opposé à celui qu'indiquaient les organes essentiels, et où la combinaison des deux sexes était aussi exprimée par la configuration externe et même par l'habitus. Les Amphibiens nous fournissent encore quelques exemples intéressants. Chez diverses espèces de crapaud (*Bufo*), il y a un organe, connu sous le nom « d'organe de Bidder », qui est attaché à l'extrémité antérieure du testicule, et dont le contenu ressemble à de jeunes œufs. Cependant, ces derniers ne dépassent pas les premières étapes, et l'organe diffère tout à fait de l'ovaire plus que rudimentaire qui se produit constamment chez les mâles du *Bufo cinereus* et de quelques autres espèces. Les deux organes peuvent, dans le fait, se présenter ensemble. Chez la grenouille commune, les anatomistes ont constaté plusieurs cas d'hermaphrodisme exprimé par les canaux. Enfin, il est peut-être permis de faire ici allusion aux curieux « corps graisseux » qui se voient, chez tous les Amphibiens, au sommet des organes reproducteurs des deux sexes. Ces corps semblent nourrir l'ovaire et le testicule, surtout pendant l'hibernation, et doivent être rapprochés, peut-être, des organes lymphoïdes semblables chez les Poissons et les Reptiles. Le professeur Milne Marshall était d'avis que les corps graisseux résultent de la dégénérescence de la partie antérieure de la glande reproductrice pendant qu'elle est encore dans son état de non-différenciation, mais M. Giles a, récemment, tracé l'histoire de ces glandes, et montré qu'elles sont le résultat de la dégénérescence de la série antérieure de tubules excrétoires, du *pronephros*.

Laissant de côté les canaux, nous pouvons classer les phénomènes importants de l'hermaphrodisme chez les Amphibiens en séries comme suit :

(*a*) Hermaphrodisme embryonnaire qu'on a démontré être normal chez les têtards de grenouilles.

(*b*) Hermaphrodisme partiel (exprimé par l'organe de Bidder), chez les crapauds mâles et aussi par divers états des canaux.

(*c*) Véritable hermaphrodisme adulte, normal chez quelques espèces de *Bufo* ; accidentel chez les grenouilles, etc.

L'ovaire bien développé, l'ovaire rudimentaire de l'organe

de Bidder, et les « corps graisseux » peuvent être pris comme exemples de la prépondérance normale et pathologique des processus anaboliques. Chacun admettra que les Amphibiens sont, pour la plupart, des animaux d'habitudes décidément paresseuses ; les traits caractéristiques naturels au mâle sont comme étouffés, et on connaît de curieux exemples où les fonctions les plus externes des deux sexes sont étrangement renversées. Le crapaud accoucheur n'est pas le seul qui prenne soin des œufs, et la femelle d'un lézard se comporte en mâle dans l'acte de la copulation.

Il est inutile d'allonger cette liste ; on a pu constater suffisamment la très grande fréquence de l'hermaphrodisme partiel. En beaucoup de cas, pourtant, il prend une forme intéressante, en s'exprimant par des caractères externes. Des formes se présentent où les particularités secondaires des deux sexes, — la couleur, les ornements, les moyens de défense, etc., — semblent toutes mêlées ensemble, ou dans lesquelles les caractères sexuels secondaires sont en désaccord avec les organes internes. Dans la plupart des cas, on peut affirmer en toute sécurité qu'il n'existe, à aucun degré, de véritable hermaphrodisme interne. L'arrêt de la maturité ou puberté, la cessation des fonctions reproductrices, la suppression ou la maladie des organes essentiels, et d'autres faits semblables, peuvent changer les caractères sexuels secondaires de la femelle à l'égard du mâle, ou, bien que moins souvent, *vice-versa*. Un cerf femelle peut avoir une corne, ou une poule un éperon, et dans des cas semblables on découvre en général une maladie des ovaires. C'est chez les insectes que se produisent les plus beaux cas d'hermaphrodisme superficiel, en particulier chez les phalènes et les papillons, où il arrive souvent que les ailes d'un côté sont celles du mâle, et de l'autre celles de la femelle.

Les traits externes ont seuls été observés dans la plupart des cas, mais la dissection a montré qu'un mélange superficiel de ce genre peut coexister avec l'unisexualité, ou dans quelques cas, avec un véritable hermaphrodisme interne. Un très beau cas de mélange intime des caractères sexuels superficiels nous a été montré, dernièrement, par M. de V. Kane, de Kingstown. Un échantillon d'*Euchloe euphenoïdes* montrait dans la moitié antérieure de ses ailes de devant, et une partie des ailes de derrière, le fond blanc qui caractérise la femelle, tandis que sur la moitié postérieure des ailes de devant, et sur la plus grande partie des ailes postérieures dominait la couleur soufre, caractéristique du mâle. En d'autres détails secondaires, les traits caractéristiques des deux sexes, d'ordinaire fort tranchés, étaient étroitement mêlés. Des cas semblables ont été constatés.

5. *Hermaphrodisme normal adulte.* — Il est rare parmi les animaux supérieurs, mais commun chez les inférieurs. Au seuil de la série des Vertébrés, nous le trouvons, à la vérité, constant chez les Tuniciers; mais au-dessus de ces derniers, on n'en connaît que deux exemples normaux dans deux genres de poissons, et un dans un genre d'Amphibiens. « On trouve, constamment, un testicule incrusté dans la paroi de l'ovaire du *Chrysophrys* et du *Serranus*, et ce dernier poisson passe pour se féconder lui-même. »

Chez quelques espèces de crapauds mâles(*Bufo cinereus* un ovaire quelque peu rudimentaire est toujours présent au devant du testicule. Tous les autres cas, parmi les vertébrés, sont soit accidentels (par. 3), soit partiels, (par. 4). Parmi les Invertébrés, cependant, le véritable hermaphrodisme se produit normal et fréquent, à savoir chez les Éponges, les Cœlentérés, les types des Annélides, et les Mollusques. Il nous faut les passer, succinctement, en revue.

1. *Spongiaires.* — Ainsi qu'on l'a dit, les cellules sexuelles

éponges naissent simplement parmi les autres éléments de la couche moyenne (mesogloea) du corps. Il est au moins possible que dans une éponge *quelconque* elles puissent se développer comme œufs ou comme spermatozoïdes, ou les deux à la fois dans le même organisme, suivant les conditions nutritives ou autres. Voici les faits. Beaucoup d'éponges ne sont connues qu'à l'état unisexué, tandis que d'autres sont réellement hermaphrodites. Mais parmi les dernières, il n'est pas rare de trouver (par exemple, dans le *Sycandra raphanus*) que la production d'une des séries d'éléments domine sur l'autre, et nous avons ainsi des hermaphrodites avec une tendance mâle ou femelle distincte. En d'autres termes, elles tendent vers l'unisexualité. Il arrive, en effet, exemple : *Oscarella lobularis*) qu'une espèce normalement hermaphrodite peut montrer des formes unisexuées. Il est possible, naturellement, que dans de semblables cas une série d'éléments sexuels ait été entièrement expulsée, ou même qu'elle ait échappé à l'observation ; mais il n'est pas défendu de supposer que la prépondérance de conditions nutritives favorables peut amener une forme normalement hermaphrodite à devenir entièrement femelle. C'est, ainsi que nous l'avons vu plus haut, ce que l'on croit devoir se produire dans l'histoire individuelle des formes supérieures.

Fig. 13. — La Bilharzie, Trématode parasitaire chez qui le mâle porte la femelle dans un pli spécial de la peau nommé canal gynécophore. (D'après Leuckart).

2. *Cœlentérés*. — Les membres de cette classe sont au dessus des Éponges, en ce que la production des cellules sexuelles est plus restreinte à des régions définies, à des tissus et organes, ou même à des « individus ». Les Cténophores très actifs, tels que les Béroé, sont tous hermaphrodites,

et le sont très étroitement. D'un côté des branches méridiennes du canal alimentaire les œufs naissent, et les spermatozoïdes de l'autre côté. Parmi les anémones de mer et les coraux la condition hermaphrodite apparait en nombre de cas, mais cesse parfois d'être visible par le fait que les deux espèces d'éléments sont produits à des époques différentes qui correspondent aux rythmes physiologiques différents dans la vie de l'organisme. Le genre *Corallium* (corail rouge du commerce) est particulièrement instructif. Toute la colonie ou seulement une de ses branches, ou seulement certains individus d'une branche peuvent être unisexuels tandis que le véritable hermaphrodisme des polypes individuels se produit aussi. Parmi les Hydrozoaires (Zoophytes, Méduses), l'hermaphrodisme est une exception rare, ou, nous pourrions presque dire, une réversion. L'hydre commune qui est un type quelque peu dégénéré, est hermaphrodite, bien qu'on trouve en même temps des individus qui n'ont qu'un ovaire ou qu'un testicule. L'*Eleutheria* est aussi hermaphrodite, et « des œufs avortés se rencontrent dans le mâle de la *Gonothyrea loreni* ». Quelquefois une colonie est hermaphrodite (*Dicoryne*), mais les souches et les individus sont unisexuels. Parfois la souche est hermaphrodite mais les individuels sont unisexuels (certains Sertulariens). Chez les Méduses le genre *Chrysaora* est connu comme hermaphrodite.

3. Vers. — L'état des organes sexuels varie énormément parmi les types divers qu'on a réunis en bloc sous le titre de « Vers » ou « Vermes ». Chez les Turbellariés inférieurs tous les genres sont hermaphrodites, sauf deux, mais comme dans beaucoup d'autres cas, les organes n'atteignent pas leur maturité en même temps, le mâle précédant la femelle. Dans les Trématodes qui sont leurs voisins, l'hermaphrodisme domine encore, à une ou peut-être deux exceptions près. L'exception certaine est le parasite curieux *Bilharzia*, où le mâle emporte sa femelle avec lui dans un « canal gynécophore » formé de plis de la peau. Dans la classe voisine des Cestodes ou Ténias, tous les membres sont hermaphrodites. Ces trois classes sont certainement alliées, mais il semble plausible d'associer la conservation de l'hermaphro-

disme avec la dégénérescence du parasitisme, et aussi avec la nourriture riche, mais en même temps stimulante, qui peut favoriser la conservation d'une sexualité double. On ne peut mettre en doute l'utilité de l'hermaphrodisme quand les œufs des animaux doivent être fécondés, et l'espèce continuée, mais cela n'explique pas les faits. Il est important, aussi, de remarquer que la fécondation propre — c'est-à-dire l'union des œufs et des spermatozoïdes dans le même organisme, a été constatée chez plusieurs Trématodes, et semble être presque universelle chez les Cestodes. Cela peut être une des conditions de la dégénérescence de ces parasites, car quelque fréquent que soit l'hermaphrodisme chez les plantes et les animaux, l'auto-fécondation est extrêmement rare.

L'hermaphrodisme est rare chez les Némertes qui vivent en liberté, mais constant chez les sangsues à demi parasites. La seule exception à la séparation des sexes chez les Nématodes ou Ascarides est le cas très curieux du genre *Angiostomum*. Ici, dans un organisme anatomiquement femelle, l'organe reproducteur se met à produire des spermatozoïdes qui fécondent les œufs ultérieurs.

L'animal est ainsi physiologiquement hermaphrodite, et en même temps se féconde lui même. En approchant des Annélides supérieurs, nous trouvons le primitif *Protodrilus* hermaphrodite; les vers de terre le sont constamment, mais tous leurs parents de la mer ont les sexes séparés.

Le genre *Sagitta*, qui est isolé, est hermaphrodite; le même état est connu, à titre de rareté, chez les anciens Brachiopodes (*Lingula*) mais est fréquent chez les *Polyzoaires* en colonies.

4. *Echinodermes.* — Les membres de toute cette classe, sauf une astérie fragile (*Amphiura squamata*), et un genre d'holothuries (*Synapta*), ont les sexes séparés.

5. *Arthropodes.* — Parmi les Crustacés, l'hermaphrodisme est une rare exception, bien qu'il se produise dans la plupart des *Cirrhipèdes*. Là il se trouve associé à la présence de petits mâles que Darwin appelle « complémentaires ». Chez les Cymothoïdes (*Isopodes*), nous remarquons un curieux fait, quelque peu semblable à celui de l'*Angiostomum* déjà noté. « L'or-

gane sexuel du jeune animal est mâle, et celui du vieux, femelle par sa fonction ». Dans des cas pareils, il faut se rappeler l'antithèse entre le corps proprement dit, et les cellules reproductrices. Dans la jeunesse, les dépenses du corps en cours de croissance sont plus grandes ; il n'y a pas d'excédent anabolique à mettre de côté, tout va à la croissance du corps. Quand la maturité arrive, et que le développement et l'activité ont cessé, il n'est plus probable que l'anabolisme domine dans le système reproducteur, en opposition avec le système végétatif.

Les Myriapodes et les Insectes ont toujours les sexes séparés, excepté naturellement l'hermaphrodisme anormal chez les derniers. Chez les Arachnides, d'ailleurs unisexuées, on trouve une exception chez les Tardigrades dégénérés.

6. *Mollusques.* — La plupart des bivalves ont les sexes séparés, mais il se produit souvent des exceptions — chez les espèces communes d'huîtres, de coques et de clovisses, etc.

Dans le cas de l'huître, l'espèce commune (*Ostrea edulis*) est hermaphrodite, et une espèce voisine est unisexuelle en apparence. Dans les deux cas, les organes sont les mêmes, mais dans l'*O. edulis* les mêmes recoins intimes de l'organe reproducteur produisent tantôt des œufs, tantôt des spermatozoïdes.

Les Gastéropodes se divisent en deux grands groupes suivant la torsion de leurs nerfs. Le groupe de *Streptoneura* a les sexes séparés ; les membres de l'autre série (*Euthyneura*) sont hermaphrodites.

Les Ptéropodes sont hermaphrodites, mais les Scaphopodes sont unisexués. De même chez les *Céphalopodes* les sexes sont séparés.

6. *Degrés d'hermaphrodisme normal.* — Il ressort de ce que nous venons de dire que l'hermaphrodisme peut être plus ou moins intime. Dans son ensemble, un *Arum* est hermaphrodite avec des fleurs femelles sur la partie inférieure mieux nourrie, et des fleurs mâles au dessus. On peut le comparer au corail rouge, quelquefois femelle en ce qui concerne une branche, et mâle quant à l'autre. Si nous nous en tenons, cependant, aux indi-

vidus hermaphrodites, il est évident qu'une Orchidée avec ses étamines et ses carpelles unis, est plus hermaphrodite qu'une fleur de bouton d'or. De même, chez une sangsue, avec les ovaires en avant, et indépendants du long rang de testicules, l'hermaphrodisme est moins intime que chez un Tunicier où les testicules et l'ovaire peuvent former une seule masse, les cellules mâles se répandant sur la surface de l'ovaire. De la même manière, l'organe d'un Pectoncle qui présente des portions plus ou moins distinctes mâle et femelle, est dans un état d'hermaphrodisme anatomique moins intime que l'huître où les mêmes *cœca* du même organe remplissent les deux fonctions *à des temps différents*.

Il faut se mettre ainsi toujours en garde. Si l'hermaphrodisme est très intime, — c'est-à-dire si les sièges de la production des œufs et du sperme sont très rapprochés l'un de l'autre — il ne faut pas s'attendre à ce que le développement des deux sortes de cellules se produise simultanément. Ce serait une impossibilité physiologique. Les rythmes antagonistes du protoplasme peuvent alterner rapidement, mais ne sauraient coexister. Que l'hermaphrodisme soit anatomiquement intime ou non, il y a d'un bout à l'autre, à des degrés divers, une tendance à la périodicité dans la production des éléments mâle et femelle. Cette absence de synchronisme sexuel s'appelle, en langage botanique, *dichogamie*, et c'est une des conditions qui rendent la fécondation *per se* rarement possible. Chez les plantes comme chez les animaux, c'est la fonction mâle qui a le pas, dans la majorité des cas. Ainsi la « dichogamie protandrique » (les étamines ouvrant la marche) est beaucoup plus commune que la « dichogamie protogyne » où les carpelles mûrissent les premiers. Ceci est d'accord avec les curieux cas de *l'Angiostomum* et des Cymothoïdes déjà cités, où l'organe était d'abord mâle et puis femelle, et, en fait, avec la

plupart des cas chez les animaux hermaphrodites à un
degré étroit. Quand les organes mâles sont situés sur une
partie du corps, et les organes femelles sur une autre, il y
a moins de raisons qui empêchent que la production des
spermatozoïdes ait lieu en même temps que celle des
œufs. Les mêmes conditions physiologiques, qui ont
déterminé d'abord la position des ovaires ici, et celle des
testicules là, peuvent subsister pour rendre possible les
deux fonctions opposées en même temps.

L'escargot commun (*Helix*) est non seulement facile à
disséquer, mais la complexité de ses organes est une
source d'intérêt. Ici, non seulement les œufs et les spermatozoïdes sont produits dans les limites d'un petit
organe, mais chaque petit coin de l'organe montre des
cellules femelles se formant sur les parois, et des cellules
mâles dans le centre. Platner a fait remarquer, très justement, que les cellules externes sont les mieux nourries ; elles se développent conséquemment en œufs anaboliques.

7. *Autofécondation*. — Nous avons remarqué, ci-dessus, que, bien que les organes mâle et femelle soient
présents dans le même organisme, ils tendent à la maturité à des époques différentes, et cela d'autant plus
que les lieux de formation des deux sortes d'éléments
sont plus rapprochés l'un de l'autre. Il est nécessaire,
également, de répéter que bien que l'un et l'autre éléments puissent être produits dans la même plante ou le
même animal, il est probablement exceptionnel que
l'ovule d'une plante soit pénétré par le pollen de la
même fleur, et il est certainement rare qu'un animal féconde ses propres œufs.

Les éleveurs d'animaux supérieurs croient que
« l'union consanguine » au delà d'un certain point
est dangereuse pour le bien être de la race. Les rejetons tendent à devenir anormaux ou malsains. A ce

point de vue, la rareté de la fécondation directe chez les hermaphrodites a été expliquée en termes discréditant le processus. En réalité, cependant, c'est là ce qu'on appelle vulgairement mettre la charrue devant les bœufs. Chez les hermaphrodites, les deux sortes d'éléments sexuels arrivent à maturité, et sont libérés à des époques différentes, non par suite d'aucune réaction du désavantage de la fécondation directe pour la santé de l'espèce, mais simplement parce que la coexistence de processus physiologiques opposés est prohibée, à des degrés qui varient. En termes techniques, la dichogamie n'est pas le résultat qui suit le désavantage de la fécondation *per se*, mais la fécondation croisée est le résultat qui suit la dichogamie croissante.

L'auto-fécondation, cependant, se présente, exceptionnellement, chez les animaux — ainsi, suivant toute probabilité, chez le poisson exceptionnel *Serranus*; et certainement chez beaucoup de vers parasitaires ou Trématodes; « communément, si ce n'est universellement » chez les Ténias ou Cestodes ; et aussi chez le curieux Ascaride *Angiostomum*, et probablement chez les Cténophores, et dans quelques autres cas. A l'égard de quelques cas, c'est-à-dire chez les bivalves hermaphrodites (où les spermatozoïdes sont généralement amenés par l'eau), il est jusqu'ici impossible d'affirmer si la fécondation directe se produit ou non. On a recueilli quelques observations curieuses, mais sur lesquelles il ne faudrait pas trop compter, sur la fécondation *per se* de quelques insectes qui sont accidentellement hermaphrodites.

Raisonnant d'après les mauvais effets d'une multiplication sans croisements parmi les animaux supérieurs, Darwin et quelques autres ont appelé l'attention sur les nombreux expédients qu'on dit, chez les plantes, rendre l'auto-fécondation impossible. Il faut répéter ici que cette persistance de cette très vieille méthode d'expliquer

les faits — en termes de leur avantage final — n'est pas
du tout une explication causale. On a indiqué que, dans
quelques cas, le pollen d'une fleur est tout à fait sans action sur l'ovule de cette même fleur, ou a pour résultat
une progéniture faible. Il y a aussi une grande variété
d'arrangements mécaniques, d'où il résulte qu'il est plus
ou moins physiquement impossible pour le pollen des
étamines d'atteindre les stigmates de la fleur, ou même
d'être dispersé sur elles par l'action inconsciente des insectes qui y entrent. De plus, il en va chez les plantes de
même que pour les animaux ; les organes mâles mûrissent avant que les carpelles ne soient prêts, ou dans des
cas plus rares, c'est l'inverse qui arrive.

Il n'y a aucun doute que la fécondation croisée ne
s'opère très généralement, et il est probable, au point
de vue physiologique, que c'est là un grand avantage,
bien que moindre chez les plantes (qui sont si « femelles »,
c'est-à-dire végétatives) que chez les animaux. Mais, il y
a une opinion, qui va grandissant, d'après laquelle, et a
production de la fécondation croisée, et la nécessité qu'en
ont les plantes supérieures, ont été exagérées par l'école
Darwinienne extrême. Un des botanistes américains les
plus réfléchis et les plus observateurs, M. T. Meehan, a
élevé une protestation vigoureuse contre la théorie reg-
nante. Dans le *Yucca*, que l'on considère comme fécondé
par les insectes, il a montré, expérimentalement, que dans
chaque fleur il n'y avait « aucune aversion pour son
propre pollen ». « Même lorsque les insectes la fécondent,
je suis sûr que la fécondation est due au pollen de la
même fleur. »

En ce qui concerne les dispositions mécaniques, il dit :
« On nous assure que l'Iris, la Campanule, la Dent de
Lion, la Pâquerette, le Pois de senteur, le Lobélia, le
Trèfle et beaucoup d'autres, sont arrangés de façon à ne
pouvoir se féconder sans l'aide des insectes. J'ai enfermé

quelques-unes des fleurs de toutes ces espèces dans des
sacs de gaze fine, et elles ont produit des graines tout
aussi bien que celles qui étaient exposées ».

Nous ne pouvons entrer dans un exposé complet des

Fig. 14. — Myzostomes. Hermaphrodite (1) et]male Pygmée (2) D'après
Nansen.

observations judicieuses de Meehan, mais ses trois propositions principales méritent bien d'être citées, et prises
en considération :

1. La fécondation croisée par l'intermédiaire des insectes n'existe pas, à beaucoup près, dans la mesure qu'on
imagine ;

2. Là où elle existe, rien ne prouve qu'elle soit un avantage matériel pour la race, mais c'est plutôt le contraire ;

3. Les difficultés de l'auto-fécondation résultent de perturbations physiologiques qui n'ont aucun rapport avec le bien général des plantes comme espèce.

8. *Mâles complémentaires.* — Quand Darwin examinait les Cirrhipèdes et les Balanes, pour préparer sa monographie de ce groupe, il découvrit le fait remarquable que quelques-uns des individus hermaphrodites portent des mâles minuscules cachés sous leur coquille. Il considéra ceux-ci comme des formes accessoires avantageuses, qui assuraient la fécondation croisée chez les hermaphrodites qui leur donnaient asile. La grande majorité des Cirrhipèdes est hermaphrodite, mais parmi les Cirrhipèdes proprement dits — qui se rapprochent le plus du type ancestral — les sexes séparés se trouvent parfois. Sur les femelles de quelques-uns de ceux-ci, des mâles pygmées se trouvent, comme ceux des hermaphrodites. Ces mâles, soit sur les femelles, soit sur les hermaphrodites, ne sont pas seulement nains, mais très souvent dégénérés, étant dépourvus (selon Darwin) à la fois de canal alimentaire et de pattes thoraciques. Quelques-uns d'entre eux ne sont guère que des testicules parasitaires.

(1) L'état primitif des choses, dans ce cas particulier, a dû être, probablement, la *condition ordinaire* : les sexes étaient séparés. (2) Les mâles, ainsi que cela se passe chez les Copépodes, tendaient à devenir plus petits — tellement plus petits qu'ils finissaient par disparaître, — tandis que les femelles devenaient de plus en plus paresseuses et se fixaient. (3) Dans les genres *Alcippe* et *Cryptophialus*, dans les espèces *Ibla cummingii* et *Scalpellum ornatum*, nous trouvons de véritables femelles avec des mâles pygmées attachés souvent en nombre, menant, comme parasites, une existence misérable.

4) Dans d'autres espèces de *Scalpellum* et d'*Ibla* les mêmes mâles pygmées se trouvent, mais ils sont attachés, ainsi que nous l'avons noté, à des hermaphrodites qui dans ces formes ont remplacé les vraies femelles. (5) Enfin, dans beaucoup de genres tels que les *Pollicipes*, il n'y a que des hermaphrodites.

Graff a fait, pour une autre série curieuse d'animaux, les Myzostomes, ce que Darwin avait fait pour les Cirrhipèdes. Ce sont des Chétopodes dégénérés qui sont les parasites externes des Crinoïdes sur les bras desquels ils produisent de curieuses galles. La plupart sont hermaphrodites, mais d'autres espèces ont la séparation des sexes, et l'existence de mâles complémentaires a été, en quelques cas, constatée. Quand l'état hermaphrodite est originel, il persiste dans la majorité des cas. Ainsi le *Myzostoma glabrum* est hermaphrodite, avec un mâle complémentaire minuscule ; le *Myzostoma cysticolum* a les sexes distincts, mais la femelle, soit qu'elle approche de l'hermaphrodisme, soit qu'elle en sorte, a des testicules rudimentaires ; chez les *Myzostoma tenuispinum, inflator, Murrayi*, il y a des sexes séparés, et les femelles sont de plus grande taille. Une conclusion, tout au moins, nous est imposée par ces faits curieux, c'est la tendance de la forme masculine à se réduire jusqu'au point de disparaître.

9. *Conditions de l'Hermaphrodisme.* — En regardant en arrière vers les cas d'hermaphrodisme normal, il est aisé de tirer quelques conclusions générales. Ainsi Claus fait remarquer que l'hermaphrodisme trouve sa plus abondante expression chez les animaux fixés, et de nature paresseuse. Les vers plats, les sangsues, les lombrics de terre, les tardigrades, les Hélix terrestres, etc., sont de bons exemples des premiers ; et chez les Éponges, les anémones de mer, les Coraux, les Polyzoaires, les Bivalves, etc., nous trouvons un exemple fréquent de l'association de l'état fixe et de l'hermaphrodisme. La plupart des Tuniciers sont fixés de même, et tous sont hermaphrodites. Claus remarque, en outre, que chez

les Douves et les Ténias l'hermaphrodisme est associé à une condition de vie isolée. L'isolement, cependant, n'est pas toujours réel, car les Douves peuvent se rencontrer en grand nombre ; et l'on a vu jusqu'à quatre-vingt-dix Bothriocephales à la fois chez un seul hôte.

Simon est allé plus loin encore, en insistant sur le rapport réel entre l'habitus parasitaire et l'état hermaphrodite. Chez les Douves et les Ténias, les sangsues, les Myzostomes, et quelques Cirrhipèdes, nous trouvons l'hermaphrodisme associé à un mode de vie parasitaire plus ou moins intime. On se souviendra, aussi, que la Myxine, chez qui l'hermaphrodisme est commun, est aussi dans une grande mesure un parasite. Mais ce que Simon indique, c'est que les organismes dont on exige beaucoup — surtout comme exercice musculaire — n'ont pas les moyens d'être hermaphrodites; tandis qu'une pléthore de nutrition, comme dans le parasitisme, tend à rendre possible la persistance du double état. Il donne de nombreux exemples de ce raisonnement très soutenable. Car il semble plausible que, lorsqu'il arrive plus de matériaux utilisables pour la différenciation interne, celle-ci se produise réellement. Mais il est possible d'aller encore plus loin.

Un habitus paresseux s'associe généralement à un surplus de substance nutritive, et en même temps très fréquemment à une accumulation de produits de déchet. Le parasitisme ne signifie pas seulement une nutrition abondante, mais une nutrition riche et stimulante. Les conditions qui réunissent ces deux facteurs tendront à assurer la persistance de l'hermaphrodisme primitif, ou même à le développer hors d'un état unisexué atteint auparavant. Il faut noter cependant qu'il y a des exceptions que, pour le moment, il est difficile d'expliquer. Les Cténophores sont tous hermaphrodites, et cependant très actifs. Il en est de même pour plus d'un Tunicier, tandis que les Brachiopodes sont extrêmement passifs, mais ne sont pas spécialement caractérisés par l'hermaphrodisme.

10. *Origine de l'Hermaphrodisme.* — On ne peut guère douter que l'hermaphrodisme ait été l'état primitif des animaux unicellulaires, du moins après que la différenciation des éléments sexuels a été accomplie. En rythmes alternants, les œufs et les spermatozoïdes furent produits. L'organisme était alternativement mâle et femelle. Il en reste probablement plus d'une réminiscence, du plus au moins, dans l'histoire de la vie de tous les animaux. Gegenbauer rapporte l'opinion commune dans les paroles prudentes et concises que voici : « La phase hermaphrodite est la plus basse, et la condition des sexes distincts en est dérivée. »

La « différenciation unisexuelle, par la réduction d'un genre d'appareil sexuel, a lieu à des étapes très différentes du développement de l'organisme, et souvent quand les organes sexuels ont atteint un degré très élevé ». La première étape anatomique de la séparation serait probablement la restriction des aires dans lesquelles la formation des deux sortes de cellules continuait à des époques différentes dans un organisme. Chez des individus différents les tendances opposées dont nous avons déjà parlé prédominaient de plus en plus, jusqu'à ce que l'unisexualité sortît de l'hermat phrodisme.

Nous pouvons suggérer, en peu de mots, comme étant les trois degrés probables dans cette histoire : (*a*) la mise en liberté des éléments sexuels non individualisés ; (*b*) la formation de deux sortes diverses d'éléments sexuels, au début mâle et femelle, au même moment, ou à des périodes différentes, suivant les conditions nutritives ou autres ; (*c*) le produit unisexuel, quand la production d'une série d'éléments a eu la prépondérance sur celle de l'autre série.

Tel qu'il existe maintenant, l'hermaphrodisme peut être interprété comme une persistance de l'état primitif, ou une réversion à cet état. Il faut juger les cas individuels isolément, en tenant compte de l'histoire de chacun. Mais quand l'hermaphrodisme est manifestement à l'état d'exception, il y a rarement à douter qu'on doive le considérer comme une réversion. La réversion se produit généralement du côté féminin, car, par des motifs physiologiques *a priori*, ainsi que le fait remarquer Simon, il est plus facile de comprendre qu'une femelle produise des spermatozoïdes qu'il ne l'est qu'un mâle produise des œufs. A ce propos, il est intéressant de noter comment Brock, au sujet du développement des organes reproducteurs des gastéropodes, soutient qu'ils sont établis et développés d'après le type de la femelle, et ne deviennent hermaphrodites que secondairement. Des formes purement féminines se présentent encore, de temps en temps, et il les explique comme des exagérations du côté normalement prépondérant. Chez les poissons hermaphrodites, cet auteur a montré que la femelle a une prépondérance marquée.

L'hermaphrodisme est accompagné, en quelques cas, (chez les *Polyzoaires*) de la parthénogénèse chez des formes alliées ; et on peut noter en passant, ce qui deviendra plus clair par la suite, qu'en devenant hermaphrodite, une femelle fait en quelque sorte un pas vers la parthénogénèse. Cela signifie que certaines cellules des organes reproducteurs ont la faculté de se diviser, pour former, cependant, non un embryon, mais un paquet de spermatozoïdes.

La conclusion générale est donc que l'hermaphrodisme est la condition primitive, et que les cas qui existent actuellement indiquent la persistance ou la réversion.

RÉSUMÉ

1. L'hermaphrodisme est l'union des deux fonctions sexuelles en un seul organisme. Il se produit, cependant, à des degrés qui varient.

2. L'hermaphrodisme embryonnaire est probablement un fait commun même aux animaux unisexués. Cela est certain en quelques cas.

3. L'hermaphrodisme accidentel ou anormal n'est pas rare.

4. L'hermaphrodisme partiel (qui n'implique pas les organes essentiels) est extrêmement commun.

5. L'hermaphrodisme normal adulte ; examen de sa production.

6. Le véritable hermaphrodisme se produit à beaucoup de degrés.

7. La fécondation par soi est une exception rare chez les animaux, plus commune chez les plantes.

8. Les « mâles complémentaires » — pygmées attachés aux hermaphrodites — se présentent dans deux groupes.

9. Les conditions de l'hermaphrodisme, en partie, impliquent un excédent de matériaux.

10. L'hermaphrodisme est primitif ; l'état unisexué a été une différenciation subséquente. Les cas actuels d'hermaphrodisme impliquent la persistance ou la réversion.

BIBLIOGRAPHIE

Voir les ouvrages déjà cités :

Gegenbaur, Hensen, Hertwig, Hatchett Jackson, et Rolleston, passim.

BOURNE. — *On certain Abnormalities in the common Frog. The Occurrence of an Ovotestis. Quart. J. Micr. Sci. XXIV.*

BROCK. — *Morph. Jahb. «V. Beiträge zur Anatomie und Histologie der Geschlechtsorgane des Knochenfische.*

GILES. — *Quart. Journ. Micr. Sci. 1888.*

LATASTE F. — *Comptes Rendus, TCI, (1885), p. 393 à 395.*

MARSHALL A. MILNE. — *On certain abnormal Conditions of the Reproductive Organs in the Frog. Journ. Anat. Physiol. XVIII, p. 121-144.*

MEEHAN T. — *On Self-fertilisation and Cross-fertilisation in Flowers. Penn. Monthly, VII (1876), p. 834 à 843.*

PFLÜGER E. — *Archiv. ges. Physiol., XXIX.*

Simpson J. Y. — *Todd's Cyclopædia of Anatomy and Physiology*, art. *Hermaphroditism*, p. 684-738 (1836-9).

Spengel. — *Arb. Würzburg, III, 1876. Ueber das Urogenital System der Amphibien.*

— *Zwitterbildung bei Amphibien. Biol. Centralbl. IV, 89.*

Sutton J. B. — *Hypertrophy and its Value in Evolution. Proc. Zool. Soc. London. 1888, p. 132.*

— *General Pathology. Londres, 1886.*

CHAPITRE VII

LES ÉLÉMENTS SEXUELS ULTIMES (GÉNÉRALITÉS ET HISTORIQUE)

Dans notre analyse des caractères sexuels nous avons suivi la marche générale de l'histoire de la vie. Nous avons passé de la forme et de l'habitus d'un *organisme* mâle ou femelle à l'anatomie et aux fonctions des *organes* sexuels. En discutant l'hermaphrodisme nous avons eu l'occasion de faire allusion à un troisième degré d'analyse biologique, celui qui implique l'investigation des propriétés des *tissus*. Maintenant il nous faut pénétrer plus avant, c'est-à-dire jusqu'aux *cellules sexuelles*. Quand celles-ci auront été examinées, non seulement en elles-mêmes, mais finalement et fondamentalement en termes des changements dans le protoplasme qui les fait ce qu'elles sont, nous serons alors mieux à même de remonter jusqu'à quelques uns des problèmes de la reproduction.

1. *La Théorie Ovulaire*. C'est maintenant un lieu commun d'observation, et un fait établi, que tous les organismes, reproduits de la manière ordinaire, débutent dans la vie comme cellules isolées. Nous voyons des insectes pondre leurs œufs sur des plantes, ou des poissons les répandre dans l'eau, et nous pouvons observer comment ces cellules, à condition d'être fécondées, donnent

naissance, finalement, à des organismes adultes. Nous pouvons lire commodément dans le frai vulgaire de la grenouille pris au fossé de la route, ce qui a été si longtemps une énigme, à savoir comment le développement procède par des divisions de cellules successives et par l'arrangement des résultats multiples. Il est vrai de tous

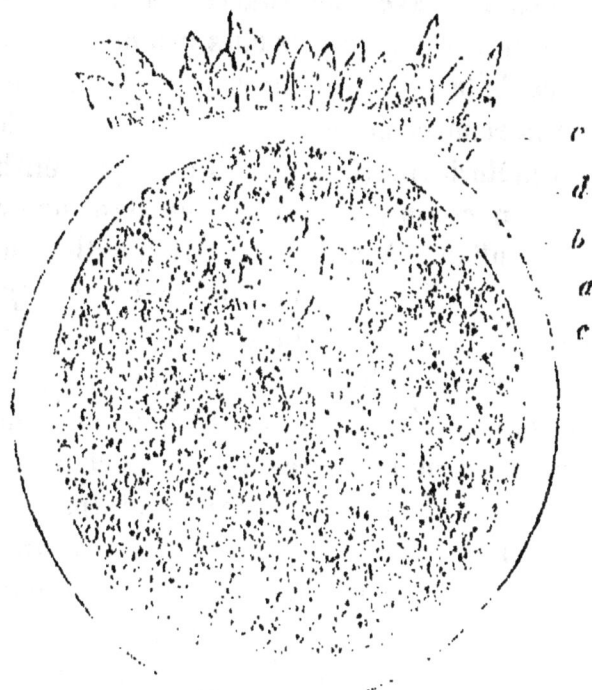

Fig. 15. — Œuf de mammifère ; *a*, nucléole ; *b*, nucleus ; *c*, vitellus ; *d* zone pellucide ; *e*, cellules folliculaires. D'après Waldeyer.

les cas de reproduction sexuelle ordinaire, et cela est visible en beaucoup d'exemples, que l'organisme part de l'union de deux cellules sexuelles, ou que c'est à la division d'un œuf fécondé que commence le développement.

Ce fait profond, connu sous l'expression technique de « la théorie ovulaire », a été, non sans quelque justice, défini par Agassiz comme la plus grande découverte des temps modernes dans les sciences naturelles. Nous nous rendrons mieux compte de la grandeur de la différence que sa découverte a produite dans la biologie quand nous en aurons fait, succinctement, l'historique.

2. *Histoire de l'Embryologie* ; *Évolution et Épigénèse*. Le développement du poussin, qui est tellement étudié aujourd'hui dans les laboratoires d'embryologie, était déjà, il y a deux mille ans, un sujet de recherches en Grèce. On philosopha avec persistance, mais sans fruit, pendant des siècles, sur quelques unes des merveilles les plus frappantes de la reproduction et du développement. Ce ne fut qu'à la renaissance scientifique du dix-septième siècle que l'enquête devint plus pénétrante et plus enthousiaste, et que l'on commença à accorder, dans une certaine mesure, confiance à une observation authentique.

a) Harvey (1651) à l'aide de verres grossissants (*perspicilla*) démontra l'existence, dans le jaune de l'œuf de poule, du rapport entre les *cicatricules* du jaune et les rudiments du poussin, et observa aussi quelques phases de la vie utérine des mammifères. Plus importantes, cependant, sont les conclusions générales qu'il formula avec une telle hauteur de vues, à savoir : 1°, que tout animal est le produit d'un œuf (*ovum esse primordium commune omnibus animalibus*), et, 2°, que les organes naissent par une formation nouvelle (*épigénèse*) et non par la seule expansion de quelque formation précédente invisible. Dans cette généralisation, sans toutefois abandonner l'hypothèse de la génération spontanée des germes, il s'efforçait, disait-il, de suivre son maître Aristote, et sur ce point il était autant en avance sur ses contemporains que l'est d'ordinaire un génie puissant. Avant Harvey, la méthode d'observation avait commencé réellement. Ainsi, comme le fait remarquer Allen Thomson, Volcher Coiter de Groningue (1573) de même qu'Aldrovande de Bologne, avait étudié l'œuf en incubation dans ses merveilleux progrès, de jour en jour. Fabricius d'Aquapendente (1621) avait aussi suivi les transformations de l'œuf couvé, et les phases du fœtus des mammifères. Harvey les dépassa beaucoup, comme pénétration et comme perspicacité.

b) Malpighi (1672) maniant le microscope avec une habileté extraordinaire, suivit l'embryon jusque dans les recoins de la cicatricule ou rudiment, mais, lui aussi, passa à côté d'une découverte magnifique, et supposa que les rudiments préexistent dans l'œuf. En 1677, Leeuwenhoek fut amené par Hamm à découvrir les spermatozoïdes ; Vallisneri et d'autres le suivirent dans cette voie, mais sans beaucoup de profit. Sténon, aussi, en 1664, avait donné à l'ovaire le nom qu'il porte, et de Graaf avait considéré les vésicules de cet organe, auxquelles son nom est encore attaché, comme étant pour la plupart équivalentes aux œufs qu'il avait découverts dans l'oviducte. Needham (1667), Swammerdam (1685), et J. Van Horne, apportèrent aussi un tribut de documents qui ne furent pas appréciés alors à leur véritable portée.

c) Théorie de la Préformation. — Ovistes et Animalculistes. — Dans la première partie du dix-huitième siècle, les observations embryologiques de chercheurs, tels que Boerhaave, furent résumées dans la conception que le développement était purement l'expansion d'un rudiment préexistant, ou déjà formé dans l'œuf. Harvey s'était, à la vérité, efforcé de faire prévaloir une conclusion opposée, mais sa théorie avait été rejetée, comme nous l'avons vu, par suite de ce que Malpighi n'avait pu retrouver les traces de l'embryon au delà des rudiments de la cicatricule.

La notion d'un rudiment préformé, ainsi suggérée par Boerhaave, Malpighi et d'autres, devint rapidement la théorie dominante. Et tant qu'elle accentue un côté des faits, elle mérite, sous une forme modifiée, de garder cette autorité. Leibnitz, Malebranche, et d'autres trouvèrent qu'elle s'accordait mieux avec leurs conceptions cosmiques que la théorie plus ancienne d'Aristote, et lui donnèrent la bienvenue.

Les positions prises par le physiologiste Haller mettaient bien en lumière les transformations de l'opinion. Ainsi que l'indique Allen Thomson dans son article *Embryology* dans l'*Encyclopædia Britannica*, Haller fut élevé dans la foi en la doctrine de la préformation par son maître Boerhaave, mais fut bientôt amené à la renier en faveur de l'épigénèse, ou formation nouvelle. Mais quelques années plus tard, après s'être occupé à observer les phénomènes du développement de l'œuf couvé, il changea de nouveau d'opinion, et fut pendant le reste de sa vie un adversaire acharné du système de l'épigénèse, et un défenseur et un apôtre de la théorie de l'évolution, ainsi qu'on la nommait alors.

La théorie de la préformation trouva une expression de plus en plus définie dans les ouvrages de Bonnet, Buffon et d'autres. Il nous faut maintenant résumer ses propositions principales.

Le germe, qu'il fût cellule ovulaire ou graine, était supposé un modèle en miniature de l'adulte. Les organes « préformés » reposaient dans l'œuf, ne demandant plus qu'à être développés.

Bonnet affirmait qu'avant la fécondation il existe dans l'œuf de la poule un poussin extrêmement petit, mais complet. On comparait le germe à un bouton compliqué, qui cache sous son enveloppe les organes floraux de l'avenir. Harvey avait dit que « le premier concrément du corps futur croît, se divise graduellement, et se distingue en parties différentes, qui ne paraissent pas tout d'un coup, mais sont produites les unes après les autres, chacune émergeant dans son ordre ». Bien différente étaient la première et la dernière affirmation de Haller: « Il n'y a pas de *devenir*; aucune partie du corps n'est tirée de l'autre, toutes sont créées à la fois. »

7.

C'était là évidemment une méthode d'Embryologie courte et facile si l'organisme était littéralement formé d'avance dans le germe, et que son développement ne fut plus qu'une question de croissance.

Mais ce n'était pas tout. Le germe était plus encore que la miniature de l'adulte ; il renfermait nécessairement à son tour la génération future, et celle-ci la suivante, bref, toutes les générations futures. Un germe dans un germe, en miniature toujours plus petite, à la façon de la boîte de l'escamoteur, tel était le corollaire logique inévitablement attaché à cette théorie de préformation et de développement, d'*évolution*, ainsi qu'on disait alors, donnant à ce mot un sens très différent mais plus littéral que nous ne faisons maintenant.

Une controverse accessoire s'éleva entre deux écoles dont les disciples s'appelaient réciproquement « ovistes » et « animalculistes. » Les premiers soutenaient que l'élément femelle du germe est le plus important, et ne demande qu'à être, pour ainsi dire, réveillé par l'élément mâle, pour commencer le processus de développement. Les animalculistes, d'autre part, affirmaient les droits du spermatozoïde à être le porteur du nid en miniature d'un organisme dans un autre, et supposaient que celui-ci ne demande qu'à être nourri par l'œuf pour grandir et développer le premier des modèles qu'il renferme.

d) Nouvelle affirmation de l'Épigenèse par Wolff. — Cet édifice ingénieux fut brusquement renversé, cependant, en 1759, quand Caspar Friedrich Wolff montra, dans sa thèse doctorale, l'illégitimité des suppositions qui formaient la base de la théorie de la préformation. Il suivit le poussin, en remontant jusqu'à une couche de particules organisées (les *cellules* qui nous sont familières aujourd'hui) dans lesquelles ne se trouvait aucune image de l'embryon futur, et bien moins encore de l'adulte. Il fit plus. Il suivit la disposition de ces éléments primitifs jusqu'à la construction de quelques-uns des organes importants. Nul doute qu'il n'allât trop loin dans son insistance sur la simplicité entière du germe, et que beaucoup des détails qu'il donne ne fussent erronés ; mais il n'en est pas moins vrai qu'il rappela aux embryologistes la nécessité d'abandonner les rêveries, et de prendre les faits tels qu'ils les trouvaient, et il basa les fondements de l'embryologie moderne sur le fait que l'organisation s'acquiert graduellement par un processus de développement qu'il est possible d'observer.

c) Les successeurs de Wolff. — La conclusion importante à laquelle Wolff était arrivé demeura environ soixante ans sans effets. En 1817 Christian Pander reprit l'investigation physiologique exactement au point où Wolff l'avait laissée, et recommença l'histoire du poussin dans un détail plus précis. En 1824, Prévost et Dumas remarquèrent la division de l'œuf en masses; et dans le courant de l'année suivante Purkinje découvrit le noyau ou « *vésicule germinale* ». Von Baer reprit l'œuvre de son ami, et fit en 1827 la découverte mémorable de l'œuf des mammifères dont il suivit les traces de l'utérus à l'oviducte, et jusqu'à son emplacement dans l'ovaire même. Ainsi se trouvait enfin réalisée, après un siècle et demi, la tentative, de Graaf. Peu de temps après, Wagner, Von Siebold et d'autres achevèrent d'éclaircir ce qui était resté caché à Von Baer, la vraie nature des spermatozoïdes. Pendant ce temps, l'analyse, par Bichat, (1801) des tissus de l'organisme fut appliquée avec des perfectionnements à décrire les « cellules », et il y eut la prévision d'une généralisation importante en 1835, quand Johannes Müller indiqua dans le notocorde des vertébrés l'existence de cellules ressemblant à celles des plantes.

3. *Théorie Cellulaire.* — Sans prolonger davantage le récit de cette histoire, nous devons simplement noter qu'en 1838, Schleiden rapporta tous les tissus végétaux

au type cellulaire, et fit remonter l'embryon de la plante jusqu'à une cellule nucléée unique ; l'année suivante, Schwann étendait hardiment au monde animal, cette

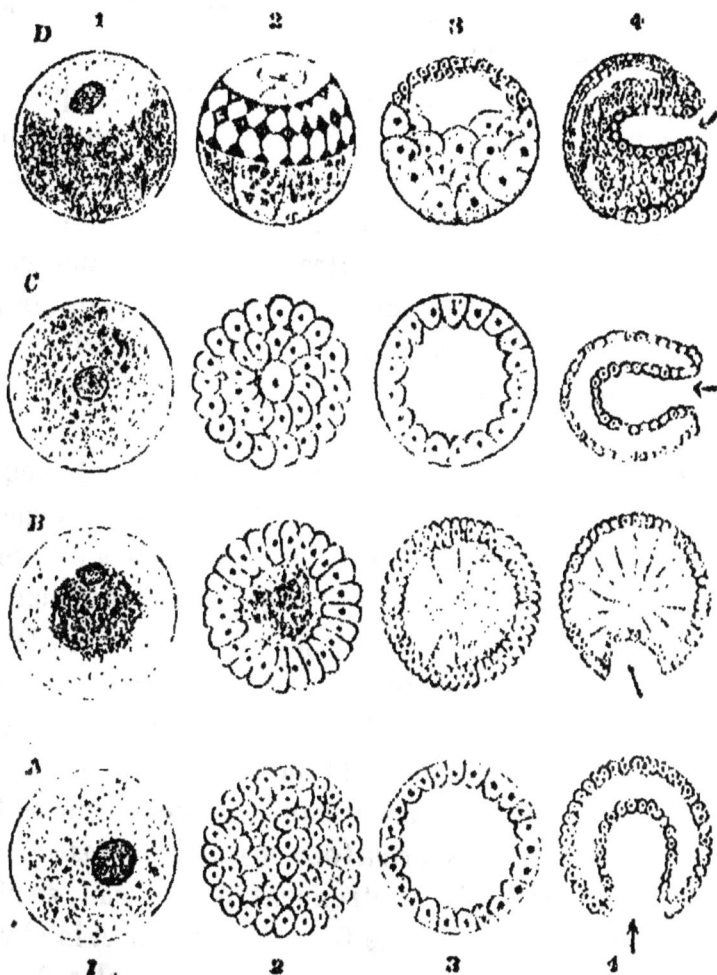

Fig. 16. — Premières phases des développements chez : A. Éponge, Corail, Lombric, ou Astérie, B., Crustacé ou Arthropode; C. Tunicier, Amphioxus, etc ; D. Grenouille ou autre Amphibien. 1. Œuf fertilisé. 2. Œuf segmenté, ou morula, ou blastosphère. 3. Le même à une période plus avancée. 4. Phase gastrula.

conception de l'anatomie et du développement de la plante, et constituait ainsi, d'une façon complète, la «théorie cellulaire». L'œuf, reconnu comme cellule, devient un *primordium commune* dans un sens plus profond encore qu'Harvey n'avait pu lui donner ; les masses décriles par Prévost et Dumas furent reconnues comme produits de la division cellulaire, et Kölliker ouvrit la voie, où il est maintenant si bien accompagné, en suivant ces cellules jusque dans leurs résultats dans les tissus de l'organisme.

4. *Base protoplasmique.* — L'analyse biologique n'a plus maintenant qu'un pas à franchir, et les efforts les plus persistants, dans les dernières années, ont été dirigés de ce côté. Il est impossible de s'arrêter au niveau de la théorie cellulaire. Reconnaître l'œuf comme une cellule, et le spermatozoïde comme une autre, trouver le point de départ de l'organisme dans l'unité double formée par leur réunion, démontrer que le processus du développement n'est que la multiplication et l'arrangement des cellules, n'est que l'expression de faits biologiques considérables, mais non définitifs. C'est ainsi que, récemment, ce que Michael Foster a appelé le « mouvement protoplasmique » s'est fait sentir, non seulement par l'étude des fonctions générales du corps, mais dans la physiologie spéciale des cellules reproductrices et leur histoire. Même dans les études morphologiques ou anatomiques, l'attention a passé de la forme des cellules à la structure de leur matière vivante, ou des formes différentes de l'œuf. et des spermatozoïdes, au *keimplasma*, ou plasma germinatif, qu'ils contiennent. A ce niveau, en effet, où la biologie a touché le fond, l'anatomie et la physiologie sont devenues de plus en plus inséparables. Tous les faits anatomiques, d'un côté, et tous les faits de fonction, de l'autre, veulent être interprétés en termes de changements constructifs et destructifs de la matière vivante elle-même. La théorie générale peut se résumer dans le diagramme qui accompagne notre texte. Le protoplasme est considéré comme un composé extrêmement complexe et instable qui subit continuellement un changement moléculaire, ou métabolisme. D'une part, une

quantité plus ou moins grande de matière morte, ou
nourriture, entre en vie, en remontant une série de changements assimilatifs, à travers chacun desquels elle devient, moléculairement, plus complexe et plus instable.
D'autre part, le protoplasme qui en résulte se désagrège
continuellement en composés de plus en plus simples, et
finalement en produits de désassimilation. On nomme

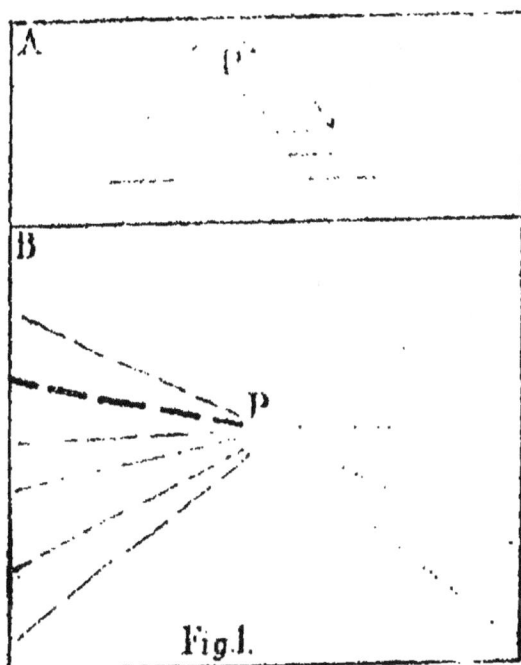

Fig. 17. — Schéma des changements protoplasmiques. Voir l'explication dans le texte.

« anabolique » la série ascendante, synthétique, constructive, des changements; et « catabolique » la série
descendante, destructive. Les deux processus peuvent
être de plusieurs sortes, et la prédominance d'une série
particulière de changements anaboliques ou catoboli-
ques implique la spécialisation de la cellule. La figure
supérieure (A) représente le protoplasme complexe instable comme occupant le sommet d'un double escalier de
marches; il est formé en montant par les marches anaboliques, il se désagrège en descendant par les catoboli-

ques. La figure du bas (*B*) est une projection de la première, ses lignes convergentes et divergentes servant à représenter, respectivement, les lignes spéciales diverses d'anabolisme et de catabolisme, et les substances composantes définies (« anastates et catastates ») que le physiologiste chimiste aura à isoler et interpréter.

5. *Protozoaires et Métazoaires.* — On a insisté, plus haut, sur le fait que tout organisme multicellulaire, se

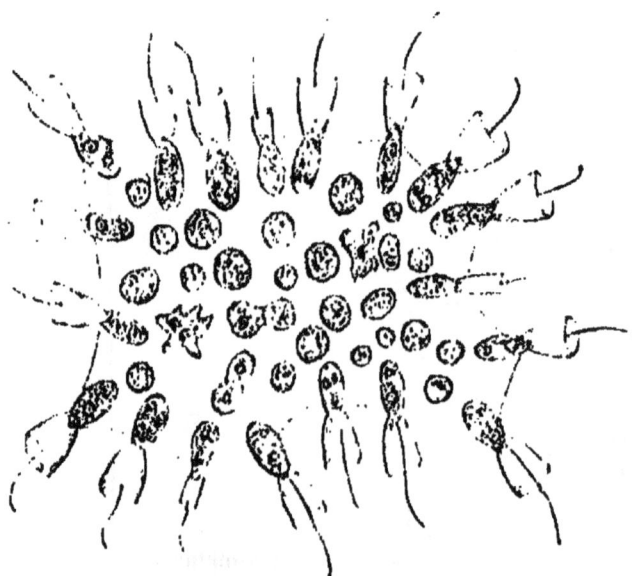

Fig. 18. — *Protospongia*, infusoire vivant en colonie, montrant la différence entre les cellules internes et les cellules externes. D'après Saville Kent.

reproduisant de la manière ordinaire, a pour point de départ un œuf fécondé, et ce qu'on peut appeler, proprement, une seule cellule. L'éponge, le papillon, l'oiseau, et la baleine partent du même niveau que les animaux les plus simples ou protozoaires, qui, (à l'exception de quelques colonies encore médiocrement agrégées) restent toujours unicellulaires. Les organismes les plus simples finissent par où commencent les plantes et animaux supérieurs, c'est-à-dire comme unités de masses de ma-

tière vivante. Ils équivalent en fait, aux cellules reproductrices des animaux supérieurs, et peuvent être appelés,
suivant leur caractère dominant, des *protova*, et des pro-
tospermatozoïdes. Un œuf fécondé, comme nous l'avons
vu, forme un corps par la division; le protozoaire, reste,
à peu d'exceptions près, une cellule *unique* chez laquelle
il est évident qu'il n'y a aucune distinction entre les éléments reproducteurs et l'organisme entier.

Nous aurons à nous référer aux Protozoaires à trois
points de vue qui peuvent être simplement notés ici :

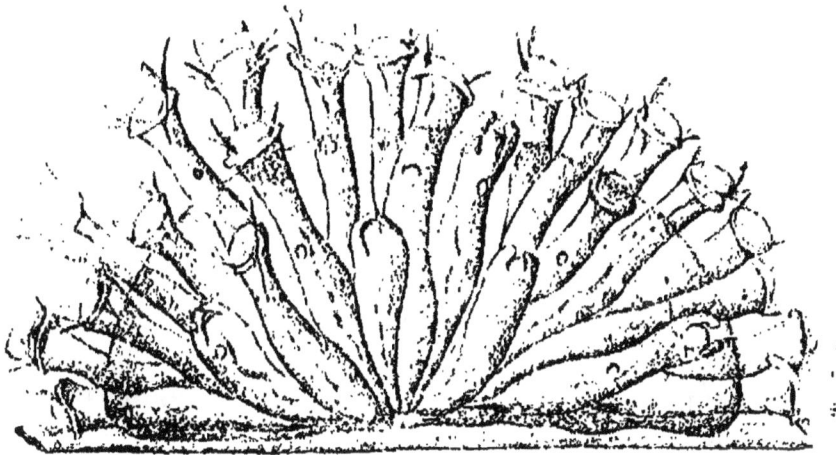

Fig. 19. — *Ophrydium*. Infusoire vivant en colonies. D'après Saville Kent.

a) Dans leurs groupes principaux, et dans les étapes
de l'histoire de leur vie, ils expriment des phases du
même cycle de cellules qui se représente chez les formes
supérieures dans les éléments qui composent leur corps,
et dans les cellules reproductrices. Le contraste, en d'autres termes, entre un infusoire et une amibe, entre la
phase ciliée et la phase amiboïde dans l'histoire de
beaucoup de formes, fait prévoir celui qui existe entre
une cellule ciliée et un leucocyte, entre un spermatozoïde mobile et un jeune œuf. C'est-à-dire que la
prépondérance des mêmes processus protoplasmiques

est l'explication commune de ces ressemblances de formes.

b) C'est encore chez les Protozoaires qu'il nous faudra regarder, si nous voulons comprendre l'origine et la portée des mots *mâle* et *femelle*, ou de la fécondation.

c) Parmi les colonies mal agrégées que forment quelques Protozoaires, et qui constituent le lien entre les animaux unicellulaires et les Métazoaires, on peut voir les débuts, non seulement de la formation d'un « corps », mais aussi la ségrégation de cellules reproductrices spéciales. (Voir figures 18 et 19).

Sur ce dernier point, il est bon d'insister. Le Protozoaire ordinaire est une simple cellule, et ne forme aucun corps. Mais dans quelques-unes de ces colonies mal agrégées (exemple, l'*Volvox*), nous voyons commencer le changement qui a introduit la mort comme phénomène constant. (Voir fig. 35.) La cellule, en partant d'une de ces colonies, se divise; les produits de cette division, au lieu de se séparer comme de coutume, restent liés; un corps peu dense se forme ainsi, composé de plusieurs cellules. Dans ce groupe de cellules, certains éléments sont à leur tour mis de côté, et finalement expulsés, comme cellules reproductrices. Ils sont les initiateurs de nouvelles colonies, et nous sommes ainsi en présence de ce qui se passe, constamment, chez les animaux supérieurs. Les seules différences marquées sont : (*a*), que le corps des Métazoaires est plus qu'une colonie, peu serrée, de cellules ; (*b*) que les éléments reproducteurs sont d'ordinaire mis en liberté par quelque région ou organe défini ; et (*c*), qu'elles sont différenciées d'une manière plus tranchée comme cellules mâles et femelles.

6. *Origine générale des Cellules Sexuelles.* — Sauf chez les Invertébrés inférieurs, les Éponges et les Cœlen-

térés, les éléments reproducteurs naissent presque toujours en connexion avec la couche moyenne du corps
(mésoderme ou mésoblaste).

Il ne se trouve ni chez les Éponges, ni chez les Cœlentérés
de couche médiane qui soit tout à fait comparable au mésoderme des animaux supérieurs ; leur couche médiane moins
définie est appelée maintenant, fréquemment, un *mesoglœa*.
Nous avons déjà dit que chez les Éponges les cellules reproductrices naissent, simplement, çà et là, parmi les autres éléments de la couche. Les œufs sont des cellules mésogléiques
fortement nourries, tandis, qu'au contraire, les cellules mâles primitives, se divisant en nombreux spermatozoïdes minuscules, le sont faiblement.

Chez les Cœlentérés, les phénomènes sont du plus haut intérêt ; l'origine des cellules sexuelles est très diverse. Il y a
quelque temps, E. Van Beneden et d'autres ont insisté considérablement sur le fait que, chez certains Hydrozoaires « les
œufs dérivent de l'endoderme, et les spermatozoïdes de
l'ectoderme ». Gegenbaur, admettant le fait, fait observer
qu'en de pareils cas « c'est l'endoderme qui est la couche
germinale femelle, et l'ectoderme la couche mâle ». Cette
généralisation, si elle était établie, serait assez plausible,
puisque la couche intérieure est la plus nutritive ou
anabolique des deux. Cependant une controverse ne larda
pas à s'élever, et elle eut pour résultat de détruire la généralisation. Chez l'hydre, nous avons déjà remarqué que
les deux produits naissent de l'ectoderme ; Ciamician a démontré qu'il en est de même pour la *Tubularia mesembryan-*
themum ; tandis que chez l'*Eudendrium ramosum* les œufs paraissent surgir de *l'ectoderme*, et les éléments mâles de *l'en-*
doderme, ce qui est absolument l'inverse de la conclusion de
Van Beneden. La question fut réglée, en ce qui concerne les
faits généraux, par Weismann, qui établit le fait de la migration active des éléments d'une couche à l'autre. Il a eu depuis un cortège de chercheurs. (*a*) Les éléments sexuels soit
mâles, soit femelles, peuvent apparaître d'abord dans l'endoderme, qu'ils en soient originaires ou non, et de cette couche

interne, ils émigrent dans l'ectoderme où ils arrivent à maturité. (b) Dans quelques cas rares, ils arrivent même à maturité dans l'endoderme (c) Très communément les cellules sexuelles prennent leur origine, et parviennent à leur maturité, dans l'ectoderme, où elles passent de celui-ci dans l'endoderme pour revenir ensuite à l'ectoderme. (d) Chez la méduse de l'*Obelia*, les œufs paraissent mûrir, en partie, dans chacune des couches. Ces faits, dont on trouvera un résumé commode dans l'édition savante que Hatchett Jackson a faite des *Forms of Animal Life* de Rolleston, montrent clairement combien l'origine et l'histoire des cellules sexuelles, chez ces formes, offrent de variété.

Les hydroïdes agrégés produisent typiquement des individus reproducteurs ou zooïdes sexuels bien marqués, qui sont mis en liberté comme « cloches natatoires » ou médusoïdes (par un processus qui sera décrit plus tard sous le nom d'« Alternance des Générations. ») Chez ceux-ci les éléments reproducteurs sont développés typiquement. Mais à des degrés divers, ces médusoïdes ont dégénéré, et fréquemment non seulement ne sont pas mis en liberté, mais perdent leurs traits caractéristiques, et deviennent de purs bourgeons reproducteurs. Dans ces gemmes, les cellules sexuelles sont développées normalement. Mais il arrive, très souvent, qu'elles naissent plus ou moins dans le corps de l'hydroïde végétatif asexuel. Ils mûrissent tôt et émigrent ultérieurement vers le lieu convenable et la phase asexuelle incorpore de plus en plus la génération sexuelle primitivement séparée. Weismann a insisté sur la valeur de cette maturité précoce comme avantageuse à la race, en ce qu'elle diminue le danger de son extinction; et nul doute qu'il ne faille en tenir compte, quoiqu'on puisse difficilement la considérer comme un aspect physiologique des faits.

7. *Séparation précoce des Cellules Sexuelles.* — Ayant constaté le fait général de l'origine mésodermique, et quelques-uns des phénomènes intéressants observés chez les Cœlentérés, nous ne poursuivrons pas plus loin ce sujet, sauf en ce qui concerne la question de l'époque à

laquelle apparaissent les cellules reproductrices. Elle est parfois précoce, et parfois tardive; il n'est pas encore connu d'une façon décisive jusqu'à quel point se produit la première séparation, ni s'il faut attacher une très grande signification à ce fait. La question sera traitée dans un volume sur l'hérédité; nous ne pouvons ici qu'y faire une courte allusion.

Le professeur Balbiani, que n'influençait aucune théorie de l'hérédité, a observé, sur une mouche bien connue, le *Chironomus*, les faits suivants. Avant que la segmentation de l'œuf n'eût fait aucun progrès, avant que ce qu'on appelle, en embryologie, le blastoderme fût plus que naissant, deux cellules furent observées qui étaient mises de côté, à l'extérieur. (Elles n'ont rien de commun avec les globules polaires qu'on voit chez la plupart des œufs à leur maturité.) Le développement avançait, rapidement; mais les cellules isolées n'y prenaient aucune part; on peut présumer qu'elles ont gardé, intacts, les caractères qu'elles avaient reçus au moment de leur division de l'œuf. Arrivées à une certaine étape, cependant, les cellules isolées retombèrent à l'intérieur, y prirent une position, et devinrent les rudiments des organes de la reproduction. Ici donc, dans une phase ancienne, avant que la différenciation ne fût tranchée, les cellules reproductrices sont mises de côté. Elles doivent, par conséquent, conserver beaucoup du caractère de l'œuf des parents, et en transmettre la tradition intacte, par une division continuelle des cellules, à la génération suivante.

En d'autres termes, dans le cas qui précède, à une époque très ancienne chez l'embryon, les cellules reproductrices sont en état d'être distinguées et séparées des cellules somatiques. Ces dernières se développent en variétés multiples, en peau et en nerfs, en muscles et en sang, en viscères et en glandes; elles se différencient, et perdent toute ressemblance protoplasmique avec l'œuf mère. Mais les cellules reproductrices sont séparées ; elles ne prennent aucune part à la différenciation, mais restent virtuellement les mêmes, et continuent sans l'altérer la tradition protoplasmique de l'œuf primitif. Au bout de quelque temps, elles seront libérées, ou plutôt les produits de leur division le seront, sous forme de cellules reproductrices. Celles-ci continueront, dans un sens, le germe des parents. Leur protoplasme sera plus ou moins identique au leur. L'œuf primitif a certains caractères, *a, b, c,* ; il se divise, et toutes ses cellules doivent plus ou moins participer à ces caractères ; les cellules somatiques perdent ces caractères, mais les cellules isolées reproductrices doivent les conserver. L'œuf de la génération suivante aura aussi les caractères *a, b, c,* et doit par conséquent produire un organisme ressemblant essentiellement à celui des parents.

L'isolement précoce des cellules reproductrices, bien que moins frappant que celui du *Chironomus,* a été observé en beaucoup de cas, c'est-à-dire chez d'autres insectes, chez le type de ver aberrant, la Sagitta, les sangsues, les ascarides ou Nématodes, quelques Polyzoaires, quelques petits Crustacés, les *Cladocères,* la puce d'eau (*Moina,*) quelques araignées (*Phalangidæ*) et probablement dans d'autres cas. En remontant la série, les organes reproducteurs font plus tard leur apparition, ou du moins ne le découvre-t-on que plus tard, et il faut aussi indiquer que, dans les cas d'alternance des générations, une génération asexuelle entière, ou même plus d'une, peut intervenir entre un œuf et l'autre.

8. *Cellules Somatiques et Cellules Reproductrices.* — Divers naturalistes ont insisté sur le contraste auquel on a fait allusion plus haut, entre les cellules de l'embryon qui concourent à former le corps, et celles qui sont mises à part comme organes reproducteurs.

a) Dès 1849, Owen avait remarqué que dans le germe en cours de développement, il était possible de distinguer les cellules qui se transformaient beaucoup pour former le corps, des cellules qui restaient, peu changées, et formaient les organes reproducteurs. Il est fâcheux, ainsi que Brooks le fait observer, qu'il se soit départi de cette opinion dans son *Anatomy of the Vertebrates*.

b) En 1866, Haeckel associa la reproduction avec la discontinuité de la croissance, et insista sur la continuité matérielle du parent et du rejeton. Un peu plus tard, lui et Rauber firent ressortir le contraste évident entre les éléments somatiques et les éléments reproducteurs, entre les parties « somatiques » et « germinales » de l'embryon, ou, si l'on veut, entre les cellules du corps, et les cellules sexuelles.

c) W. K. Brooks, en 1876 et 1877, appela de nouveau l'attention sur ce contraste significatif.

d) L'ingénieux docteur Jager, mieux connu aujourd'hui sous un rapport très différent, fut encore plus explicite en 1877, et quelques unes de ses phrases méritent bien d'être citées. Se référant à un article précédent, il écrit comme suit : « A travers de grandes séries de générations le protoplasma germinal conserve ses propriétés spécifiques, se divisant à chaque reproduction en une portion ontogénétique, d'où l'individu est construit, et une portion phylogénétique qui est mise en réserve pour former les matériaux de la reproduction de la postérité parvenue à la maturité. J'ai décrit cette réserve de matériaux phylogénétiques comme étant la *continuité du protoplasma germinatif*. Enfermé comme dans une capsule, dans les matériaux ontogénétiques, le protoplasme phylogénétique est abrité contre les influences externes, et conserve ses caractères spécifiques et embryonnaires. »

e) Galton, en 1876, et à d'autres dates, a, d'une manière extrêmement claire, à laquelle il semble qu'on n'ait pas accordé une attention suffisante, fait remarquer le contraste entre les gemmules de l'œuf (*stirp*) qui vont former le corps, et celles qui, demeurant non développées, forment les cellules sexuelles. Et il y est revenu d'une façon plus indirecte, dans son récent ouvrage, *Natural Inheritance*. « La partie développée du *Stirp* est presque stérile » (c'est-à-dire sans influence sur l'hérédité) « c'est du résidu non développé que dérivent les éléments sexuels ».

f) Enfin, en 1880, Nussbaum, dans une étude approfondie de la différenciation des cellules reproductrices, attira avec insistance l'attention sur quelques cas où leur séparation se produit de bonne heure, et il reprit la conception de Jæger sur la continuité du protoplasme germinatif. Nous ne prétendons, cependant, pas, dans cet exposé, décider la difficile question de la priorité pour l'énoncé de cette conception. De même que beaucoup d'autres généralisations, elle semble être née à la fois dans beaucoup d'esprits.

9. *Théorie de la Continuité du Plasma germinatif de Weismann.* — Dans quelques cas cités dans un paragraphe précédent, il est possible de remonter à une continuité cellulaire directe, en premier lieu, entre l'œuf et les rudiments reproducteurs qui se sont déposés de bonne heure, et, en second lieu, entre ces derniers et les

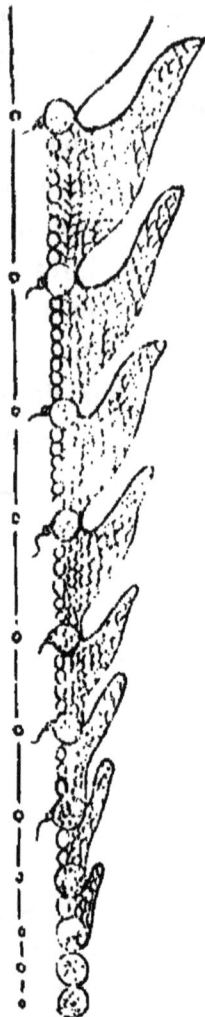

Fig. 20. — La relation entre les cellules reproductrices et le corps. La chaîne continue de cellules représente d'abord une succession de Protozoaires ; plus loin elle représente les œufs au moyen duquel les corps (amas de cellules non pointillées) sont produits. A chaque génération on voit un Spermatozoïde qui fertilise un œuf mis en liberté.

œufs et spermatozoïdes futurs. Il n'y a pas seulement une
continuité cellulaire entre l'œuf qui donne naissance au
parent, et celui qui donne naissance à la postérité, ce
qu'exige la théorie cellulaire, mais il y a une continuité
dans laquelle le caractère de l'œuf originel n'est jamais
effacé par la différenciation. En fait il existe une chaîne
continue de cellules reproductrices en dehors des cellules
somatiques. C'est dans ce sens que quelques-uns des auteurs cités ont parlé de la continuité des *cellules* germinatives. C'est certainement vrai, en quelques cas. Si ce
l'était pour tous, les problèmes de la reproduction et de
l'hérédité seraient beaucoup plus simples qu'ils ne paraissent l'être maintenant.

Car, dans l'état actuel de nos connaissances, nous ne
pouvons parler de la continuité des cellules reproductrices que dans des cas exceptionnels, ou très rares.
Chez les Vertébrés supérieurs tout comme chez les
Hydroïdes inférieurs, les cellules reproductrices peuvent
paraître tard. Après que la différenciation de l'embryon
vertébré s'est avancée, ou que la vie des polypes s'est
longtemps prolongée, les cellules germinatives font leur
apparition ; et bien que nous sachions, naturellement,
qu'elles descendent de l'œuf original, nous devons cependant admettre, avec Weismann, que c'est sous la forme
de cellules spéciales qu'elles sont maintenant découvertes pour la première fois. Par conséquent, Weismann
dit « que la continuité des *cellules* germinatives n'est, à
présent, pour la plupart, plus possible à prouver ».

Cependant, il n'est rien sur quoi Weismann insiste
plus fortement que sur la réalité de la continuité entre
les œufs. En quoi consiste-t-elle donc, si l'existence d'une
chaîne de cellules similaires aux œufs n'est vraie que
d'une minorité parmi les organismes ? Suivant Weismann, elle consiste dans le *Keimplasma* ou protoplasme
germinatif.

Ce plasma est la partie distinctive du nucléus de la cellule germinative. Elle a une structure à la fois extrêmement complexe et persistante. C'est la substance qui permet aux cellules-germes d'édifier un organisme ; c'est la matière architecturale, la gardienne immortelle de toutes les propriétés transmises par l'hérédité. « Dans chaque développement, suivant Weismann, une portion de ce plasma spécifique, que l'œuf-mère contient, reste non utilisé dans la construction du corps de la postérité, et réservé sans changement, pour former les cellules germinatives de la génération suivante... Les cellules germinales n'apparaissent plus comme des produits du corps, du moins dans leur partie essentielle ; le plasma germinatif spécifique ; elles apparaissent plutôt comme quelque chose en opposition avec la somme totale des cellules somatiques, et les cellules germinatives des générations successives sont en rapport les unes avec les autres comme les générations des Protozoaires. » Mais la continuité est rarement conservée par une chaîne de *cellules* reproductrices non différenciées ; elle dépend de la continuation et de la persistance inaltérée d'une quantité minime du plasma germinatif originel.

RÉSUMÉ

Analyse progressive à travers tout l'organisme, organes, tissus et cellules, jusqu'à la matière vivante elle-même.

1. La Théorie Ovulaire. — Chaque organisme, reproduit de la manière ordinaire, naît d'une cellule-œuf fécondée, et son développement procède par la division des cellules.

2. Épigénèse et Évolution. — Histoire des différentes théories relatives au développement de l'organisme : hypothèses des anciens. La renaissance scientifique. (a) Pressentiment de la théorie ovulaire par Harvey, et insistance de celui-ci sur l'*Épigénèse*. (b) Observations de Malpighi et autres, contraires surtout à celles de Harvey. (c) La théorie de la préformation d'un nid de modèles miniatures dans l'œuf, ne demandant qu'à être développés dans les générations successives : Ovistes et Animalculistes. (d)

Wolff reprend la théorie de l'*Épigénèse* qui est la base de embryologie moderne ; il exagère seulement la simplicité du germe.

(*e*) Les successeurs de Wolff.

3. La théorie cellulaire : tous les organismes sont faits de cellules, et procèdent de cellules.

4. On établit maintenant une base protoplasmique. Le plasma germinatif devient plus important que la cellule-œuf ; tout doit s'expliquer en termes de changements protoplasmiques.

5. Le contraste entre les Protozoaires et les Métazoaires. — La formation du « corps » distincte des cellules reproductrices.

6. Origine générale des cellules sexuelles, qui sont indéterminées chez les éponges, variables chez les Cœlentérés, et proviennent généralement du mésoderme chez les animaux supérieurs.

7. Séparation précoce des cellules reproductrices qu'on remarque dans une minorité de cas.

8. Le contraste entre les cellules somatiques et les cellules reproductrices, et continuité de ces dernières. Owen, Haeckel, Rauber, Brooks, Jäger, Galton, Nussbaum.

9. Théorie de Weismann sur la continuité du *plasma* germinatif (matière *nucléaire* spécifique *)* en opposition avec la continuité par une chaîne de cellules non différenciées comme il s'en produit chez un petit nombre d'organisme.

BIBLIOGRAPHIE

Comme bibliographie et détails ultérieurs, consulter les manuels de Balfour, Haddon, et Hertwig, et aussi :

GEDDES, — P. Articles déjà cités dans l'*Encyclopaedia Britannica* ; aussi l'article *Morphology* (*ibidem*).

HENSEN, V. — *Op. cit.*

M'KENDRICK, J. A. — *Text-Book of Physiology*, 1888.

THOMSON, J. A. — Articles *Cell* et *Embryology*, dans *Chambers's Encyclopaedia*.

— *History and Theory of Heredity*. (*Proc. Roy. Soc. Edin.* 1888.

WALDEYER, W. — *Die Karyokinese* etc. (*Arch. Mikr. Anat.* 1888.)

WEISMANN, — *Op. cit.*

ZOOLOGICAL RECORD, depuis 1886.

CHAPITRE VIII

LA CELLULE-ŒUF OU ŒUF

Nous avons esquissé, dans le chapitre précédent, l'histoire de la théorie de l'œuf, qui exprime le fait, devenu aujourd'hui familier, que tout organisme reproduit de la manière ordinaire, se développe hors d'une cellule-œuf fécondée. Il est nécessaire, maintenant, de nous attacher plus soigneusement à l'étude des caractères essentiels et de l'histoire de ce *primordium commune*, ce point de départ commun de la vie, laissant de côté les détails, avec d'autres problèmes du développement, pour un volume spécial consacré à l'Embryologie.

1. *Structure de l'œuf.* — L'œuf présente tous les traits essentiels de toute autre cellule animale. Il y a la substance de la cellule, consistant en partie en matière vivante véritable ou protoplasme ; et il y a le nucléus, ou « vésicule germinative », qui joue un rôle si important dans la maturation, la fécondation, et la division de la cellule.

La substance cellulaire, vue au microscope, présente une matière homogène, traversée par un réseau délicat, dont les mailles sont parsemées de petites sphères vitellines, de pigment, et autres granules. C'est là du véritable protoplasme, naturellement, mais il y a, en outre, des substances en voie de perfectionnement, et même de décadence, par rapport à l'apogée de la substance vivante, et il y a, en plus ou moins grande abondance, un fond de réserve de nourriture pour l'embryon futur. Des obser- vations délicates, conduites par les maîtres modernes de la technique microscopique, ont découvert beaucoup de merveilles dans la cellule-œuf, auxquelles nous ne pou-

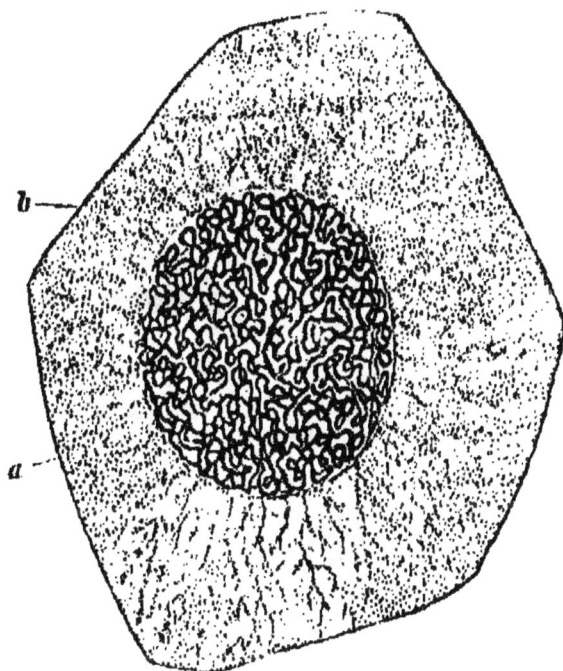

Fig. 21 — Cellule animale montrant les éléments de chromatine du nucléus : *a*, un long filament contourné, et (*b*) réseau protoplasmique autour de lui. D'après Carnoy.

vons accorder que cette allusion. Ainsi, dans le courant de l'année passée, Boveri a appelé l'attention sur un élément spécial du protoplasme, qu'il appelle *archoplasma*, subs- tance qui, ainsi que le donne à penser son nom, paraît avoir une fonction architecturale tout à fait merveilleuse en connexion avec les changements du nucléus dans la segmentation.

Lorsque Purkinje, en 1825, découvrit le noyau de l'œuf de la poule, il ne se doutait guère que la petite « vési- cule » vers laquelle il dirigeait l'attention des observatours était, en réalité, un microcosme compliqué. Il ne se passa guère plus de dix ans avant que R. Wagner ne commençât à compliquer les choses par la découverte du nucléole, ou « tache germinative », à l'intérieur de la « vésicule ». Nous savons maintenant que le nucléus a non seulement une structure très complexe, mais, dans un sens, une vie interne propre qui est très curieuse.

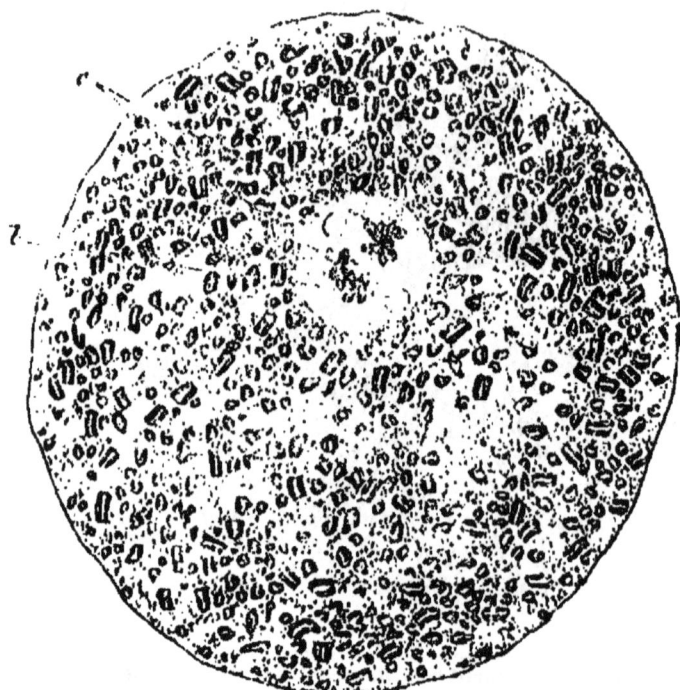

Fig. 22. — Œuf d'Ascaride montrant en *a* la chromatine du noyau, avec le vitellus autour. D'après Carnoy.

Le nucléus, quand il est immobile, repose souvent dans un petit nid ou chambre dans la substance cellulaire, et il est séparé de cette dernière par une membrane nucléaire plus ou moins distincte qui disparaît dès que la période d'activité commence. A l'intérieur de cette membrane, il est souvent possible de distinguer un ou plusieurs nucléoles, flottant dans une matière plus fluide souvent appelée la « sève nucléaire ». On ne peut dire grand chose de ces nucléoles et des autres corps qui leur ressemblent plus ou moins, ni des raisons qui font varier leur nombre et leur forme. Bien plus important est le principe constitutif essentiel du nucléus, un appareil de cordons, de rouleaux, ou anses, qui se colorent fortement avec des couleurs variées, et sont, par suite, connues sous le nom « d'éléments chromatiques ». A l'inverse, on distingue sous le nom d'achromatiques les éléments moins susceptibles de coloration et moins essentiels du nucléus.

Les éléments chromatiques du nucléus sont le plus souvent entortillés ensemble, comme une pelote de ficelle embrouillée, tandis qu'en d'autres cas ils ressemblent plutôt à un réseau vivant. Ce qu'il y a de certain, c'est qu'ils ne sont aucunement en désordre, mais conservent en réalité un caractère défini très complet. Que le rouleau soit continu, ainsi que le décrivent Van Beneden et d'autres, ou interrompu, ainsi que le soutiennent Boveri et d'autres, cela importe peu à côté du fait plus frappant que, à l'état d'activité, le nombre et la disposition des parties déplacées ou relâchées du tout demeurent définies et ordonnées, et que leur conduite ressemble tellement à celle d'indivualités minuscules indépendantes qu'il y a lieu d'éliminer aussitôt toute exposition de la mécanique de la division des cellules qui n'a pas été l'objet d'études approfondies.

C'est aussi dans la chromatine que le plasma, sur lequel Weismann et d'autres ont tant insisté, a son siège.

2. *Croissance de l'Œuf.* — Quand l'œuf est très jeune, il présente très généralement les traits d'une cellule amiboïde. En quelques cas cette phase persiste plus longtemps comme chez l'œuf de l'hydre, qui, sous tous les rapports essentiels, peut se comparer à une amibe. Cependant, même chez les animaux les plus simples, la phase amiboïde montre constamment une tendance à passer à une plus grande quiétude, à devenir, en fait, plus ou moins enkysté. Il en est ainsi pour les œufs, qui, bien que res-

semblant souvent d'abord à des formes variées de cellules amiboïdes, tendent plus ou moins vite à passer dans la phase d'enkystement. Le protoplasme ne s'allonge plus en des processus toujours changeants et irréguliers, mais il est rassemblé et s'arrondit en sphère, et est entouré d'une enveloppe plus ou moins définie. Ce passage d'un état d'équilibre relatif entre l'activité et la passivité à un état où la passivité est indubitablement prépondérante, est associé à une augmentation de nourriture et de produits de réserve. L'œuf se nourrit, s'alourdit en amassant un capital, devient moins actif et, par conséquent, plus enkysté.

3 *Le Vitellus.* — La partie essentielle d'une cellule ovulaire est toujours petite, bien que là aussi il y ait des différences. Le noyau, par exemple, dans les grands œufs d'Amphibiens, de Reptiles et d'Oiseaux, peut être aperçu à l'œil nu, tandis que dans d'autres cas, comme celui des Éponges, l'œuf entier est très petit. Cependant chacun sait que le volume des œufs varie énormément. L'œuf du squale est bien plus grand que celui du saumon, et la coquille de l'œuf de l'oiseau géant fossile de Madagascar (*Æpyornis*) est assez grande pour renfermer le contenu de cent cinquante œufs de poules. Semblablement le contraste entre les œufs d'autruche et ceux d'oiseau-mouche est très frappant, ainsi qu'on peut s'y attendre. Pourtant les œufs de la baleine ne sont « pas plus gros que des graines de fougère », et il en est de même pour la plupart des Mammifères, les plus bas exceptés. Ces différences de volume très frappantes ne sont pas dues autant à une disproportion marquée entre les parties essentielles des œufs qu'à certaines additions extrinsèques. La plus importante de ces dernières est le jaune qui sert de réserve de nourriture pour l'embryon ou le jeune animal. Outre le jaune, nous avons à faire entrer en ligne de compte le pigment très fréquent, si connu dans les œufs de la gre-

nouille, l'albumen si aisé à voir dans le blanc des œufs
d'oiseaux, diverses formes de matière protectrice et visqueuse servant à la fixation, et enfin des enveloppes ou
coquilles plus ou moins élaborées. Mais le jaune reste,

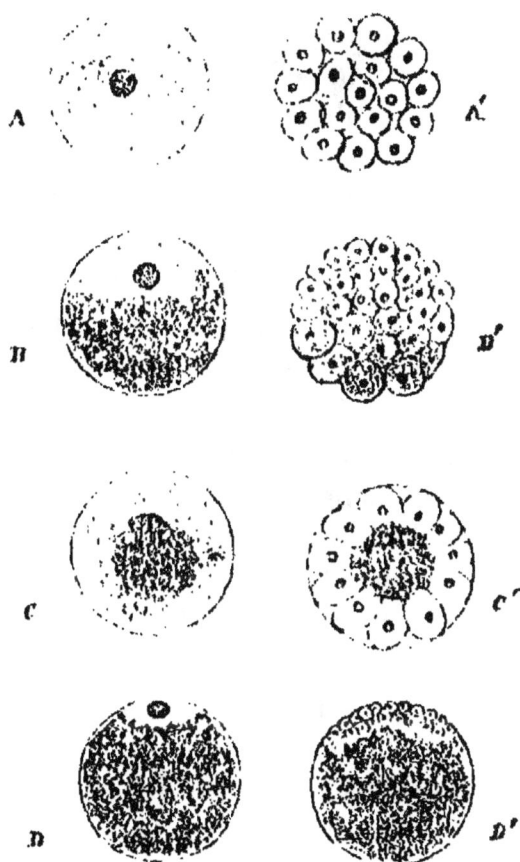

Fig. 23. — Relation entre la disposition du vitellus et le mode de segmentation. *A*, Vitellus diffus (éponge); *B*, polaire (grenouille); *C*, central (écrevisse); *D*, prédominant (oiseau). *A'*, segmentation totale et
égale; *B'*, totale et inégale; *C'*, périphérique; *D'*, partielle.

toutefois, le plus important, et il nous faut dire quelques
mots de son origine et de sa disposition.

L'œuf peut augmenter son capital alimentaire de trois
manières différentes. (*a*) Il se nourrit, très généralement,
des éléments nutritifs de la lymphe, ou du fluide vasculaire du corps. (*b*) En même temps, ou dans d'autres cas,

il met à profit les débris des cellules environnantes. En beaucoup de cas, chez l'ovaire minuscule de l'hydre, ou dans le tube ovarien des insectes, par exemple, l'œuf n'est que le concurrent heureux et victorieux d'entre une foule de cellules environnantes qui, au début, étaient toutes des œufs en virtualité. (c). En troisième lieu, et c'est là la forme la plus rare, la cellule ovulaire acquiert une provision de nourriture d'une glande vitelline spéciale, comme chez plusieurs vers inférieurs. Mais nous avons indiqué, ailleurs, que cette glande s'interprète d'ordinaire comme une partie dégénérée de l'organe essentiel.

Le jaune, obtenu comme on vient de le voir, se distingue plus ou moins promptement de ce qu'on a souvent nommé le protoplasma formatif. C'est de ce dernier qu'est construit l'embryon, le jaune ne jouant pour la plupart du temps qu'un rôle secondaire et nutritif. Nous ne pouvons, naturellement, entrer ici dans la question embryologique difficile de la mesure dans laquelle le jaune contribue directement aux structures embryonnaires. La possibilité de distinguer entre le protoplasme formatif et la matière nutritive dépend de la quantité de cette dernière qui se trouve présente, et de la manière dont on en dispose. (a) Quand il y en a peu, comme dans les petits œufs des Mammifères et de beaucoup d'invertébrés, le vitellus est diffus. Alors l'œuf subit une segmentation complète. b. D'autre part, dans l'œuf de la grenouille, il y a une forte proportion de jaune qui s'est surtout accumulée dans l'hémisphère inférieur de la cellule, tandis que la partie plus sombre renferme le vrai protoplasme formatif. Dans ce cas aussi l'œuf se divise comme un tout, mais les divisions s'opèrent bien plus rapidement dans l'hémisphère supérieur, et c'est là que l'embryon se forme, en réalité. c. Un mode distinct d'arrangement de jaune a lieu chez les Arthropodes (Crustacés, Insectes, etc.), où le centre et non un des pôles de l'œuf est occupé par les matériaux

nutritifs. Dans ce cas le protoplasme formatif se divise
autour du centre nourricier. (d). Chez la plupart des
Poissons, chez les Reptiles, et les Oiseaux, les œufs montrent une tendance beaucoup plus marquée à l'accumulation polaire du jaune. Au sommet d'une grande masse
de matière nutritive le protoplasme formatif, plus léger
spécifiquement, repose comme une goutelette, et dans ces
cas la division de l'œuf est très partielle, c'est-à-dire
qu'elle est surtout restreinte à la région formative supérieure. Il faut donc noter que la quantité de jaune exis-
tante, et son arrangement diffus, polaire ou central, sont
associées à des différences frappantes dans le degré et la
symétrie de la segmentation.

4. *Œufs composés.* — Nous avons insisté sur le fait que l'œuf
doit être considéré comme étant une seule cellule. A cela il a
été fait une objection définie mais pédantesque. Chez quelques vers plats parasitaires se sont produits ce qu'on a appelé
des œufs composés. Une petite cellule isolée naît, comme d'ordinaire, dans l'ovaire, mais au cours de son histoire quelque
peu embrouillée elle devient associée à plusieurs cellules nutritives dérivées de la glande vitelline. Celles-ci entourent
l'œuf originel, de façon que le tout consiste en plusieurs cellules. Mais il faut remarquer que c'est la cellule centrale
seule, — l'œuf proprement dit — qui est fécondé, et que c'est
elle qui contient tout le protoplasme formatif. Celles qui
l'entourent sont uniquement nutritives ; finalement elles se
désagrègent et sont absorbées.

Dans d'autres cas, surtout chez les insectes, l'œuf s'enrichit
aux dépens des cellules voisines qui sont sacrifiées et servent à le doter au point de vue alimentaire. Mais il est évident qu'une cellule reste toujours une cellule, quel que soit
le nombre de ses voisines qu'il lui arrive d'absorber.

5. *Enveloppes des œufs.* — L'œuf débute comme une cellule,
mais généralement se revêt d'enveloppes. L'histoire exacte
des membranes et gaines de l'œuf est un sujet fort complexe.
Nous ne pouvons exposer ici que les faits les plus généraux.
Les enveloppes peuvent dériver : (a) de l'œuf même, (b) des cel-

lules environnantes, (c) de la secrétion de glandes spéciales.

a) Un protozoaire présente souvent des zones interne et externe distinctes qui sont distinguées par des particularités physiques et chimiques d'ordre secondaire, il en est de même pour l'œuf. Ce qu'on appelle les membranes vitellines, (ou du jaune) sont généralement le produit de l'œuf lui-même. En outre le protoplasme extérieur forme souvent une zone ferme distincte, connue sous le nom de *zone pellucidae*. Celle-ci est traversée par des pores fins qui, en rayonnant, établissent la communication nutritive avec l'extérieur, et qui est connue alors comme *zona radiata*. Il y a parfois une ouverture spéciale ou *micropyle* par laquelle entre le spermatozoïde et par où passent les provisions.

b) L'œuf, dans ses premières phases, est très souvent entouré d'un cercle de petites cellules, qui forment ce qu'on appelle un follicule. Celles-ci peuvent produire une membrane où un revêtement glaireux. Selon quelques observateurs, (tels que Will) les cellules folliculaires naissent quelquefois de l'intérieur de l'œuf, comme résultat d'une activité précoce du milieu. On ne peut dire, cependant, que cette opinion ait reçu confirmation.

c) A mesure que l'œuf approche de sa maturité, et qu'i passe de l'ovaire dans l'oviducte, il est souvent entouré de revêtements gélatineux, cornés, calcaires et autres. Dans la plupart des cas, il va de soi que l'œuf a déjà été fécondé. On attribue les revêtements à l'activité des parois de l'oviducte ou de l'utérus, bien que parfois il y ait des glandes à coquille spéciales. Les enveloppes chitineuses de quelques œufs d'insectes, les bourses cornées de beaucoup de poissons artilagineux, les coquilles plus ou moins calcaires des reptiles, et les œufs calcaires fermes des oiseaux, si souvent tachetéx de pigments, offrent de bons exemples de ces revêtements sel condaires. Tout à fait distincts sont les cocons, tels que ceu,- du lombric et de la sangsue, qui entourent plusieurs œufs et sont produits par la peau de l'animal.

6. *Œufs d'oiseaux.* Il est bon de se reporter à l'œuf de la poule, ou de quelque autre oiseau, pour un exemple

concret et commode de beaucoup de faits. On y voit la grande masse de jaune ou vitellus, des deux espèces, blanc et jaune, et au dessus la petite aire de protoplasme formatif. C'est ce même spectacle, qui leur révélait graduellement les contours indécis du poussin embryonnaire, que les Grecs contemplaient avec des yeux naïfs que rien n'aidait à voir. C'est là que Aldrovande, Harvey, Malpighi, Haller, et les premiers embryologistes, d'un œil plus pénétrant, virent presque autant de choses que le permettaient leurs moyens d'observation. Ce fut là ce qui, dans sa simplicité primitive, donna à Wolff la profonde impression de la réalité de l'Épigénèse ; et c'est là ce que les observateurs d'aujourd'hui contemplent encore avec leurs embryoscopes, ou ce dont ils font des coupes avec leurs microtomes. Puis, tout autour, règne le second vêtements le « blanc d'œuf » ou albumen : autour de ceci une membrane coquillière entre les deux couches de laquelle se forme la chambre à air, et, finalement, la coquille calcaire dure, mais poreuse. Ici s'élève le problème difficile de l'origine de la coquille, à l'égard de la quelle il faut noter que M. Irvine, de Granton, à récemment constaté que des volailles privées de tout accès au carbonate, et même à tout autre sel de chaux, forment néanmoins leur coquille d'une manière normale Cette coquille consiste en carbonate de chaux, et elle est aussi ferme que de coutume, démontrant, de même que les expériences du même observateur sur les crabes, que les animaux possèdent à un haut degré la faculté de changer un sel de chaux en un autre. Puis, dans les œufs d'autres oiseaux, l'importance des sept pigments, et plus, qui produisent une variété et une beauté merveilleuses, est une question à étudier. Sorby a prouvé que ces pigments sont alliés à ceux du sang et de la bile ; mais nul ne sait exactement leur signification. Plus étendu encore est le problème de la protection que donne

souvent cette coloration ; on ne sait si Lucas a raison de
supposer que la couleur du milieu environnant peut réellement influencer le dépôt du pigment, en agissant sur
le système nerveux de l'oiseau mère. Ou bien encore, il
y a le fait curieux de la disproportion fréquente entre
l'œuf et les dimensions de l'oiseau, et la question de savoir s'il faut l'interpréter comme résultant d'une constitution plus ou moins anabolique et paresseuse.

7. *Chimie de l'Œuf.* Chacun sait que les œufs d'oiseaux
constituent un régime excessivement nourrissant. L'œuf, contenant de la nourriture pour les jeunes durant un temps
considérable, doit, comme le lait, contenir tous les principes
nutritifs essentiels. Les résultats d'une analyse récente de
l'œuf de la poule peuvent être pris comme exemple.

Le disque germinal ou formatif consiste principalement en
albuminoïdes, apparemment du groupe des globulines, outre
des quantités plus petites de lécithine, et autres corps semblables. Le protoplasme subtil lui-même, cela va sans dire,
défie toute analyse.

Dans le vitellus il y a des graisses solides (tripalmitine,
plus un peu de stéarine) et une huile fluide. Des acides gras
se développent pendant la couvaison. Une quantité, relativement grande, de chaux, est présente, probablement la plupart du temps, sous forme d'albuminate de calcium. Dans
le blanc de l'œuf, il y a de vraies albumines, des globulines,
et la quantité de peptones augmente avec l'âge de l'œuf.
Pendant son développement l'embryon s'enrichit en matières
minérales, en graisse et en albumine, et la substance
sèche de tout le contenu de l'œuf diminue considérablement.

Le jaune de beaucoup de sortes différentes d'œufs a été
analysé, et les substances qui le composent ont été classées
sous le nom d'*Ichthine* (Poissons) *Emydine* (tortue) etc. Plus
importantes sont les découvertes de la *Cholestérine*, *Vitelline*,
Nucléine, *Lécithine*, à la dernière desquelles se joint la *Neurine*.
Ne pouvant entrer dans le détail de la portée physiologique
de ces substances, nous nous bornons à dire que la matière

nutritive des œufs consiste, d'ordinaire, en un mélange complexe et instable de substances très nourrissantes.

8. *Maturation de l'Œuf.* Lorsque la cellule ovulaire atteint les dimensions de la maturité, il se passe un événement plus ou moins mystérieux. Le nucléus, central jusque là, se dirige vers le pôle, change notablement de structure, et se divise. Une cellule minuscule, avec la moitié du nucléus, et une petite quantité de protoplasme, est expulsée. Peu de temps après, le nucléus resté dans l'œuf répète l'opération, et une autre cellule minuscule est expulsée. Ce processus que la plupart des observateurs considèrent comme étant l'un de ceux de la division normale des cellules ou gemmation, est désigné sous le nom d'expulsion des globules polaires. Se produisant généralement, et probablement toujours, elle n'a été que rarement observée chez les Poissons et les Amphibiens, et n'a pas été encore démontrée chez les Reptiles ou les Oiseaux. On a cru longtemps qu'elle n'existait pas chez les Arthropodes, mais les recherches de Weismann, Blochmann, et autres, ont montré qu'il n'en est point ainsi. Une particularité intéressante, que nous raconterons plus tard, a été observée par Weismann au sujet des œufs parthénogénétiques. Il y a une diversité considérable dans le moment exact où se produit l'expulsion ; cependant, elle précède, en général, l'entrée du spermatozoïde fécondant. Les petites cellules expulsées n'ont jamais d'histoire bien qu'elles demeurent, pendant un temps parfois considérable, dans le voisinage de l'œuf. Exceptionnellement on les a vu se diviser, et tout aussi exceptionnellement on a pu observer un spermatozoïde égaré qui pénétrait en elles. Mais le plus ordinairement, elles se dissolvent tout simplement. Le nucléus femelle de l'œuf, resté seul, est maintenant prêt à s'unir au nucléus mâle du spermatozoïde.

Par la double division que nous venons de rapporter il
a été considérablement réduit en volume, quoique il
n'ait rien perdu de sa complexité, ni du nombre de ses
éléments chromatiques. Nous le laisserons pour le moment à ce point, attendant le moment essentiel de la fécondation.

Au cours des deux dernières années, Weismann, avec
le concours de O. Ischikawa, a démontré un fait du plus
haut intérêt au sujet de l'expulsion des globules polaires
dans les œufs parthénogénétiques. Au lieu des deux globules polaires expulsés d'ordinaire, on a vu que ces œufs
n'en forment qu'un. Cela a été démontré par nombre de
cas, chez les Daphnides et Ostracodes, et les Rotifères,
et Weismann croit le fait général. Blochmann, qui a
réussi à prouver l'existence des globules polaires dans
plusieurs ordres d'Insectes, a observé aussi que chez les
œufs parthénogénétiques des Aphides, il ne forme qu'un
globule polaire, tandis que chez les œufs qui ne se développent qu'après fécondation, il s'en produit deux comme
d'ordinaire. Nous reviendrons sur ces faits quand nous
traiterons de la parthénogénèse.

9. *Théories des Globules Polaires.* Les globules polaires semblent avoir été observés pour la première fois, en 1848, par
F. Müller et Lovén, mais ce n'est que tout récemment qu'on
y a prêté de l'attention. Grâce aux recherches magistrales de
Butschli et Hertwig, Giard, Sabatier, Fol, et autres, il devint
possible d'expliquer l'expulsion comme un cas de division de
cellules ou gemmation. Plus récemment encore, Van Beneden,
dont la monographie sur l'œuf de l'*Ascaris* restera classique
dans ce département des recherches scientifiques, a protesté
contre l'opinion que cette expulsion était une division normale
de cellules. Selon lui, les détails du processus font de cette
expulsion quelque chose d'unique. Les derniers résultats de
Boveri, Zacharias et autres, cependant, confirment la plus
ancienne théorie qui tient le processus pour celui de la division cellulaire normale.

Mais si le fait anatomique peut être accepté comme certain, il s'en faut qu'on soit unanime à l'égard de sa signification. Les opinions principales à ce sujet, dont on ne peut donner que les grandes lignes, sont au nombre de trois, sans compter nombre d'hypothèses d'après lesquelles l'expulsion des globules serait une sorte « d'excrétion » de l'œuf, ou un « rajeunissement » du nucléus.

a) Suivant quelques uns, la cellule-œuf est, en un sens, hermaphrodite, et la formation de globules polaires représente l'expulsion de l'élément mâle. Balfour a exprimé cette idée en un langage quelque peu téléologique : « Je supposerais que, dans la formation des cellules polaires, une partie des éléments de la vésicule germinale, qui sont nécessaires pour que le nucléus fonctionne complètement et d'une façon indépendante, est enlevée pour faire place aux parties qui lui sont aussi nécessaires, fournies par le nucléus spermatique. ....Je supposerais encore que la fonction de former les cellules polaires a été acquise par l'œuf dans le but exprès d'empêcher la parthénogénèse. » On peut répondre à ceci que, en tant qu'il s'agit d'un seul globule polaire, l'expulsion n'empêche pas la parthénogénèse. Cette idée paraît, selon Brooks, avoir été d'abord avancée par M. M'Grady. Minot l'a soigneusement étudiée. Suivant Minot : « dans les cellules proprement dites, les possibilités des deux sexes sont présentes ; la cellule se divise pour produire les éléments sexuels ; dans le cas de la cellule ovulaire les globules polaires mâles sont expulsés, laissant l'œuf femelle. » Dans les œufs parthénogénétiques, il suppose qu'il reste assez de l'élément mâle, puisqu'il ne se forme qu'un seul globule polaire. Van Beneden, dont l'opinion est d'un grand poids, incline aussi à regarder les globules mâles comme des produits mâles expulsés.

Sabatier distingue, outre les globules polaires véritables, d'autres expulsions, et croit que les parties éliminées sont des éléments mâles. Ses idées se rattachent à une théorie compliquée de polarités, suivant laquelle, par exemple, les expulsions à la périphérie sont mâles, tandis que les parties centrales, au contraire, (dans le développement des spermatozoïdes) sont des résidus femelles.

b. Une opinion très différente — plus morphologique que physiologique — a été soutenue par Bütschli, Whitman et d'autres. La formation des globules polaires est une réminiscence atavique de la parthénogénèse primitive. Tout comme la cellule mère des spermatozoïdes (spermatogone) qui correspond chez le mâle à l'œuf chez la femelle, se divise pour former des spermatozoïdes, l'œuf conserve une légère faculté de division. Cependant les œufs parthénogénétiques, en ce qui concerne les globules polaires, sont ceux qui la possèdent le moins ; et nous ne pouvons guère concevoir un atavisme qui serait si universellement présent s'il ne se trouvait là une nécessité physiologique importante. Toutefois, Hertwig incline à adopter la théorie de Bütschli, et Boveri explique, de même, les globules polaires comme étant des « œufs avortés ».

c. L'opinion de Weismann diffère des deux que nous venons de citer, bien que plus rapprochée de la première. Il distingue dans le nucléus de l'œuf deux sortes de plasma : (1) la substance ovogénétique ou histogénétique, qui permet à l'œuf d'accumuler le jaune, de sécréter des membranes, etc.; et (2), le plasma germinatif qui met l'œuf en état de se développer en embryon. Quand l'œuf est mûr, la substance ovogénétique a rempli sa tâche ; elle n'est désormais qu'un embarras ; elle est expulsée comme premier globule polaire. C'est là tout ce qui est expulsé, dans les œufs parthénogénétiques. La seconde expulsion est une réduction du plasma germinatif lui-même qui perd la moitié de sa substance, et la même réduction doit se produire aussi chez le germe mâle. Ce qui est perdu dans le second globule polaire est remplacé par le spermatozoïde fécondant. Le commencement du développement dépend de la présence d'une quantité définie de plasma germinatif. Cette quantité, l'œuf normal l'obtient, en la perdant d'abord à moitié, et la regagnant ensuite, tandis que l'œuf parthénogénétique arrive au même résultat en ne faisant aucune perte.

Il y a beaucoup d'hypothèses dans tout ceci. Les deux sortes de plasma nucléaire, la différence entre les deux globules polaires, la nécessité d'une quantité fixe pour que le développement commence, sont toutes de pures suppositions. On ne

voit pas très bien, non plus, comment l'avantage de la fécondation (comme source du changement progressif, etc.) pourrait entraîner l'obligation pour l'œuf de suivre le processus
compliqué consistant à perdre la moitié de son plasma germinatif pour le récupérer ensuite.

d) Il nous paraît plus simple de supposer que l'œuf, de
même que toute autre cellule, tend à se diviser, ou à bourgeonner à la limite de sa croissance, idée qui ne semble pas
incompatible avec celle que considère le processus comme
une expulsion d'éléments mâles. Les homologies exactes du
processus paraîtront plus claires si l'on se reporte au diagramme de la figure 28.

De 1883 à 1886 le professeur Armand Sabatier a publié une
série de mémoires discutant la spermatogénèse et l'oogénèse,
et spécialement l'élimination de différentes sortes d'éléments,
hors de l'œuf en maturation. Il a été conduit à formuler
une théorie de la sexualité qui, à certains points de vue, a
devancé celle que nous adoptons.

Voici son analyse des divers groupes de globules qui
sont éliminés de l'ovule depuis l'époque de sa vie de cellule
asexuée jusqu'au moment où il atteint la dignité complète et
la signification d'œuf.

« 1º Des globules *précoces* ou *du début*, qui constituent généralement les éléments du follicule, et qui donnent, pour ainsi
dire, la première impulsion à la marche de la cellule vers la
sexualité.

« 2º Des globules plus ou moins *tardifs* qui se forment parfois bien avant l'époque de la maturité, mais qui s'éliminent
seulement à une époque assez tardive, et parfois très voisine
de la maturité : ils sont tous formés, comme les globules précoces, par simple différenciation au sein du protoplasme, et
sans phénomènes de karyokinèse. Ce sont les globules *tardifs proprement dits*.

« 3º Des globules qui sont contemporains de la période de
maturité complète, et dont l'élimination accentue dans l'œuf
une attraction très prononcée pour un élément mâle venu
d'une autre cellule ou même d'un autre organisme. Ce sont
les globules de *maturation parfaite*. La plupart de ces globules

sont dus à des phénomènes de division cellulaire et forment des globules polaires proprement dits. »

Il y a entre le processus d'expulsion des globules précoces ou tardifs et des globules ou cellules polaires proprement dits, une différence très notable dans les conditions apparentes du phénomène, et très probablement aussi dans ses conditions intérieures. Dans le cas des premiers il y a séparation simple des éléments de polarités différentes ; dans le cas des seconds, la séparation a lieu également, mais après fécondation parthénogénétique, et l'élimination de l'élément de polarité mâle entraîne l'élimination, par division cellulaire inégale, d'une portion de l'élément femelle.

Le passage qui suit est caractéristique, en ce qu'il exprime très clairement l'opinion de Sabatier au sujet des différences fondamentales entre les cellules mâles et femelles :

« Le caractère de l'élément femelle, ou vésicule germinative, est un caractère de concentration, d'unification, de cohésion, cet élément tendant à rester un et à ne pas se fragmenter, à ne pas se sectionner tant qu'il est livré à lui-même et soustrait à toute fécondation. Le caractère de l'élément mâle, globules éliminés, spermatoblastes, spermatozoïdes, est au contraire un rôle de division, de dispersion ; l'un est un élément d'intégration, l'autre un l'élément de désintégration.

La théorie de la sexualité de Sabatier ne s'arrête point là :

« N'est-il pas intéressant de rapprocher le caractère d'élément de désintégration, d'élément centrifuge, d'éléments mobile et chercheur que joue le spermatozoïde ; de le rapprocher, dis-je, de ce que l'on peut appeler l'extériorité du mâle, c'est-à-dire de cette tendance générale du mâle à la vie active, voyageuse et extérieure.

« A ce premier rapprochement il convient d'ajouter celui de l'état d'immobilité relative, du caractère de concentration, du rôle d'élément d'intégration, qui distinguent la portion femelle de l'élément reproducteur, avec le caractère d'intimité, d'intériorité d'union, qui sont le propre de la femelle et qui font d'elle la créatrice du nid, du foyer.

« L'indépendance est le propre du sexe masculin, comme

de l'élément reproducteur mâle ; la *solidarité* appartient également au sexe et à l'élément reproducteur féminins. »

RÉSUMÉ

1. L'œuf présente tous les traits essentiels d'une cellule ; description de sa substance et de son nucléus. Les éléments chromatiques de ce dernier en sont les parties essentielles.

2. L'œuf passe, habituellement, dans sa croissance, d'une phase amiboïde à une phase enkystée, avec augmentation de nutrition et de volume.

3. Le vitellus dérive du fluide vasculaire, ou des cellules qui l'environnent, ou de glandes spéciales, et varie en quantité et en disposition. S'il y en a peu, il est diffus ; s'il est en quantité grande il est polaire ou central ; et les différents modes de division de l'œuf sont associés avec cette condition.

4. Dans quelques cas, l'œuf est entouré de nombre de cellules nourricières (œufs composés) et devient ce qu'il est par ce qu'il prend à ses voisines. Cela ne change en rien son caractère unicellulaire.

5. Les enveloppes de l'œuf sont produites par l'œuf lui-même (c'est-à-dire par la membrane vitelline) ou par les cellules environnantes (gaine folliculaire) ou par des glandes spéciales (la coquille extérieure).

6. L'œuf d'oiseau est cité comme exemple concret des faits et des problèmes.

7. L'œuf, en tant qu'il s'agit de ses matériaux nutritifs, comprend un mélange de substances très nutritives, complexes et instables.

8. La maturation de l'œuf s'accompagne d'ordinaire d'une double division cellulaire ou gemmation, connue sous le nom d'expulsion des globules polaires. Chez les œufs parthénogénétiques il semble que l'expulsion soit unique.

9. Cette formation de globules polaires a été interprétée de manières diverses : (a) comme expulsion d'éléments mâles (Minot, Balfour, Van Beneden); (b) comme une occurence atavique de division cellulaire (Bütschli, Whitman, Hertwig, etc.); (c) par l'hypothèse plus complexe de Weismann. Elle semble être un cas de division cellulaire à la limite de la croissance.

BIBLIOGRAPHIE

BALFOUR, F. M. op. cit.

VAN BENEDEN, E. — *Recherches sur la Fécondation.* (*Arch. de Biologie* IV. 18x3.)

CARNOY. — *La Cellule.* II. 1886, etc.

GEDDES, P. — *Op. cit.*

HADDON, A. B. — *Op. cit.*

HENSEN, V. — *Op. cit.*

HERTWIG, O. — *Op. cit.*

HATCHETT JACKSON. — Introduction à *Rolleston's Forms of Animal Life.*

M'KENDRICK, J. G. — *On the Modern Cell-Theory*, etc. (*Proc. Phil. Soc. Glasgow.* XIX. 1888.)

MINOT, C. S. — *American Naturalist.* XIV. 1880.

A. SABATIER. — *Sur les Cellules du Follicule de l'Œuf, et sur la nature de la Sexualité.* Comptes-Rendus, Juin 1883.

A. SABATIER. — *Contribution à l'Étude des Globules Polaires et des Éléments éliminés de l'Œuf en général.* Montpellier, 1883-84.

A. SABATIER. — *Recueil de Mémoires sur la Morphologie des Éléments Sexuels et sur la Nature de la Sexualité.* Montpellier, 1886.

THOMSON, J. A. — *Recent Researches on Oogenesis.* (*Quarterly Journ. Micr. Sci.* XXVI, 1886.)

— Art. *Embryology*, dans *Chambers's Encyclopaedia.*

WEISMANN, A. — *Sélection et Hérédité*, trad. de Varigny, 1891.

CHAPITRE IX

LA CELLULE MALE OU SPERMATOZOÏDE

1. *Contraste général entre l'Œuf et le Spermatozoïde.* Tout comme l'œuf, gros, bien nourri et passif, est une expression cellulaire des traits caractéristiques de la femelle, le plus petit volume, l'habitus moins nourri, et les activités prépondérantes du mâle sont résumés dans le spermatozoïde. De même, l'œuf est une des plus grandes cellules, et le spermatozoïde est la plus petite de toutes. Le vitellus, ou réserve alimentaire, et les membranes d'enveloppe qui sont si souvent prédominantes chez la première, font défaut chez le second. Le contraste, bien que moins accentué, est encore facile à reconnaître chez les plantes. En réalité, les deux sortes de cellules sont aussi largement opposées, dans leurs traits généraux, qu'elles sont fondamentalement complémentaires l'une de l'autre dans leur histoire. Avant de pouvoir comprendre pleinement comment elles s'opposent et se complètent, il nous faut résumer les caractères et l'histoire des éléments mâles.

2. *Histoire de la Découverte.* — En 1677, un des élèves de Leeuwenhoek, nommé Hamm, attira l'attention de son maître sur les éléments ténus qui se meuvent activement dans le fluide mâle. Leeuwenhoek, qui avait, peu d'années auparavant, observé tout ce que nous savons aujourd'hui au sujet des organismes unicellulaires, fut immédiatement impressionné par la signification de l'activité merveilleuse des éléments mâles. Et ce fut presque trop en réalité, car il les interpréta comme étant de petits germes préformés, qui ne demandaient qu'à être nourris par l'œuf pour se développer en embryons. Ainsi naquit la malheureuse aberration qu'on a déjà indiquée sous le nom de théorie des animalculistes. Pendant longtemps, aucun progrès ne fut fait ; quelques naturalistes, tels que Vallisneri, dépréciant entièrement la portée des spermatozoïdes, et les considérant comme des vers qui empêchaient la coagulation du fluide séminal, d'autres, allant à l'extrême opposé, et les considérant comme un nid de germes. Ainsi Haller les considéra d'abord comme étant ce que Leeuwenhoek avait proposé, mais plus tard il ne les regardait plus que comme *nativi hospites seminis*. En 1835, Von Baer lui-même était disposé à les regarder comme des parasites particuliers au fluide mâle, et si le lecteur curieux veut bien prendre l'article *Entozoa*, dans la *Cyclopædia of Anatomy and Physiology* de Todd, à peu près de la même date, il verra que le vétéran Owen renferme sous cet étrange titre les spermatozoïdes. Le nom même de spermatozoïde rappelle la théorie qui a si longtemps prévalu.

En 1837, R. Wagner proclama qu'ils se trouvent constamment chez tous les mâles, sexuellement mûrs, qu'il avait examinés, et manquent chez les mâles hybrides stériles. Von Siebold démontra leur présence chez nombre d'animaux inférieurs, et enfin, en 1841, Kölliker apporta une de ses importantes contributions à la biologie en prouvant que les spermatozoïdes ont une origine cellulaire dans le testicule.

3. *Anatomie du Spermatozoïde.* — Le spermatozoïde, donc, est une cellule. Bien que quelques uns, tels que Kölliker, aient incliné à le regarder plutôt comme un nucléus, son caractère véritablement cellulaire peut être considéré comme incontestablement prouvé. Nous avons affaire, comme dans l'œuf, à une substance cellulaire et à un nucléus, avec cette différence marquée, que la substance cellulaire est généralement réduite au minimum.

En outre, le spermatozoïde est, presque toujours, une cellule de type (ou phase) très défini. Il ressemble à un Protozoaire doué d'une extrême mobilité, comme un Infusoire flagellate. Il se compose d'ordinaire, d'une petite « tête » consistant presque entièrement en un nucléus, et d'une longue queue contractile, qui, agissant par derrière en guise d'hélice, fait avancer la « tête », partie essentielle, dans l'eau ou le long des canaux. Parfois, ainsi que le montre le diagramme, il y a d'importantes divergences. Ainsi chez l'*Ascaride*, le spermatozoïde a la forme d'une poire émoussée, et présente

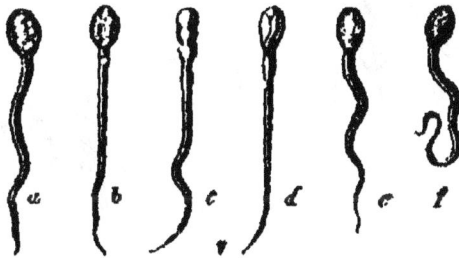

Fig. 24. — Spermatozoïdes du lapin et du chien. D'après Leeuwenhoek.

des mouvements amiboïdes légers. Chez quelques Crustacés et autres Arthropodes, la cellule est encore plus tranquille, et présente des formes curieuses comme chez l'écrevisse. Cependant, l'activité relativement dormante peut se réveiller, et le spermatozoïde produit des mouvements amiboïdes actifs. Zacharias a fait des expériences intéressantes qui montrent la faculté qu'ont les spermatozoïdes de se modifier sous les réactifs; ainsi, chez un petit Crustacé (*Polyphemus pediculus*) il obligea d'abord le spermatozoïde en forme de cylindre à envoyer des processus amiboïdes, et à les remplacer ensuite par des cils, ou quelque chose qui en tenait lieu. Ceci est entièrement d'accord avec d'autres expé-

riences et observations sur le passage des cellules d'une
phase du cycle cellulaire à l'autre.

Les progrès de la technique microscopique ont montré
bien des complexités chez le spermatozoïde comme chez
l'œuf. Pour la discussion des plus importantes de celles-ci,
le lecteur est renvoyé à l'*Encyclopædia Britannica*, article : *Reproduction*. Il suffira, ici, de noter quelques points. Ainsi la
plupart des spermatozoïdes, outre leur tête (presque toute
formée par le nucléus de la cellule mère) et une queue

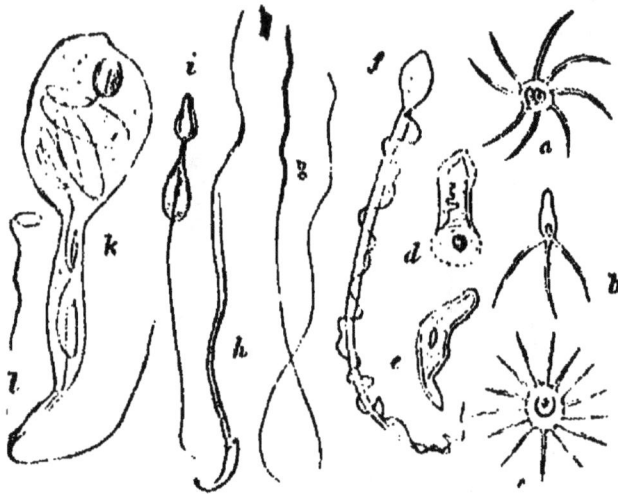

Fig. 25. — Spermatozoïdes de l'écrevisse (*a*), du homard (*b*), du crabe (*c*),
de l'ascaride (*d*), de la Moïna (*e*), de l'homme (*f*), de la raie (*g*), du rat
(*h*), du cobaye (*i*), d'un scarabée non encore mûr (*k*), d'une éponge (*l*).

mobile (substance de la cellule mère) ont aussi une partie
médiane qui relie les deux. Il n'est pas rare que la queue,
comme chez la salamandre et l'homme, soit pourvue d'un
appendice ondulatoire ou vibratile. Des éléments accessoires
tels que des filaments axiaux, des striations, et choses pareilles, abondent. Dans quelques cas, tels que celui de l'*Ascaris*,
le spermatozoïde ne reste pas sans réserve nutritive, mais il la
reçoit sous forme d'une sorte de capsule qui tombe au moment où l'heure essentielle de la fécondation a sonné. Il est
peut-être important de rappeler l'observation, due en grande
partie à Flemming, que la tête du spermatozoïde non seulement naît dans le nucléus de la cellule mère, mais consiste

presque entièrement en les éléments chromatiques de ce
dernier.

4. *Physiologie du spermatozoïde.* — Quelques faits concernant la physiologie du spermatozoïde demandent à être
mentionnés. (*a*) Le spermatozoïde se spécialise en une cellule très-active ; son volume minime, l'absence ordinaire
de tous matériaux nutritifs encombrants, la contractilité
de sa queue, et sa forme générale, le prédestinent à une
mobilité caractéristique. Plus d'un histologiste l'a com-

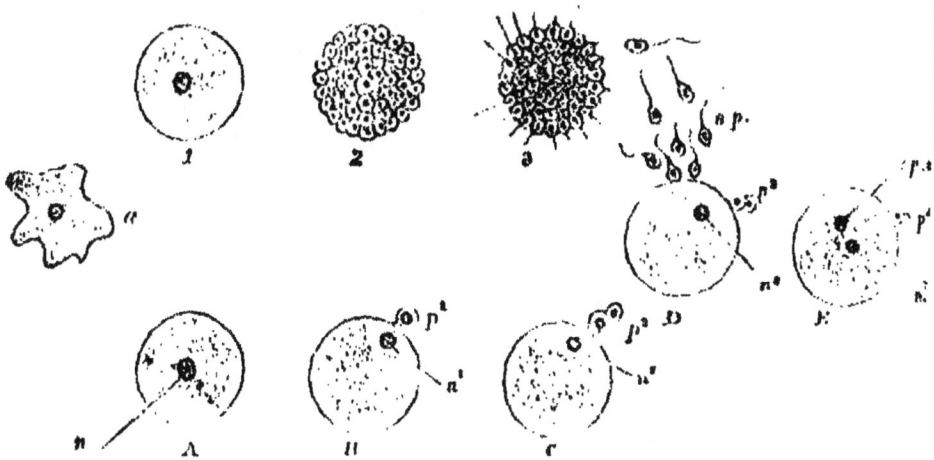

Fig. 26. — Diagramme du développement des Spermatozoïdes (ligne
supérieure) et de la maturation et de la fertilisation de l'Œuf (ligne
inférieure). *a*, cellule sexuelle amiboïde ; *A*, œuf, avec vésicule germinale, *n* ; *B*, œuf expulsant le premier globule polaire, *p¹*, et laissant le
nucleus réduit la moitié ; *C*, expulsion du second globule, *p²*, le noyau
(*n²*) étant maintenant réduit au ¼ de ses dimensions originelles 1. Cellule spermatique mère, se divisant (2, et 3) en spermatozoïdes (*sp*)
mûrs et non mûrs. *D*, pénétration d'un spermatozoïde ; *E*, noyaux (*spn.*
et *n²*) mâle et femelle se rapprochant l'un de l'autre.

paré à une cellule musculaire libre, et on a déjà noté sa
ressemblance avec un Flagellate. (*b*) En outre le Spermatozoïde a une puissance considérable de vitalité et de persistance. Non seulement il reste souvent sans être expulsé,
dans l'animal mâle, sans perdre ses fonctions, mais il peut
conserver son pouvoir fécondant après être resté des se-
maines, ou même des mois, dans l'organisme femelle. Chez
e lombric, les spermatozoïdes passent d'un ver à aure,

non pas directement à l'œuf ou aux conduits femelles,
mais pour être conservé dans des réservoirs spéciaux ou
spermathèques. Il en est ainsi chez beaucoup d'animaux.
Les spermatozoïdes reçus par la reine des abeilles pendant son unique imprégnation sont pendant une période
considérable — jusqu'à trois ans — employés à féconder
des séries successives d'œufs d'ouvrières et de reines. Ce
qu'il y a d'unique en ce genre, c'est le cas d'une reine de
fourmis, que Sir John Lubbock a observée, et qui pondit
des œufs féconds treize ans après sa dernière union sexuelle
avec un mâle. Les spermatozoïdes, selon toutes les apparences, avaient persisté tout ce temps. Hensen cite les
faits suivants : une poule pond des œufs fécondés dix-
huit jours après qu'on l'a séparée du coq, et chez les
chauves-souris, les spermatozoïdes peuvent rester vivants
tout un hiver dans l'utérus de la femelle. (c) Il est très
remarquable aussi que, de même que les Monades, les
spermatozoïdes aient la faculté de résister victorieuse-
ment à de grandes déviations de la température normale.
La présence des acides a, d'ordinaire, une influence pa-
ralysante, mais les solutions alcalines ont, en somme,
l'effet opposé.

5. *Origine des Spermatozoïdes.* — Une cellule femelle primitive augmente dans l'ovaire, en volume et en revenu
alimentaire, et y reste intacte ; mais une cellule primitive
mâle dans le testicule y subit une division répétée en cellules secondaires qui, soit elles-mêmes, soit par une subdi-
vision ultérieure, forment les spermatozoïdes. Depuis les
vingt dernières années le développement des spermatozoïdes a été le sujet de recherches et de controverses continuelles, et leur nomenclature trop abondante indique
bien toute la confusion d'où le sujet est en voie d'émer-
ger. D'une manière générale, on peut dire que le processus est simplement dû à la segmentation variée d'une
cellule-mère, et à la production d'une série de phases

préparatoires à la maturation finale du spermatozoïde. Il
y a cependant, dans le détail, beaucoup de variations, et
celles-ci sont désignées sous une foule de termes souvent
tautologiques et ambigus, tels que spermatogone, sper-

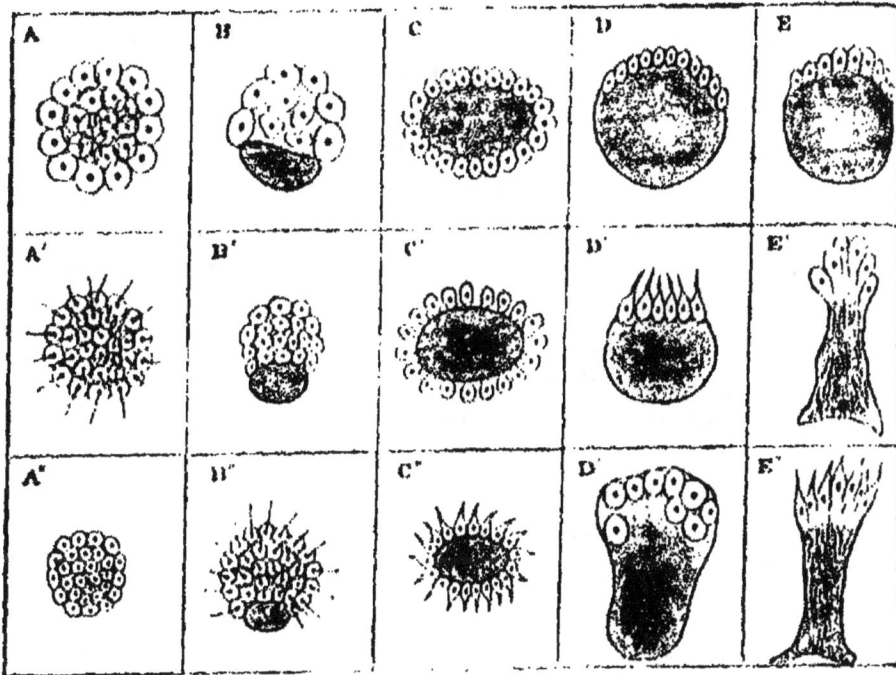

Fig. 27. — Comparaison de la Spermatogénèse et de la Segmentation de
l'Œuf. La première ligne (A-E) montre des types de segmentation de
l'œuf. A, morula régulière ; B, segmentation inégale, (certains mollusques) ; C type centrolécithique ou périphérique (Peneus) ; D, segmentation partielle ; E, idem, avec cellule moins nettement séparées du vitellus. Dans les deux lignes suivantes, se voient différents types de
spermatogénèse, pour montrer le parallélisme. A' et A", type morula
(Sponge, Turbellariés, Araignées, etc). B' et B", où la division est inégale, et où l'on voit une grande cellule nutritive (Plagiostomes, d'après
La Valette St-George) ; C' et C''', d'après Blomfield, Jensen, etc, montrant une portion centrale nutritive cytophorique ou blastophorique ;
D' D", blastoderme spermatique avec quelque cellules formatives sur
un grand blastophore nutritif. (D'après Gilson, etc) ; E" et E", les
mêmes, avec cellules spermatiques moins nettement délimitées, d'après
Von Ebner et ses élèves.

matoblaste, spermatospore, spermatogemme, spermato-
mère, spermosphère, et une douzaine d'autres.

Une des séries de termes les plus défendables est celle
qu'emploient Voigt après Semper, et aussi Von la Valette Saint
George qui a étudié ce sujet, avec persistance, pendant plus

de vingt ans. Le spermatozoïde est différencié d'une cellule non mûre ou spermatide ; celle-ci est modifiée ou descendue d'un spermatocyte, les spermatocytes résultent de la division de la cellule mère ou spermatogone, et celui-ci finalement est une forme modifiée ou un descendant de la cellule sexuelle primitive, ou ovule mâle.

Les difficultés s'accumulent, cependant, lorsque nous commençons l'étude de la division de la cellule-mère, ou spermatogone, et c'est ici que les observations des autorités reconnues se trouvent en désaccord. Acceptant les résultats des observateurs compétents, nous avons, ailleurs, essayé de raisonner et de colliger les observations antagonistes, en comparant les modes différents de spermatogénèse avec les formes différentes de segmentation de l'œuf. On a déjà noté, incidemment, que la cellule ovulaire peut se diviser soit en entier, et également, soit inégalement, ou seulement très partiellement, ou autour d'une sorte de noyau central. De la même manière, les spermatogones peuvent se diviser en une sphère uniforme de cellules, ou seulement à un des pôles, ou seulement au pourtour d'un résidu central. Balfour et d'autres ont donné l'idée de cette comparaison en employant des termes comme *sperme-morula*, et Herrmann a aussi conclu « que la division de l'ovule mâle en une série de *générations de cellules-filles*, est un phénomène comparable à celui que présente l'œuf dans la formation du blastoderme... Il semble donc plus important de déterminer exactement le mécanisme de la division, que de donner un nom particulier à chaque phase de la segmentation ».

Bien que cette interprétation de la spermatogénèse en parallèle avec la segmentation de l'œuf paraisse à Minot « une comparaison fantastique » en faveur de laquelle il est « incapable de reconnaître aucune preuve » nous ne trouvons pas qu'elle ébranle, ni même mette en question l'homologie initiale entre le spermatogone et l'œuf qui est notre point de départ, ni le parallélisme frappant entre les modes de division de ces homologues. Les conditions grandement différentes dans lesquelles se passent ces deux processus, et la portée très différente qu'ils ont pour l'organisme, sont naturelle-

ment évidentes pour nous comme pour tous ; mais ici, comme
ailleurs, les comparaisons de l'anatomiste sont absolument
indépendantes de l'approbation du physiologiste.

6. *Suite de la Comparaison entre l'Œuf et le Spermatozoïde.* —
On dit souvent que le spermatozoïde est la cellule mâle cor
respondant à l'œuf. Ce n'est vrai que dans un certain sens.
Par leur fonction, les deux éléments sont, à la vérité, de
rang égal, et évidemment complémentaires. Mais, même à
cet égard, les deux éléments qui s'unissent en proportions
égales dans l'acte essentiel de la fécondation, ne sont pas
exactement le spermatozoïde et l'œuf, mais (*a*) la tête ou nu-

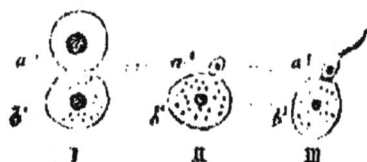

Fig. 28.   Comparaison schématique. I. Cellules femelle (*b'*) et mâle
(*a'*) formées à la division d'une cellule unique au cours du développement des organes reproducteurs hermaphrodites de la *Sagitta* (Vers.
II. Œuf (*b'*) et globule polaire (*a'*). III. Cellule spermatique mère (*b'*)
et spermatozoïde (*a'*).

cléus du spermatozoïde, et (*b*) le nucléus femelle doublement
réduit par l'expulsion de deux globules polaires. La ressemblance anatomique exacte, ou homologie, n'est pas entre l'œuf
et le spermatozoïde, mais entre l'œuf et le spermatogone[1].
Ce fait qui a été indiqué par Reichert en 1847, et corroboré
par Von la Valette Saint-George, Nussbaum, et d'autres, est
fondamental pour la comparaison de l'histoire de l'œuf et
celle du spermatozoïde, et a été postulé comme un fait accepté
dans la discussion de la spermatogénèse dans ce chapitre.

1. Depuis que ces lignes ont été écrites, Platner a démontré
d'une manière remarquable l'unité qui existe entre la division
de l'œuf lors de l'expulsion des globules polaires, et la division des
spermatocytes. Dans les deux cas on voit se produire le phénomène extraordinaire (unique) d'une seconde division nucléaire
se produisant pour ainsi dire sur les talons de la première, sans
la phase de repos habituelle.

On peut poursuivre l'homologie dans plus de détails encore : ainsi l'antithèse de la formation des globules polaires peut être justement rapprochée de séparations semblables se produisant dans la spermatogénèse. Van Beneden et Julin, dans leurs recherches sur l'ovogénèse et la spermatogénèse des Ascarides, ont remarqué la correspondance anatomique entre les globules polaires de l'œuf, et comme nous pouvons les appeler, ceux du spermatozoïde. Nous avons eu aussi, récemment, une démonstration micro-chimique dans les réactions colorantes semblables chez les globules polaires de l'œuf et le résidu correspondant de la cellule mère dans la spermatogénèse. Dans la différenciation des cellules reproductrices chez les plantes, soit supérieures soit inférieures, de semblables expulsions ont été observées. Strasburger en a donné de nombreux exemples, couronnés par sa démonstration que le nucléus du grain de pollen dans sa germination sur le stigmate, se sépare pour former deux nucléus, l'un végétatif et relativement peu important, et l'autre génératif ou essentiel. Même chez les Protozoaires, Bochmann et d'autres ont trouvé des faits analogues. Un processus si général doit avoir une explication une, plus spécifique que celle qui consiste à l'interpréter par les nécessités mystérieuses de la physiologie cellulaire. De même que dans le développement de la *Sagitta* une seule cellule se divise en deux qui deviennent respectivement les points de départ des organes mâles et femelles, de même les divisions cellulaires dont il vient d'être parlé expriment l'antithèse entre les éléments protoplasmiques plus cataboliques, et ceux qui sont plus anaboliques.

7. *Chimie du Spermatozoïde.* — Il a été fait peu de chose, relativement, quant à la chimie des éléments mâles chez les différents animaux. Les observations les plus importantes sont celles de Miescher, sur la laitance du Saumon. Son analyse y a constaté la présence de lécithine, de graisse, et de cholestérine — qui sont aussi des parties constituantes de l'œuf. Outre celles-ci, après que les têtes des spermatozoïdes ont été formées, Miescher a découvert la présence, en abondance, d'une substance qu'il appelle *Protamine*, qui se produit asso-

cier avec la *Nucléine* déjà reconnue présente dans le vitellus. Une matière albuminoïde, et des produits de décomposition, tels que la Sarcine et la Guanine, ont été reconnus par Picard, d'après Hensen.

Miescher a insisté sur le fait intéressant que pendant que le spermatozoïde se forme dans le saumon du Rhin, l'animal jeûne. Comme il ne prend aucune nourriture, et que sa musculature décroît grandement, comme on le sait, Miescher associe directement la dégénérescence des muscles latéraux avec le développement des spermatozoïdes.

Zacharias a, plus récemment, fait une comparaison microchimique des éléments mâle et femelle chez les Characées, les Mousses, les Fougères, les Phanérogames et les Amphibiens. Il trouve que les cellules mâles se distinguent par leurs nucléoles petits ou absents, et par leur riche contenu de nucléine ; tandis que les cellules femelles sont pauvres en nucléine, mais présentent une abondance d'albumine, et un ou même plusieurs nucléoles plus ou moins grands en proportion. Les cellules mâles ont, par rapport à leur protoplasme, une masse nucléaire plus grande que les éléments femelles.

Il est intéressant de remarquer ce que deux observateurs ont déjà indiqué, que l'analyse de deux sortes de pollen montre une grande analogie de composition entre ces cellules reproductrices mâles, et celles du saumon et du bœuf.

RÉSUMÉ

1. Le contraste entre les éléments est celui qui existe entre les sexes. L'œuf est gros, passif, très nourri, anabolique ; le spermatozoïde est petit, actif, catabolique.

2. La découverte de Hamm, 1677 ; l'interprétation de Leeuwenhoek ; l'école des Animalculistes. Kölliker démontre l'origine cellulaire du spermatozoïde, 1841.

3. Anatomie du spermatozoïde. — « tête » nucléaire de chromatine, « queue » protoplasmique, partie médiane. Le spermatozoïde en réalité, est comparable à une Monade, ou à une Infusoire flagellate plus pauvre en substance cellulaire. Sa dégradation accidentelle dans la phase amiboïde.

4. Physiologie du spermatozoïde ; son énergie locomotrice

extrême, sa grande puissance d'endurance, comme les Monades aux Bacilles.

5° Origine du spermatozoïde par division d'un spermatogone homologue avec l'œuf. Les modes différents de « spermatogénèse » peuvent être comparés aux modes différents de segmentation de l'œuf.

6. Production, dans le développement du spermatozoïde, de phénomènes comparables à la fois anatomiquement et fonctionnellement avec la formation des globules polaires.

7. Chimie du spermatozoïde; ressemblance entre le pollen et les spermatozoïdes.

BIBLIOGRAPHIE

Geddes, P. et Thomson, J. A — *History and Theory of Spermatogenesis (Proc. Roy. Soc. Edin.* 1886, p. 803-823. 1 pl.). Voir aussi *Zoological Record*, 1886 et suiv.

CHAPITRE X

Au point où nous en sommes de notre analyse, et avant de passer a l'étude des processus de la reproduction, il nous faut réunir les résultats en une théorie générale de la nature et de l'origine du sexe. Quand cela aura été fait, nous serons mieux placés pour traiter, dans le Livre III, de la fécondation, de la parthénogénèse, et autres sujets semblables. Le nombre des hypothèses sur la nature du sexe a presque doublé depuis que Drelincourt, au siècle dernier, réunit deux cent-soixante-deux « hypothèses dénuées de fondement, » et depuis lors Blumenbach a remarqué, spirituellement, que rien ne prouvait que la théorie de Drelincourt lui même ne fût pas la deux cent soixante troisieme. Les observations qui ont suivi ont, depuis longtemps grossi la liste, en y ajoutant naturellement la *Bildungstrieb* de Blumenbach. Nous n'avons pas la prétention de réclamer en faveur de la généralisation que nous avons présentée, et dont la « forme finale » n'a pas encore été trouvée, si toutefois le mot de final peut s'employer dans une science toujours en cours d'évolution, à moins qu'on ne l'applique à ce qui est entièrement disparu. Cependant, nous soutenons d'une manière positive que les développements à venir de la théorie du sexe ne peuvent différer qu'en degré, et non en espèce, de ce qui a été suggéré ici, en tant que la théorie présente est, pour la première fois, l'expression des faits, en termes qu'on s'accorde à trouver fondamentaux en biologie, ceux de l'anabolisme et du catabolisme du protoplasme.

1. *Théories suggérées.* — Suivant Rolph — penseur original et ingénieux, qui a été enlevé avant d'avoir atteint la maturité de ses forces — « nous appelons mâle l'organisme le moins nourri, et par suite le plus petit, le plus affamé, et le plus mobile ; (il parle de cellules), et nous appelons femelle l'organisme plus nourri, et d'habitude plus adonné au repos ». Il explique ensuite pourquoi « les petites cellules mâles affamées recherchent les cellules femelles, grandes et bien nourries, dans le but de la conjugaison, but pour lequel la dernière, plus grande et mieux nourrie, a pour sa part moins d'inclination ».

Minot, dans sa « Théorie des génoblastes » ou éléments sexuels, ne s'en tient pas à considérer le mâle et la femelle comme dérivant en deux directions opposées d'un hermaphrodisme primitif. « A mesure que l'évolution continuait, l'hermaphrodisme fut remplacé par une nouvelle différenciation, par suite de laquelle les individus d'une espèce furent capables, les uns de produire des œufs seulement, et les autres de produire seulement des spermatozoïdes. Nous appelons femelles les individus de la première sorte, et mâles ceux de la dernière, et nous disons qu'ils ont un sexe. » « Quant à présent nous ne saurions dire comment ni pourquoi sont produits des individus ayant un sexe. » En ce qui concerne les éléments sexuels nous avons déjà noté son opinion, qu'ils sont d'abord « hermaphrodites ou asexués », et que tous deux se différencient par l'expulsion ou la séparation des éléments contradictoires, l'œuf se débarrassant des globules polaires, et les spermatozoïdes laissant derrière eux un résidu de cellule-mère femelle.

Brooks a insisté sur un côté un peu différent de la question. « Une division du travail physiologique s'est faite au cours de l'évolution de la vie, les fonctions des éléments reproducteurs se sont spécialisés en différentes directions. » « La cellule mâle s'est adaptée à tenir en réserve des gemmules, et, en même temps, elle a perdu, graduellement, son pouvoir, désormais inutile, de transmettre les traits caractéristiques héréditaires. » « Les mâles sont, en règle générale, plus variables que les femelles : c'est le mâle qui marche en tête, et la femelle qui le suit, dans l'évolution des races nouvelles. » Brooks n'attaque pas exactement le problème de la nature et de l'origine du sexe, mais son insistance sur la plus grande variabilité des mâles est d'une importance majeure.

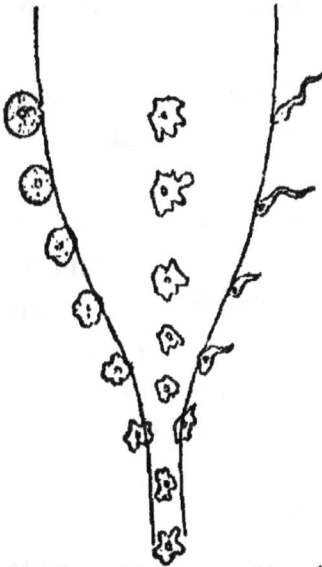

Fig. 29. — Divergence des cellules mâle et femelle par rapport à l'état amibude primitif et indifférent.

On peut considérer ces trois théories comme étant représentatives ; d'autres qui en appellent à des supériorités, des polarités, et à des mystères du même genre ne peuvent prétendre au caractère scientifique, et ont été suffisamment traitées plus haut. Nous reviendrons plus tard à ceux qui interprètent les sexes en termes des avantages de la reproduction sexuelle, et à ceux qui s'occupent exclusivement du problème de la fécondation. Il est de fait qu'il est difficile de trouver une réponse à la fois sérieuse et directe à la question de la différence fondamentale entre le mâle et la femelle.

2. *Nature du Sexe, tel qu'on le voit dans les Éléments Sexuels ; le Cycle Cellulaire.* — Les œufs et les spermatozoïdes étant les produits caractéristiques des organismes femelles et mâles, il est raisonnable qu'une interprétation du sexe prenne là son point de départ. Ici, assurément, la différence entre le mâle et la femelle trouve son expression fondamentale et concrète. Car les corps, après tout, ainsi que Weismann l'a dit avec tant de netteté, ne sont que des appendices de cette chaîne immortelle de cellules sexuelles.

Nous avons déjà dit que les cellules sexuelles sont, plus ou moins, au niveau des Protozoaires. Il est probable, si nous arrivions à les bien connaître, qu'elles en diffèrent grandement par des complications de structure dont nous n'apercevons que la surface ; cependant en tant que cellules simples, les cellules sexuelles sont comparables aux Protozoaires. Étudions, pour le moment, ces organismes, les plus simples de tous. Un débutant même, si on lui montrait une série étendue de formes unicellulaires, Amibes, Foraminifères, Héliozoaires, Infusoires, Grégarines, et aussi quelques unes des Algues les plus simples, pourrait commencer graduellement à les grouper dans son esprit sous trois divisions. La première comprendrait les cellules très actives, Infusoires de toutes sortes ; à l'extrémité opposée, il y aurait les formes tranquilles, où la vie semble dormir, et où la locomotion fait presque défaut, les Grégarines et quelques Algues unicellulaires ; et entre ces deux formes extrêmes il y en a qui, dans une *via media*, ont effectué une sorte de compromis entre l'activité et la passivité, qui n'ont ni les cils des uns, ni l'apathie des autres, mais qui possèdent la faculté d'émettre des prolongements de leur substance vivante — les processus amiboïdes qui nous sont familiers. Un profane arriverait ainsi, presque par la seule vue, à une classification *grossière* des Protozoaires en cellules actives, passives, et amiboïdes — classification qui, sous des titres qui varient, est plus ou moins distinctement reconnue par toutes les autorités sur la matière.

Mais s'il allait au delà d'une inspection accidentelle, et se mettait à étudier l'histoire de la vie des plus simples formes, telles que quelques unes des formes primitives de *Myxomycetes*, et s'il suivait le récit que fait Haeckel

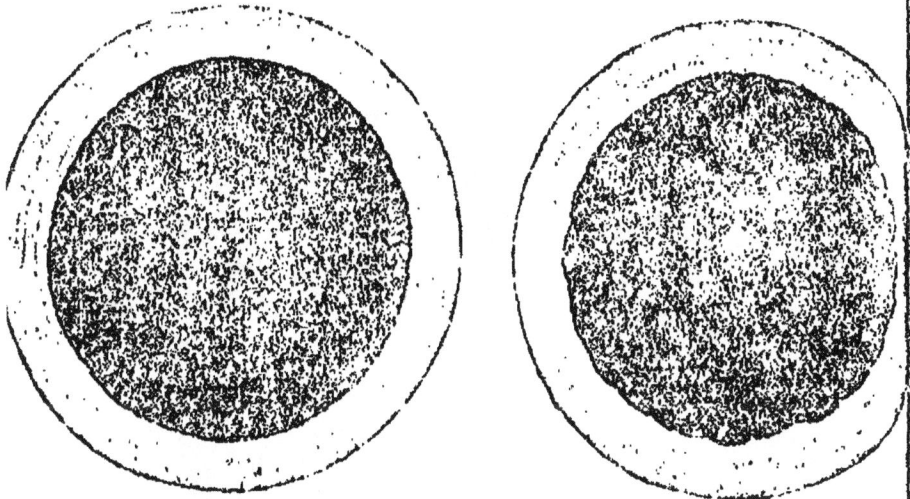

Fig. 40. — *Protomyxa enkystée*, et sa division et de nombreux individus à l'intérieur du kyste. D'après Haeckel.

du cycle vital du *Protomyxa*, sa classification serait éclairée d'une lumière nouvelle. Car à suivre l'histoire de leur vie il verrait tantôt les cellules enkystées, tantôt les spores actives, et tantôt l'état de compromis de la forme amiboïde. Il serait en position, dès lors, de reconnaître que les chapitres de l'histoire de la vie des formes les plus simples sont en quelque sorte des prophéties de ces trois groupes. Avant que la différenciation finale n'ait eu lieu, les organismes traversent un cycle de phases, dont chacune est accentuée par l'un des groupes différents de Protozoaires. Ainsi un Infusoire a sa période d'enkystement, une Grégarine traverse une phase amiboïde, et un Rhizopode peut commencer à l'état de spore ciliée mobile ; car chaque groupe, tout en accentuant une phase du cycle, conserve des reminiscences embryonnaires des autres.

La conviction de la profonde signification de la triple divison augmente quand on remonte des Protozoaires aux cellules qui composent les animaux supérieurs. Là on trouve dans la plupart des classes des cellules ciliées

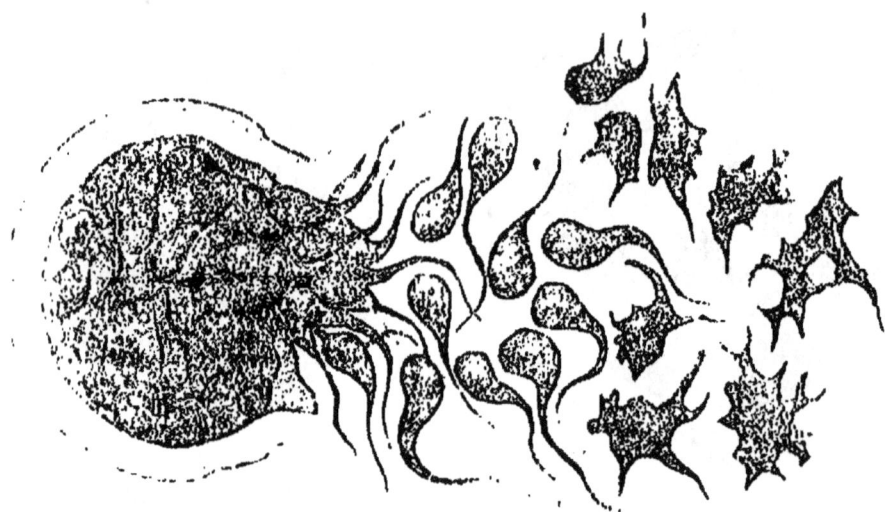

Fig. 31. — Kyste de *Protomyxa* s'ouvrant. les jeunes individus flagellés devenant aussitôt amiboïdes, pour s'unir plus tard en une masse amiboïde composite ou plasmodium. D'après Haeckel.

actives, depuis les chambres ciliées de l'Eponge jusqu'aux cellules qui tapissent les voies aériennes chez l'homme ; les cellules passives enkystées ont leurs représentants dans quelques formes de tissus adipeux, conjonctifs, et osseux, tandis que les corpuscules blancs du sang sont les amibes. Une observation approfondie montre aussi les cellules passant d'une phase à une autre. La classification en gros des Protozoaires se trouve vérifiée dans l'histologie des animaux supérieurs, et reparaît dans l'étude de leurs maladies. On est enfin, ainsi, en mesure de dire que, de quelque façon que ces phases aient été amenées, leurs formes caractéristiques sont si répandues dans la nature qu'elles autorisent l'énonciation à nouveau de la théorie cellulaire en terme d'une conception plus vaste, celle du *cycle cellulaire*, c'est-à-dire que d'après la conception de la cellule comme masse d'unités de protoplasme vivant (amiboïde, enkysté, ou cilié.

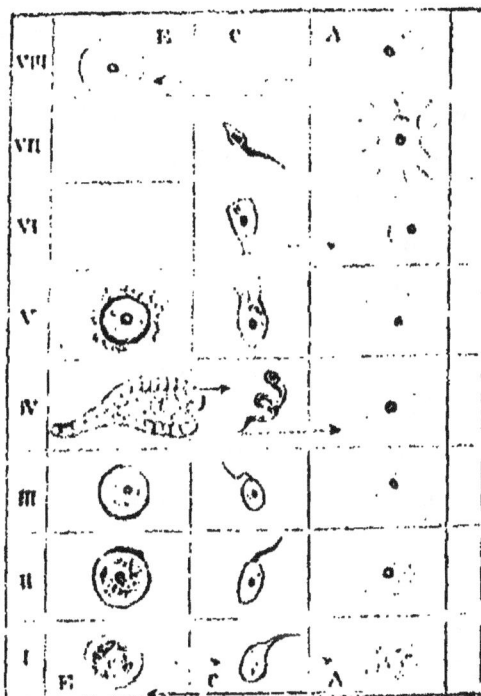

Fig. 42. — Diagramme du Cycle Cellulaire, (phases enkystée, ciliée, et amiboïde. E. C. A. I. II. III. chez le Protozoaires. IV. Œuf et Spermatozoïde du Prothalle de la Fougère. V. Cellules enkystée, ciliée et amiboïde, animales. VI. Cellule animale ciliée devenant amiboïde pathologiquement. VII. Spermatozoïde et Spermatozoïde amiboïde. VIII. Œufs amiboïde et enkysté. D'après Geddes.

selon le cas) on en viendrait à considérer ces formes comme les phases prépondérantes d'un cycle; très ancien, assurément dans l'histoire du monde organique, et très ancien aussi, en grande mesure, dans la cellule individuelle.

Jusqu'ici nous sommes restés morphologistes, l'emploi des termes *passif* ou *actif* exprimant simplement les changements de lieu. Ce n'est pas dans l'ordre d'idées de l'observation anatomique seule qu'il est possible de concevoir le sens réel de ces formes et phases des cellules. Ce n'est que par la physiologie qu'on obtient la confirmation définitive du cycle cellulaire, et en même temps sa justification raisonnée, si nous faisons l'étude des processus protoplasmiques qu'implique chaque changement dans la forme ou l'habitus d'une cellule. Nous avons déjà dit que la physiologie moderne conçoit la matière vivante ou protoplasme comme une substance extrêmement complexe et instable, ou même comme un mélange de substances, qui subissent des changements chimiques continuels, désignés sous le nom de métabolisme. D'une part, elle est constamment reconstruite par un apport de matière nutritive, qui d'abord plus ou moins simple, traverse une série de changements chimiques jusqu'à ce qu'elle atteigne l'apogée de la complexité et de l'instabilité. Ces processus constructifs, synthétiques, se résument dans le mot d'anabolisme. Mais, d'autre part, le protoplasme est continuellement, tant qu'il *vit*, soumis à une action qui le transforme en composés de plus en plus stables, et finalement en produits de désassimilation. C'est là une série descendante de changements chimiques de rupture qu'on connaît sous le nom de catabolisme. Ces changements, soit destructifs soit constructifs, se présentent en plusieurs séries. Le même sommet (voir chap. VII § 5) peut être atteint ou quitté par beaucoup de sentiers différents, mais en même temps, il y a, pour ainsi dire, une sorte de ligne de partage des eaux, tout changement dans la cellule devant tendre à jeter la prépondérance d'un côté ou de l'autre. Dans un certain sens aussi, les processus des rentrées et des sorties doivent s'équilibrer, mais seulement dans la mesure que la dépense ne doit pas entièrement absorber le revenu, dans quoi le capital de matière vivante de la cellule

10.

serait perdu. La série de changements destructifs, cataboliques ou dépensiers d'énergie, peuvent être évidemment plus grands dans une cellule que dans l'autre, en proportion des processus constructifs ou anaboliques. Nous pouvons donc dire brièvement qu'une cellule est plus catabolique que l'autre, ou inversement. De même que notre dépense et notre revenu peuvent être balancés à la fin de l'année, mais peuvent grandement se dépasser l'un et l'autre à des époques particulières, de même pour la cellule du corps. Le revenu peut être continuellement en surplus, et nous croissons alors en richesse, ou semblablement, en poids, ou en anabolisme. Réciproquement, la dépense peut prédominer, mais les affaires se continuent à perte ; et, semblablement, nous continuons à vivre, pendant quelque temps, avec une perte de poids, en catabolisme. Cette partie à perte est ce que nous appelons un habitus ou une tendance, ou une diathèse catabolique ; et réciproquement la partie où la cellule gagne est un habitus, un tempérament, une tendance, ou une diathèse anaboliques. Les mots *anabolique* et *catabolique* sont nouveaux, et naturellement, paraissent étranges, et incontestablement laids. L'*habitus* et le *tempérament* ont des associations très vagues, et la *tendance* a quelque chose de métaphysique ; quant à la *diathèse*, c'est un équivalent médical. Le lecteur sentira ces nuances tout naturellement. Cependant le médecin, de nos jours, est tout à fait scientifique et clair quand il parle de diathèse goutteuse ou névrotique, d'habitus bilieux, de tendance strumeuse, etc. On ne peut plus l'accuser de sacrifier la précision à la métaphysique ; j'espère qu'il en sera de même pour nous.

Nous voici maintenant en position de revenir, avec quelque profit, aux Protozoaires, aux phases de la vie cellulaire, et aux éléments sexuels. De ce qui précède il

ressort qu'il n'y a que trois possibilités physiologiques
principales : prépondérance de l'anabolisme ou du catabolisme, ou état d'équilibre approximatif (c'est-à-dire
oscillant entre les deux). Un accroissement incessant
de richesse, une dépense prodigue d'énergie, ou un
compromis par lequel la cellule ne vit ni trop au-
dessous ni tout à fait à la limite de son revenu. Une
grande passivité, une grande activité, ou une sage
moyenne entre les deux ; l'accumulation conservatrice,
les libéralités extravagantes, et un compromis entre
elles. Nous pouvons exprimer de bien des manières diverses, plus ou moins métaphoriquement, les faits simples et incontestés de l'anabolisme et du catabolisme
dans la matière vivante. Le savant peut, avec un certain
degré d'exactitude, comparer les processus au tourbillon
d'un torrent, ou à un jet d'eau qui ne s'arrête jamais, et
qui tout en restant à peu près constant, est l'expression
de la montée et de la descente continuelle des gouttes.
Le protoplasme lui-même doit souvent être dans un état
de changement aussi incessant que la pointe d'un
jet d'eau.

Chez les cellules actives, mobiles, ciliées ou flagellées,
que leurs formes soient constantes ou seulement des
phases temporaires, il y a un catabolisme prédominant,—
prédominant en comparaison de la dépense vitale d'une
cellule passive, quiescente, enfermée, ou enkystée. Chez
les organismes amiboïdes les extrêmes sont évités ; il
reste certainement encore une grande marge de variation, mais ni l'anabolisme ni le catabolisme n'ont
une prépondérance marquée.

Supposons, alors, dans une cellule amiboïde semblable,
ble, un excédent prolongé d'anabolisme sur le catabolisme, le résultat sera nécessairement une croissance de
volume, une réduction d'énergie kinétique et de mouvement, une augmentation d'énergie potentielle et de ma-

tière nutritive en réserve. Les irrégularités tendront à disparaître, et, la tension superficielle aussi aidant, la cellule acquerra une forme sphéroïdale. Le résultat — très intelligible assurément — est un œuf, gros et immobile.

On se souviendra que les jeunes œufs sont très souvent amiboïdes ; qu'avec une nutrition copieuse cette disposi-

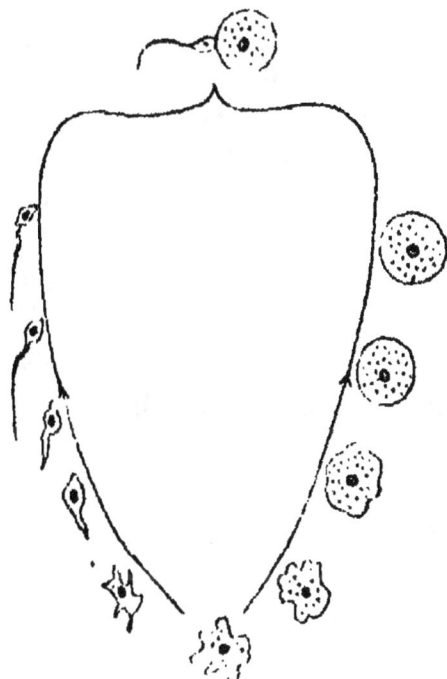

Fig. 35. — Diagramme montrant la divergence de l'œuf et du spermatozoïde par rapport au type de cellule amiboïde non différencié.

tion disparaît à divers degrés d'enkystement, que les enveloppes servant de gaines et naissant de l'œuf, ou transsudées comme des kystes autour des Protozoaires, sont extrêmement communes ; et que les œufs sont les plus grandes de toutes les cellules animales.

Si, partant encore d'une cellule amiboïde, le catabolisme devient de plus en plus dominant, la mise en liberté croissante d'énergie cinétique ainsi impliquée

doit trouver son expression au dehors dans un accroissement de mobilité et une diminution de volume ; les
cellules les plus actives se modifient dans leur forme,
pour être adaptées à passer au travers du milieu fluide
environnant, et le résultat naturel est un spermatozoïde
flagellate.

Bref, donc, les caractères anatomiques respectifs des
cellules sexuelles, femelle et mâle, peuvent être expliqués par le même raisonnement physiologique que les
grandes phases passives enkystées, et les phases plus
petites, actives et ciliées, du cycle cellulaire en général,
et sont, tout comme celles-ci, le produit et l'expression,
respectivement, de l'anabolisme et du catabolisme. Nous
arrivons ici, de nouveau, à la même formule : les fonctions sont soit conservatrices de l'individu, soit conservatrices de l'espèce, individuelles ou reproductrices ; les
premières se divisent en anaboliques et cataboliques, les
dernières en mâle et femelle. Mais la seconde série de
produits et de processus, loin d'être sans rapport avec
l'autre comme on le suppose d'ordinaire, est en parallélisme complet. La féminéité est la prépondérance anabolique dans la reproduction, d'où il suit que l'œuf a
nécessairement le caractère général que cette « diathèse » produit chez les cellules qui ne se reproduisent
pas ; et, semblablement, la prépondérance catabolique
imprime son caractère d'énergie aux spermatozoïdes,
tout aussi naturellement qu'elle le fait à la cellule ciliée
ou à la monade.

Le qualificatif d'affamées, mourant de faim, appliqué par
Rolph aux cellules mâles et cataboliques est bien mérité,
comme on l'a montré expérimentalement, par l'attrait puissant qu'exercent sur elles les fluides très nutritifs, et comme
on le peut voir chaque jour, par le désir persistant qui
les porte vers les œufs. Platner a suggéré que dans la glande
intimement hermaphrodite de l'escargot, les cellules externes

qui forment les œufs sont mieux nourries que les cellules
centrales qui se divisent en spermatozoïdes. De même que
l'infusoire dans le disette a été vu, en quelques cas, se divisant en beaucoup de petits individus, de même la cellule
mère des spermatozoïdes est peut-être le théâtre de nécessités cataboliques semblables. La longue persistance de la
vitalité semble, à première vue, être une difficulté si les
spermatozoïdes sont des cellules très cataboliques. Il faut
remarquer, toutefois, (a) qu'il y a souvent seulement une ré-
tention, et non une continuation d'activité, par exemple quand
les spermatozoïdes reposent accumulés dans des réservoirs spéciaux ; (b) que les sécrétions des conduits femelles donnent
probablement quelque nourriture aux spermatozoïdes qui ont
une surface exceptionnellement grande en proportion de leur
masse ; et que (c) jusqu'à un certain point nous pouvons les
considérer comme des matières explosives protoplasmiques
qui peuvent rester longtemps inertes, mais qui, dès que le
stimulus nécessaire se présente, peuvent repartir avec une
activité extraordinaire.

3. *Problème de l'Origine du Sexe.* — Il nous faut revenir
maintenant au point de départ du naturaliste empirique, et chercher l'interprétation du sexe d'un côté
différent, celui de son origine.

On a souvent reproché à l'école des naturalistes évolutionistes qui, heureusement, est maintenant prépondérante, de ne pouvoir donner aucune explication de l'origine du sexe. Il y a des gens qui, comme les enfants,
veulent tout avoir à la fois. Cependant, il faut convenir
qu'il manque une opinion sûre et certaine sur ce sujet.
En dehors du simple fait que la biologie évolutioniste
est encore dans l'enfance, il y a trois raisons pour le
silence relatif qui règne quant à l'origine du sexe.

(1) La première de ces raisons est l'opinion qui prévaut encore d'une manière assez curieuse d'après laquelle, lorsque on a expliqué l'utilité ou l'avantage d'un
fait, on a expliqué ce fait — opinion que la théorie de

la sélection naturelle a bien plutôt encouragée que com-
battue. Darwin, lui-même, a gardé un silence caractéristique à l'égard de l'origine du sexe, aussi bien qu'à
celui de beaucoup d'autres « gros embarras » dans la
série organique. Il a été, toutefois, souvent dit que
l'existence du mâle et de la femelle, est une bonne chose.
Ainsi Weismann pense que la reproduction sexuelle est
la principale sinon l'unique source des modifications
progressives. Quoi qu'il en soit, il est évident qu'une certaine préoccupation des bénéfices ultérieurs de l'existence du mâle et de la femelle peut obscurcir quelque
peu la question de savoir comment le mâle et la femelle
en sont venus réellement à exister.

2) On peut trouver une seconde raison à ce silence
relatif, dans le fait que le problème reste impossible à
résoudre tant qu'il n'est point analysé en ses éléments
constituants. La question de l'origine du sexe, pour un
esprit qui n'est pas préparé à l'étude d'un tel problème,
soulève un grand nombre de difficultés.

Quelles sont la signification et l'origine de la reproduction sexuelle, (la spécialisation de certaines cellules)?
Quels sont le sens, et le commencement de la fécondation (la dépendance mutuelle et l'union des cellules
sexuelles)? Quelle raison détermine le sexe individuel,
mâle ou femelle, en un cas quelconque (détermination
du sexe)? et enfin, quelle est la nature et l'origine de la
différence entre le mâle et la femelle? question que
nous discutons maintenant. Dans notre analyse, nous
laisserons ces questions distinctes, bien que dans la syn-
thèse finale il doive y être collectivement répondu.

3 Une troisième raison qui a tant fait éluder le problème de l'origine du mâle et de la femelle et qui a fait
que les naturalistes ont tellement battu les buissons en
cherchant à le résoudre, a été que, dans la vie ordinaire,
pour diverses raisons, la plupart fausses, il est habituel

de considérer les fonctions sexuelles et reproductives
comme étant des faits entièrement *per se*. Ceci a eu une
influence sur la biologie. La reproduction et le sexe ont
été parqués à part, comme étant en eux-mêmes des
faits; ils ont été dissociés de la physiologie générale de
l'individu et de l'espèce. D'où il suit que l'origine du
sexe a été enveloppée de mystère et de difficultés d'une
nature particulière, parce qu'il n'a pas été reconnu que
la variation qui a donné lieu à la différence entre le
mâle et la femelle doit avoir été une variation accentuant seulement en degré ce dont on pouvait suivre les
traces universellement.

4. *Nature du Sexe, tel qu'on le voit par son Origine chez
les Plantes.* — En retraçant l'origine du sexe, nous voudrions nous mettre à l'abri du reproche d'avoir consciemment ou inconsciemment arrangé nos faits à la
lumière de notre théorie. Nous préférons, en conséquence, suivre quelque exposé accessible, reposant essentiellement sur le point de vue anatomique. Nous suivrons
l'article *Vegetable Reproduction*, du professeur Vines,
dans l'*Encyclopædia Britannica*, essayant, toutefois, à
chaque étape, d'interpréter les faits, physiologiquement,
au point de vue des processus protoplasmiques.

(1) L'algue simple, *Protococcus* — que, dans le sens le plus
large de ce mot, chacun connaît sous une forme ou une
autre, sur les troncs d'arbres, dans les flaques d'eau, les
puits, etc. — se reproduit d'une façon simple. La cellule
se divise en plusieurs unités égales, ou spores ; celles-ci sont
mises en liberté, demeurent mobiles pour un temps, finissent par entrer en repos, et se développent à leur grandeur
normale. On peut soupçonner, cependant, le commencement
d'une différence, quand la cellule se divise, accidentellement,
en un plus grand nombre de spores plus petites. Celles-ci,
cependant, n'ont pas une histoire différente de celle des
autres. Elles s'établissent et se développent tout comme leurs
sœurs plus richement dotées. Nous trouvons ici la produc-

tion d'unités plus petites, c'est-à-dire d'un anabolisme moins prédominant ; cependant, ces unités sont encore capables de se développer d'une façon indépendante.

2) Chez une algue plus élevée, l'*Ulothrix* — qui appartient a la série des Conferves — il se développe en même temps de grandes et de petites cellules reproductrices. Les grandes se développent toujours toutes seules, et les petites peuvent faire de même. Mais elles peuvent aussi s'accoupler et créer une plante nouvelle au moyen du double capital obtenu par leur union. Lorsque ces petites cellules se développent sans conjugaison, il en résulte, dans beaucoup de cas, du moins, une plante faible. Le professeur Vines dit qu'elles ont une « sexualité imparfaite », car tout en dépendant en quelque sorte de l'union avec d'autres cellules, elles ne sont pas entièrement dépendantes. Nous pouvons dire qu'elles sont assez anaboliques pour se développer quelquefois d'une manière indépendante, mais que souvent, elles sont, individuellement, trop cataboliques pour présenter autre chose qu'un développement indépendant faible. Lorsqu'elles s'unissent, toutefois, pour se nourrir mutuellement, elles sont fortes. Le lecteur apercevra aisément la féminéité relative des plus grandes unités, et la masculinité de leurs voisines plus petites.

3) Chez une autre algue, l'*Ectocarpus*, nous arrivons à une phase qui est particulièrement instructive. Cette algue peut se séparer en grandes cellules qui se développent d'elles-mêmes comme des œufs parthénogénétiques. D'autres parties de la plante, de plus petites unités, sont mises en liberté, qui en général, bien que ce ne soit pas invariable, s'unissent ensemble avant de se développer.

Mais Berthold a observé, entre ces unités plus petites, une différence physiologique des plus importantes. Quelques-unes d'entre elles en arrivent bientôt à se reposer et à s'établir, et bientôt leurs voisines plus énergiques s'unissent à elles. Nous avons ici un commencement très clair de la distinction des éléments mâle et femelle. Les cellules, relativement paresseuses, plus nourries, et où l'anabolisme domine, et qui s'établissent de bonne heure, sont femelles ; les plus mobiles, qui finissent par s'épuiser, et qui sont décidément

cataboliques, sont mâles. Ainsi que le dit Vines, « l'une
d'elles est passive, et l'autre active; la première doit être
considérée comme étant la cellule reproductrice femelle, et
la seconde comme la cellule reproductrice mâle ».

(4) En outre, chez une autre algue, la *Cutleria*, on peut
suivre les traces de la différenciation. Il se forme deux sortes
d'unités qui doivent s'unir ensemble pour que le développement ait lieu, mais ces unités naissent de sources parfaitement distinctes sur la plante mère. Les cellules plus grandes
et moins mobiles, qui arrivent vite au repos, sont fécondées
par les unités plus petites et plus actives. Les cellules plus
anaboliques, ou femelles, sont fécondées par les cellules cataboliques, ou mâles, qui maintenant sont trop avancées pour
que le développement indépendant leur soit possible.

(5) Pour compléter la série, nous pouvons mentionner en
passant un cas auquel nous reviendrons bientôt, celui des
formes du *Volvox*, où une colonie entière de cellules produit
des éléments soit mâles, soit femelles, représentant ainsi le
commencement d'un organisme multicellulaire entièrement
unisexuel.

5. *Nature du Sexe, telle qu'elle se montre par son Origine
chez les Animaux.* — Nous pouvons aussi, chez les Protozoaires, reconnaître la trace des commencements du
même « dimorphisme » entre le mâle et la femelle. Une
union entre des cellules semblables est, naturellement,
fréquente, mais ce n'est pas là le point qui nous occupe.
Nous faisons allusion aux cas nombreux, surtout parmi
les Infusoires Flagellates et analogues aux Vorticelles, où
deux individus s'unissent qui diffèrent tout à fait de
forme et d'histoire. « Il ne peut y avoir de doute, fait
remarquer Hatchett Jackson, que ce processus ne soit
essentiellement sexuel; lorsque les individus sont inva-
riablement différents l'un de l'autre, il n'y a aucune
raison pour qu'on ne leur applique pas les termes de
mâle et de femelle. » Dans quelques cas nous trouvons,
comme précédemment, qu'une cellule active, catabolique,

s'unit avec un individu anabolique plus grand et plus passif.

Chez les Vorticelles, qui croissent si communément sur les plantes aquatiques de nos étangs, un élément qui nage librement, formé à la suite de divisions répétées, s'unit à un individu pédonculé de la taille normale. Chez l'*Epistylis* qui leur est alliée, Engelmann a décrit comment un individu se divise d'abord en deux cellules. Une de celles-ci reste en cet état (comme un

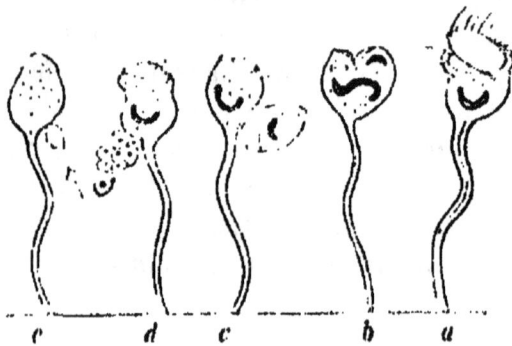

Fig. 34. — Vorticelles : *a*, individu normal ; *b*, sa division en deux ; *c*, la division est achevée ; *d*, une des moitiés se divise encore en 8 petites unités (mâles) ; *e*, petit individu s'unissant à un individu normal.

œuf) tandis que l'autre se divise à plusieurs reprises comme un spermatogone-mère) en de nombreuses petites unités. Une de ces dernières s'unit, subséquemment, avec la cellule non divisée, et Engelmann n'hésite point à nommer mâle et femelle ces éléments différents. Chez quelques Radiolaires (*Collozoum*, par exemple) on a décrit des spores dimorphes — grandes et petites — bien que leur histoire n'ait pas encore été entièrement retracée. Même chez les Foraminifères, ainsi que Schlumberger, de la Harpe, et H. B. Brady l'ont fait voir, il peut se produire un dimorphisme marqué ; et ici encore la distinction semble consister dans la prépondérance de l'anabolisme ou du catabolisme.

Il sera instructif de prendre comme autre exemple le

cas du Volvox. Chez cet organisme colonial, qu'on peut,
à tout prendre, considérer comme un Protiste multicellulaire, les cellules élémentaires sont d'abord toutes
semblables. Elles sont unies par des sortes de ponts
protoplasmiques, et forment simplement une colonie
végétative. Dans des conditions de milieu favorables cet

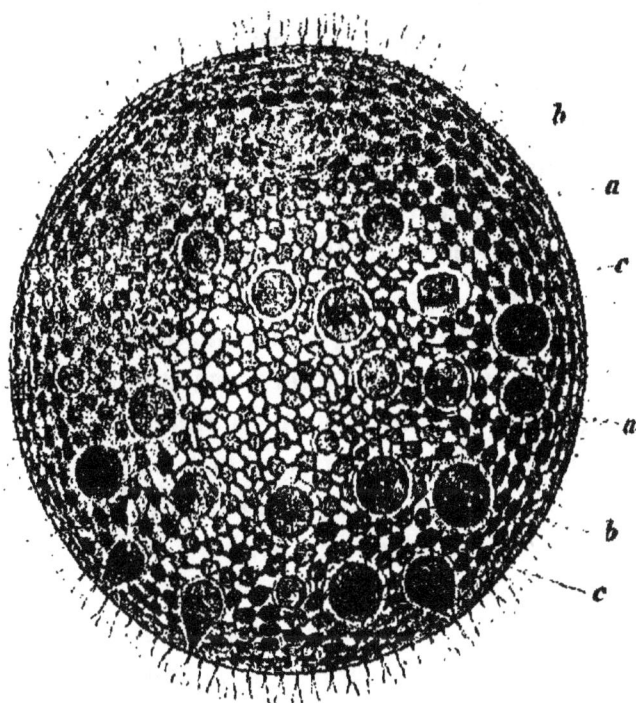

Fig. 35. — *Volvox globator*. Algue ou Infusoire vivant en colonies, montrant les cellules ordinaires (c) du corps ou de la colonie, et les cellules
reproductives spéciales (a et b) mâles et femelles. D'après Cohn.

état peut persister, ou être seulement interrompu par la
multiplication parthénogénétique. Quand la nutrition
est arrêtée, cependant, la reproduction sexuelle fait son
apparition, et cela d'une manière qui sert d'exemple
instructif de la différenciation des deux séries d'éléments. On voit quelques-unes des cellules se différencier
aux dépens des autres, accumulant le capital de leurs
voisines, et si leur territoire d'exploitation est suffisamment grand, des cellules positivement anaboliques ou

œufs en sont le résultat ; tandis que si leur territoire est
réduit par la présence de nombreux concurrents luttant
pour devenir des œufs, le résultat sera la formation de
cellules petites, moins anaboliques, qui finissent par
devenir *mâles*, et se segmentent en anthérozoïdes, perdant en même temps leur couleur verte pour devenir jaunes. Chez quelques espèces, des colonies distinctes peuvent, de la même manière, devenir principalement anaboliques, ou cataboliques, et se distinguer
comme colonies mâles et femelles. Ainsi, nous arrivons
encore à la conclusion que la prépondérance de l'anabolisme effectue la différenciation des éléments femelles,
et celle du catabolisme, la différenciation des éléments
mâles.

6. *Exemples à l'Appui.* — Si le contraste entre l'anabolisme et le catabolisme si facile à reconnaître dans les
éléments du sexe, est véritablement fondamental, nous
devons nous attendre à le voir saturer tout l'organisme.
Nous avons déjà appelé l'attention sur la production des
glandes vitellines associées aux ovaires. De même, dans
les cellules d'une anthère en cours de développement on
peut souvent observer un nombre énorme de cristaux
qui se produisent. Les cristaux sont, en général, considérés comme des accumulations de produits de désassimilation, et ceux-ci peuvent, en fait, se comparer
à des dépôts urinaires. Cependant, des accumulations de
ce genre ne se produisent pas, du moins dans la même
mesure, dans le sac embryonnaire, ou dans les organes femelles, malgré l'homologie du développement
chez le mâle et la femelle. Ils se produisent comme
résultats du catabolisme, là où nous nous attendons, naturellement, à les trouver dans le tissu des organes
mâles.

Chez le *Chara* ou la *Nitella*, il y a, comme chacun le
sait, une alternance entre les cellules nodales et les cel-

lules internodales. Les cellules internodales sont activement végétatives, et continuent à augmenter de volume ;
elles ne se divisent point, et peuvent être justement considérées comme ayant un anabolisme accentué. D'autre
part, les cellules nodales sont beaucoup plus petites, et

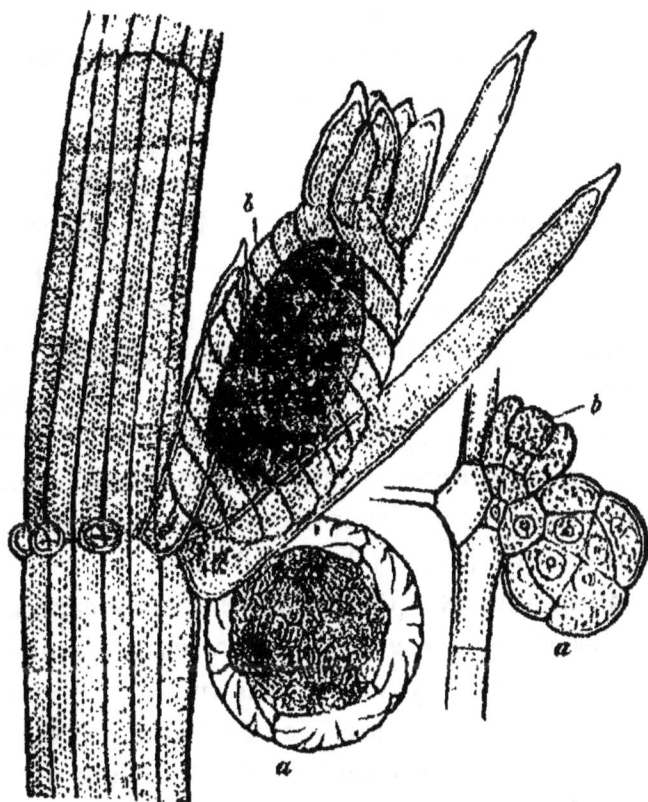

Fig. 36. — *Chara fragilis* montrant à l'état adulte et à l'état embryonnaire l'organe femelle (*b*) et l'organe mâle (*a*) d'après Pringsheim.

se divisent. Cela revient à dire qu'elles sont, relativement aux autres, plus cataboliques.

Ceci nous suggère une épreuve définitive pour la
théorie actuelle. Puisque les organes reproducteurs sont
simplement, ainsi que le sait tout anatomiste, des feuilles
raccourcies, nous devrions prédire que la cellule de la
segmentation de laquelle dérive l'anthéridie doit corres-

pondre, en position, à une cellule nodale ou catabolique
(c'est-à-dire avoir son insertion sur un entre-nœud),
tandis que la cellule essentiellement femelle ou œuf qui
lui correspond doit être internodale ou apicale d'origine insérée sur un nœud, et relativement plus anabolique). Il est digne de remarque que, l'examen soit des
figures, soit de préparations fraîches, montre que cette
homologie imparfaite, mais correspondance physiologique parfaite, sont des faits invariables.

7. *Conclusion.* — Pour conclure, en dépit de la conclusion récente qu'a formulée le docteur Minot, d'après
qui « pareille spéculation dépasse de beaucoup les possibilités actuelles de la science » nous croyons que la
considération (*a*) des traits caractéristiques des éléments
sexuels, soit dans leur histoire comme y insiste le docteur Minot lui-même, soit dans leur forme perfectionnée
actuelle ; (*b*) du dimorphisme sexuel que nous voyons
débuter chez les plantes et animaux les plus simples ;
(*c*) des phénomènes, normaux et pathologiques dans les
tissus et organes sexuels ; (*d*) des faits établis quant à la
détermination du sexe (Chap. II) ; et (*e*) des caractères
anatomiques et physiologiques, primaires et secondaires
des sexes (Chap. II et *passim*), nous mène à la conclusion générale que la femelle est la résultante de l'expression de l'anabolisme prépondérant, et au contraire, le
mâle, celle du catabolisme prépondérant. Nous en rece-
vrons la confirmation ultérieure dans les sections suivantes, en discutant la fécondation, la parthénogénèse,
ou des faits spéciaux tels que la menstruation et l'allaitement. Toute la thèse peut de nouveau être résumée
par un diagramme.

SOMME DES FONCTIONS

Nutrition.   Reproduction.

Anabolisme.   Catabolisme.   Mâle.   Femelle.

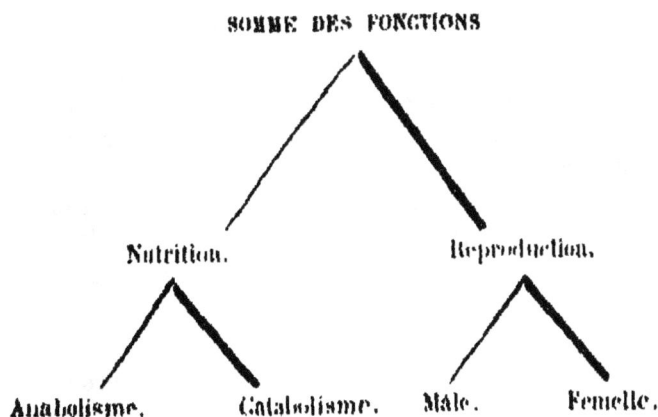

Nous voyons ici, à l'égard des trois hypothèses esquis-
sées au début de ce chapitre : (1) que la perspicacité pénétrante de Rolph, qui disait les femelles plus nutritives,
et les mâles moins nutritifs, est parfaitement justifiée ;
(2) que la théorie de Minot sur la différenciation des deux
cellules sexuelles hors d'un hermaphrodisme primitif
acquiert de nouveaux développements, et acquiert un caractère beaucoup plus défini ; (3) que l'idée de Brooks,
qui attribue aux mâles, essentiellement, la tendance à la
variabilité, reçoit toute au moins un grand poids du fait
de la prépondérance du catabolisme chez les mâles, car
c'est plutôt avec les changements destructifs du protoplasme qu'avec les changements constructifs que les
variations peuvent être attendues.

RÉSUMÉ

(1) Théories proposées sur la nature du mâle et de la femelle,
leur nombre et leur caractère vague. Trois développements récents : (a) la suggestion sagace de Rolph qui suppose les femelles
plus nutritives, et les mâles moins nutritifs ; (b) la théorie de
Minot, qui croit à la différenciation de deux sortes de cellules
sexuelles hors d'un hermaphrodisme primitif ; (c) la conclusion
de Brooks que les mâles sont plus variables, et transmettent
seuls les variations nouvelles.

(2) La nature du sexe se montre dans son essence, dans les
cellules sexuelles. L'antithèse protoplasmique fondamentale mani
festée chez les Protozoaires, dans les cellules des animaux supé-

rieurs, et dans leur histoire biologique. Conception d'un cycle cellulaire. Portée physiologique de ceci: les possibilités protoplasmiques, l'anabolisme prépondérant, le catabolisme prépondérant, et un équilibre relatif. Caractère anabolique des œufs. Caractère catabolique des spermatozoïdes.

(3) Le problème de l'origine du sexe, peu étudié à cause: (a) de l'influence aveuglante des recherches téléologiques ou utilitaires; (b) du nombre des problèmes séparés qui sont en question; (c) de la façon dont on a isolé la reproduction de la vie générale de l'organisme et de l'espèce.

(4) Série de plantes simples qui montrent l'apparition graduelle des cellules sexuelles dimorphes, avec leur interprétation physiologique. Le dimorphisme est le résultat de la prépondérance de l'anabolisme et du catabolisme, et c'est l'origine du mâle et de la femelle.

(5) Exemples de dimorphisme ou de sexualité débutante chez les Protozoaires. Cas spécial du *Volvox*.

(6) Exemples à l'appui, anthères et *Chara*.

(7) Conclusion générale tirée: (a) des cellules sexuelles; (b) des débuts du sexe; (c) des organes et des tissus; (d) de la détermination du sexe; (e) des caractères des sexes; le mâle et la femelle sont le résultat et les expressions respectifs de la prépondérance du catabolisme et de l'anabolisme, conclusion que confirment les hypothèses de Rolph et de Minot, et dans une certaine mesure, celle de Brooks.

BIBLIOGRAPHIE

BROOKS, W. K. — *The Law of Heredity*. Baltimore, 1883.

GEDDES, P. — *Op. cit.*, surtout: *Theory of Growth, Reproduction Sex and Heredity*. (*Proc. Roy. Soc. Edin.*, 1886), et article Sex (*Encyc. Brit.*), et aussi *Restatement of Cell Theory* (*Proc. Roy. Soc. Edin.*, 1883-1884).

MINOT, C. S. — *Theorie der Genoblasten*. (*Biolog. Centralblatt*, t. II, p. 365.

ROLPH, W. H. — *Biologische Probleme*. Leipzig, 1884.

SACHS J. — *Text-Book of Botany* publié par Vines, 1882, et *Physiology of Plants*, traduction Marshall Ward, 1887.

VINES, S. H. — *Physiology of Plants*. 1886; article Reproduction, (Vegetable), dans l'*Encyc. Brit.*

WEISMANN, A. — *Op. cit.*

LIVRE III

LES PROCESSUS DE LA REPRODUCTION

CHAPITRE XI

1. *Modes différents de Reproduction.* — On sait généralement qu'une astérie privée d'un de ses bras peut le remplacer par régénération ; que les crabes renouvellent les grosses pinces qu'ils ont perdues dans quelque combat, et que, même chez les lézards, jambes ou queue se régénèrent. En nombre de cas, des atteintes même sérieuses se peuvent réparer physiologiquement. Cette « régénération », ainsi qu'on l'appelle, est, dans une certaine mesure, un processus de reproduction. Par la croissance continue, les cellules d'un moignon sont à même de reproduire le membre entier. Nous savons aussi qu'une Éponge, une Hydre, ou une Actinie, peuvent être coupées en morceaux, et que de chaque fragment il résultera un nouvel organisme. Il en est de même pour beaucoup de plantes, et bien que la division soit artificielle, le résultat montre à quel point le processus que nous caractérisons de reproducteur est loin d'être unique. En fait, comme Spencer et Hæckel l'ont dit, il y a longtemps, la reproduction est une croissance plus ou moins discontinue. Et encore nous passons insensiblement de cas de gemmation continue comme dans l'Éponge, ou le rosier, à des cas de gemmation discontinue comme chez l'Hydre, le Zoophyte et le lys tigré,

où le rejeton, produit végétativement, est, plus ou moins tôt, mis en liberté.

Semblablement, chez les Protozoaires, une rupture presque mécanique commence la série. Elle devient plus marquée en produisant plusieurs gemmes à la fois, ou une seulement. La gemmation mène à la division délibérée, et ordonnée, soit multiple soit binaire; tandis qu'enfin chez les formes agrégées, on peut observer la libération des unités reproductrices spéciales.

Nous aurons plus tard à discuter les rapports de ces processus, et d'autres encore; mais tout comme nous avons commencé l'étude du sexe par le contraste familier du mâle et de la femelle, nous commencerons notre étude des processus reproducteurs par le mode le plus en évidence, celui qu'on connaît sous le nom de reproduction sexuelle.

2. *Faits impliqués dans la Reproduction Sexuelle.* — Il est nécesssaire, dès le début, de bien préciser la concomitance de certains faits distincts, dans tout cas ordinaire de reproduction sexuelle entre organismes multi-cellulaires. (1) Il y a tout d'abord le fait que des cellules reproductrices spéciales existent, en contraste plus ou moins marqué avec les cellules ordinaires qui constituent le corps. (2) Il y a, ensuite, le fait que les cellules reproductrices spéciales sont dimorphes; ou bien elles, ou bien les organismes qui les produisent, sont mâles et femelles. Ceci a été le sujet des deux livres précédents. (3) Enfin, nous devons reconnaître que ces cellules sexuelles dimorphes sont mutuellement dépendantes les unes des autres, que si la cellule-œuf doit se développer en organisme, il faut d'abord qu'elle soit fécondée par un élément mâle. Il faut donc concentrer notre attention sur les faits de la fécondation tels qu'on les a observés sur les plantes et les animaux.

3. *Fécondation des Plantes.* — « *Le Secret de la Nature*

récemment découvert dans la Structure et la Fécondation des Fleurs. » tel était le titre d'un ouvrage publié par Conrad Sprengel, en 1793, où cet auteur avait réuni ses recherches exploratrices dans un champ qui est bien connu maintenant, mais où il a été le premier à pénétrer. Sans être, à parler strictement, tout à fait le premier à indiquer l'importance des insectes dans la fécondation, — cet honneur semble appartenir à Kölreuter (1761) — Sprengel a posé des fondements solides que les édifices élevés par Darwin et d'autres nous empêchent peut-être un peu d'apercevoir. Aux yeux de Sprengel, les expédients nombreux à l'aide desquels le nectar est protégé contre la pluie semblaient « intentionnels ». Il reconnaissait dans les dessins des pétales des indicateurs illuminés indiquant aux insectes la route des trésors cachés; et il démontra en outre, que chez quelques fleurs bisexuées il était physiquement impossible que le pollen des étamines passât aux extrémités des carpelles. Il déclare librement, dans sa conclusion générale, que « puisqu'un grand nombre de fleurs ont les sexes séparés, et que probablement au moins autant d'hermaphrodites ont leurs étamines et leurs carpelles mûrs à des époques différentes, la nature semble avoir décidé qu'aucune fleur ne sera fécondée par son propre pollen ». Quelques années plus tard, (1799) Andrew Knight soutint qu'aucune fleur hermaphrodite ne se féconde directement à perpétuité.

Le secret de la nature, de Sprengel, dut pourtant être révélé de nouveau par Darwin, qui dans sa *Fécondation des Orchidées* (1862) et *Les Effets de la Fécondation Croisée et de la Fécondation directe* (1876) n'a pas seulement montré avec un luxe d'exemples, les divers expédients servant à garantir le transport, par les insectes inconscients, du pollen fécondant d'une fleur à une autre, mais il a encore insisté sur l'avantage de la fécondation croisée pour la santé de l'espèce. « La nature nous dit de la

manière la plus positive, qu'elle a horreur de la fécondation directe perpétuelle. » Hildebrand, Hermann
Müller, Delpino et d'autres ont, avec une patience consommée d'observation, découvert encore d'autres se-
crets de la nature à cet égard; et l'on peut renvoyer le
lecteur à l'édition excellente que le professeur D'Arcy
Thompson a donnée de la *Fécondation des Fleurs*, de
Müller, aux *Flowers in Relation to Insects* de Sir John
Lubbock, et aux ouvrages classiques de Darwin. Il faut,

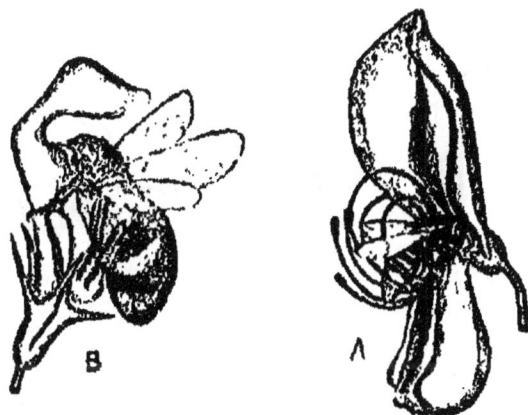

Fig. 37. — Abeilles visitant l'Ortie blanche, et le Genét à balais.

cependant, enregistrer ici la protestation de Meehan,
qui assure que la fécondation directe n'est ni aussi rare ni
aussi abhorrée qu'on le croit généralement, maintenant.

Dans un grand nombre de cas, la fécondation croisée
s'opère par les insectes; chez beaucoup elle doit se produire. Chez une autre série nombreuse de Phanérogames
— à fleurs peu voyantes — la poussière d'or fécondante est emportée par le vent, et tombe, comme la
pluie sur Danaé, sur les fleurs adjacentes. Chez beaucoup de fleurs hermaphrodites, aussi, la fécondation directe s'opère certainement, et chez quelques unes, nécessairement. Dans cet ordre d'idées il est intéressant de
noter la fécondation directe certaine qui se produit dans
les petites fleurs dégénérées (cleistogames) qui ne s'ou-

vent pas, telles que l'ortie blanche, la pensée, etc. Les fleurs cleistogames se produisent à côté des fleurs ordinaires, et il est assez curieux qu'elles soient parfois plus fécondes que celles-ci.

Chez la plupart des plantes inférieures, les éléments mâles sont très petits, et très mobiles et actifs. Ils se frayent une route à travers l'eau, ou le long des espaces capillaires entre les feuilles, jusqu'aux cellules femelles

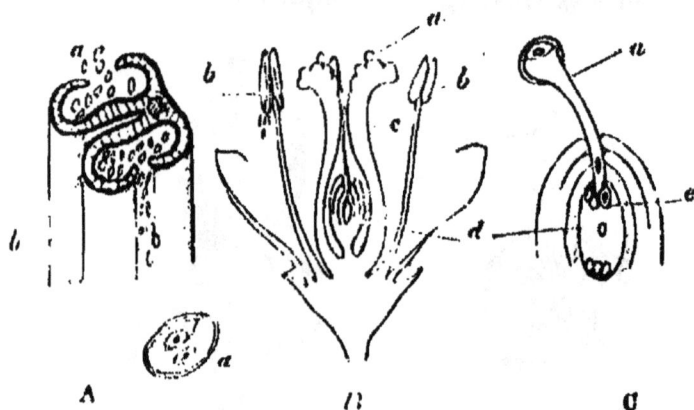

Fig. 38. — A, Section (grossie) d'une anthère mûre (b) mettant le pollen a en liberté. B, Diagramme d'une fleur montrant les parties femelles c, le stigmate récepteur, le style conducteur, l'ovaire avec l'œuf d ; les parties mâles, étamines (b) avec le pollen. C, tube pollinique a se dirigeant vers l'ovule (d) et la cellule femelle (e). Le grain de pollen est ici représenté comme formé de deux cellules distinctes.

passives. Dans quelques cas il y a une incurvation de l'organe mâle vers l'organe femelle adjacent, en vertu, apparemment, de quelque attraction chimique ou physique. Ici même une fécondation directe semble exceptionnelle, et souvent est impossible.

Ceci n'est encore, cependant, que l'aspect externe du processus. Dès 1694, Camerarius avait montré que si les fleurs mâles du chanvre, du maïs, et d'autres plantes, étaient enlevées, les fleurs femelles ne portaient pas de graines, ou n'en portaient que de stériles.

En 1704, E. F. Geoffroy châtra quelques plantes en en enlevant les étamines, et remarqua qu'elles restèrent stériles *Mirandum sane*, écrivait-il, *quam similem servet natura, cunctis in virentibus generandis harmoniam.* Quelque raisonnable que cela nous paraisse maintenant, le fait fondamental ne fut pas seulement long à se faire reconnaître, mais jusque dans notre siècle il s'est trouvé des naturalistes qui l'ont fortement contesté, et ont entièrement nié la sexualité des plantes. Cependant, en 1830, Amici fit un grand pas. Il suivit le

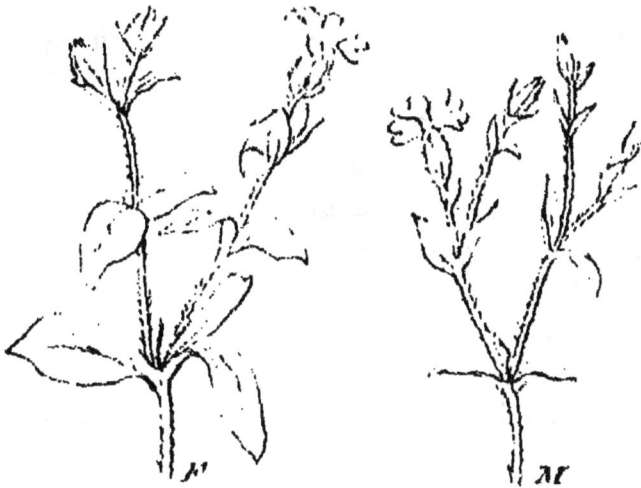

Fig. 39. — Fleurs mâle et femelle de *Lychnis diurna*.

grain de pollen depuis l'instant où il se pose sur le bord du carpelle, jusque dans les replis de l'ovule. Schleiden, dont le nom est si étroitement lié à l'établissement de la théorie cellulaire, confirma bientôt l'observation d'Amici; mais, par malheur, en ce faisant il alla trop loin. Non seulement le grain de pollen envoyait son tube dans l'ovule, mais arrivé là, suivant Schleiden, il donnait naissance à l'embryon. Cette opinion qui, ainsi que Meyer le fait remarquer, fait l'élément mâle en réalité femelle, était évidemment parallèle à celle des zoologistes qui trouvaient l'embryon en miniature dans les animalcules du sperme. L'avis de Camerarius et d'Amici prévalut naturellement; et nous savons maintenant, non seulement que le pollen est un élément mâle qui s'unit à une cellule femelle dans l'acte de la fécondation, mais grâce surtout à Strasburger, nous connaissons beaucoup de choses sur la nature intime du processus. Au siècle dernier, Millington insista sur la différence entre les fleurs mâles et les fleurs femelles, et nous retrouvons l'influence de cette découverte dans les *Amours des Plantes* d'Erasme Darwin.

Dans ces quelques derniers décennaires il a été montré pour beaucoup de plantes inférieures que la fécondation implique essentiellement l'union des nucléus des cellules mâles et femelles. On avait cru, jugeant par analogie, qu'il en était de même pour les plantes supérieures, mais une démonstration directe n'a été fournie que tout récemment. Strasburger a suivi l'histoire du grain de pollen, de l'anthère des étamines jusqu'au sac embryonnaire du carpelle, et bien que quelques détails restent encore obscurs, ses recherches ont incontestablement réussi à élucider les faits essentiels du processus. Il a fait voir que le grain de pollen se partage en cellule végétative et en cellule génératrice, la dernière seulement étant d'une importance directe pour la fécondation. La cellule génératrice qui, de même que le spermatozoïde, consiste surtout en un nucléus avec très peu de substance cellulaire directement associée, se divise pour former deux (ou plus de deux) nucléus générateurs. Un de ceux-ci traverse le tube pollinique pour entrer en union intime avec le nucléus de la cellule femelle, avec laquelle il se fond pour former le double nucléus qui règle le futur développement. Exceptionnellement, l'autre nucléus générateur peut aussi s'unir avec le nucléus de la cellule ovulaire, mais ce fait est presque aussi rare que celui de la « polyspermie » chez les animaux. Selon Strasburger, la substance cellulaire du grain de pollen ou du boyau pollinique qui entoure le nucléus n'a aucune influence directe sur l'acte essentiel. La fécondation est l'union de deux nucléus, « la substance cellulaire du tube pollinique n'en est que le véhicule ». Il confirme les observations de Pfeffer quant à la réalité d'une attraction osmotique entre les milieux des deux éléments essentiels, tout au moins, d'après laquelle le tube de pollen portant le nucléus générateur est guidé vers sa destination. La différenciation du nucléus générateur en opposition avec celui qui est plus végétatif, et l'union nucléaire véritable qui forme le point culminant de la fécondation, sont deux faits très importants, montrant l'unité du processus non seulement chez les plantes supérieures et inférieures, mais chez tous les organismes.

4. *Fécondation chez les Animaux*. — Quand on vit pour la première fois les spermatozoïdes, on ne conclut pas aussitôt qu'ils fussent des éléments essentiels de la fécondation. Par degrés, toutefois, ce fait fut démontré à la fois par l'expérience et l'observation. Jacobi (1764) féconda artificiellement les œufs de saumon et de truite avec la laitance de ces poissons, et un peu plus tard l'abbé Spallanzani étendit ce genre d'expériences à des grenouilles, et même à des animaux supérieurs. Cependant lui-même croyait que le facteur essentiel était le fluide séminal, et non les spermatozoïdes qu'il contient. Grâce aux expériences de Prévost et Dumas (1824) de Leuckart, (1849) et d'autres, l'attention fut dirigée sur la portée véritable des spermatozoïdes que Kölliker attribua à leur origine cellulaire dans le testicule. La présence du spermatozoïde à l'intérieur de l'œuf fut observée dans l'œuf du lapin, par Martin Barry en 1843; par Warneck, en 1850, chez l'œuf de la Lymnée, fait confirmé dix ans après par Bischoff et Meissner; chez l'œuf de la grenouille par Newport (1854), et dans les années suivantes, on en reconnut l'existence chez une grande variété d'animaux.

Les combinaisons externes qui assurent aux spermatozoïdes leur réunion avec l'œuf sont très variées. Quelquefois il semble qu'il y ait plus de hasard que de préméditation, car les spermatozoïdes des mâles adjacents peuvent être simplement balayés par le courant de l'eau dans la femelle, ainsi que cela se passe pour les Éponges et les Bivalves avec leurs courants d'eau nutritifs. Dans d'autres cas, particulièrement bien observés chez la plupart des Poissons, la femelle dépose ses œufs, non fécondés, dans l'eau ; le mâle suit et les couvre de spermatozoïdes. Beaucoup d'entre nous peuvent avoir vu, du haut d'un pont, quelque saumon femelle labourant le lit de gravier d'une rivière pour y déposer ses œufs, soigneuse de leur assurer un terrain convenable, et cependant ne dérangeant pas les œufs déjà pondus de ses voisines. Son mâle, fréquemment beaucoup plus petit, l'accompagne, et dépose sa laitance sur les œufs. Chez la grenouille, les œufs sont aussi fécondés extérieurement par le mâle au moment où ils sortent du corps de la femelle qu'il tient embrassée. Ou encore les spermatozoïdes sont logés dans des sortes de paquets spéciaux, qui sont recueillis par la femelle, chez la plupart des Tritons, entourés par un des bras du mâle chez beaucoup de Céphalopodes, ou transportés d'un des palpes du mâle dans l'organe femelle, chez les Araignées. Chez la plupart des animaux, c'est-à-dire des Insectes et des Vertébrés supérieurs, la copulation a lieu, et les spermatozoïdes passent directement du mâle à la femelle. Même alors, l'histoire en est très variée. Ils peuvent passer dans des réceptacles spéciaux, comme chez les Insectes, d'où on les tire à l'occasion ; ou, chez les animaux supérieurs, ils peuvent, avec une énergie locomotrice persistante, faire leur chemin dans les conduits femelles. Là ils peuvent rencontrer et féconder promptement des œufs libérés par l'ovaire, ou peuvent persister, ainsi que nous l'avons déjà remarqué, pendant une période prolongée ; où enfin, ils peuvent périr.

Quand les spermatozoïdes sont arrivés, par l'un ou
l'autre de ces modes, dans la proximité immédiate de
l'œuf, il y a lieu de croire qu'une forte attraction osmotique s'établit entre les deux espèces d'éléments. Nous
avons souvent soupçonné que l'approche des cellules en
conjugaison de deux filaments de *Spirogyra* (fig. 40 c. d.
pourrait se faire selon la ligne d'un courant osmotique;

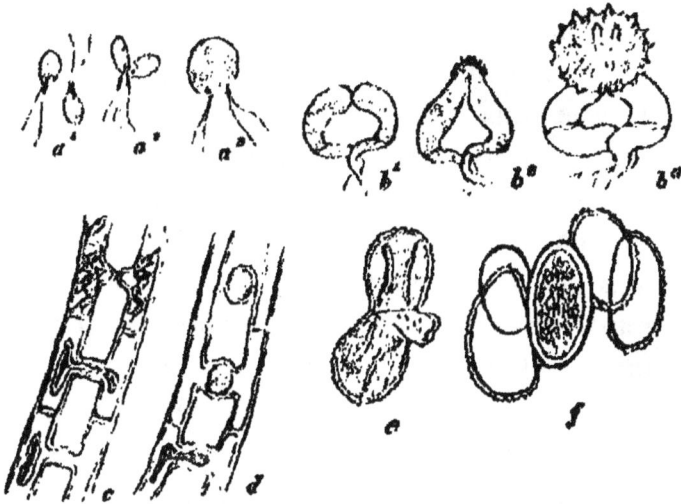

Fig. 40. — Formes différentes de la conjugaison chez les Algues : a
Zoospores ; b. Moisissures ; c. d. Algues conjuguées; e. f. Desmidiées

et quoique nous devions avouer que quelques évapora-
tions faites peut-être un peu grossièrement, il y a quelques étés, n'aient pas donné une confirmation positive
à l'idée que le glucose ou quelque corps voisin pourrait être présent en quantité appréciable dans l'eau, nous
sommes heureux de dire qu'un observateur récent assure avoir été plus favorisé que nous. Les spermatozoïdes, qui semblent si bien mériter l'épithète d' « affamés »
que leur décerne Rolph, paraissent être puissamment
attirés vers l'œuf bien nourri, et ce dernier pousse fréquemment à la rencontre du spermatozoïde un petit
« cône d'attraction ». Souvent, cependant, la forme de la
coquille de l'œuf crée un obstacle, et celui-ci ne peut être

accessible que par un point, bien nommé micropyle. Dewitz a fait l'observation intéressante qu'autour des coquilles d'œuf des cancrelats, les spermatozoïdes se meuvent en cercles réguliers dont l'orbite varie toujours, et il indique qu'ainsi, tôt ou tard, un spermatozoïde doit trouver à entrer. Il a fait voir que c'est là un mouvement caractéristique de ces éléments sur des sphères unies, car autour de coquilles d'œufs vides ou de vésicules similaires, il se meuvent de la même manière, ordonnée et systématique. Jusqu'à un moment très rapproché de nous, on a cru que plus d'un spermatozoïde pouvait, tout au moins, entrer dans l'œuf, mais des recherches récentes, comme celles de Hertwig et de Fol, ont prouvé que dès qu'un spermatozoïde est entré, la voie est généralement fermée aux autres. Le micropyle peut être condamné, ou la membrane environnante peut être changée, ou en d'autres manières l'œuf peut présenter ce que Whitan appelle une « réceptivité auto-régulatrice » de façon à n'être plus accessible. Nous pouvons, en toute sécurité, conclure que l'œuf ne reçoit d'ordinaire qu'un seul spermatozoïde ; que dans la plupart des cas, l'entrée de plus d'un spermatozoïde est impossible, et que lorsque la « polyspermie » se présente, un développement pathologique est, souvent du moins, le résultat. Dans les œufs de lamproie, un certain nombre de spermatozoïdes arrivent à un espace en forme de verre de montre au pôle supérieur de l'œuf, mais il n'y en a qu'un qui aille plus loin, le reste demeure enfermé, sans autre histoire qui vaille la peine d'être racontée.

Ce qui se passe avant la fécondation varie beaucoup, ainsi que nous venons de le voir, parmi les animaux ; ce qui se passe après, c'est, naturellement la division cellulaire, mais cette division, tout en se rattachant à certains grands types, doit nécessairement varier avec chaque espèce ; ce qui a lieu pendant l'acte de la fécondation, est toujours essentiellement la même chose. La tête du spermatozoïde devient le nucléus mâle (ou pronucléus) de l'œuf fécondé, entrant en association étroite avec le nucléus femelle. Ce dernier, ainsi que nous l'avons déjà noté, a déjà une histoire ; il n'est plus la vésicule germinale primitive, et n'y ressemble pas autrement ; c'est la vésicule germinale moins la quantité de substance nucléaire sacrifiée pour former deux globules polaires. Ce nucléus femelle (ou pronucléus, ainsi qu'on le nomme, en général) s'unit étroitement au spermatozoïde ou nucléus mâle ; il ne reste point passif, d'ailleurs, pendant l'opération, quoique ce soit certainement le mâle qui s'emploie le plus activement à amener cette étroite union. Whitman a insisté, récemment, sur la réalité d'une attraction entre les pronucléus.

Leur fusion a été observée, dès 1850, par Warneck, chez la Lymnée. Cependant ce fait paraît avoir été presque oublié au moment où il fut observé de nouveau, chez les œufs des Ascarides, par Bütschli en 1874. Depuis lors, on a constamment étudié ce fait. Quelques observateurs doutent encore que ce que l'on appelle la fusion des nucléus s'opère réellement ; et si par fusion on entend un mélange et une confusion inextricables des éléments nucléaires mâle et femelle, il est à peu près sûr que celle-ci n'existe jamais. Toutefois, il n'y a aucun doute que les deux nucléus ne s'associent très étroitement, et suivant la plupart des observateurs, une double unité se forme, dans laquelle les éléments composant les nucléus d'origine si diverse sont unis d'une façon parfaitement régulière. Cette dualité, dans le fait, est si exacte, que lorsque la première division de l'œuf s'opère, chacune des deux cellules-filles a, dans son nucléus, moitié de l'élément mâle et moitié de l'élément femelle, et il n'est pas impossible qu'il en soit de même aux étapes suivantes.

C'est sur l'œuf de l'*Ascaris megalocephala*, qui infeste le cheval, que l'on a le plus étudié les phénomènes intimes de la fécondation. Depuis 1883, il n'y a pas eu moins de douze mémoires importants qui ont traité de ce sujet, portant sur les mêmes matériaux.

Les conclusions des observateurs compétents ont beaucoup varié dans le détail, mais sur les points essentiels (à peu

d'exceptions près), un accord croissant d'opinion s'est produit. L'ouvrage le plus important, sur ce sujet, est celui du
professeur van Beneden, que presque tous ceux qui lui ont
succédé s'accordent à saluer du nom de maître. Les divergences et les contradictions n'ont pas été sans provoquer
quelque ardeur dans la controverse; mais avec des méthodes
de plus en plus perfectionnées ces difficultés sont en voie de
disparition. Nous ne ferons ici allusion qu'à l'une d'elles. Suivant van Beneden, l'œuf normal de l'*Ascaris megalocephala*
contiendrait dans son nucléus un élément de chromatine, et serait fécondé par un spermatozoïde renfermant aussi un autre
élément chromatique. Carnoy, pourtant a décrit l'œuf normal comme contenant deux éléments de chromatine, et
comme étant fécondé par un spermatozoïde qui en renferme-
rait autant. Cette divergence paraissait assez sérieuse, par
suite de la perfection avec laquelle chacun de ces observateurs avait étudié l'anatomie et les agissements des nucléus.
Maintenant, pourtant, Boveri a montré qu'ils ont raison tous
les deux ; le type de van Beneden existe, et celui de Carnoy aussi. Il y a plus : un œuf à élément chromatique unique semble être toujours fécondé par un spermatozoïde à
élément chromatique unique, et un œuf a deux éléments
chromatiques par un spermatozoïde également pourvu de
deux de ces éléments.

Nous résumerons quelques-uns des détails qu'ont fait connaître les magistrales recherches récentes de Boveri. L'expulsion hors de l'œuf des deux cellules polaires est, en réalité, un double processus de division de cellules. La quantité
de substance nucléaire dans la vésicule germinale est, par là,
réduite des trois-quarts, mais le nombre des éléments nucléaires demeure le même. Un seul spermatozoïde pénètre
dans l'œuf, à moins que ce dernier ne soit malade ; à l'entrée
du spermatozoïde, l'œuf subit un changement simultané qui
exclut tous les autres éléments mâles. La tête, ou portion nucléaire du spermatozoïde est la seule qui ait une importance
réelle dans l'acte essentiel de la fécondation ; la queue, ou capsule nutritive, se dissout, simplement. Après que le nucléus
du spermatozoïde a pénétré au centre de l'ovule, et après
l'expulsion complète des globules polaires, nous avons affaire

à deux nucléus, qui ne sont pas seulement très voisins en structure, mais qui se rapprochent par la suite de leur histoire.

Dans le type de Carnoy, le nucléus mâle et le nucléus femelle contiennent, l'un et l'autre, deux éléments de chromatine en forme de baguette courbée, et, avant que l'union ne

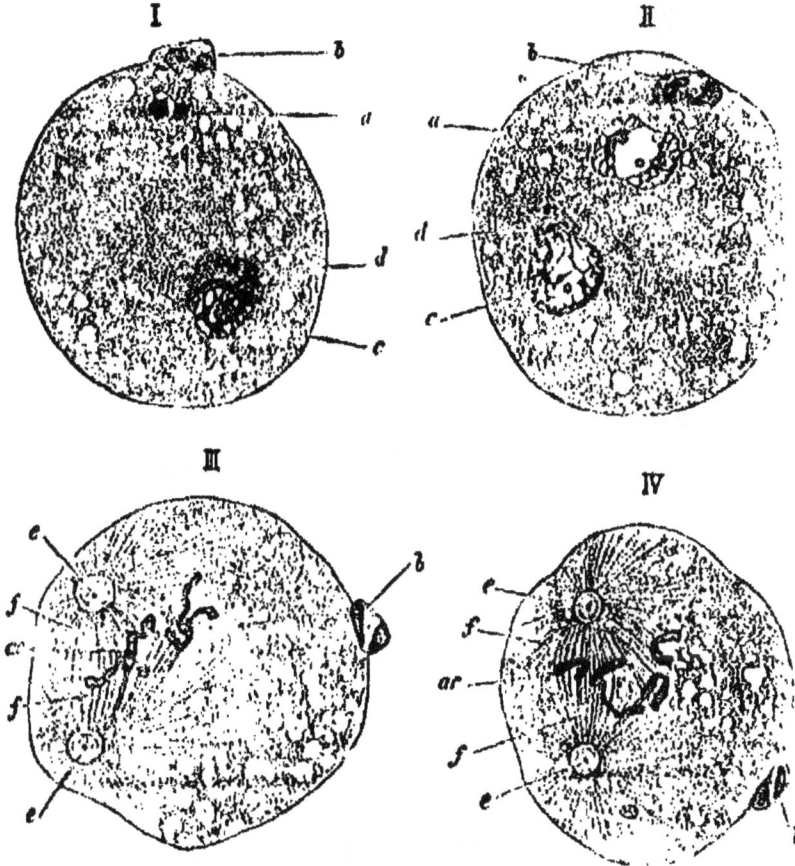

Fig. 11. — (Voir la légende de la figure 12.)

s'opère, tous les deux subissent une même modification marquée. Autour des baguettes de chromatine se forment des vacuoles qui les séparent du protoplasme environnant ; les baguettes y envoient des processus anastomotiques, à la façon de petits Rhizopodes ; par degrés les baguettes se résolvent en une sorte de réseau, dans les mailles duquel on peut démontrer qu'il existe des petits « nucléo'es ».

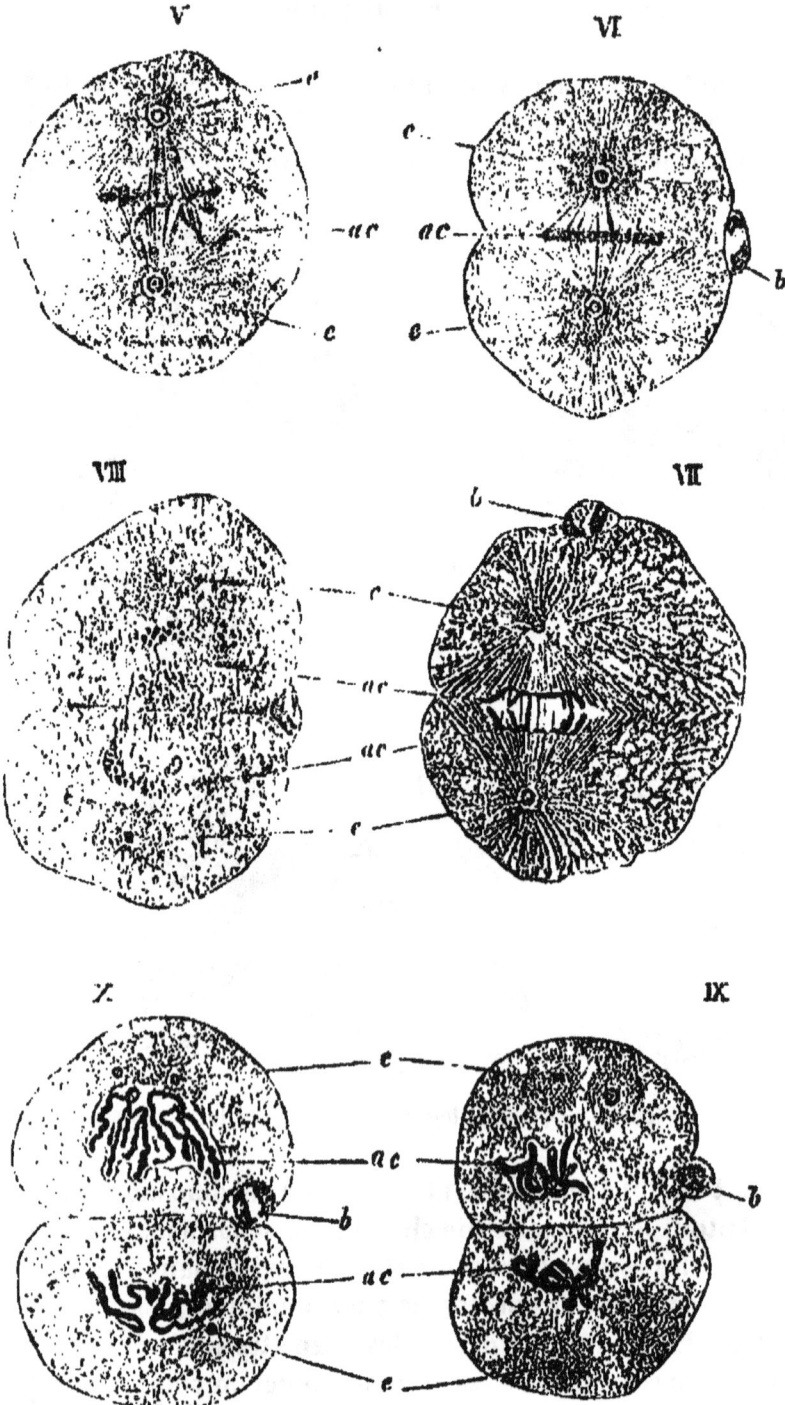

Fig. 42. — Processus de la fécondation d'après Boveri ; *a* Pronucleus femelle; *b*, globules polaires; *c*, nucleus mâle; *d*, queue du spermatozoïde; *ac*, éléments chromatiques des nucleus mâle et femelle *a* et *c*, en voie d'union; *e*, centres protoplasmiques; *f*, fils d'archoplasma.

Les deux nucléus ainsi modifiés s'unissent, et d'une façon
si exacte, que van Beneden, en particulier, a montré que
chacun d'eux forme la moitié de cette sorte de fuseau que représentent presque tous les nucléus quand ils sont sur le point
de se diviser. Ce double fuseau est le « nucléus de segmentation » qui va bientôt se diviser pour former les deux premières cellules nucléaires-filles de l'œuf (Voir fig. 41 et 42, VI,
et X).

Il n'est pas possible de discuter ici certains changements
compliqués qui se produisent pendant ce temps, non dans
les nucléus, mais dans la substance cellulaire de l'œuf. Van
Beneden et Boveri ont reconnu, tous les deux, l'existence de
deux « corpuscules centraux » ou *centrosomata*, dans le protoplasme ; corpuscules qui servent de « points d'insertion » aux
fils protoplasmiques, qui exercent une « action musculaire »
sur les éléments nucléaires de la division prochaine. Boveri
a suivi, avec infiniment de soin, l'histoire d'une espèce particulière de protoplasme (qu'il appelle *archoplasme*) dont le
centre est dans l'un des « corpuscules centraux (*c*), et qui
envoie des fibrilles contractiles (*f*) qui s'attachent aux éléments nucléaires. Les mouvements de ces derniers, pendant
la première division de l'œuf, sont directement attribua-
bles de l'action antagoniste de ces fibrilles, et nous trouvons ainsi des indications d'une muscularité intra-cellulaire,
dont la seule pensée nous confond d'étonnement.

Dans le fuseau, les éléments nucléaires, encore faciles à
distinguer par leur conduite régulière de mâle et femelle,
finissent par former ce qui est connu sous le nom de « plaque
équatoriale » (VI) qui occupe le centre du fuseau. C'est là une
phase bien distincte, et qui est caractérisée par un équilibre
apparent. « C'est la phase de repos, par excellence, dans la
vie de la cellule. Le mouvement a pris fin, un état sédentaire
s'établit, et se prolongerait *ad infinitum*, si un facteur qui
n'a encore joué aucun rôle, n'entrait en scène pour y appor-
ter un nouveau mouvement. Ce nouveau mouvement est la
division longitudinale des éléments de chromatine, une expression indépendante de vie, en réalité, un acte de reproduction de la part des éléments nucléaires. »

La courte esquisse qui précède montre à quel point les processus intimes de la fécondation sont en même temps compliqués mais réguliers. Il se produit à la vérité, des variations, dans les cas pathologiques comme dans ceux qui sont normaux en apparence, mais il est à la fois clair et certain que la constance est générale, non seulement pour beaucoup d'animaux différents, mais aussi jusqu'à un certain point, pour les plantes, comme l'a montré Strasburger.

On peut insister, encore une fois, brièvement, sur un fait merveilleux prouvant l'intimité de l'union dans la fécondation. Dans le double nucléus que forme l'union des nucléus mâle et femelle, van Beneden, Carnoy et d'autres ont montré que les deux parties constituantes ont une part égale. « Une moitié est purement mâle et l'autre purement femelle, et ceci n'est pas seulement vrai de l'*Ascaris* (van Beneden), et d'autres vers (Carnoy), mais ce l'est aussi pour les représentants d'autres types de Vers, pour les Cœlentérés, les Echinodermes, les Mollusques, et les Tuniciers. » En se divisant pour former les cellules-filles (IX et X), la moitié de chaque groupe de parties constituantes va à chacune des cellules, et le dualisme est ainsi conservé.

En outre, il est très probable, bien que ce ne soit pas encore tout à fait certain, que « des quatre anses de chromatine observées dans la division d'une cellule-fille, deux dérivent du parent mâle, et deux de la femelle ». L'importance de ce fait, en ce qui concerne l'influence des deux parents sur la progéniture, est très évidente.

5. *La Fécondation chez les Protozoaires.* — Dans l'union sexuelle rudimentaire que l'on observe chez beaucoup de Protozoaires — pas cependant encore chez des Foraminifères ni chez les Radiolaires, il règne une diversité très grande. Les individus qui s'unissent peuvent être, selon toutes les apparences, semblables (auquel cas on applique à leur union le

terme de conjugaison) ou ils peuvent être matériellement
dimorphes comme les Vorticelles. L'union peut être permanente quand les deux unités se fondent en une seule ; ou elle
peut n'être que temporaire, pendant que s'opère l'échange
mutuel des éléments. Dans les deux cas, les éléments nucléaires ont le premier rôle, se séparant et reconstituant au
cours du processus, tandis qu'on a observé dans la conjugaison permanente la fusion véritable des deux nucléus.

En ce qui concerne l'échange des éléments, il y a une divergence considérable entre les observateurs. Joseph a noté
ce qui paraît être un échange de protoplasme ; Schneider a
observé l'échange des éléments nucléaires ; tandis que Gruber
et Maupas, aussi bien que Joseph, ont, dans leurs études sur la
conjugaison des Infusoires ciliés, insisté sur un corps nucléaire accessoire, généralement connu sous le nom de « paranucléus. » Ce corps est à côté du plus grand nucléus, et
quand celui-ci se désagrège et se dissout, ou est expulsé sans
avoir joué de rôle important, le paranucléus, plus petit, se divise d'une manière régulière, et les éléments résultants s'é-
changent entre les deux individus.

Suivant Maupas qui a étudié ce sujet dans les plus grands
détails, le paranucléus ou micro-nucléus est un élément
sexuel « hermaphrodite » qui n'a d'importance que dans la
conjugaison. Les étapes du processus de la fécondation sont
les suivantes :

(1) Le paranucléus augmente de volume.

(2, 3) Il se divise à deux reprises, et élimine certains corpuscules.

(4) Cela fait, il se divise de nouveau se différenciant un pronucléus mâle et un pronucléus femelle.

(5) A cette étape, les éléments mâles des deux individus
sont échangés, et le nouveau nucléus mâle se fond avec la
partie femelle primitive.

(6, 7) Dans ces deux étapes, le dualisme nucléaire qui caractérise les Infusoires ciliés est rétabli. L'ancien gros nucléus (macro-nucléus) s'est désagrégé, et a été éliminé pendant
ce temps.

(8) Finalement, les individus, se séparant l'un de l'autre

reprennent toute leur organisation primitive avant de recommencer à se diviser de la manière ordinaire.

L'union des éléments nucléaires mâle et femelle chez les Infusoires ciliés a été admirablement représentée par Balbiani dès 1858 ; et bien qu'il ne semble pas avoir exactement interprété ce qu'il a observé dans ce cas particulier, il avait raison de soutenir que l'union sexuelle et la fécondation se produisent réellement chez les Protozoaires. On a longtemps repoussé la théorie de Balbiani, mais après de nouvelles observations, les naturalistes sont pourtant revenus à ses conclusions. Maupas avoue de bonne grâce que Balbiani a admirablement dessiné les figures de ce que lui-même a depuis observé de nouveau et interprété.

Les phénomènes décrits par Maupas, comme ils sont résumés ci-dessus, ont été observés chez une douzaine environ d'Infusoires ciliés, de façon qu'il y a lieu de croire qu'ils se produisent généralement. Chez trois espèces de *Paramœcium*, et dans des espèces de *Stylonichia*, *Leucophrys*, *Euplotes*, *Onychodromus*, *Spirostomum*, etc., les faits sont tels qu'on l'a dit ci-dessus.

Il est intéressant de citer les faits concernant les Vorticelles parce qu'ici les animaux qui s'unissent jouent en plus d'une manière le rôle d'œuf et de spermatozoïde. Dans quelques espèces, la *Vorticella monilata*, par exemple, l'adulte se divise d'une façon égale, pour former deux petits individus, qui s'unissent avec ceux de grandeur normale. Dans la *Vorticella microstoma*, il se produit encore la division en deux, mais les produits sont de taille inégale ; l'un est plus mâle que l'autre. Chez le *Carchesium polypinum*, qui lui est allié de près, les divisions sont égales, mais se répètent deux ou trois fois. Le résultat, dans tous les cas, est la production d'individus minuscules, qui finissent par s'attacher à des adultes de taille normale, d'abord à leur tige, et puis au corps, (fig. 34). Les corps nucléaires accessoires se divisent comme d'ordinaire ; le grand individu cesse de se nourrir, et ferme sa bouche hermétiquement, comme un œuf qui est fécondé. Le petit individu est graduellement absorbé par le plus grand, comme le spermatozoïde l'est par l'œuf ; et par un processus compliqué mais régulier un nucléus mixte résulte de la fusion des éléments paranucléaires des deux.

L'adulte, alors, commence à se nourrir, à se diviser, et ainsi de suite, comme d'ordinaire. Nous avons donc là : (a) un dimorphisme rudimentaire; (b) l'absorption du plus petit par le plus grand ; et (c) une intime union nucléaire : faits sur lesquels nous avons déjà insisté au sujet de la fécondation des animaux multicellulaires.

6. *Origine de la Fécondation.* — Il nous faut encore, pour comprendre l'origine de l'union des cellules sexuelles, concentrer notre attention sur les Protozoaires. Nous venons de voir que la fécondation se produit réellement à ce niveau si bas, d'une façon très complexe. Il est nécessaire, toutefois, de suivre pas à pas la route que Maupas et d'autres ont réussi, à force de patience, à nous ouvrir.

a) Dans le cycle vital primitif que présentent les *Protomyxa* (voir fig. 30 et 31) les unités qui sortent du kyste se réduisent à de petites amibes et s'unissent en nombre pour former une masse composite de protoplasme, dont le nom technique est *plasmodium*. C'est sans doute là une union cellulaire bien primitive : cependant on la trouve à des niveaux très divers de la série des organismes. Elle est plus ou moins connue chez les « fleurs du tan », des Myxomycètes très inférieurs, composés d'une masse nucléée de protoplasme, d'origine complexe, qui s'étend sur l'écorce dans la cour du tanneur. L'union plasmodiale se produit aussi à une étape définie, dans l'histoire de la vie des voisins primitifs des *Protomyxa*, les Monères de Hæckel. Si l'on verse dans un verre le fluide de la cavité générale d'un oursin tiré nouvellement de l'eau, et encore vivant, les cellules qui y flottent, comme le font les corpuscules du sang dans ce fluide, se réuniront ensemble en masses granulées. Surveillez l'opération avec le microscope et vous verrez se former le plasmodium. Les cellules expirantes se fondent en masses composites, tout comme les unités des Protomyxa ; et il est intéressant d'observer que, bien qu'elles soient mourantes, l'union provoque un renouveau court, mais plein d'intensité, de l'activité amiboïde. S'il est permis de s'exprimer ainsi, elles se *fécondent* réciproquement *in articulo mortis*. Malgré l'objection de Michel et d'autres qui assurent que cette union, étant pathologique, ne peut se comparer à la conjugaison multiple normale du Myxomycète, nous soutenons qu'il y a une analogie marquée entre la formation du plasmodium chez le Myxomycète et celle des cellules du fluide de la cavité du corps de beaucoup d'animaux, et nous y voyons une preuve additionnelle de la profonde unité des processus normaux et pathologiques. C'est de cette primitive union de cellules, dont les organismes inférieurs nous donnent l'exemple, que nous partons pour expliquer l'origine de la fécondation. Tout comme le début de la reproduction peut être signalé dans le bris presque mécanique d'une forme telle que le *Schizogenes*, de même on peut surprendre le premier début de la fécondation dans la fusion simultanée presque mécanique des cellules épuisées.

b) Il y a quelques animaux intéressants qui relient ce processus à celui que l'on désigne d'ordinaire sous le nom de conjugaison. Il y a, quelquefois, jusqu'à trois ou quatre spores d'algues inférieures qui s'associent comme pour réunir un *momentum* suffisant pour faire un bon départ dans la course de la vie. Les jeunes formes des *Actinosphærium*, sont d'ordinaire par couples, mais Gabriel a observé, en quelques cas, une union multiple. Ainsi, chez les Grégarines, (parasites communs chez les invertébrés) bien que l'union habituelle soit certainement de deux, Gruber a observé chez quelques-unes ce qu'on peut appeler la conjugaison multiple. Une union de trois a aussi été observée, exceptionnellement, chez plusieurs

Infusoires. On peut donc interpréter l'union de plus de deux comme étant intermédiaire entre la formation du plasmodium et la conjugaison normale à deux.

c) La conjugaison de deux organismes unicellulaires *semblables*, a lieu, ainsi que nous l'avons vu, d'une manière très générale chez les Protozoaires, et c'est aussi

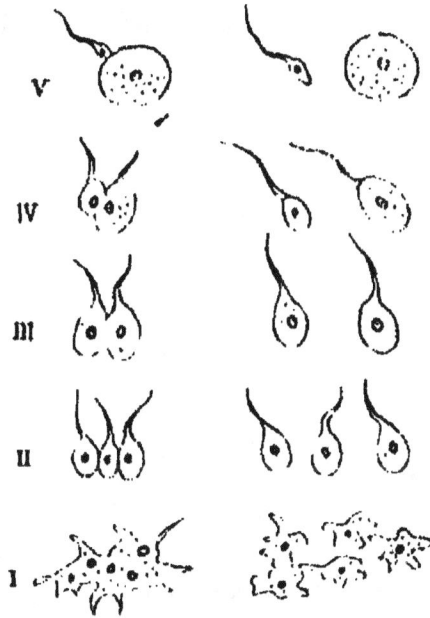

Fig. 43. — Représentation schématique des phases de l'origine de la fécondation. I. Plasmodium. II. Conjugaison multiple. III. Conjugaison ordinaire. IV. Conjugaison de cellules dimorphes. V. Fertilisation de l'œuf par le spermatozoïde.

un fait commun dans l'histoire de la vie des Algues simples. Il est loisible à quiconque possède un microscope d'observer la signification de la conjugaison chez une algue d'eau douce commune, telle que la *Spirogyra*. Les cellules opposées de filaments adjacents se trouvent mutuellement attirées par ce qu'un observateur récent appelle un « processus purement physique », et le contenu d'une cellule passe entièrement dans l'autre cellule. Dans la plupart des cas où se produit la conjugaison, les cellules qui s'unissent sont, selon toute apparence,

semblables, mais il ne faut pas oublier qu'il ne s'ensui-
vrait pas qu'elles fussent semblables, au point de vue physiologique (voir fig. 40).

d) Chez les plantes, comme chez les animaux, tous les
naturalistes s'accordent à reconnaître qu'il est impossible de tracer une ligne de démarcation entre la conjugaison d'éléments semblables et l'union d'éléments
plus ou moins dimorphes. « Cette différenciation — dit

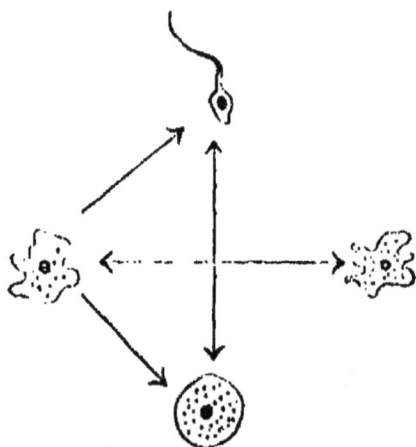

Fig. 41. — Schema du contraste entre la conjugaison (ligne horizontale)
et la fécondation (ligne verticale).

Sachs — présente, surtout chez les algues, la plus complète série de gradations entre la conjugaison de cellules semblables et la fécondation des oosphères par les
anthérozoïdes; toute ligne de frontière entre ces deux
processus étant contraire à la nature et artificielle. »
L'apparition graduelle du dimorphisme a déjà été signa-
lée quand nous discutions l'origine du sexe; il est donc
inutile d'y insister davantage.

e) Enfin, dans la fécondation des plantes et animaux
d'ordre supérieur, les deux éléments qui s'unissent sont
très différenciés, à la fois dans leur contraste l'un avec
l'autre, et dans celui des cellules générales du corps. En
considérant des colonies de Protistes mal agrégées, tel-

les que le *Volvox* ou l'*Ampullina*, qui semblent former le lien qui réunit les organismes unicellulaires à ceux qui sont multicellulaires, on verra par quelles gradations insensibles ce dernier contraste a été ramené.

Pour nous résumer, les pas divers de la marche du processus de la fécondation peuvent être arrangés en série, comme suit :

a) Formation de plasmodium.

b) Conjugaison multiple.

c) Conjugaison de deux cellules semblables.

d) Union de cellules qui commencent à être dimorphes.

e) Fécondation par des éléments sexuels différenciés.

Il le faut avouer, l'hypothèse qui fait dériver la conjugaison de l'union plasmodique offre bien quelque difficulté. Il y a quelques années, Sachs inclinait à considérer la formation plasmodique des Myxomycètes comme un processus de conjugaison multiple, mais depuis il a renoncé à cette thèse surtout parce qu'on n'a pu prouver que les nucléus arrivent à se confondre. Il semble pourtant qu'aucun résultat d'études sur la fécondation n'est plus certain que le fait essentiel de l'union des nucléus ; cependant, dans la formation du plasmodium, une association aussi intime des nucléus ne peut être affirmée. Il est donc très difficile, à première vue, d'en faire son point de départ.

Cependant, il faut tenir compte du fait que : (1) notre connaissance des nucléus de ces formes inférieures est encore très insuffisante ; (2) que, selon Gruber, les agissements du nucléus sont parfois masqués par le fait que, au lieu d'exister à l'état discret dans la cellule, il repose à l'état diffus dans le protoplasme ; et, par dessus tout (3), que rien n'est plus compatible avec la conception générale de l'évolution que de supposer que l'union primitive était d'un caractère bien moins défini que celle qui lui a succédé. Il est très désirable que l'on recommence l'investigation de toute la question de la formation du plasmodium avec les procédés techniques perfectionnés du microscope qui ont rendu l'étude du nucléus des formes les plus infimes beaucoup plus praticable qu'elle ne l'était, il y a quelques années.

7. *L'Hybridation chez les Animaux.* — Un grand nombre de noms composés chez les animaux, tels que celui de léopard, indiquent la croyance qui existait autrefois et suivant laquelle des animaux d'espèces très différentes pouvaient s'unir sexuellement et avoir des rejetons. Cette notion n'est justifiée que dans une mesure très restreinte. Chacun sait que par les soins directs de l'homme, des animaux, tels que le cheval et l'âne, le chien et le loup, le lion et le tigre, le lièvre et le lapin, le canari et le pinson, le faisan et la poule, l'oie et le cygne, ont subi des croisements qui ont eu un plein succès. Dans la nature, toutefois, nous ne savons que peu de chose au sujet d'hybridations de ce genre. Elles semblent exister pour quelques poissons; on a observé l'union des crapauds d'espèces différentes, mais sans en connaître le résultat et, chez les animaux supérieurs, l'hybridation semble limitée aux variétés d'une même espèce. La ligne un peu vague de démarcation de l'espèce, borne le domaine physiologique du croisement naturel qui réussit. Les races domestiquées se fécondent d'ordinaire mutuellement, et leur progéniture est féconde ; nous ne les considérons plus que comme des variétés. Toutefois, les espèces qui sont étroitement alliées n'admettent que rarement le croisement, même sous la direction de l'homme, et les espèces hybrides tendent à devenir stériles elles-mêmes. Deux variétés de chien peuvent, par leurs caractères anatomiques, sembler plus séparées que deux espèces étroitement alliées; cependant les variétés de chien peuvent être croisées, tandis que cela se produit rarement avec les deux espèces. La différence des éléments reproducteurs doit souvent être plus grande que ne le donneraient à penser les différences anatomiques des adultes. Hertwig a, récemment, fait des expériences sur l'hybridation

artificielle des Échinodermes, et Born sur celle des Amphibiens. Tous deux insistent sur les difficultés de l'opération, et les degrés de succès, très variables, qui en sont le résultat. Born a réussi en trois cas à amener l'hybridation réciproque; mais ceci n'arriva pas toujours. Parfois, une vraie fécondation eut lieu, mais sans résultats; en d'autres cas, les œufs se segmentèrent; chez quelques-uns la phase larvaire fut atteinte, et, dans deux cas, elle survécut à la métamorphose. L'hybridation est d'autant plus aisément accomplie que les éléments sont plus près de la maturité parfaite. Quelquefois le succès semble dépendre beaucoup de la concentration du fluide spermatique : plus celui-ci serait délayé, et moins il y aurait de spermatozoïdes à même de surmonter les difficultés de pénétrer dans l'œuf.

Il n'y a aucun doute que, à tout le moins, beaucoup des espèces hybrides tendent vers la stérilité ; mais ceci se voit à des degrés qui varient. Les mulets mâles sont toujours stériles, mais les femelles sont fécondées avec succès par le cheval ou l'âne. En beaucoup de cas les hybrides, inféconds entre eux, restent féconds avec la forme mère. Dans quelques cas les fonctions reproductrices semblent momentanément exagérées plutôt que diminuées par l'effet du croisement. Il semble certain aussi que, tandis que les hybrides de variétés sont habituellement féconds, leur constitution est plus ou moins instable. Ils varient souvent beaucoup, et sont sujets à s'éteindre, ainsi qu'on l'a observé à diverses reprises chez l'espèce humaine. Le proverbe qui dit : « Dieu a créé le blanc; Dieu a créé le noir, et le diable fait le mulâtre, » fait allusion à la variabilité souvent fâcheuse de ces hybrides de variétés.

Brooks a insisté considérablement sur la variabilité des hybrides dans leur rapport avec sa théorie de l'hérédité. « Les hybrides et les métis, dit il, sont très variables, ainsi que nous pouvions nous y attendre, du fait que beaucoup des cellules de leur corps doivent être placées dans des conditions qui ne sont pas naturelles, et, par conséquent, ont une tendance à émettre des gemmules... » « Les hybrides de formes longtemps cultivées ou domestiquées sont plus sujets à varier que ceux d'espèces ou de variétés sauvages, et la progéniture de l'hybride est encore plus variable que l'hybride même... » « Mais les animaux et plantes domestiqués vivent dans des conditions qui ne sont pas naturelles, et, par conséquent, sont plus prolifiques en gemmules que les espèces sauvages ; et, le corps d'un hybride mâle étant une chose nouvelle, les cellules y seront beaucoup plutôt dans le cas d'émettre des gemmules que celles de l'organisme des parents. On reconnaît, en croisant l'hybride avec l'espèce pure, le fait que la variation est due à l'influence du mâle, et que l'action, sur le parent mâle, des conditions changées ou non naturelles, a pour résultat la variabilité de l'enfant, et lorsque le mâle hybride est accouplé avec une femelle de race pure, les enfants sont beaucoup plus variables que ceux qui sont nés d'une mère hybride et d'un père de race pure. »

La variabilité du mâle est facile à comprendre quand nous considérons qu'il est catabolique ; tandis que dans l'hybridation, qui signifie l'union sexuelle d'organismes ayant une expérience vitale qui diverge plus que d'ordinaire, les éléments reproducteurs qui sont entremêlés ont probablement un degré correspondant de divergence dans leur constitution chimique.

Les anciennes recherches de Kölreuter (1761) donnèrent une base solide à l'étude de l'hybridation parmi les plantes. La facilité relative des expériences a avancé le côté botanique de la question jusqu'à un point de certitude beaucoup plus grand que celui auquel pourraient aspirer les conclusions de la zoologie. Chez les plantes, ainsi que leur plus grande faculté de végétation nous le ferait supposer, la fécondité des hybrides est souvent établie. Knight, Gartner, Herbert, Wichura et d'autres ont réuni un grand nombre d'observations sur lesquelles on peut compter, et Nägeli a traité tout le sujet d'une manière admirable. On peut renvoyer pour un abondant résumé des résultats généraux, presque tous dus à Nägeli, au Chapitre VI du Manuel de Botanique de Sachs, tandis que le *Darwinisme* de Wallace devra être consulté pour sa nouvelle discussion de l'hybridation chez les animaux.

RÉSUMÉ

1. La reproduction n'est qu'une croissance plus ou moins discontinue.

2. La reproduction sexuelle implique normalement :

(a) Des cellules reproductrices spéciales, distinctes de celles du corps.

(b) Le dimorphisme de ces cellules.

(c) Leur dépendance physiologique mutuelle — l'œuf demeurant improductif sans le spermatozoïde, et vice-versa.

3. Les découvertes de Camerarius, Amici, Kölreuter, Sprengel et d'autres, ont posé les fondements de nos connaissances de la reproduction sexuelle chez les plantes.

4. L'histoire des recherches sur la fécondation chez les animaux est un bon exemple de la précision toujours croissante des recherches scientifiques.

5. Les processus de conjugaison remarqués chez les Protozoaires sont d'une grande importance en ce qu'ils suggèrent l'origine de la fécondation différenciée.

6. L'origine de la fécondation peut être suivie en remontant les degrés suivants : (a) union plasmodiale ; (b) conjugaison multiple ; (c) conjugaison ordinaire ; (d) union de cellules dimorphes ; (e) fécondation d'œufs par des spermatozoïdes.

7. L'hybridation réussit souvent, chez les plantes comme chez les animaux, mais la progéniture tend souvent à être stérile. Ceci pourtant ne doit pas être exagéré.

BIBLIOGRAPHIE

Voir les ouvrages déjà cités de Balfour, Van Beneden, Carnoy, Geddes, Haddon, Hensen, Hertwig, M'Kendrick, Sachs et Vines.

Pour les travaux récents, voir :

Th. Boveri. — Zellen Studien, (Jenaische Zeitschrift für Naturwissenschaften, 1857-1888).

Zoological Record, depuis 1886.

Journal of Royal Microscopical Society.

H. Muller. — Fertilisation of Flowers, traduction d'Arcy Thompson, Londres, 1883.

CHAPITRE XII

THÉORIE DE LA FÉCONDATION

Dans sa 49º *Exercitatio* sur la « Cause efficiente du poulet », Harvey exprime d'une façon originale ce qui a toujours été et est encore un problème embarrassant : — « Bien que tout le monde s'accorde à reconnaître que le fœtus reçoit son origine et sa naissance du mâle et de la femelle, et que par conséquent l'œuf est le produit du coq et de la poule, cependant ni l'école des médecins, ni le cerveau perspicace d'Aristote n'ont réussi à révéler comment le coq et sa semence mettent leur empreinte sur le poulet qui sort de l'œuf. » Les anciennes théories à ce sujet sont plus curieuses que profitables, fait qui n'a rien d'étonnant si l'on réfléchit que ce n'est réellement que dans les cinquante dernières années que le fait fondamental de l'union des cellules sexuelles a été observé.

1. *Anciennes Théories de la Fécondation.* — a) Depuis Pythagore et Aristote jusqu'aux « Ovistes, » dont nous avons déjà parlé, de nombreux naturalistes ont soutenu l'opinion que l'œuf était l'élément essentiel, qui n'avait besoin que d'être éveillé au développement par le contact avec le fluide mâle, ou les éléments mâles. Il faut convenir que si les œufs se développent exceptionnellement sans le secours des spermatozoïdes, ceux-ci n'arrivent jamais à rien dans l'œuf. Cependant, on insis-

tera moins là-dessus quand on aura reconnu qu'en
réalité l'œuf n'est pas autant comparable au spermatozoïde qu'à la cellule-mère des spermatozoïdes. Il faut
admettre, aussi, que nous sommes presque autorisés à
penser que le spermatozoïde est un élément qui stimule
la division de l'œuf: cependant tout cela n'est qu'un
langage d'à peu près, alors que les faits de l'union nucléaire intime sont pleinement reconnus.

b) En opposition avec cette opinion, nous trouvons de-
penseurs ingénieux, aussi séparés dans le temps que
Démocrite et Paracelse, qui considèrent le fluide mâle
comme étant très important, et devancent en réalité
Buffon et Darwin pour en faire, en un sens, l'extrait ou
la quintessence du corps entier. Mais ce fut surtout quand
les spermatozoïdes eux-mêmes furent découverts, que
leur importance fut indûment exagérée dans l'esprit de
ceux qui ont reçu le surnom d' « Animalculistes ».

Il semble assez probable que Leeuwenhoek lui-même
(1677) vit les spermatozoïdes entrer dans l'œuf — du
moins il l'a affirmé — mais cela ne l'empêcha point d'attribuer à ceux-ci tout le mérite du développement. Cela
devint, ainsi que nous l'avons vu, une hypothèse de
prédilection, et l'imagination, plus que les verres grossissants modernes, fut l'outil des observateurs qui dé-
couvraient dans les spermatozoïdes les membres et
les traits de l'organisme futur.

Après cela, la découverte que le spermatozoïde fournit
la moitié du nucléus de l'œuf fécondé, et la moitié des nucléus des deux premières cellules-filles, semble presque
n'être qu'une petite chose. La polémique de notre science
moderne a du moins ce bon côté que s'il arrive à deux
autorités compétentes sur un même sujet d'affirmer
la même chose, nous pouvons généralement les en
croire.

c) La troisième opinion que les deux éléments sont

de valeur également essentielle et inséparable, est évidemment seule d'accord avec les faits. Cette thèse a eu, aussi, son développement graduel, dont une phase seule doit être remarquée. Même après qu'on eût reconnu la nature des spermatozoïdes comme cellules mâles, c'est-à-dire au cours des cinquante dernières années, il resta dans les esprits la vieille conception persistante de l'influence mâle. En particulier on crut que le contact n'était pas essentiel, mais qu'une « sorte de contagion, » un « souffle ou un miasme, » « une vertu plastique, » « sans contact direct, sauf par les côtés de beaucoup d'intermédiaires » suffisaient à effectuer ce que nous nommons fécondation. C'est Harvey qui emploie les expressions précédentes, et il ajoute plus loin : « c'est une chose reconnue du consentement universel que tous les animaux quelconques, qui naissent du mâle et de la femelle, sont engendrés par l'union des deux sexes, et ainsi enfantés, pour ainsi dire, *per contagium aliquod.* » De Graaf essaya vainement de donner un caractère plus précis à cette « contagion » dans sa théorie d'une *aura seminalis,* ou souffle seminal, qui passerait du fluide mâle dans l'œuf. Mais la conception d'une *aura* ne servait que de manteau à l'absence de connaissances définies que la lenteur des progrès de l'observation imposait encore. La théorie était en partie fortifiée par nombre d'observations erronées qui semblaient démontrer que la fécondation réussissait quand les conduits génitaux de la femelle étaient, en apparence, obstrués par un défaut de conformation, ou par la maladie. Spallanzani porta le coup mortel à la théorie de l'*aura* en montrant, d'une façon expérimentale, que le contact du fluide mâle avec l'œuf est absolument nécessaire. Lui-même, toutefois, s'éloigna de la véritable conclusion en soutenant que le fluide mâle fécondant des crapauds est dépourvu de spermatozoïdes. Nous avons déjà insisté sur la conclusion certaine qu'une union cellulaire intime est le *sine qua non* de la fécondation.

2. *Théories Modernes de la Fécondation.* — *Théories Anatomiques.* — Les observateurs récents des faits de la fécondation ont généralisé leurs résultats de manières différentes selon la tendance dominante de leur esprit. Quelques uns se bornent surtout à exposer les faits morphologiques, et à insister sur l'importance relative, dans l'union, de la substance cellulaire et des nucléus ; d'autres entament le problème plus profond de la partie physiologique du processus, problème dont la complète solution est encore éloignée ; tandis que d'autres se sont bornés à discuter l'utilité de la fécondation par rapport à l'espèce. Il nous faut donner une idée de ces théories, et tout d'abord, des théories anatomiques, et de la question très importante de savoir si l'union des nucléus est tout, ou si l'union de la substance cellulaire a aussi sa portée.

a) Théorie de Hertwig. — Le professeur O. Hertwig, qui fut un des premiers à suivre les détails de la fécondation chez les animaux, résume ainsi sa *Théorie der Befruchtung.* « Dans l'acte de la fécondation, des processus morphologiques clairs et faciles à démontrer se produisent. Le plus important et essentiel est l'union de deux cellules nucléaires sexuelles différenciées, le nucléus femelle de l'œuf, et le nucléus mâle du spermatozoïde. Ils contiennent la substance nucléaire fécondante, qui est une substance organisée, et qui agit comme telle dans l'opération. La substance nucléaire femelle transmet les caractères de la mère, le nucléus mâle ceux du père, à leur progéniture commune. » Le nucléus est donc l'élément essentiel à la fois dans la fécondation et dans l'hérédité.

b) Théorie de Strasburger. — Ce qu'Hertwig a soutenu pour les animaux, Strasburger le fait pour les plantes. « Le processus de la fécondation dépend de l'union du nucléus du spermatozoïde avec celui de la cellule-œuf ; la substance de la cellule (*cytoplasme*) n'a aucun rôle dans ce processus. »

« La substance cellulaire du grain de pollen n'est que le véhicule servant à conduire le nucléus générateur à sa destination. » Il peut, cependant, admet-il, nourrir le germe rudimentaire. « En général, les nucléus qui s'unissent sont presque parfaitement semblables, » bien qu'il puisse y avoir de légères différences dans la grandeur des nucléoles. « Les nucléus cellulaires ne diffèrent pas par leur nature, et ne sont pas différenciés sexuellement de la manière dont le sont les individus dont ils sont issus. Toutes les différenciations sexuelles ne servent qu'à rapprocher les deux nucléus essentiels au processus sexuel. »

Les opinions de ces deux autorités sont certainement représentatives, et toutes deux s'accordent à insister sur l'importance de premier ordre des nucléus, et à dire que l'union de la substance cellulaire importe peu. Il faut noter quelques objections à cette théorie. (a) Il est permis de croire que la récente concentration de l'attention sur les nucléus a amené les observateurs à apprécier le protoplasme général au-dessous de sa valeur. Dans la conjugaison permanente de deux cellules, leur contenu entier se trouve évidemment confondu, et même quand l'union est temporaire, Joseph a observé qu'il y a comme un échange de substance protoplasmique aussi bien que de substance des nucléus. (b) Il y a encore quelques observateurs, tels que Nussbaum, qui soutiennent que dans la fécondation des animaux la substance du spermatozoïde est aussi importante que celle du nucléus. (c) Strasburger note la quantité minime de substance cellulaire si souvent présente autour du nucléus mâle, et prétend que si elle était d'une importance quelconque il y en aurait sans doute davantage. Mais on peut très bien concevoir qu'une quantité minime d'un protoplasme très actif puisse avoir, tout comme un ferment, une influence considérable sur une grande quantité, d'un caractère différent. (d) Les recherches de Boveri montrent que bien que l'union des nucléus soit si essentielle, l'activité du protoplasme et son rôle dans le processus sont aussi considérables. Il nous semble que c'est un fait digne d'être noté que, selon cette autorité, le spermatozoïde amène avec lui dans l'œuf un centre protoplas-

mique — un « centrosoma » — qui semble être très important
dans la préparation de la division. Dans cette préparation,
suivant Boveri, les « fibrilles musculaires » d'une sorte spéciale de protoplasme (ou archoplasme) agitent littéralement
les éléments nucléaires. « Le mouvement des éléments résulte entièrement de la contraction des fibrilles attachées,
et l'arrangement final de ces éléments nucléaires dans la
« plaque équatoriale » est le résultat de l'action de la sphère
archoplasmique qui s'exerce à travers les fibrilles ». Le protoplasme particulièrement actif, que l'observateur adroit
semble avoir réussi à fixer, a un centre. Il y a deux corpuscules centraux, qui « règnent, chacun, sur une sphère d'archoplasme ». D'où viennent donc ces centres ? « Il est probable, dit Boveri, que le spermatozoïde apporte un *centrosoma* dans l'œuf, et que celui-ci, en se divisant, y forme deux
centres. Puisque ces deux corpuscules sont la condition de
la division, on comprend aisément que celle-ci dépend de
la présence du spermatozoïde dans l'œuf de l'*Ascaris*. » Nous
avons donné ces détails, si techniques qu'ils soient, parce
qu'ils nous semblent montrer clairement qu'il est téméraire
de nier que la minime substance cellulaire du spermatozoïde
puisse, aussi bien que son nucléus, avoir une influence
importante dans la fécondation.

3. *Théories Physiologiques de la Fécondation.* — Les
faits anatomiques, établis et vérifiables par l'observation,
forment la base d'où l'on peut entamer le problème plus
profond de la physiologie de la fécondation. Ici les expériences sont d'une difficulté insurmontable ; on ne peut
se servir jusqu'ici que de quelques résultats incidents ;
les suggestions proposées par divers naturalistes doivent
donc être appréciées suivant qu'elles s'accordent avec
les principes généraux de la physiologie, et avec la
théorie générale du sexe et de la reproduction. Pour
beaucoup de gens, elles constituent une page de probabilités.

Sachs compare l'action de l'élément mâle sur la cellule-œuf à celle d'un ferment. De Bary suggère aussi que des différences chimiques profondes existent entre les deux éléments. La théorie de Rolph qui considérait le processus comme étant essentiellement un processus de digestion mutuelle, est très suggestive. Ses expressions très nettes méritent d'être citées :

« La conjugaison s'opère quand la nutrition est diminuée, que cette diminution soit due au manque de lumière, ou au refroidissement de l'automne et de l'hiver, ou à une réduction de taille des organismes. C'est la nécessité de se satisfaire, c'est une faim qui le ronge, qui pousse l'animal à engouffrer son voisin, a « l'isophagie ». Le processus de conjugaison n'est qu'une forme spéciale de nutrition, qui se produit lors de la réduction du revenu nutritif, ou bien lors d'une augmentation des besoins nutritifs, en conséquence des conditions ci-dessus mentionnées. C'est une « isophagie » qui s'opère au lieu d' « hétérophagie ». Nous appelons mâle l'organisme moins nutritif ; et par suite plus petit, plus affamé et plus mobile, et femelle l'organisme plus nutritif, et d'ordinaire relativement plus quiescent. C'est pour cela, aussi, que le petit mâle affamé recherche la grosse femelle bien nourrie pour le but de la conjugason, à laquelle celle-ci pour sa part, incline d'autant moins qu'elle est plus grosse et mieux nourrie. » Cienkowski a adopté aussi une théorie semblable, regardant la conjugaison comme l'équivalent d'une assimilation rapide.

Simon cherche aussi à établir, entre autres conclusions vagues, celle-ci : « La sexualité, dit-il, est née deux fois (nous pourrions dire bien plus souvent) : une fois chez les plantes, et une fois chez les Protozoaires. Deux cellules semblables s'unissent afin d'atteindre les limites de leur individualité ». Dans les deux règnes, l'union est d'abord protectrice, bien que d'une manière différente dans les deux cas. Dans la différenciation progressive, ces deux cellules sexuelles sont, en général, construites de telle façon que la perte de substance dans leur union est réduite au minimum, ce qui explique la petite cellule mâle mobile et la grande cellule

femelle quiescente. L'union amène un processus chimico-
physique qui rend la cellule femelle capable de nutrition et
de croissance indépendantes, et éveille à la vie réelle des
facultés potentielles.

L'opinion soutenue par Weismann est en opposition
tranchée avec l'idée de Rolph et l'opinion de tous
ceux qui croient que les cellules sexuelles diffèrent profondément l'une de l'autre. Il nie qu'il y ait dans la
fécondation aucune action dynamique. L'effet important est uniquement le doublement soudain de la masse
du nucléus. « Les valeurs physiologiques du spermatozoïde et de la cellule-œuf sont égales ; elles sont
comme 1 : 1. Nous pouvons à peine attribuer au corps de
l'œuf une importance plus grande que celle d'être la
base nutritive commune aux deux nucléus qui se conjuguent. » Les différences externes qui sont si évidentes
n'ont d'autre importance que de servir de moyen à la
conjugaison de nucléus semblables. « Le plasma germinatif dans les cellules reproductrices du mâle et dans
celles de la femelle est identique. » Avant le moment
essentiel de la fécondation, la moitié du plasma germinatif
est expulsée de la vésicule germinale de l'œuf par la formation du second globule polaire. Le développement
n'aura lieu que si la perte est remboursée, et la masse
primitive rétablie. C'est là le rôle du spermatozoïde
dans la fécondation. Bref, pour Weismann, le processus
est plutôt quantitatif que qualitatif.

Cette supposition nous paraît prêter à la critique. (1) Le
fait que les nucléus sont seuls importants dans la fécondation, et la substance cellulaire un peu accessoire, n'est pas
du tout prouvé, et nous avons même cité quelques faits qui
racontent une tout autre histoire. (2) La structure d'une
cellule est généralement reconnue comme étant l'expression
de ses processus protoplasmiques dominants. Les cellules
sexuelles sont d'ordinaire très dimorphes, et Strasburger lui-

même admet qu'il doit y avoir de petites différences dans leurs
nucléus, aussi bien que la divergence marquée de leur
substance cellulaire. Le nucléus ne peut pas être considéré
comme un élément isolé, et il prend sa part de la vie générale de la cellule. Nous avons déjà interprété les cellules différenciées mâle et femelle comme étant, respectivement, catabolique et anabolique, et nous ne voyons pas de raison de
douter qu'en dépit de la ressemblance anatomique dans les
grands traits des nucléus (de ceux que nous connaissons)
cette différence n'envahisse tous les éléments. (3) Si le plus
important était la compensation quantitative de la somme
originelle de plasma germinatif dans le nucléus femelle, il
semble difficile de comprendre les phénomènes de conjugaison, soit permanents, soit transitoires, d'où nous croyons
que la fécondation tire son origine. (4) Le processus par
lequel l'œuf normal perdrait la moitié de sa quantité de
plasma germinatif uniquement pour en regagner l'équivalent
dans la fécondation, paraît certainement être bien indirecte.
(5) La possibilité, à l'occasion, d'amener la division en remplaçant les spermatozoïdes par d'autres excitants, semble indiquer l'action dynamique ou chimique, niée par Weismann.

Nous sommes tenus, naturellement, d'admettre l'importance des faits établis de l'union nucléaire, et de convenir
avec Bovéri, que la complexité des faits anatomiques montre
l'impossibilité, à l'heure actuelle, de supposer qu'ils peuvent
être complètement exprimés en termes chimiques. Mais une
impression juste de la merveilleuse « individualité » des éléments nucléaires peut se combiner avec une interprétation
physiologique générale de tout le processus.

On a déjà remarqué, en ce qui concerne l'origine de la
fécondation, que la fusion presque mécanique de cellules
épuisées est liée par les phases de la conjugaison multiple
à la forme ordinaire de cette dernière, tandis que les différenciations respectives des deux éléments effectuent la
transition vers la fécondation proprement dite. Historiquement, donc, la fécondation peut être comparée à une
digestion mutuelle, et bien que liée à la reproduction,

est née d'un besoin de nutrition. Avec la différenciation
des éléments sur les lignes d'anabolisme et de catabolisme, la nature de l'acte fécondant devient mieux définie. La cellule essentiellement catabolique mâle, se
débarrassant de toute matière nutritive accessoire conte-
nue dans la queue du spermatozoïde ou ailleurs, apporte à l'œuf une provision de produits de désassimilation caractéristiques, ou *catastates*, qui stimulent ce dernier à la division. Les profondes différences chimiques,
qui sont supposées par un grand nombre, sont intelligibles comme le produit de la prédominance de l'a-
nabolisme ou du catabolisme des deux éléments. L'union
des deux séries de produits rétablit l'équilibre normal
et le rythme de la vie cellulaire. C'est ainsi qu'on peut
renfermer et définir la suggestion de Rolph.

4. *Utilité de la Fécondation pour l'Espèce.* — Un certain
nombre de naturalistes ont passé de l'aspect individuel
de la fécondation à son importance générale en rapport
avec la vie de l'espèce. Pourquoi la fécondation se pro-
duit-elle, si la parthénogénèse, en quelques cas, la remplace si bien ? Une partie de cette question est presque
illégitime si l'existence du mâle et de la femelle est, ainsi
que nous le pensons, simplement l'expression d'une
oscillation plus développée du « mouvement de balance-
ment organique » entre l'anabolisme et le catabolisme.
Les réponses sont, toutefois, très intéressantes, et ont du
prix, tant qu'elles ne sont pas grossies de façon à cacher
les problèmes physiologiques plus profonds qu'elles
recouvrent. L'origine et l'importance physiologique de
la fécondation ne saurait jamais être expliquée par
l'éclaircissement des avantages qu'elle assure.

Les deux naturalistes qui ont, dernièrement, obtenu
les plus précieux résultats quant à l'utilité de la fécondation sont Maupas et Weismann. Ils y sont parvenus
par des chemins très différents: Maupas, en suivant tous

les détails de la conjugaison des Infusoires; Weismann, dans ses études plus étendues sur les problèmes de l'hérédité et de l'évolution. Pour Maupas, la fécondation est nécessaire pour empêcher l'extinction de l'espèce; pour Weismann, elle est le perpétuel recommencement de nouveaux changements vitaux, et en même temps la conservation continuelle de la constance relative de l'espèce. Plusieurs naturalistes de la plus haute réputation ont considéré la fécondation comme un processus qui donnait une impulsion vitale nouvelle à l'espèce. Ainsi Galton a insisté, avec beaucoup de force et de clarté, sur la tendance de la multiplication asexuelle, (ou, ainsi qu'il l'appelle, unisexuelle,) à finir par la dégénérescence ou l'extinction, et sur la nécessité d'une double parenté pour le maintien et le progrès de l'espèce. Semblablement, Van Beneden, Bütschli et Hensen ont tous parlé de ce processus comme d'un *rajeunissement*. (*Verjüngung*). Le processus asexuel de la multiplication des cellules est borné; la conjugaison chez les organismes inférieurs, la fécondation chez les supérieurs, fournissent l'impulsion renouvelée qui conserve la jeunesse de la vie de l'espèce. Suivant Van Beneden, « la faculté qu'ont les cellules de se multiplier par la division est limitée. Il vient un temps où elles ne peuvent pas se diviser davantage, à moins de rajeunir par la fécondation. Chez les animaux et les plantes, les seules cellules capables d'être rajeunies sont les œufs; les seules cellules capables de rajeunir celles-ci sont les spermatozoïdes. Toutes les autres parties de l'individu sont vouées à la mort. La fécondation est la condition de la continuité de la vie. *Par elle, le générateur échappe à la mort.* » Hensen, dans son admirable physiologie de la reproduction, exprime la même idée en disant: « par la fécondation normale, la mort est éloignée (*ferngehalten*) du germe et de ses produits ». Bütschli a interprété la conjugaison en termes semblables.

Weismann cite les trois opinions sus-mentionnées, et les critique rigoureusement. Il demande quel témoignage on a de la limitation de la reproduction asexuelle, qu'on a posée en principe, et parle de l' « impossibilité d'en faire la preuve ». Toute la « conception du rajeunissement a un caractère indéfini, et nuageux ». (Il se peut qu'on en dise autant du *Keimplasma* de Weismann.) Comment penser qu'un Infusoire, qui à force de se diviser continuellement a enfin épuisé sa capacité reproductrice, pourra regagner cette dernière en s'unissant et se fondant avec un autre infusoire qui a également perdu sa puissance de se diviser davantage? Deux fois zéro ne font pas un; ou si l'on suppose que dans chaque animal il reste la moitié de sa capacité reproductrice, de telle façon que les deux en fassent un, ceci peut à peine s'appeler « rajeunissement ». Ce serait simplement une addition telle que celle qui peut en d'autres circonstances être obtenu par la croissance, c'est-à-dire, si nous ne comptons pas ce qui à nos yeux est le moment le plus important de la conjugaison, à savoir, le mélange des deux tendances héréditaires. (*Vererbungstendenzen.*) Le professeur Weismann ne sent-il donc pas qu'il y a quelque chose « d'indéfini et de nuageux », même en ceci ? Il compare, en se moquant, les deux individus épuisés à deux fusées épuisées qu'on suppose se rajeunir en s'offrant mutuellement les composés de la nitroglycérine. Il insiste avec beaucoup de force sur la difficulté d'une parthénogénèse continue, difficulté sur laquelle nous reviendrons plus tard. « Je me rallierais à la conception du rajeunissement, dit-il en finissant, s'il était prouvé que la multiplication ne peut jamais — pas seulement sous certaines conditions — continuer sans limites. Mais cela, pas plus que le contraire, ne peut être prouvé ». Mais Weismann doit sûrement admettre que s'il était

démontré que même dans quelques cas, les espèces se
reproduisant normalement de façon asexuelle s'arrêtent
absolument quand la conjugaison est empêchée, cela
donnerait un poids considérable à l'interprétation de la
fécondation comme rajeunissement. Et, heureusement,
nous avons des exemples de ce genre, ainsi qu'on va le
voir.

Nous avons déjà fait allusion à la preuve d'une véritable union sexuelle chez les Infusoires ciliés, donnée par
Maupas. Par un processus compliqué de division nucléaire, de rupture, d'élimination, d'échange, d'union, et
de reconstruction, deux Infusoires se fécondent l'un l'autre. Que signifie tout cela?

Chaque Infusoire, après la conjugaison, commence à
se diviser, mais les résultats, selon les apparences, sont
les mêmes qui étaient produits précédemment. Il n'y a
pas de génération spéciale sexuellement produite.

On a souvent allégué que la division subséquente est
accélérée par la conjugaison; mais Maupas assure qu'il
n'en est rien. Dans le fait, c'est le contraire qui est vrai,
c'est une perte de temps. Pendant qu'un couple d'Infusoires (*Onychodromus grandis*) se livrait à une seule conjugaison, un autre couple était devenu, par le fait de
la division asexuelle ordinaire, l'ancêtre de quarante ou
cinquante mille individus.

En outre, le changement interne marqué qui prépare
la fécondation, et l'inertie générale pendant la reconstruction subséquente n'impliquent pas seulement une
perte de temps, mais exposent les Infusoires à de grands
risques. Il s'agit plutôt alors pour eux de danger et de
mort que de multiplication et de naissance.

L'énigme a été, en partie du moins, résolue par une
longue série d'observations attentives. En novembre
1885, M. Maupas isola un Infusoire (*Stylonichia pustulata*)
et observa ses générations jusqu'en mars 1886. A ce mo-

ment il avait été produit par la division ordinaire, deux cent quinze générations, et puisque ces organismes inférieurs ne se conjuguent pas avec leurs proches, il n'y avait eu naturellement aucune union sexuelle.

Quel en fut le résultat? A la date citée (mars 1886) on a observé que la famille s'était épuisée. Ils n'étaient pas exactement vieux, mais ils semblaient naître vieux. La division asexuelle s'arrêta, et les facultés de nutrition furent aussi perdues.

Pendant ce temps, pourtant, plusieurs des individus, avant que les générations ne fussent épuisées, avaient été transportés dans un autre bassin où ils s'unirent avec des formes, non alliées, de la même espèce. On isola de nouveau une de celles-ci, et on la surveilla pendant cinq mois. La richesse ordinaire de générations successives se produisit ; on vit des individus déplacés à différentes époques s'unir avec succès à des formes non alliées, et cela eut lieu jusqu'à la cent trentième génération. Après cela, toutefois, la famille étant encore près de sa fin, le déplacement ne servait plus à rien. Vers la cent quatre-vingtième génération on eut l'étrange spectacle d'individus de la même famille essayant de s'unir. Les résultats, toutefois, furent négatifs, et les conjoints ne se remirent pas des effets de leur tentative désespérée.

Sans l'union sexuelle normale, la famille devient sénile. Les facultés de nutrition, de division, et de conjugaison avec des formes non alliées s'arrêtent. Cette dégénérescence sénile est du plus haut intérêt. Le premier symptôme est la diminution de volume, qui peut continuer jusqu'à ce que les individus ne mesurent qu'un quart de leurs proportions normales. Divers organes internes suivent « jusqu'à ce que nous trouvions des avortons sans forme, incapables de vivre et de se reproduire ». Les changements nucléaires n'ont

pas moins d'importance. La partie nommée para-nu-
cléus ou micro-nucléus peut s'atrophier partiellement
ou même complètement, et la conjugaison est ainsi fatalement stérile. Le grand nucléus peut aussi être affecté,
« la chromatine disparaissant entièrement ». Physiologiquement aussi, les organismes s'affaiblissent manifestement, bien qu'il y ait ce que l'auteur appelle une
« surexcitation sexuelle ». Cette décadence sénile des
individus et de la famille isolée se termine inévitablement par la mort.

Le résultat général est évident. L'union sexuelle chez
ces Infusoires, dangereuse peut-être pour la vie de l'individu, — perte de temps en ce qui regarde la multiplication immédiate — est en un sens nouveau nécessaire
pour l'espèce. La vie parcourt des cycles de division
asexuelle, qui ont des limites rigoureuses. La conjugaison avec des formes non alliées doit se produire, sous
peine de voir baisser tout le flot de la vie. Sans elle, les
Protozoaires, qu'on a qualifiés d'immortels, meurent de
mort naturelle. La conjugaison est la condition nécessaire de leur éternelle jeunesse, de leur immortalité.
Même à ce niveau si bas de la vie, c'est par la flamme
de l'amour, que ce phénix de l'espèce renaît de ses
cendres.

Au commencement de ce siècle, le biologiste Trevi-
ranus qu'on a trop oublié, fit remarquer que la fécondation est une source de variation; et cette idée a été
plusieurs fois émise d'une façon indépendante.

Ainsi Brooks, dont nous avons si souvent cité les ouvrages, a insisté, non seulement sur l'importance de la
fécondation comme source de changement progressif,
mais encore sur l'importance majeure de l'élément mâle.

Semblablement, quoique pour des raisons différant quelque peu, Weismann trouve dans le mélange des plasmas
germinatifs mâle et femelle la source des variations sur

lesquelles opère la sélection naturelle. Rejetant, comme il le fait, l'hérédité supposée des caractères acquis, il trouve dans la reproduction sexuelle la source des changements. « On sait que la reproduction sexuelle consiste dans la fusion de deux cellules reproductrices opposées, ou peut-être seulement dans la fusion de leurs nucléus. Ces cellules reproductrices contiennent la matière germinale ou plasma germinatif, et cette matière, dans sa structure moléculaire spécifique, est le véhicule des tendances héréditaires des organismes d'où les cellules reproductrices tirent leur origine. Ainsi, dans la reproduction sexuelle, deux tendances héréditaires sont, en un sens, entremêlées. Je vois, dans ce mélange, la cause des caractères héréditaires individuels, et dans la production de ces caractères, la tâche de la reproduction sexuelle. C'est cette dernière qui fournit les matériaux des différences individuelles d'où la sélection tire de nouvelles espèces.

Mais cette thèse très raisonnable ne paraît point d'accord avec l'interprétation quantitative du processus de la fécondation par Weismann. On ne voit pas bien non plus comment les divergences des plasmas mâle et femelle sont devenues telles que leurs résultats semblent l'indiquer, si Weismann est exact en soutenant qu'aucune modification du corps ne saurait influencer les éléments reproducteurs.

Brooks et Weismann ont, en tout cas, soutenu une thèse qu'on ne sera guère disposé à combattre, à savoir que l'union sexuelle produit la variation. Discuter les rapports de cette opinion avec d'autres théories de la variation n'est pas utile à notre sujet, et nous ne pouvons que mentionner, en passant, l'idée judicieuse de Hatschek que la reproduction sexuelle est le remède contre l'action de variations nuisibles. Car nous pouvons aisément imaginer que l'excès de quelque ligne particulière de différenciation anabolique ou catabolique peut être neutralisé par la fécondation. De cette manière, on est amené à se demander si l'accouplement constant d'individus malades ne peut pas être quelquefois plus miséricordieusement amnistié par la nature que nous n'avons coutume de le penser.

RÉSUMÉ

1. Vieilles théories des « Ovistes », des « Animalculistes », et de l'*Aura seminalis*.

2. Les théories anatomiques inclinent à insister sur l'importance majeure des nucléus. Hertwig et Strasburger concluent énergiquement en faveur de cette vue. Les droits de la substance cellulaire et du protoplasme général ne doivent pas, cependant, être négligés. Nombre de faits, dont plusieurs dus à Boveri, montrent que le protoplasme a aussi son importance.

3. Les théories physiologiques modernes de la fécondation sont nécessairement très imparfaites. Sachs la compare à la fermentation ; Rolph à une digestion mutuelle. Pour Weismann, le processus paraît plus quantitatif que qualitatif, en ce qui touche la division subséquente. La moitié du plasma germinatif que l'œuf a abandonnée avec le second globule polaire lui est rendue par le nucléus. Les deux nucléus sont pareils, et ainsi, virtuellement il n'y a point de sexe. Protestation contre cette thèse. La cellule mâle apporte à l'œuf une provision de catastates caractéristiques

4. L'utilité de la fécondation pour l'espèce. Elle est considérée par beaucoup d'auteurs comme un rajeunissement nécessaire de l'espèce. Weismann critique cette opinion, mais il faut lire sa critique à la clarté des recherches de Maupas, qui a montré que faute de conjugaison les membres d'une famille isolée d'Infusoires finissent par cesser de se nourrir et de se diviser, passant à travers les étapes de la dégénérescence et de la stérilité vers l'extinction. Dans ce cas, la conjugaison est essentielle à la vitalité continue de l'espèce. Suivant Brooks, la fécondation est une source importante de variation, et suivant Weismann c'est la seule.

BIBLIOGRAPHIE

Ouvrages déjà cités.

Hertwig, O. — *Das Problem der Befruchtung*, etc. *Jenaische Zeitschrift für Naturwissenschaften*, XVIII, 1885.

MALFAS, E. — *Comptes Rendus*. 1886, et *Archives de Zoologie Expérimentale*, 1888.

STRASBUGER. E. — *Neue Untersuchungen über den Befruchtungsvorgang bei den Phanerogamen, als Grundlage für eine Theorie der Zeugung*, Iéna 1884.

WEISMANN, A. — *Sélection et Hérédité*.

CHAPITRE XIII

REPRODUCTION SEXUELLE DÉGÉNÉRÉE, OU PARTHÉNOGÉNÈSE

1. *Histoire de la Découverte.* — Depuis des temps fort reculés il semble qu'ait prévalu l'impression que dans des circonstances exceptionnelles la reproduction pouvait s'opérer sans fécondation. Aristote, lui-même, donne ses raisons de croire que sans union sexuelle, les œufs non fécondés de l'abeille peuvent faire naître des adultes parfaits. Nous savons maintenant qu'il avait raison, du moins quant à sa conclusion, en ce qui concerne le développement des frelons.

Dans la croyance ancienne à la *Lucina sine concubitu*, beaucoup de ce qui était erroné était mêlé à une prévision de la vérité : et nous ne pourrions nous attendre à ce que, à une date éloignée, la multiplication asexuelle, (entièrement séparée des œufs) serait distinguée de ce que veut dire pour nous la parthénogénèse, ou le développement des œufs sans union avec les spermatozoïdes. En 1701, Albrecht observa qu'un papillon du ver à soie, qu'il avait isolé dans une vitrine, pondit des œufs féconds ; et bien que, pendant longtemps, on ne voulût pas le croire, la parthénogénèse accidentelle de cet insecte a été confirmée, à plusieurs reprises, par des observateurs compétents.

En 1745, l'ingénieux Bonnet attira l'attention sur ce qui est maintenant un fait très familier, sur les générations successives des aphides ou pucerons. Pendant l'été, il observa la production de nombreuses générations de ces petits insectes, tous femelles, nécessairement par conséquent tous vierges, et pourtant féconds. Le fait parut si étrange que, pendant longtemps, on ne voulut pas y ajouter foi. Réaumur esquiva la difficulté en affirmant que les aphides sont hermaphrodites ; mais Dufour prouva bientôt que c'était une erreur, bien qu'il ne pût que confesser son ignorance en rapportant les phénomènes « à la génération spontanée, ou équivoque » dans laquelle « l'acte de l'imprégnation n'a rien à voir. » Toutefois, les faits furent observés de nouveau, à diverses reprises. Kirby et Spence admirent qu'ils étaient incontestables. mais ne purent les considérer que comme « un des mystères du Créateur, que l'intellect humain ne peut pénétrer complètement. »

Pendant ce temps Schäffer avait observé que la parthénogénèse se produit chez des crustacés aquatiques minuscules, dont l'étude a jeté une lumière si vive sur tout ce sujet. Le pasteur Dzierzon avait aussi rogné les ailes de reines d'abeilles, et ayant ainsi empêché leur vol nuptial et leur imprégnation, observa que les œufs qu'elles pondaient ne se développaient qu'en frelons. Ces faits commencèrent bientôt à être reconnus, étendus, et médités par des naturalistes de la valeur de Owen (1843) von Siebold (1856) et Leuckart (1858) dont les conclusions ont donné une base ferme à l'abondance subséquente des observations et des hypothèses sur cet intéressant sujet.

2. *Degrés de la Parthénogénèse.* — Si nous prenons la définition de von Siebold, la parthénogénèse est le pouvoir qu'ont certains animaux femelles de produire des rejetons sans union sexuelle avec un mâle ; et nous déblaie-

rons mieux le terrain en notant, en premier lieu, les nombreux degrés différents auxquels ce développement sans fécondation se produit.

a) *Parthénogénèse Artificielle.* — Il y a quelques curieuses observations qui sembleraient montrer que dans des circonstances exceptionnelles les œufs peuvent se développer sous l'influence d'un agent artificiel remplaçant le stimulus du mâle. Ces observations, toutefois, doivent être acceptées *cum grano salis*, mais du moins elles peuvent suggérer des expériences ultérieures. Dewitz observa que les œufs non fécondés de la grenouille subissent une segmentation (sic) dans une solution de sublimé corrosif. En quelques cas, il se produit une division, dans d'autres plusieurs ; quelquefois d'une façon irrégulière, chez d'autres normalement. La division avait lieu, soit que les œufs fussent laissés dans le réactif, soit qu'ils y fussent seulement trempés et remis à l'eau. Les œufs qui furent l'objet de ces expériences appartenaient aux deux grenouilles communes *Rana fusca* et *R. esculenta*, et à la rainette *Hyla arborea*. Mais il faut tenir compte du fait que Leuckart, il y a longtemps, avait noté la production de la division spontanée dans les œufs de la grenouille. Semblablement, Tichomiroff, en expérimentant avec les œufs non fécondés du papillon du ver à soie, qui sont parfois parthénogénétiques, fut étonné d'observer que les œufs qui ne se développaient pas d'eux mêmes par la parthénogénèse, étaient amenés à ce faire par certains stimulants. Ces derniers consistaient à frotter les œufs non fécondés avec une brosse, ou à les tremper deux minutes dans l'acide sulfurique, et à les laver ensuite. Dans ces deux cas, dit-il, un tant pour cent des œufs ainsi stimulés artificiellement se développa. Il ne faut pas oublier que la parthénogénèse se produit, à l'occasion, chez cet insecte, et que Tichomiroff ne fit que la provoquer. Nul doute que des réactifs ne puissent modifier considérablement les œufs ; les frères Hertwig ont ainsi montré comment il est possible d'amener l'œuf pour recevoir plus d'un spermatozoïde. On ne peut oublier non plus comment la reproduction sexuelle, chez les champignons parasites, tend à disparaître, étant apparemment remplacée par le stimulus que présentent les produits de désassimilation de l'hôte. Semblablement, la multiplication des cellules, si fréquemment associée, dans la maladie, avec la présence de bactéries, a été rattachée par plus d'un pathologiste à « l'influence spermatique » de ces micro-organismes, ou des catastates qu'ils forment.

b) Parthénogénèse Pathologique. — On a quelquefois remarqué chez les animaux supérieurs où la véritable parthénogénèse est absolument inconnue, qu'un œuf non fécondé commence à se segmenter sans aucun stimulus mâle quelconque. Leuckart l'a noté pour les œufs de grenouille, Œllacher pour les œufs de poule, et Bischoff et Hensen même chez les mammifères. Des cas semblables ont été considérés comme de rares anomalies, comparables peut-être aux formations pathologiques qui, assez fréquemment, ont lieu dans l'ovaire, et il est superflu d'ajouter qu'en aucun cas le développement n'a progressé. Balfour a cité aussi une observation remarquable de Greeff qui a vu les œufs non fécondés de l'astérie commune se développant dans de l'eau de mer ordinaire d'une manière parfaitement normale, bien que plus lentement que d'ordinaire.

c) Parthénogénèse Occasionnelle. — Chez quelques-uns des animaux inférieurs qui ne sont pas eux-mêmes parthénogénétiques d'une manière normale, mais dont les alliés le sont, une parthénogénèse occasionnelle a été observée, qui diffère des cas précédents en ce que les résultats en sont plus réussis ; souvent, en fait, ils atteignent la maturité ; d'ailleurs, les formes alliées étant parthénogénétiques, « l'anomalie » est évidemment d'un

type plus adouci. Le papillon du ver à soie commun est
un bon exemple de cette parthénogénèse occasionnelle,
qui certainement se produit, quoiqu'elle soit rare à la
fois dans le genre et la famille. « Toute une série d'insectes, dit Weismann, se reproduit exceptionnellement
par la parthénogénèse, par exemple beaucoup de papillons; mais ce n'est jamais au point que tous les œufs pondus par une femelle non fécondée se développent; une
fraction seule, et d'ordinaire une très petite fraction du
nombre total, se développe; le reste périt. Des exemples
de parthénogénèse occasionnelle, couronnée de succès
(du moins jusqu'au point de produire des mâles) nous
sont fournis par des ouvrières abeilles, guêpes et
fourmis qui sont devenues, exceptionnellement fécondes. »

d) Parthénogénèse Partielle. — La reine des abeilles,
ainsi qu'on l'a déjà dit, est fécondée par un frelon mâle,
au moment de son vol nuptial. Les spermatozoïdes ainsi
reçus sont emmagasinés, et employés à féconder les œufs
qu'elle pond dans les cellules. Pas tous les œufs cependant, mais seulement ceux qui produiront les reines de
l'avenir, ou des ouvrières. D'autres œufs, semblables
selon toute apparence, ne sont pas fécondés, et ceux-là,
ainsi que Dzierzon le fit clairement voir le premier, ne
deviennent jamais que des frelons.

Nous ne pouvons dire, toutefois, que l'absence de la
fécondation soit la seule différence, bien que si la fécondation est empêchée par le développement imparfait ou
l'ablation des ailes, la reine ne ponde plus que des œufs
de mâles. Il en est de même lorsqu'elle est vieille, et que
sa provision d'éléments mâles est épuisée, ou que le réceptacle du sperme a été enlevé. Von Siebold examina
soigneusement les œufs des cellules de frelons, et trouva
qu'elles ne contenaient jamais de spermatozoïdes. Hensen note un fait collatéral intéressant, qui évidemment

confirme l'autre, celui de « reines d'abeilles allemandes, fécondées par des frelons italiens ou cypriotes, qui produisirent des femelles hybrides, mais des frelons purs, preuve que sur ces derniers le sperme n'a aucune action quelconque. » Il arrive quelquefois, aussi, que ce qu'on appelle des « ouvrières fécondes cose produisent, et que par suite de quelque accident ou un malentendu dans la direction de leur nutrition, elles soient mieux constituées que l'armée de demi-femelles qui constitue le corps des ouvrières. Elles sont assez fécondes pour pondre, mais leurs organes femelles ne semblent pas permettre leur imprégnation. Il est certain qu'elles ne produisent que des frelons. Ce qu'on vient de dire concernant les abeilles, s'applique aussi aux guêpes et aux fourmis.

e) *Parthénogénèse Saisonnière.* — Chez quelques-uns des Crustacés aquatiques minuscules (Cladocères) qui sont en langage populaire, englobés sous le titre générique de puces d'eau, la parthénogénèse ne se produit que pour une saison, et est interrompue, périodiquement, par la naissance de mâles, et le retour de la reproduction sexuelle ordinaire. Les mâles reparaissent en général, dans les conditions désavantageuses de la saison d'automne, mais Weismann nie qu'il y ait un rapport direct entre ces faits. Les aphides communs sont parthénogénétiques pendant une succession de générations qui peuvent quelquefois s'élever jusqu'à quatorze, au cours de l'été ; mais le froid et les temps durs de l'automne ramenent les mâles, et le processus sexuel. L'œuf fécondé traverse l'hiver, et se développe avec la chaleur du printemps suivant. En maintenant la température et l'*optimum* nutritif pendant trois ou quatre ans dans l'été artificiel d'une étuve, Réaumur et Kyber réussirent à élever cinquante générations parthénogénétiques continues. Chez les Cynips, il n'y a, d'ordinaire, qu'une génération parthénogénétique entre les reproductions sexuelles norma-

les, mais chez beaucoup d'insectes, outre les Aphides, il
y en a plusieurs. On doit prendre note que les Aphides
parthénogénétiques ne sont pas tout à fait au même niveau anatomique que les femelles fécondées; mais les
différences consistant principalement dans l'absence de
certains organes génitaux accessoires, il n'y a aucune
raison de considérer les formes parthénogénétiques
comme des larves, ainsi que l'ont fait quelques-uns.

f) Parthénogénèse Juvénile. — Il se produit des cas,
cependant, où des larves deviennent très tôt reproductrices (ainsi que cela arrive quelquefois chez des organismes supérieurs), et produisent parthénogénétiquement des rejetons. Cette production précoce d'œufs parthénogénétiques doit être distinguée de la reproduction entièrement asexuelle que présentent beaucoup de
larves. Il est presque impossible de tirer une ligne de
démarcation très ferme, mais dans les derniers cas aucune cellule qu'on puisse appeler œuf n'est présente. En
1865, le professeur N. Wagner observa — ce qui a été
beaucoup étudié depuis — que dans certaines larves
(*Miastor*) les cellules du rudiment reproducteur se développent en larves dans le corps même de la mère larve.
La mère tombe victime de sa précocité, car la couvée de sept ou dix larves la dévore littéralement jusqu'à
ce que mort s'ensuive. Elles finissent par abandonner le
cadavre, et commencent à vivre par elles-mêmes, mais
ce n'est pourtant que pour succomber plus tard à une
destinée semblable. Le processus peut ainsi continuer
pendant plusieurs générations, pendant lesquelles les
œufs ou pseudo-œufs, ainsi qu'on voudrait les nommer,
deviennent de plus en plus petits. Enfin les larves deviennent trop pauvres constitutionnellement pour être pré-
cocement parthénogénétiques, et se développent en pucerons adultes, mâles et femelles, les dernières, cependant, ne produisent que peu d'œufs.

Chez un autre insecte diptère connu sous le nom de *Chironomus*, les œufs commencent à se produire de très bonne heure, sont pondus précisément au moment où se termine l'existence de la larve, et se développent parthénogénétiquement. Suivant Jaworoski, les œufs tombent dans la cavité du corps par la rupture de la membrane ovarienne, et le stimulus d'une nutrition abondante tient lieu de fécondation. Von Siebold dit que la parthénogénèse juvénile se produit aussi parmi les Strepsiptères, petits insectes qui infestent les abeilles.

g) Parthénogénèse Totale. — Enfin, chez quelques Crustacés aquatiques minuscules, et chez beaucoup de Rotifères, on n'a jamais trouvé de mâle. Selon toute probabilité, c'est donc là une parthénogénèse totale ; et comme les nombres sont grands, elle a été apparemment établie sans détriment pour la continuation de l'espèce, à tout le moins.

3. *Occurrence de la Parthénogénèse*. — Chez des séries distinctes d'animaux, les Rotifères, les Crustacés et les Insectes, la parthénogénèse est devenue une habitude physiologique établie.

a) Prenons d'abord les curieux petits Rotifères, qui abondent dans l'eau salée comme dans l'eau douce. Ils sont habituellement placés dans un groupe indécis de Vers, et ont été longtemps fameux pour la faculté qu'on leur suppose de survivre à une dessiccation prolongée. A une ou deux exceptions près, les mâles diffèrent d'une façon marquée d'avec les femelles, et sont d'ordinaires petits et dégénérés. Dans un groupe (les *Philodinida*) les femelles ont deux ovaires, et l'on ne trouve point de mâles. Ils se sont évanouis. Chez le reste, les femelles ont un ovaire, dont une partie a dégénéré en glande vitelline, et de petits mâles se produisent. Ils sont, cependant, inutiles sexuellement, car la parthénogénèse prévaut. Même lorsque l'imprégnation, qui est un processus particulièrement livré au hasard, se produit, les spermatozoïdes semblent manquer leur but, et périssent dans la cavité du corps. Le nombre de ces organismes ne diminue cependant pas, et nous avons là une classe entière où la parthénogénèse s'est fortement établie.

b) Parmi les Crustacés, la parthénogénèse est restreinte aux ordres inférieurs, tels que les Branchiopodes et les Ostracodes. Chez les premiers, elle se remarque chez la l'*Artemia* et l'*Apus* commun d'eau douce dans une division ; chez les Daphnides (*Daphnia* et *Moina*) dans l'autre. Chez les Ostracodes, quelques espèces de *Cypris* commun sont parthénogénétiques. Si une puce d'eau femelle, une Daphnie, est isolée dès sa naissance, elle n'en est pas moins mère d'une nombreuse postérité de femelles. Cependant, les mâles et la reproduction sexuelle finissent par revenir, et il doit en être de même pour la plupart.

Parmi trois mille exemplaires d'*Artemia* il ne se trouva qu'un mâle ; von Siebold a examiné, à plusieurs reprises, des colonies d'*Apus* ; une fois, sur cinq mille il ne trouva pas un seul mâle. A d'autres moments il en trouvait un pour cent : peut-être sous certaines conditions inconnues (qu'on suppose être une nourriture rare et une vie difficile) les mâles peuvent-ils se développer en nombre.

Chez les Daphnides, étudiées avec tant de succès par Weismann, les faits sont plus complexes. Il y a deux sortes d'œufs : les œufs d'hiver et les œufs d'été. Les premiers sont gros, à coquille dure, capables de résister à la sécheresse, etc., et de rester longtemps à l'état de vie latente. Ils ne se développent qu'après fécondation, et produisent toujours des femelles. A tous égards, ce sont des œufs très anaboliques. Les œufs d'autre part, sont plus petits, et ont la coquille mince. Ils se développent sans la fécondation, qui est d'ailleurs, en quelques cas, physiquement impossible. Les mâles sont produits par les œufs d'été seuls. Ils apparaissent habituellement, en automne, quand la vie devient plus dure, ou les conditions plus cataboliques.

Chez les petits *Cypris* les rapports reproducteurs varient beaucoup. Ainsi chez le *Cypris ovum* et le *Notodromus monachus* les mâles abondent toute l'année, et la parthénogénèse est inconnue. Chez d'autres espèces, telles que la *Candona candida*, les mâles sont encore communs, mais néanmoins la parthénogénèse se produit.

Enfin, la parthénogénèse domine en certains cas, comme chez *Cypris fusca* et *Cypris pubera*, et les mâles sont rares, apparaissant habituellement au printemps.

c) Chez les Insectes, ainsi que nous l'avons vu, les degrés de la parthénogénèse sont très variés, ainsi que la position systématique des formes où se produit la parthénogénèse normale. Deux papillons (*Psyche helix*, et *Solenobia*, deux espèces) et un coléoptère (*Gastrophysa*) quelques *Coccus* et les *Aphides*, certaines *Tenthredinidae* et les *Cynipidae* sont normalement parthénogénétiques. Chez les papillons qu'on vient de citer, les mâles semblent disparaître durant quelques années, et l'espèce se tire d'affaire sans eux. Le mâle de la *Psyche helix* est très rare, et pendant longtemps resta inconnu. Chez la *Solenobia triquetrella*, il est intéressant de noter que lorsque les mâles s'y développent, ils peuvent dépasser en nombre les femelles.

Fig. 45. — La génération des Aphides, d'après Owen. A la base un individu naît d'un œuf fécondé, et donne naissance parthénogénétiquement à une génération, et ainsi de suite à toute une série de générations. Au sommet mâle et femelle reparaissent, et la reproduction sexuelle recommence. Sur le côté, apparition précoce de formes sexuelles.

Toute une génération peut ne contenir que des mâles; on dirait qu'ils sont ramenés par un ouragan. On connaît environ une vingtaine de Phalènes (y compris le *Bombyx mori* et la tête de mort, *Sphinx atropos*) qui ont présenté des cas accidentels de parthénogénèse : mais le coléoptère nommé ci-dessus est le seul. Bassett, Adler et d'autres, ont démontré une alternance *intéressante* de la parthénogénèse et de la reproduction sexuelle ordinaire chez de nombreux *Cynips*. On a prouvé que des formes qui avaient été considérées comme tout à fait distinctes, et qui avaient reçu des noms génériques différents, ne sont en réalité, du moins dans une vingtaine de cas, que les formes parthénogénétiques, et les formes normales des mêmes Insectes.

La forme parthénogénétique qui produit une galle d'été naît d'une forme de galle d'hiver. Chez la galle d'été se produit une forme sexuelle qui à son tour produit la galle d'hiver.

4. *La Parthénogénèse chez les Plantes*. — La tendance passive est si forte chez les plantes qu'on comprend aisément la rareté de la parthénogénèse. La cellule-œuf se développant d'elle-même doit avoir en elle-même le stimulus que l'élément mâle fournit dans d'autres cas. Il est donc naturel que ce qui prévaut parmi les Rotifères actifs soit rare chez les plantes inactives. Quelque chose qui ressemble à la parthénogénèse, parmi les plantes phanérogames, a été décrit maintes fois, surtout en ce qui concerne une plante indigène de la nouvelle Hollande, la *Cœlebogyne*. Lorsqu'elle a été cultivée en Europe, les fleurs mâles ont dégénéré, et même disparu, à ce que disent Braun et Hanstein.

Pourtant des graines fertiles ont été produites.

Karsten trouva, cependant, souvent des étamines persistantes, tandis que Strasburger faisait voir que ce n'étaient pas de vraies cellules-œufs qui se développaient, mais des croissances adventices de cellules en dehors du sac embryonnaire. Cela est vrai pour quelques autres cas. Le docteur A. Ernst a décrit, dernièrement, ce qu'il appelle une véritable parthénogénèse dans une Ménispermée trouvée par lui à Caracas, et nommé *Disciphania Ernstii*. « Des plantes femelles, qui ne portaient pas de fleurs mâles, et qui avaient poussé parfaitement isolées, à l'abri de tout contact du pollen d'autres plantes, produisirent en trois années successives un nombre croissant de fruits fertiles. »

Chez les plantes inférieures, toutefois, cela ne fait pas de doute. La parthénogénèse se produit comme une des phases de la dégénérescence de la reproduction sexuelle. On a observé par hasard, d'une espèce de Chara, que lorsqu'elle était placée dans certaines eaux, les organes mâles disparaissaient, et cependant les plantes continuaient à se multiplier. Les champignons sont intéressants. De Bary donne comme exemple de dégénérescence sexuelle, une série d'exemples pris aux champignons tels que ceux qui tuent le saumon et la pomme de terre. (Saprolegniæ et Peronosporæ). Ce qui se produit d'abord, c'est la dégénérescence des organes mâles. Le sexe catabolique, du commencement jusqu'à la fin, est le plus instable. La fonction mâle cesse d'abord, mais la forme survit quelque temps à la réalité disparue. Au bout de quelque temps, chez les espèces alliées, la forme disparaît aussi. Parfois la fonction se transforme, et les organes mâles deviennent des sortes de gaines protectrices. On peut résumer brièvement la série ainsi :

(1) Chez le *Pythium*, l'organe mâle décharge la plus grande partie de son protoplasme dans la femelle : c'est l'histoire ordinaire.

(2) Dans le *Phytophthora*, il n'en est donné et on pourrait presque dire *réclamé* qu'une petite partie, car il y a de curieuses transactions d'offre et de demande entre les organes mâles et femelles de ces champignons.

(3) Chez le *Peronospora*, il n'y a pas de passage perceptible de protoplasme entre le mâle et la femelle, bien que, sans revenir absolument à l'*Aura seminalis* nous puissions admettre la possibilité d'une osmose subtile.

(4) Chez quelques Saprolegnées il y a réellement les organes mâles ou anthéridies ordinaires, tournées vers les organes femelles, mais elles ne s'ouvrent pas. Le caractère « explosif » diminue.

(5) Chez d'autres, les organes mâles n'approchent jamais les organes femelles.

(6) Chez d'autres, il n'y a pas du tout d'organes mâles, mais les cellules femelles se développent comme d'ordinaire.

On atteint donc la parthénogénèse comme terme extrême d'un processus de dégénérescence. Nous pouvons suivre cette histoire plus loin, empiétant pour le moment sur le sujet du chapitre suivant. Nous avons vu que l'organe mâle a dégénéré tandis que l'organe femelle suit sa marche. Mais il n'en va pas toujours ainsi. Parfois l'organe femelle disparaît à son tour, et il ne reste que la reproduction asexuelle.

Pourquoi ces champignons présenteraient-ils des exemples nombreux de parthénogénèse ? Plus le parasitisme est intime, et plus la reproduction sexuelle dégénère, et toute trace en est souvent perdue. Le champignon lui-même se féconde par son hôte. Dans le champignon, de la plante du café, par exemple, le stimulus de la fécondation est remplacé, pour ainsi dire, par « une essence de café ».

La parthénogénèse mâle, si paradoxale que semble cette expression, se voit réellement parmi les Algues inférieures. C'est-à-dire qu'une petite spore (ou cellule mâle) qui, normalement, s'unit à une cellule femelle, plus grande et plus quiescente, peut à l'occasion se lancer dans la vie avec ses propres ressources. Le résultat, toutefois, est assez maigre ; les spores se trouvant sur la ligne frontière entre l'asexualité et les éléments sexuels différenciés, il n'est pas étonnant que la cellule mâle naissante y conserve une sorte de puissance végétative de division. Il ne faut pas oublier non plus que la cellule spermatique mère elle-même a la faculté de se développer parthénogénétiquement. Elle se divise ainsi que son homologue, l'œuf, en une boule de cellules, mais n'ayant rien de la cohérence conservatrice de ce dernier, elle se répand en spermatozoïdes. C'est tout à fait comme pour la *Magosphaera* que Haeckel a vu chez les Protozoaires, qui a fait de son mieux pour dépasser les Protozoaires mais a échoué en touchant au but. Une seule cellule infusoriforme se divisa en une boule de cellules, mais cette boule, manquant de cohérence, se fondit de nouveau en Infusoires.

5. *La progéniture de la Parthénogénèse.* — Le sort des œufs parthénogénétiques est bien divers. Ils peuvent tous périr, ou bien tous réussir, et devenir tous mâles ou tous femelles. Hensen a recueilli la série de notes qui suit sur l'énergie reproductrice décroissante en opposition avec l'énergie constitutionnelle à chaque niveau :

(1) Hermaphrodite, puis rien que des femelles.

(2) Séries de femelles, puis générations mixtes.

(3) Plusieurs séries d'abord femelles, puis mixtes, puis mâles seulement.

(4) Séries de générations mixtes, puis mâles, ou mort des œufs.

(5) Génération mixte, avec beaucoup de mortalité.

(6) Des mâles seulement.

(7) Développement qui s'arrête au bout de quelques phases.

Rolph arrange différemment les choses, mais son idée est la même :

(1) Parthénogénèse exceptionnelle avec des résultats incertains (papillon du ver à soie).

(2) Parthénogénèse normale, ne produisant que des mâles, (les femelles proviennent seulement d'œufs fécondés ; ex : les abeilles).

(3) Mâles pour la plupart, avec des femelles, à l'occasion (ex. *Nematus*.

(4) La plupart femelles, avec des mâles, exceptionnellement ou périodiquement (*Apus, Artemia*).

(5) Des femelles seulement, le mâle est inconnu. (Beaucoup de Rotifères).

Ces résultats si divers du développement des œufs parthénogénétiques n'ont rien qui doive nous surprendre. L'absence de la fécondation éloigne un des facteurs qui déterminent le sexe ; mais la nourriture, la température, l'âge de l'œuf, etc., demeurent, et produisent une tendance tantôt d'un côté, tantôt de l'autre. Nous reviendrons bientôt à ceux-ci ; en attendant, les faits que concernent la postérité peuvent plus clairement s'exprimer ainsi :

RÉSULTAT	EXEMPLE
Rien	Plupart des organismes
Développement partiel et pathologique.	Exceptions rares, signalées.
Grande mortalité dans une génération mixte	Beaucoup d'insectes
Mâles seulement	Abeilles et quelques autres
Mâles surtout, quelques femelles	*Nematus* (voisin des abeilles)
Mâles et femelles (une génération)	Plupart des Cynipides
Mâles et plus de quelques femelles	Quelques Libellules
Femelles en succession puis prédominance de mâles	Quelques Daphnides
Femelles puis égalité de femelles et de mâles.	Solenobia quelquefois
Femelles puis minorité de mâles parmi les femelles.	Aphides ; quelques Daphnides
Femelles, quelques très rares mâles.	Beaucoup de Daphnides
Femelles, des mâles non fonctionnels parmi les femelles	Plupart des Rotifères
Femelles à l'infini, sans mâles	Beaucoup de Rotifères

ŒUF PARTHÉNOGÉNÉTIQUE

6. *Effets de la Parthénogénèse.* — La parthénogénèse dominant chez les Rotifères, et étant bien établie chez les puces d'eau et les pucerons, il est évident que, si elle a de l'influence sur d'autres points, elle ne nuit en rien au nombre. Un aphide continuera pendant des jours entiers à produire des petits vivants toutes les heures ; sa postérité commencera bientôt à multiplier ; Huxley a calculé que si aucune mortalité n'avait lieu pendant une année, un seul individu serait l'ancêtre d'une postérité qui dépasserait en poids celui de cinq cents millions d'hommes ! Les jardiniers n'ont donc pas seuls raison de remercier le climat et les ennemis qui empêchent une si redoutable multiplication. Mais, outre le nombre, il existe d'autres desiderata. Peut-on dire que la parthénogénèse favorise la vie générale et le progrès de l'espèce ? On admettra, d'abord, que les Rotifères, les Branchiopodes les puces d'eau, les aphides et les Coccus, etc., sont des formes relativement inférieures. Il n'y a que deux ou trois papillons et un coléoptère qui soient parthénogénétiques.

Plus haut, dans l'échelle des êtres, la naissance virginale ne se présente qu'à un degré très partiel et pathologique. Mais nous pouvons aller plus loin. Plus d'un des anciens naturalistes et, récemment, Brooks, Galton, Weismann et d'autres, ont insisté sur la valeur de la fécondation comme source de changements. Pour Weismann l'échange des plasmas germinatifs mâle et femelle dans la fécondation est, en réalité, la seule source de variation. Chacun admettra que c'est une des sources. Si elle est supprimée, comme chez les Rotifères, il y aura moins de probabilité de progrès pour l'espèce.

Weismann prétend qu'elle ne progressera pas du tout, et, sans aller tout à fait aussi loin, nous sommes obligés d'avouer que l'établissement de la parthénogénèse agit sur l'évolution comme un surcroît de charge.

Nous ne pouvons, toutefois, suivre Weismann dans la suite de son raisonnement. Si tout changement vient du mélange sexuel, les espèces de Rotifères ne doivent pas changer du tout. Elles ne peuvent ni avancer ni reculer. Ayant atteint un état physiologique où les mâles sont superflus, elles restent au *statu quo*. Aussi insiste-t-il sur le fait que les organes superflus, tels que le réceptacle du sperme, ne deviennent pas rudimentaires dans les espèces parthénogénétiques — « les organes rudimentaires ne se trouvent que dans les espèces à reproduction sexuelle ». C'est un corollaire de la thèse de Weismann, d'après laquelle aucun caractère acquis individuellement soit en plus ou en moins, ne saurait être transmis, et que le mélange sexuel est la seule source de changement qui ait un effet sur l'espèce. Si les propositions principales étaient prouvées, le corollaire suivrait de lui-même ; mais il reste encore bien des voix qui protestent. Sans entrer, maintenant, au cœur de la question générale, prenons le corollaire tout seul. (1) Les cas où le mâle est tout à fait inconnu sont relativement rares ; dans la plupart des cas, ils reparaissent par intervalles. Il n'est donc pas possible, par conséquent, et Weismann en conviendra, d'être certain que le réceptacle spermatique est devenu inutile à l'espèce. (2) Weismann admet aussi que ce réceptacle dégénère chez les Aphides d'été, où l'on sait que les mâles disparaissent périodiquement. (3) En dépit de l'absence ou de l'insignifiance de l'imprégnation chez les Rotifères, nous y trouvons les mâles évidemment en train de dégénérer.

Pour conclure, nous croyons, avec Weismann et d'autres, que l'absence de la fécondation est un « moins » d'évolution, mais ne voyons rien qui autorise à supposer qu'il empêche absolument soit le progrès, soit le contraire. La puissance de la parthénogénèse a deux résultats différents. (4) La cellule femelle a un certain degré de masculinité ; elle conserve le stimulus que l'élément mâle offre généralement ; les espèces seront donc fréquemment d'habitudes actives du genre de celles des mâles ; comme les Rotifères et les puces d'eau. (2) D'autre part, la production longuement continuée des femelles a la signification d'une prépondérance anabolique, une consolidation de l'espèce ; et cela se voit chez les indolents pucerons, Coccus, etc.

7. *Particularités des Œufs Parthénogénétiques.* — Avant de chercher à établir une théorie de la parthénogénèse, une question se présente naturellement : ces œufs qui se développent sans fécondation ont-ils quelque chose de particulier ? (*a*) On a supposé quelque temps (Balfour) que les œufs parthénogénétiques ne forment pas de globules polaires, et la théorie basée là-dessus considérait que la conservation de ces corps remplaçait la fécondation. La présence démontrée d'un globule polaire dans plusieurs œufs parthénogénétiques renverse en partie cette théorie, et ce n'est que durant les deux ou trois dernières années qu'on l'a exposée de nouveau sous une forme exacte. (*b*) Simon indique, judicieusement, que dans quelques-uns des cas les plus marqués de parthénogénèse les cellules sexuelles sont isolées du corps de très bonne heure. Cela est vrai surtout de ces moucherons qui se reproduisent d'une façon parthénogénétique même avant l'âge adulte. Il est certainement frappant que ces formes unissent une extrême précocité dans la séparation embryonnaire des cellules-germes avec une reproduction des plus précoces. Les cellules-germes sont des œufs qui ont une histoire beaucoup moins compliquée que ceux de la plupart des cas ; ils ont moins de divisions de cellules derrière eux ; ils ont ainsi en réserve un fonds de puissance de division que les autres œufs n'ont pas ; ils sont, dans le fait, en état de se développer eux-mêmes. Malheureusement, on n'a pas la certitude

que cela soit vrai pour les cas les plus remarquables de
parthénogénèse (Rotifères), mais cela est vrai pour quelques uns, et à un point bien plus grand qu'on ne le
croyait à l'époque où Simon écrivait. D'autre part, quelques formes où la parthénogénèse est inconnue (Sangsues et *Sagitta*) présentent aussi la même différenciation précoce des cellules-germes, de façon que nous ne
pouvons que considérer ce fait comme un des auxiliaires
de la parthénogénèse. (c) La particularité des œufs parthénogénétiques qui a dernièrement attiré beaucoup
d'attention consiste en ce qu'elles n'expulsent qu'une
cellule polaire — et non deux, comme les autres œufs.
Cette découverte est due à Weismann qui, avec l'aide
d'Ischikawa, l'a vérifiée sur environ douze espèces :
Leptodora hyalina, Sida crystallina, Cypris reptans et
d'autres puces d'eau. Blockmann, dans ses observations
sur les Aphides, a aussi corroboré la découverte de
Weismann. On verra bientôt quelle importance théori-
que Weismann attache à ce fait [1].

8. *Théorie de la Parthénogénèse.* — Nous commencerons par
la théorie de Balfour, bien que celle de Minot ait la priorité.
« La fonction de former des cellules polaires a été acquise
par l'œuf dans le but exprès d'empêcher la parthénogénèse. »
Si ces cellules n'étaient point formées, la parthénogénèse se
produirait normalement. Ceci est exprimé en langage téléologique assez curieux, mais l'idée principale est assez claire ;
c'est-à-dire que les cellules polaires conservées remplacent le
nucléus du spermatozoïde. Il suffirait de changer *cellule* en *cellule* pour rendre l'expression rationnelle. Il ne faut pas oublier,
cependant, que chez les animaux supérieurs, où la parthénogénèse est inconnue, on n'a pas encore trouvé souvent de globules polaires ; on n'en a jamais vu chez les oiseaux et les
reptiles. Et l'on voudrait bien remonter plus loin encore

1. Blockmann, cependant, revendique le fait d'avoir démontré
la formation de deux globules polaires chez les œufs non fécondés
qui donnent naissance à des frelons.

et savoir *pourquoi* il ne se forme qu'un globule polaire dans les œufs parthénogénétiques.

« Suivant l'hypothèse de la sexualité, de Minot, on pourrait assurer que dans les œufs parthénogénétiques l'élément mâle est conservé, et que la cellule reste une véritable cellule asexuelle, et ne devient pas un élément sexuel ». « Blochmann et Weismann ont montré que cela est ainsi, en découvrant que dans les œufs parthénogénétiques il ne se forme qu'un seul globule polaire, tandis qu'il y en a toujours deux dans les œufs fécondés ; d'où il est permis de conclure qu'un globule polaire (par hypothèse, le mâle) est conservé. »

Les termes de Minot ne sont pas au-dessus de toute critique, bien qu'ils ne soient pas téléologiques. Ce n'est pas décrire d'une façon heureuse un œuf qui conserve l'élément mâle que de dire qu'il reste asexuel ; il vaudrait mieux appeler cela un cas d'hermaphrodisme intra-cellulaire. On ne peut dire non plus qu'il y ait toujours deux globules polaires dans les œufs fécondés. La découverte indiquée par Minot appartient historiquement à Weismann ; Blochmann n'a fait que la confirmer. Il est important de remarquer, cependant, avec quelle adresse Minot s'adapte à une connaissance plus étendue des faits. Les œufs parthénogénétiques ne conservent qu'un seul globule polaire — un élément mâle suffit ; deux éléments mâles constitueraient de la « polyspermie » que la nature a en horreur.

On n'avait pas à craindre que Rolph, rigide nécessitarien qu'il était, se permît la téléologie. Pour lui, la parthénogénèse des œufs était le processus le plus naturel, et le spermatozoïde n'était qu'une importation subséquente. « Il y a, pour l'œuf, une certaine masse minima qui doit être dépassée pour qu'il puisse se développer, et un second minimum que l'œuf doit atteindre pour produire une femelle. » La nutrition abondante de l'œuf tend à la parthénogénèse, produisant, comme première étape, des rejetons mâles, mais, à la seconde, ayant des femelles pour

résultat. Dans le sens opposé, si l'œuf a moins de ressources, il a besoin d'être fécondé. Les femelles où les
mâles se succèderont suivant l'état des éléments. S'il ne
se produit pas de fécondation, l'œuf meurt nécessairement. Rolph est toujours suggestif, mais il s'est
trompé en considérant les éléments sexuels d'une manière trop quantitative, en ne tenant pas compte de l'antithèse qualitative du sexe, et de l'opposition observée
dans la division des cellules.

d) Strasburger insiste aussi d'une façon plus technique
et plus subtile sur les conditions nutritives. « Dans les
rares cas de parthénogénèse, des conditions nutritives
particulièrement favorables peuvent neutraliser le manque de plasma nucléaire. »

Il note trois manières différentes par lesquelles ceci
peut arriver, et incline aussi à croire que la conservation
des globules polaires favoriserait le développement parthénogénétique. Il est important de noter comment deux
naturalistes, aussi différents dans leur manière d'atta-
quer un sujet, que le sont Rolph et Strasburger, sont
arrivés pourtant à cette conclusion commune que des
conditions favorables de nutrition favorisent la parthénogénèse. Toutes les cellules du corps tendent à se multiplier, et les œufs conservant ce pouvoir développent des
embryons.

e) Weismann a un droit particulier à être écouté au sujet
de la nature de la parthénogénèse. Car, non seulement il a été
pendant des années un observateur des petites Daphnies ou
puces d'eau, mais il a récemment fait la découverte importante, déjà citée, que les œufs parthénogénétiques n'expulsent qu'un seul globule polaire. On n'a pas encore eu le temps
de prouver que ce fait est absolument vrai, mais il y a de fortes
probabilités qu'il l'est. Avant d'exposer sa théorie, il est nécessaire de rappeler que le « germe-plasma, de Weismann est
une portion spécifique et essentielle du nucléus de l'œuf, ou du
spermatozoïde, dont une partie s'emploie à continuer l'hérédité

en passant, intacte, dans les cellules reproductrices de la génération suivante. Outre ce « germe-plasma » d'importance
vitale, le nucléus contient, au dire de Weismann, un « plasma
nucléaire ovogénétique» qui n'est d'aucune importance directe
dans le développement, mais est utile à l'œuf simplement
comme œuf. C'est là cette substance qu'on suppose aidant à
la construction générale de la cellule-œuf, à l'accumulation
du jaune, à la sécrétion des membranes, etc.

« Le premier globule polaire implique l'élimination du
plasma nucléaire ovogénétique, devenu superflu quand l'œuf
atteint sa maturité. D'autre part, le second globule polaire
implique l'élimination d'une partie du plasma germinatif
lui-même. Ceci s'effectue de telle sorte que le nombre des
éléments ancestraux (Ahnen-idioplasmen) qui le composent
est réduit à la moitié. Une réduction semblable doit aussi
s'effectuer dans le nombre des éléments germinaux mâles.

« La parthénogénèse a lieu quand la somme totale des
éléments ancestraux persiste dans le nucléus de l'œuf. Le
développement par la fécondation demande, toutefois, que
la moitié de ces éléments ancestraux soit d'abord expulsée de
l'œuf, après quoi la moitié qui reste, s'unissant au nucléus du
spermatozoïde, reconstitue le nombre primitif.

« Dans les deux cas, le commencement du développement
dépend de la présence d'une quantité définie et même similaire de plasma germinatif. Dans l'œuf qui demande à être
fécondé, il est apporté par le nucléus du spermatozoïde, et le
développement suit de près la fécondation. Les œufs parthénogénétiques contiennent déjà la masse nécessaire de plasma
germinatif, et ce dernier devient actif dès que l'unique globule polaire a débarrassé l'œuf du plasma nucléaire ovogénétique. »

Si, maintenant, il est vrai que la différence constante entre
un œuf se développant de lui-même et celui qui ne le peut,
est que le premier expulse une cellule infinitésimale, et que le
second, dans la mesure où l'on a pu encore l'observer, en
expulse deux, Weismann doit avoir raison d'affirmer avec insistance que là git le secret de la parthénogénèse, en partie
du moins. Il en reste cependant une partie de cachée, si l'on
s'aventure à demander ce qui, dans les œufs parthénogéné-

tiques limite la première gemmation à un au lieu de deux.
Cela ne renverse pas la théorie de Minot autant que Weismann le voudrait faire croire. Nous avons vu que Minot accepte les faits, mais qu'il suppose, ingénieusement, que l'élément polaire conservé dans les œufs parthénogénétiques est l'élément mâle. Il faut, cependant, examiner la théorie de Weismann de plus près, non seulement dans sa relation directe avec le problème de la parthénogénèse, mais à cause de ses postulats qui sont si complètement opposés à notre interprétation des phénomènes du sexe.

(1) La théorie de Weismann diffère évidemment d'une façon très accentuée de celles qui ont été précédemment citées. Le premier globule polaire n'est point une élimination de matériaux mâles antagonistes; tout au contraire, c'est l'expulsion de matériaux qui ont servi à la construction de l'œuf, ce qui est essentiellement une fonction de la femelle. La seconde expulsion polaire n'est en aucune façon une expulsion d'éléments mâles; c'est l'émission d'une partie du précieux germe-plasma, porteur des caractères héréditaires. En outre, même le nucléus du spermatozoïde n'est pas, en un certain sens, de la matière mâle; il pourrait tout aussi bien être un autre nucléus d'œuf. Il n'a qu'une valeur quantitative pour rendre au nucléus de l'œuf la masse de germe-plasma équivalente à celle qui a été gaspillée avec tant de prodigalité.

(2) Mais la théorie de Weismann, basée sur l'observation des faits, est elle-même pleine d'hypothèses. La distinction qu'il établit entre le plasma ovogénétique et le plasma de la vésicule germinale est une sorte de mythe impossible à vérifier. C'est encore une hypothèse qui n'est pas prouvée que le premier corps polaire soit une expulsion d'une sorte de substance nucléaire, et que le second soit quelque chose de tout différent. Si les expulsions différaient d'une manière notable, on pourrait le croire, mais elles sont semblables. Quand une grande cellule se divise d'une manière très inégale, comme dans la formation de globules polaires, on est autorisé à croire que la petite cellule est différente de la grande cellule; mais il faut une foi robuste pour croire que deux divisions successives, d'un caractère entièrement semblable, sont différentes d'une façon marquée.

Tout le monde admet que chaque division polaire diminue de moitié la masse (non le nombre) des éléments chromatique du nucléus, mais en ce qui concerne le nucléus rien ne montre que la première division diffère qualitativement de la seconde. La première peut expulser plus de substance cellulaire, et la seconde peut être plutôt une division nucléaire qu'une division cellulaire, mais en ce qui concerne le « plasma », toutes deux sont absolument semblables. La seconde division suit immédiatement la première sans que l'étape ordinaire de repos intervienne. Il n'y a pas, non plus, de preuve qu'un œuf parthénogénétique ne se sépare pas de la moitié de son « plasma germinatif » dans la première division. En un mot, la distinction qu'on voudrait établir entre les deux sortes de plasmas nucléaires est un pur mythe.

(3) La théorie de Weismann est plutôt morphologique que physiologique ; cela vient de ses préoccupations des questions d'hérédité qui ont imprimé cette tendance à ses vues. Une quantité donnée de plasma germinatif, dit-il, permet à l'œuf de se développer. L'œuf parthénogénétique a cette quantité et la conserve. L'œuf ordinaire l'a bien aussi, mais il l'expulse et l'acquiert de nouveau d'un autre côté. Si c'est tout ce que fait le spermatozoïde, on ne peut s'empêcher de s'étonner des voies détournées que suivrait ce processus. L'entrée du spermatozoïde doit être considérée sous deux aspects : (a) il porte avec lui certains caractères héréditaires, sans doute en grande partie dans le nucléus; (b) il apporte aussi un stimulus à une division d'un caractère qualitatif, sans doute dans quelque partie de sa petite substance cellulaire. Cette dernière fonction — la fonction dynamique — est entièrement niée par Weismann. Pour lui, le spermatozoïde n'a qu'une fonction quantitative. Cependant, malgré cette dénégation virtuelle du sexe — c'est-à-dire d'aucune différence entre les éléments ou organismes mâle et femelle — il admet, après tout, une action qualitative, car c'est du mélange du plasma germinatif mâle et femelle que toutes les variations naissent.

(4) Boveri fait une remarque intéressante au sujet de la découverte et de la théorie de Weismann. Il y a, chez les Ascarides, une tendance chez la seconde division polaire; à se limiter aux éléments chromatiques, à être une division nu-

cléaire plutôt qu'une véritable gemmation cellulaire. Une seconde division de ce genre peut se produire dans les œufs
parthénogénétiques, tandis qu'une seule expulsion a lieu.
Un second nucléus peut être formé et conservé, et jouer le
rôle d'un spermatozoïde, ainsi que le suppose la théorie de
Minot.

(g) Notre théorie de la parthénogénèse n'est ni aussi
ingénieuse que celle de Weismann, ni aussi simple que
celle de Minot. Tout comme les spores qui marquent le
commencement des sexes peuvent, parfois, se dispenser
de la conjugaison et germer d'une façon indépendante,
les œufs peuvent se développer parthénogénétiquement.

Ces derniers doivent être considérés comme des cellules femelles incomplètement différenciées, qui conservent une quantité de produits cataboliques (relativement
mâles) et par suite n'ont pas besoin de fécondation. Cet
heureux équilibre entre l'anabolisme et le catabolisme
est, en réalité, l'idéal de toute vie organique. L'expulsion d'un globule polaire, en se produisant, montre seulement qu'il y a encore des produits cataboliques qui
sont expulsés. Chez les champignons parasites, la reproduction sexuelle disparaît, et les produits de désassimilation de l'entourage servent probablement le but que
remplissent, autrement, les organes sexuels; ainsi, des
particularités dans les conditions des œufs parthénogénétiques peuvent expliquer la conservation de l'équilibre
normal qui rend la division possible sans le stimulus
ordinaire de la fécondation. Une nutrition à la fois abondante et stimulante (Rolph), une différenciation précoce
des cellules sexuelles (Simon), la prépondérance générale
de la constitution reproductrice sur la végétative (Hensen), leur libération avant que la tendance anabolique ne
les ait entraînées trop loin, sont les conditions favorables.
La segmentation commençante observée chez quelques
œufs est un effort indépendant par lequel ils essaient

d'éviter d'être trop gros pour vivre, puisqu'ils ne sont plus assez passifs pour rester à l'état dormant. La déperdition a commencé, l'auto-digestion s'opère, la cellule est acculée à l'expédient de se diviser. Chez les animaux supérieurs, tout cela n'aboutit à rien ; chez les inférieurs ces cellules femelles imparfaitement différenciées sont

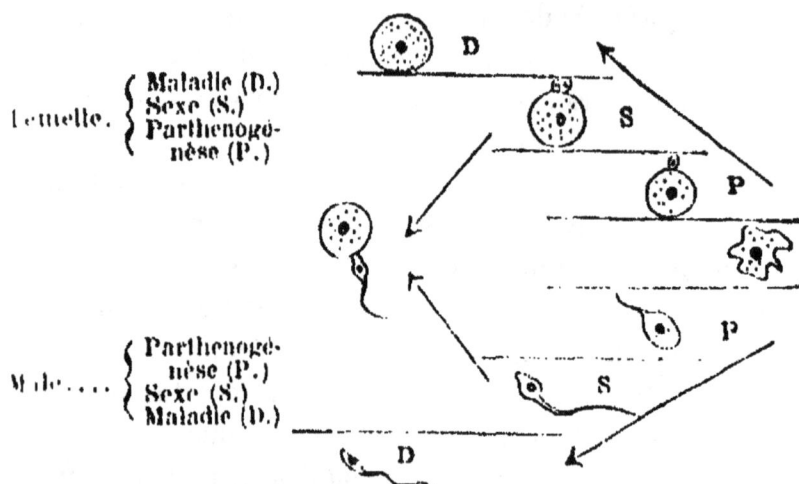

Fig. 46. — Diagramme de la théorie de la Parthénogénèse.

plus communes ; elles forment les œufs parthénogénétiques.

9. *Origine de la Parthénogénèse.* — On peut conclure, avec certitude, de la production de la parthénogénèse dans la série animale, qu'elle a eu pour origine une dégénérescence du processus sexuel ordinaire. Ce n'est point une persistance directe d'un état primitif idéal, bien qu'en quelque degré cela en soit une récapitulation. Il est facile d'esquisser une origine hypothétique qui s'applique bien aux Rotifères. Dans des conditions favorables au catabolisme les mâles s'usèrent, et les femelles devinrent assez cataboliques pour se passer d'eux. Nous trouvons les mâles, là où ils ont persisté, beaucoup plus petits que les Rotifères femelles, souvent extrèmement dégénérés, et dans une des sections, ils sont entièrement

inconnus. Puis, nous pouvons conclure du fait que l'interruption d'une série parthénogénétique de femelles par l'apparition de mâles se produit habituellement dans les temps difficiles, que c'étaient des conditions vitales prospères qui avaient amené la parthénogénèse. Pourquoi alors les parasites internes ne sont-ils pas parthénogénétiques? Ils sont très généralement hermaphrodites, et de plus ils ont passé au-delà de la parthénogénèse à une multiplication asexuelle prolifique.

Il est facile de s'égarer en interprétant la production de la parthénogénèse comme étant due à des « motifs » ou des « avantages importants. » Ce sont là des pensées ajoutées après coup. Il est, à la vérité, difficile d'éviter un langage métaphorique suggérant que la formation des globules polaires est une « combinaison », et la parthénogénèse un « expédient. » Des mots jetés au hasard ne doivent pas compter; mais dire, ainsi que le fait Weismann, « qu'ici on a renoncé à la reproduction sexuelle, non par hasard, ou par suite de conditions internes, mais à cause de raisons externes d'utilité très définies (Zweckmässigkeitsgrunden) » cela, à tout le moins, est très propre à égarer le jugement. Une espèce de Crustacé est décimée par des ennemis, une augmentation de multiplication diminuerait le danger d'extinction de l'espèce, la parthénogénèse s'établit, et désormais pour chaque producteur d'œufs il y en a deux, *voilà tout*. Nous protestons de toutes nos forces contre cette méthode cavalière de traiter la nature, et nous soutenons que l'origine de la parthénogénèse ne visait aucun avantage subséquent, mais résultait uniquement de conditions internes nécessaires.

10. *Le Cas des Abeilles.* — Nous avons déjà parlé de la « parthénogénèse volontaire » des abeilles. Tous les œufs sont supposés avoir la faculté de la parthénogénèse, mais il n'est pas permis à tous de se développer ainsi. Les œufs

fécondés se développent en reines et en ouvrières, les non-fécondés deviennent des frelons. Weismann insiste sur le fait que tous les œufs sont pareils. « Il n'y a aucune différence entre ceux qui sont fécondés et ceux qui ne doivent pas l'être. La différence n'apparaît qu'après la maturité de l'œuf, et l'élimination du plasma ovogénétique. » L'état des globules polaires n'étant pas connu, il est inutile de compliquer la question par des suppositions à leur sujet[1].

Écrivant avant sa découverte concernant la parthénogénèse, il dit que le *sine qua non* du développement est que le nucléus acquière une certaine quantité de germe-plasma; l'œuf fécondé reçoit son quantum de la façon ordinaire, à l'aide du spermatozoïde, tandis que le non-fécondé l'acquiert simplement par la croissance; il n'est pas utile de tenir compte de la différence du sexe dans le résultat. Nous ferons remarquer que cette question d'un quantum de « germe-plasma » et des deux manières dont on l'obtient, est une pure supposition, soit dans ce cas particulier, soit en général. Il nous faut encore noter que si la parthénogénèse est décidée par des principes utilitaires, et s'il ne faut pas tenir compte de la différence du sexe, et si les œufs sont au début tous pareils, nous trouvons difficile à comprendre la persistance des frelons et de la reproduction sexuelle. Ce nous semble être une manière laborieuse et coûteuse de rechercher un gain qui n'est pas évident. Mais nous voudrions être bien sûrs qu'au début, les œufs sont tous pareils. Von Siebold dit que la reine des abeilles décide par la vue des différentes grandeurs des cellules quelles sont celles à féconder ou à ne pas féconder. Cela peut être. La cellule d'une reine est très marquée; la différence entre celles d'une ouvrière et d'un frelon l'est beaucoup moins. Nous soupçonnons que l'impulsion doit venir d'ailleurs. Mais, sans s'arrêter à cela, les œufs pondus les *premiers*, pendant que la reine est jeune, se développent en femelles; les œufs d'où naissent les frelons viennent plus tard, quand la mère est plus épuisée. Ils ont moins de chance de différenciation, ce sont des œufs parthénogénétiques. Il en est de même avec les vieilles reines,

1. Voir pourtant la note, p. 256.

quand la provision de sperme est naturellement épuisée.

Weismann cite l'expérience que Bessels fit, après Dzierzon. Le vol nuptial fut empêché, et les œufs qui, suivant le cours naturel, eussent été fécondés pour donner naissance à des reines et des ouvrières, restèrent sans fécondation, et se développèrent en mâles, parthénogénétiquement. Cela prouve, dit-il, que tous les œufs, au début, étaient pareils. Mais on aimerait à savoir si l'arrêt de vol nuptial n'a pas eu aussi son effet sur les œufs, et si les œufs parthénogénétiques ne sont pas toujours moins différenciés.

RÉSUMÉ

(1) On a cru autrefois, la parthénogénèse plus généralement répandue qu'elle ne l'est réellement, mais on sait, positivement, qu'elle n'est pas rare chez les animaux inférieurs.

(2) Il faut, pour être clair, distinguer les parthénogénèses artificielle, pathologique, accidentelle, partielle, saisonnière, juvénile et totale.

(3) On reconnaît particulièrement bien la présence de la parthénogénèse chez les Rotifères, les Crustacés et les Insectes.

(4) Elle est rare chez les plantes, mais existe certainement parmi les formes inférieures.

(5) La progéniture née d'œufs parthénogénétiques est très diverse.

(6) Les effets de la parthénogénèse sur l'espèce méritent d'être pris en considération surtout par ceux qui tiennent le mélange sexuel pour l'unique source de variation spécifique.

(7) Les œufs parthénogénétiques, en tant qu'on a pu les observer jusqu'ici, ne donnent qu'un globule polaire.

(8) Les œufs parthénogénétiques sont considérés ici comme étant des cellules femelles imparfaitement différenciées, et conservant certains caractères mâles ou cataboliques.

(9) A son origine, la parthénogénèse est considérée comme une dégénérescence du processus sexuel ordinaire.

(10) La parthénogénèse volontaire des abeilles est prise comme exemple concret.

BIBLIOGRAPHIE.

Voir surtout les ouvrages déjà cités de Balfour, Brooks, Hensen, Minot, Rolph, Sachs, Weismann.

Owen. — *Parthenogenesis ; or the Successive Production of Procreating Individuals from a Single Ovum*, Londres, 1849.

Von Siebold. — *Beiträge zur Parthenogenesis*, Leipzig, 1871.

Leuckart.' — Article *Zeugung* dans *Wagner's Handwörterbuch d. Physiol.*, T. IV, 1853.

Gerstaecker. — *Bronn's Klassen und Ordnungen des Thierreich*, vol. V. *Arthropoda*.

Brooks, W. K. — *Law of Heredity*, Baltimore, 1883.

Simon, F. — *Die Sexualität* etc., thèse Breslau, 1883.

Blochmann. — *Ueber die Richtungskörper bei Insekteneiern*. *Biolog. Centralblat*, VII, et *Morpholog. Jahrbuch*, XII.

Weismann, A. — *Beitr. zur Naturgeschichte der Daphnoiden*. Leipzig, 1876-1879. *Ueber die Zahl der Richtungskörper und über ihre Bedeutung für die Vererbung*, Iéna, 1887.

Weismann, A., et Ischikawa C. — *Berichten der Naturforsch. Gesellschaft*, Fribourg, III, 1887.

Hudson, et Gosse. — *The Rotifera*, Londres, 1886.

Plate. — *Beiträge zur Naturgeschichte der Rotatorien*. *Ienaische Zeitschrift f. Naturwiss*. XIX, 1886.

Karsten, H. — *Parthenogenesis und Generations-Wechsel im Thier und Pflanzenreiche*, Berlin, 1888.

CHAPITRE XIV

REPRODUCTION ASEXUELLE

1. *Division artificielle.* — Les saules pleureurs ne sont nullement rares en Angleterre ; cependant, comme ils

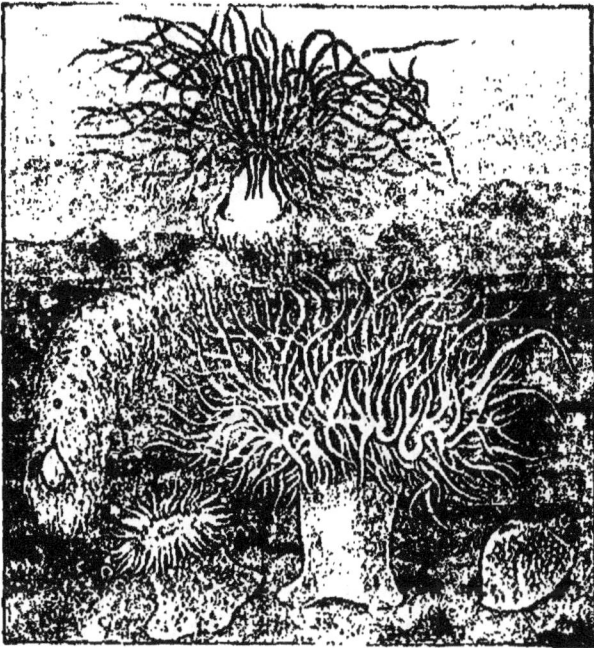

Fig. 17. — Groupe d'actinies, d'après Gendres.

ne fleurissent jamais, ils ont tous dû venir de boutures, autrement dit par la multiplication asexuelle artificielle. De même, mais d'une manière plus naturelle, l'*Élo-*

dea canalensis s'est répandu, avec une prodigieuse abondance, dans nos lacs, nos canaux, nos rivières, ne fleurissant jamais, mais devant sa multiplication entièrement au processus asexuel. Chacun sait comment le jardinier augmente sa collection par des boutures et des marcottes, profitant ainsi de la faculté qu'une partie a de reproduire le tout. D'une manière absolument semblable, les cultivateurs d'éponges plantent de petits fragments pour conserver la provision qu'il leur faut. Au siècle

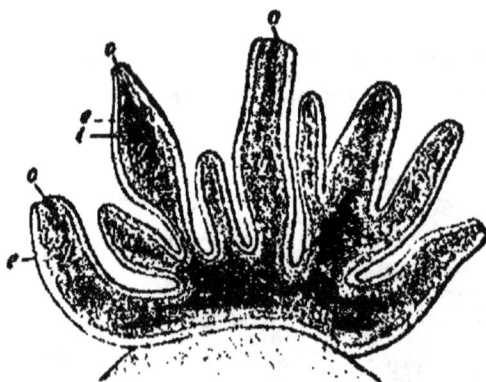

Fig. 48. — Formation d'une colonie de Spongiaires (Olynthus) par gemmation, d'après Haeckel.

dernier, l'abbé Trembley a souvent répété, pour lui et pour d'autres, l'observation d'après laquelle, pour obtenir beaucoup d'hydres (polypes) d'une seule, le moyen le plus court et le plus simple est de la couper en morceaux. Si petit que soit le morceau, il reproduit le tout, à condition toutefois, qu'il renferme un échantillon convenable des différentes espèces de cellules du corps. On peut faire de même pour les plus grandes anémones de mer.

Le ver de terre, aussi, lorsqu'il est tranché par la bêche, n'est pas nécessairement perdu, quelle que soit sa souffrance. A la portion de la tête s'ajoute une nouvelle queue, et même une partie décapitée peut repro-

duire une tête et un cerveau, ce qui n'est pas fort à
l'honneur de ces derniers.

2. *La Régénération.* — Les bêches et les couteaux ne
sont pas exactement des instruments de la nature, mais ils
y ont leur contre-partie. En combattant avec un rival un
crabe peut perdre sa patte, ou cela peut arriver au moment souvent fatal de la mue, qui semble presque être une
erreur de la nature. Cependant, lentement, la nature in-
dulgente répare la perte ; les cellules du moignon se multiplient, et s'arrangent pour obéir aux mêmes nécessités
qu'avant, et un membre est régénéré. Plus d'un appendice
chez les animaux inférieurs est de temps en temps arra-
ché, et il se produit à nouveau. On a connu un escargot
qui a remplacé, patiemment, vingt fois de suite une
corne amputée. On est quelquefois tenté de penser que les
animaux comprennent presque qu'il vaut mieux pour
eux qu'un de leurs membres périsse que de perdre la vie,
tant une astérie et un lézard mettent de promptitude à
livrer, l'un son bras, l'autre sa queue. Il faut cependant
reconnaître que les animaux, comme les hommes, sont
souvent plus sages qu'ils ne l'imaginent. Dans la pani-
que de leur capture, il peut se produire de folles convul-
sions qui surprennent celui qui moleste l'Holothurie,
par l'éjection de ses viscères ; ou une convulsion té-
tanique des muscles rend l'orvet fragile dans les mains
de celui qui l'a pris. La puissance de **régénération** est
très marquée chez les Échinodermes, mais elle persiste jusque chez les Reptiles. La régénération d'une
partie de patte de lézard est le chef-d'œuvre du genre.
Au-delà, la régénération est bornée à de petites choses.
Nous régénérons constamment la peau de nos lèvres,
mais naturellement, nous ne saurions remplacer un
membre amputé. Il est plus merveilleux que nous ne
le puissions pas, qu'il ne l'est que le lézard le puisse. Il
n'est pas réellement merveilleux que les cellules d'un

moignon irrité se divisent et se multiplient, et que le résultat soit le même qu'au début, ou au moins ce l'est autant, mais pas plus que le développement primitif. Les cellules en voie de division, du moignon en croissance, ne font que répéter leur développement originel.

3. *Degrés de la Reproduction Asexuelle.* — La dominante du sujet a été réellement donnée par Spencer et Haeckel, quand ils ont défini la reproduction asexuelle comme une croissance discontinue. Toute croissance est une reproduction du protoplasme et de ses éléments nucléaires, bref, de toutes les cellules ; toute reproduction (le fait important de la fécondation à part) est une croissance. L'œuf reproduit asexuellement de l'œuf-parent ou des cellules qui en descendent, croît et se reproduit à son tour, construisant l'embryon. L'embryon devient un organisme adulte, et le surplus d'énergie continue de croissance a pour résultat la production asexuelle de gemmules, ou la décharge sexuelle des éléments reproducteurs différenciés. Nous partons des processus ordinaires de multiplication des cellules et de régénération que présente l'organisme normal. Puis viennent les processus par lesquels les membres perdus sont régénérés et qui impliquent une croissance supplémentaire plus ou moins sérieuse. Nous devons ajouter à ceux-ci les cas plus rares, et pourtant assez fréquents où les moitiés ou fractions artificielles d'un organisme peuvent croître pour former un tout. Il y a pourtant normalement et fréquemment, de très abondants cas de gemmation, où une Éponge ou une hydre, un zoophyte ou un Coralliaire, a un excédent suffisant pour produire de nouveaux individus qui restent en continuité avec lui-même. L'organisme parent, qu'il soit zoophyte ou plant de fraisier, a, autour de lui, une progéniture produite asexuellement qui est en continuité asexuelle avec lui-même. Mais la continuité ne persiste pas toujours ; l'hydre produit des bourgeons,

mais parfois les envoie à distance. Cela se voit encore
mieux chez beaucoup d'Hydraires, où les individus
sont séparés comme médusoïdes. La multiplication est
devenue discontinue. Si l'on suit le processus, on verra
la délivrance de cellules spéciales, qui souvent restent
attachées au parent, et dépendent en général pour leur

Fig. 49. — Reproduction asexuelle de Graminées. *a*, Bulbilles prenant
racine en terre; *b*, leur apparition dans l'inflorescence; *c*, les mêmes,
grossis. D'après nature.

développement de l'union avec des cellules semblables
de constitution complémentaire ; on verra, en réalité,
la reproduction sexuelle qui, chez les organismes supérieurs, remplace si complètement le processus asexuel.

4. *Occurence de la Reproduction Asexuelle chez les
Plantes et les Animaux.* — Chez les plantes, ainsi qu'on
peut l'attendre de leur constitution végétative typique,
le processus asexuel est commun surtout parmi les formes inférieures. Le cas le plus familier nous est offert

par les Hépatiques communes (*Marchantia* et *Lunularia*)
qui, en formant des gemmules ou bourgeons asexuels
peuvent si vite envahir nos pots de fleurs et devenir
la peste de la serre. Beaucoup de Fougères aussi, surtout parmi les *Asplenium*, se reproduisent par des bulbilles nées sur leurs frondes ; et les bulbilles qui naissent
à l'aisselle des feuilles du lis tigré sont connues, comme
projectiles, de tout enfant élevé auprès d'un jardin. Les
Allium, et aussi quelques-unes de nos herbes communes,
nous fournissent des exemples du remplacement de fleurs
par des bourgeons séparables. La reproduction asexuelle,
ou multiplication par croissance plus ou moins discontinue sans la différenciation de cellules sexuelles spéciales et en dépendance mutuelle l'une de l'autre, se produit depuis les animaux les plus simples jusqu'aux
Tuniciers, depuis la base jusque par-dessus la ligne qui
sépare les Invertébrés des Vertébrés. Il faut, cependant,
passer les groupes en revue.

Protozoaires. — La fécondation commença par un état
de fusion presque mécanique. La reproduction commence
avec une rupture presque mécanique. La masse élémentaire
du protoplasme, devenant trop grosse, se brise. De la sorte
elle se sauve, et se multiplie, à la fois. Cette rupture peut
se voir chez des formes primitives, les *Schizogènes*, mais on
la retrouve dans quelques uns des Infusoires relativement
supérieurs. Il est vrai que la rupture est souvent synonyme de
dissolution ; la reproduction n'est jamais très distante de la
mort.

La rupture devient régulière et systématique dans la gemmation. Celle-ci peut être multiple, comme dans l'*Arcella*
commune, où nombre de petits bourgeons sont détachés
tout autour. Mais le processus est souvent concentré en une
seule expulsion ou élimination. Dans la gemmation, la cellule fille séparée est, à un degré variable, plus petite que la
mère, et le processus ressemble à une expulsion. Quand le
bourgeon est presque égal à son parent, et que le processus

est de la nature d'une constriction, c'est naturellement une
division.

Cette division peut aussi être multiple, ayant lieu en succession rapide, et dans un espace limité, comme dans un
kyste. Nous disons alors qu'il y a formation de spores. Ces
trois derniers modes de multiplication sont extrêmement
communs parmi les Protozoaires.

Ces bourgeonnements et ces divisions ne sont pas, naturellement, des processus nettement tranchés. Le nucléus en prend
presque toujours sa part d'une manière régulière et délibérée. Il y a des variations dans ses agissements comme chez les
animaux supérieurs, mais il est indubitable que la division
des cellules, avec un peu de progrès comme en toutes choses,
est essentiellement la même dans la grande majorité des
cas. Gruber a réussi, particulièrement, à prouver que des
fragments de Protozoaires, séparés artificiellement sans éléments nucléaires, ne peuvent vivre longtemps, quand bien
même ils peuvent croître et réparer leurs pertes pendant un
peu de temps. Le nucléus est essentiel à la vie, bien que
parfois il semble disparaître, et devenir comme un précé-
pité diffus dans le protoplasme.

Éponges. — On ne peut manquer, chez les Éponges, de reconnaître l'impossibilité de tirer une ligne de démarcation
entre la croissance et la reproduction asexuelle. Dans beaucoup de cas il est impossible de distinguer la simple extension
de la masse des parents, et la gemmation des nouveaux
individus. Les Éponges ne se divisent point, bien qu'on puisse
les couper en morceaux ; elles émettent pourtant des bourgeons discontinus. Un bourgeon hypertrophié peut perdre sa
relation avec la masse des parents, ou une grande masse en
forme de tumeur peut être lentement détachée, ou de petits
gemmes peuvent être mis en liberté pour se tirer d'affaire
tout seuls. Dans des conditions défavorables la surface d'une
Éponge se condense parfois en bourgeons superficiels
grâce auxquels la vie peut être sauvée.

Chez les Éponges d'eau douce, dans des circonstances défavorables — le froid en certains pays, la chaleur et la sécheresse dans d'autres — quelques unes des cellules s'associent
pour former des gemmules, qui souvent sauvent la vie de

l'éponge qui mourrait sans cela. Elles sont assez complexes, avec des fourreaux et des spicules, quelquefois même avec un flotteur, mais, en principe, elles font simplement par une union multiple ce que l'œuf et le spermatozoïde arrivent, à faire autrement. L'exemple le plus connu, à cet égard, est celui des éponges d'eau douce (*Spongilla*) cela a aussi lieu dans d'autres éponges communes, comme la *Clione*, qui perce des coquilles d'huîtres.

Cœlentérés. — On trouve dans les noms tels que zoophytes, roses de mer, etc., comme un pressentiment du caractère indubitablement végétal des Cœlentérés. L'habitus sessile est

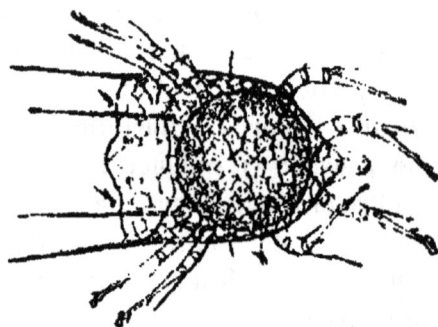

F. 50. — *Glyciphagus cursor* enkysté, l'individu lui-même mourant.

très général, bien que souvent il ne soit qu'une phase de l'histoire de la vie, et la reproduction asexuelle suit son cours. Une hydre bien nourrie produit d'abondantes gemmules ; et de nombreux degrés relient cette condition aux colonies innombrables que présentent beaucoup d'Hydraires. Les individus formant une famille unie, partagent la vie et la nutrition communes. A mesure que la colonie devient complexe il est souvent physiquement impossible pour tous ses membres de rester ensemble en égalité même approximative de conditions internes et externes. L'un devient relativement pléthorique, un autre affamé. De légères différences de fonction s'accentuent et s'exagèrent par degrés, jusqu'à ce que la division du travail soit établie. L'aspect anatomique est la différenciation ou le polymorphisme parmi les membres de la colonie, et le résultat est l'établissement d'individus nourrisseurs, reproducteurs, sensitifs, et protecteurs.

Ainsi chez les *Hydractinies* communes, les individus nourrisseurs sont en contraste marqué avec les individus reproducteurs ; et, encore, sous des formes différentes, le rythme se répète dans le contraste des membres actifs, offensifs, sensitifs et allongés, et les épines passives, avortées, qui forment des chevaux de frise à l'abri desquels les autres se blottissent. On suppose, habituellement, que les Hydraires sessiles, sont en un sens, dégénérés de types ancestraux plus actifs. L'embryon qui nageait librement devient épuisé, s'établit, et présente une *végétativité* prédominante avec sexualité retardée. En beaucoup de cas, cependant, il y a un retour à la liberté d'action des ancêtres, car des « individus » modifiés sont mis en liberté comme médusoïdes actifs, sexuels, nageant librement.

Il y a, cependant, des formes actives du véritable type médusoïde (Trachyméduses) qui ne descendent jamais au nadir sessile de l'existence, mais montrent toutefois la tendance asexuelle de la classe en formant des groupes temporaires de bourgeons pendants. Lang a décrit dernièrement un remarquable médusoïde composé (*Gastroblasta raffaeli* qui a quelquefois jusqu'à neuf estomacs, et peut être supposé hautement nourricier. Ce qu'il y a de plus remarquable, cependant, c'est que l'adulte composé est le résultat non seulement d'une gemmation continue, mais d'un processus de division recta..gulaire incomplète. Avec quelques autres il fait la transition vers la Physalie et la série des Siphonophores. Ici la larve se développe d'abord en un individu simple ressemblant à une méduse, mais celui-ci bourgeonne en une série multiple d' « individus » lesquels, par la dislocation ou même la migration, se disposent en ces superbes colonies de Siphonophores, qui dépassent les Hydractinies elles-mêmes dans leur division de travail. Il est assez difficile, en quelques cas, de distinguer les vrais individus qu'Haeckel appelle *Médusomes*, des simples organes tels que des bractées protectrices qui sont aussi produites par bourgeonnement.

Dans une autre direction, c'est-à-dire chez les vraies Méduses (Acraspedotes) où un habitus actif est très prépondérant, nous retrouvons la multiplication asexuelle. Quelques for-

mes (*Pelagia*) sont entièrement libres ; à l'extrémité opposée
il y en a quelques unes de presque sédentaires (*Lucernarida*);
entre ces deux extrêmes, nous trouvons l'Aurélie commune,
qui se fixe dans sa jeunesse, et donne naissance, par division,

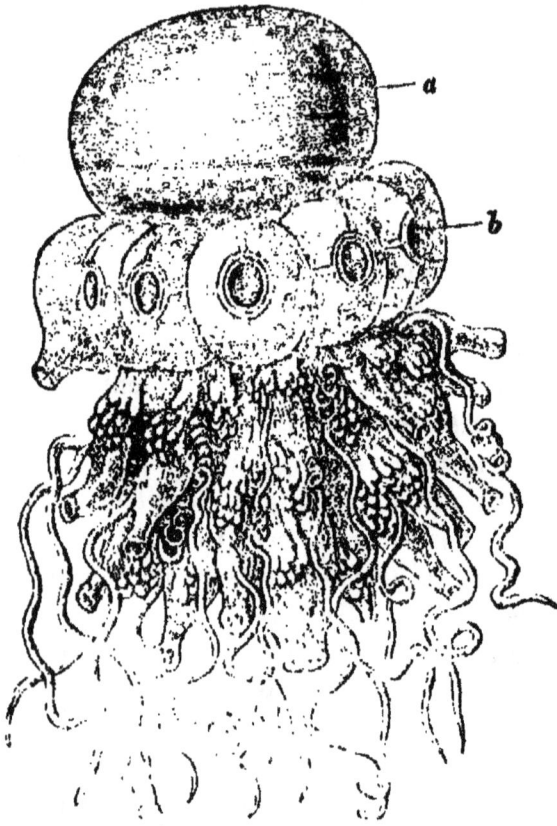

Fig. 51. — Colonie de Siphonophores montrant le flotteur *a*, les cloches
natatoires *b*, et les individus nourriciers et reproducteurs, etc., au-
dessous, d'après Haeckel.

à ce qui devient plus tard les grosses méduses sexuelles (voir
la figure page 286).

Il reste deux classes de Cœlentérés, les Cténophores
comme le *Béroé*, qui représentent un maximum d'activité et
ne se divisent jamais, et les Actinozoaires (anémones de mer
et coraux) qui ramènent à un terminus de passivité, et
chez qui l'on trouve à profusion la multiplication asexuelle.
Quelques anémones de mer se divisent normalement, tout
comme on peut les multiplier par des sections artificielles.

Des fragments peuvent aussi être émis d'une façon arbitraire, qui rappelle les bourgeons des éponges. La division peut être longitudinale ou diagonale comme chez les anémones de mer, et la gemmation des coraux prend beaucoup de formes diverses, qui ont pour résultats la complexité originale des Méandrines et autres. Chez une anémone de mer (*Gonactinia prolifera*) où se produit la division transversale, il est intéressant de remarquer que celle-ci n'a été observée que chez de jeunes formes dont les organes sexuels ne sont pas développés. Elle rappelle, en réalité, la multiplication asexuelle d'une jeune méduse. Chez un autre corail (*Antipatharia*) Brooks a récemment observé comment une « personne » nourricière peut, par constriction, former un individu reproducteur de chaque côté.

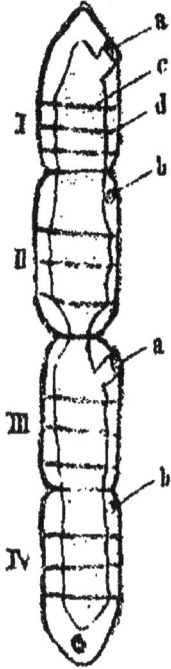

Fig. 51.—Schéma de la formation d'une chaîne d'individus chez le ver (Turbellarié comme *Microstomum lineare*. D'après Leunis.

Les Vers. — Les types des Vers inférieurs se distinguent, en gros, des types supérieurs, par le fait qu'ils sont tout d'une pièce, sans anneaux ni segments. Un lien physiologique, cependant, entre les vers à un seul segment et ceux qui en ont plusieurs, se trouve dans les chaînes asexuelles que quelques-uns de ces derniers développent quelquefois. Ainsi le petit *Microstomum lineare* (Turbellariés) peut émettre une chaîne temporaire de seize chaînons individuels. Le bourgeonnement commence à l'extrémité postérieure, et ce qui est séparé en partie est une portion en excès des dimensions normales. Le second segment se développe jusqu'à ce qu'il atteigne la taille adulte ordinaire, et lorsqu'il dépasse cette dernière il forme un troisième segment. En même temps, l'individu primitif peut agir de même, et ainsi se trouve formé un quatrième segment. Deux bourgeonnements de plus à chaque segment achèvent le processus asexuel, après quoi les individus se séparent l'un de l'autre et deviennent libres et sexués. Il importe de remarquer que la reproduction asexuelle a lieu dans des conditions nutritives favorables, et à mesure que chaque individu dépasse sa limite normale de croissance. Chez quelques Planaires alliées la multiplication asexuelle ne s'effectue pas par bourgeonnement mais par division. Zacharias a observé que lorsque la nutrition était arrêtée l'augmentation végétative cessait, et la multiplication asexuelle s'établissait. La multiplication prolifique qui caractérise les Douves et les Ténias est entièrement asexuelle. La Douve du foie a souvent plusieurs générations

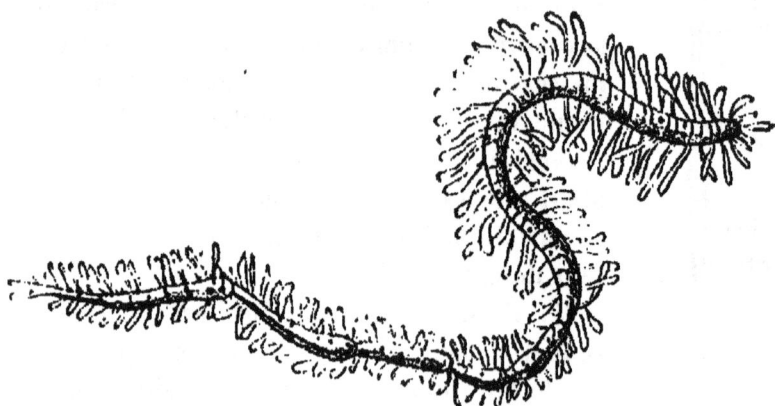

Fig. 53. — Ver marin (*Myrianida*) qui a produit par gemmation une chaîne d'individus. D'après Milne Edwards.

asexuelles avant de trouver son hôte définitif dans le mouton, et elle est surpassée à cet égard par quelques uns de ses alliés. Le Cysticerque, dans son repos passif, avec une abondante nutrition, peut former, asexuellement, plusieurs têtes » dont chacune, dans l'intérieur d'un hôte futur, se développe en la longue série d'articles qui composent le Ténia. Dans leur abondante multiplication asexuelle ces parasites ressemblent aux champignons parasites, mais en diffèrent en ce qu'ils conservent aussi le processus sexuel.

Dans leur reproduction asexuelle, les Polyzoaires rappellent les Éponges, car non seulement ils se multiplient par bourgeonnement, et abondamment, mais ils forment des bourgeons d'hiver particuliers comme les gemmules des éponges, par lesquels, à la mort du parent, la continuité de la vie se trouve néanmoins assurée. Les bourgeons d'hiver, ou statoblastes, ressemblent en outre aux gemmules des éponges

par la complexité de leur équipement externe, trait caractéristique commun aux organismes passifs au repos.

Dans les types supérieurs des Chétopodes la multiplication se présente avec une grande variété d'expressions.
Quelques uns, quand on les effraie, se brisent comme par pa-
nique, mais on en a connu quelques uns à qui cela arrive dans
la vie apparemment normale. Chaque partie — il peut y en

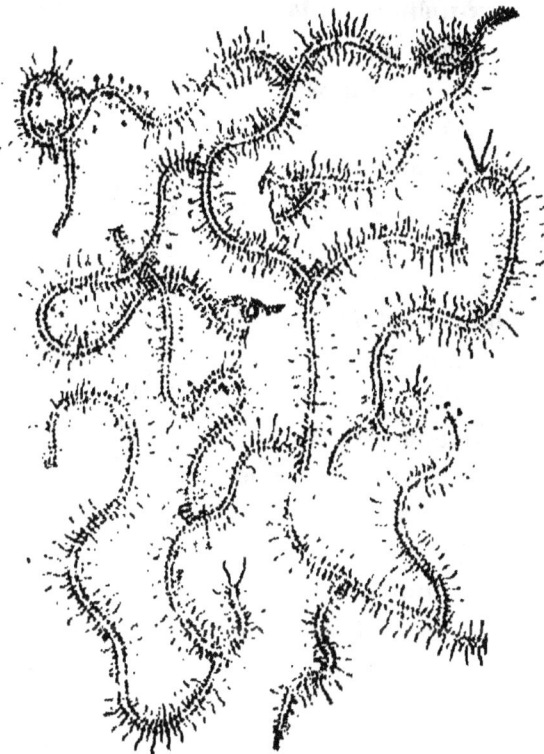

Fig. 54. — *Syllis ramosa*, ver marin chez qui la reproduction asexuelle
a déterminé une apparence ramifiée. D'après M'Intosh. Rapport sur
les Annelides dans les travaux du Challenger.

avoir plus de deux — reproduit alors le tout. Ainsi, à un niveau relativement élevé chez les animaux, reproduction peut
être littéralement synonyme de rupture. Le plus souvent, cependant, le bourgeonnement précède la division, et de curieuses chaînes de vers sont ainsi produites. Les individus
bourgeonnés ne se maintiennent pas toujours dans une ligne
droite, mais, comme les Naïades, peuvent faire entre eux des
angles, et former une branche vivante singulière; on voit

à quel degré peut être poussée cette irrégularité dans la figure 54 qui représente une partie d'un ver (*Syllis ramosa*) trouvé dans le voyage du Challenger. Les bourgeons s'y présentent latéralement, terminalement, ou sur une surface déchirée quelconque, et le résultat est un organisme composé presque en manière de buisson qui rivalise avec les Hydraires eux-mêmes par la hardiesse de la ramification.

Quelques unes des branches deviennent mâles ou femelles, et se séparent, ou sont abandonnées. Chez d'autres Syllides, on a observé, à différentes reprises, la séparation d'une série des articles comme individu sexué, ou celui-ci peut être réduit à un seul article chargé des éléments reproducteurs qui est mis en liberté. Chez beaucoup de ces Chétopodes la gemmation commence quand la croissance normale de l'individu a été arrêtée par des conditions défavorables, qui amènent la séparation et la sexualité subséquente des individus libérés.

Les Astéries et leurs semblables détachent leurs bras si promptement que l'on a supposé qu'elles pouvaient, de cette manière, se multiplier normalement. Il est cependant difficile de prouver ici que l'abandon

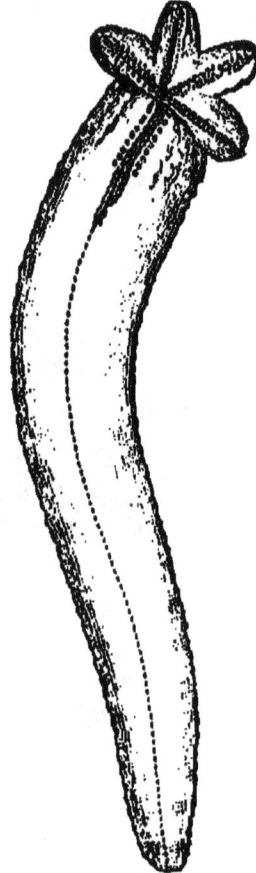

Fig. 55. — Astérie en forme de comète, montrant comment un bras en régénère ou en reproduit 4 autres. D'après Haeckel.

volontaire de quelque partie soit un mode de multiplication. Ainsi, tandis que les Crustacés, les Insectes, les Araignées et les Mollusques peuvent perdre et remplacer quelques unes de leurs parties, il ne se produit chez eux aucune multiplication asexuelle.

Chez les Tuniciers, le processus asexuel rentre en jeu. Il n'est point limité aux formes sessiles passives où l'on doit s'attendre à le trouver, mais se produit également chez les

espèces qui nagent librement. Des bourgeons peuvent s'élever d'une tige rampante, comme des plantes d'un rhizome,
ou une forme parente peut émettre une couronne de bourgeons, et finalement périr, laissant sa postérité en cercle autour d'une cavité. Des chaînons peuvent se former, par gemmation ou par division, comme chez les Salpes. La multiplication asexuelle s'arrête à ces vertébrés inférieurs. Nous
traiterons dans le chapitre suivant de la façon dont ce processus alterne, en rythme régulier, avec la reproduction
sexuelle ordinaire.

RÉSUMÉ

1. La division artificielle peut aisément être utilisée comme
moyen de multiplication chez les plantes et les animaux inférieurs.

2. La régénération des parties perdues est très commune à la
fois chez les plantes et chez les animaux.

3. La reproduction asexuelle, du bourgeonnement continu à la
multiplication discontinue, présente beaucoup de degrés qui mè-
nent au processus sexuel.

4. Elle se produit, dans toute la série, depuis les Protozoaires
jusqu'aux Tuniciers.

BIBLIOGRAPHIE

Les ouvrages généraux déjà cités; les manuels ordinaires de
zoologie et de botanique, et :

LANG, A. — *Der Einfluss des Festsitzens auf den Thieren, und der
Ursprung der ungeschlechtlichen Fortpflanzung.* Iéna, 1886.

SPENCER. — *Principles of Biology.* Londres 1866.

HAECKEL. — *Generelle Morphologie.* Berlin 186".

FRÉDÉRICQ. — *La Lutte pour l'Existence chez les Animaux marins.*
— Paris, 1889. (Pour la *Régénération*, etc.)

CHAPITRE XV

1. *Histoire de la Découverte.* — Dans les premières années de notre siècle, le poëte Chamisso, accompagnant Kotzebue dans son voyage de circumnavigation autour du globe, observa chez une Salpe qu'une forme solitaire donnait naissance à des embryons d'un caractère différent, liés ensemble en chaînes, et que chaque anneau de la chaîne produisait à son tour une forme solitaire. Il ne semble pas que l'observation de Chamisso ait été tout à fait exacte, mais il est indubitable que, le premier, il attira l'attention sur ce qui n'est pas un fait rare, à savoir le fait qu'un organisme produit parfois un rejeton très différent de lui-même, qui bientôt est l'origine d'une forme semblable à celle du parent. Les progrès de la zoologie marine et de l'étude des vers parasites donnèrent de bonne heure à des naturalistes tels que Sars, Dalyell, Lovén, Von Siebold, et Leuckart des exemples de beaucoup d'alternances dans l'histoire des organismes; mais Steenstrup fut le premier à généraliser les résultats.

Il fit ceci (1842) environ vingt ans après Chamisso, dans un ouvrage intitulé *Sur l'alternance des générations ou la propagation et le développement des animaux par des générations alternes, forme particulière pour produire les jeunes dans les classes inférieures d'animaux.* Partant des Hydraires et des Douves, il donna des exemples des « phénomènes naturels d'un animal produisant un rejeton ne ressemblant en aucun temps à son parent, mais qui crée lui-même une progéniture qui retourne à la forme et à la nature du parent. » Il distingua la génération intercalaire sous le nom de *Amme* ou « nourrice ». En 1849, Owen soumit l'essai de Steenstrup à une critique sévère, rejetant en particulier le nom métaphorique de « nourrice » comme n'étant qu'une explication verbale, et proposant d'expliquer ce qu'il appela aussi l' « alternance des générations, » en même temps que la parthénogénèse et d'autres phénomènes, par la supposition d'une force germinale ou spermatique résiduelle dans les cellules du rejeton en apparence asexué. Il eut ainsi, en partie, une sorte de pressentiment de la conception d'un plasma germinatif résiduel persistant. Leuckart, bientôt après, essaya d'envisager le tout comme des cas de métamorphose, étendant grandement par là le sens de ce dernier terme. Les travaux de quelques uns des naturalistes les plus éminents ont à la fois étendu et beaucoup précisé les observations de Steenstrup. Nous savons maintenant que ce phénomène est bien plus répandu qu'on ne le supposait d'abord, et aussi que le titre en a été illégitimement étendu à des séries de faits entièrement différents. Il est donc nécessaire de noter les différentes formes que le rythme de la reproduction peut prendre.

2. *Le Rythme entre les Reproductions Sexuelle et Asexuelle.* — a) Le cas le plus clair, comme point de départ, est celui de beaucoup d'Hydraires. Un zoophyte sessile, ressemblant à une plante, qui produit par bourgeonnement de nombreuses personnes nourricières, produit dans les mois chauds des individus modifiés qui sont mis en liberté comme médusoïdes.

Dissemblables de l'Hydre dont ils sont nés, ils deviennent sexuels, et de leurs œufs fécondés se développe un

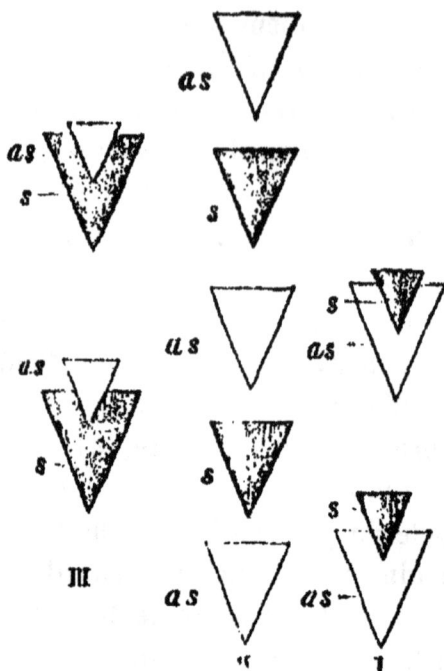

Fig. 56. — Schema de l'alternance des générations (as) asexuelle et (s) sexuelle. En II, il y a alternance ; en I, la génération sexuelle devient de plus en plus subordonnée à la génération asexuelle (comme chez les Phanérogames). En III, la génération asexuelle est plus subordonnée à la génération sexuelle (chez les Mousses).

embryon qui, finalement, s'établit pour fonder une nou-

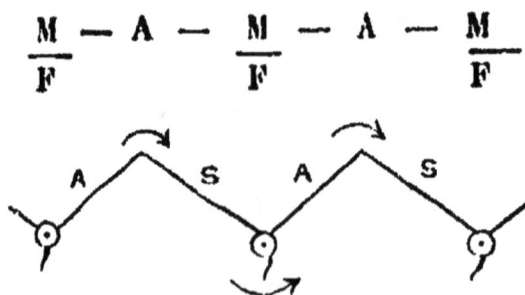

Fig. 57. — A, Hydraire asexué ; S, Médusoïde sexué ; au bas, des œufs fécondés.

velle colonie sessile. Et ainsi, au cours des saisons, nous avons des Hydraires qui produisent asexuellement des médusoïdes sexuels, et ceux-ci à leur tour produisent des

Hydraires. L'histoire de deux rythmes complets peut s'écrire dans une formule où M. F. et A. représentent respectivement les formes mâle, femelle et asexuelle :

Ou bien, prenons, comme contraste, l'histoire de la commune méduse, l'Aurélie. De grands animaux sexués, nageant librement, qui sont fécondés par des spermatozoïdes, produisent des œufs ; l'embryon se développe, non pourtant en méduse, mais en un organisme sessile ressemblant aux Hydraires. Par la croissance et la division, il produit à son tour, asexuellement, une Méduse. Ici la génération sexuée est plus stable et plus

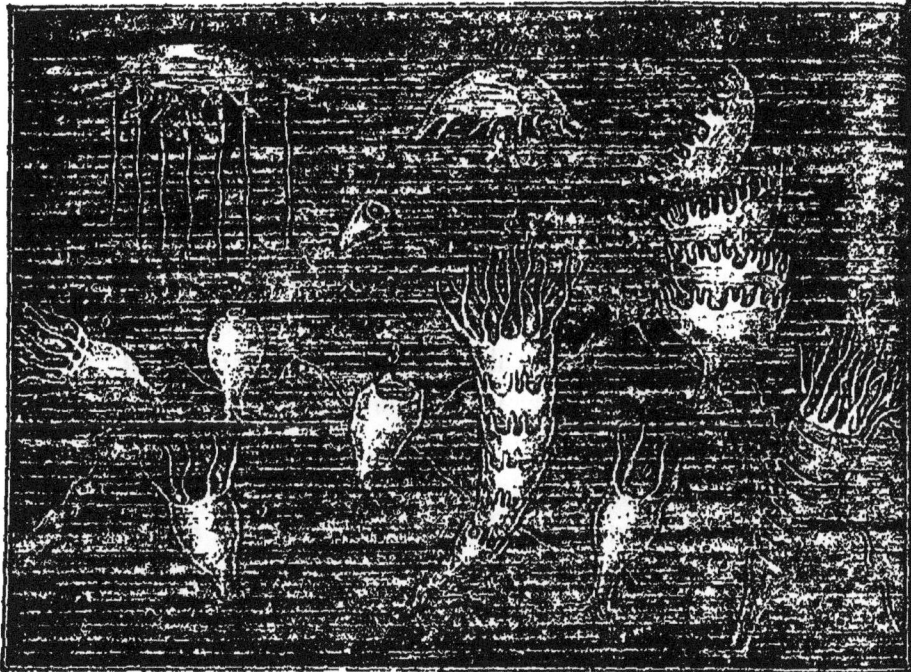

Fig. 58 — Alternance des générations chez l'*Aurelia* commune. 1 Embryon libre ou Planula. 2, Embryon fixe 3, 4, 5, 6, Phase asexuelle 7, 8, Scyphistome, formation d'une pile d'individus ; 9, mise en liberté de ceux-ci 10, 11, Acquisition de la forme médusoïde sexuelle et errante. (D'après Haeckel).

évidente, à l'inverse du cas précédent, mais la même formule s'applique aux deux.

Ou bien prenons un cas d'une autre classe d'animaux,

les vers de mer. Quelques Syllides ont l'histoire suivante. Un ver reste asexué, n'ayant jamais ni les traits caractéristiques externes, ni les organes internes des individus sexuels. Il donne naissance à ces derniers, cependant, par un processus asexuel, par la production d'une chaîne. Des individus sexuels bourgeonnent sur l'individu asexuel, et leurs œufs fécondés se développent à leur tour en individus asexuels. Il faut, naturellement, distinguer ce cas de ceux où la multiplication asexuelle n'est qu'une phase précédant l'acquisition de la sexualité. Les cas ci-dessus peuvent encore s'exprimer dans la plus simple des formules.

b) Prenons maintenant un cas plus complexe parmi les Tuniciers, le plus haut point auquel se produise l'alternance véritable. De l'œuf fécondé d'une Salpe se développe une nourrice ou un individu asexué. Celui-ci a un processus en guise de racine ou stolon, d'où se forment des bourgeons. Ceux-ci sont mis en liberté ensemble, et forment une chaîne de Salpes sexuée. Enfin la chaîne se rompt. Les œufs fécondés des Salpes sexuées croissent et se développent en nourrice. La seule complication accentuée ici, est la libération d'une chaîne d'individus à la fois ; autrement la formule est toujours la même.

Chez les Doliolum alliés, toutefois, le cas est autre. De l'œuf fécondé se développe une nourrice, ou individu asexuel, comme précédemment. Celui-ci produit nombre de bourgeons primitifs qui se serrent autour de la nourrice. Beaucoup d'entre eux forment des individus nourriciers, et nous ne nous occuperons pas de ceux-ci. Mais d'autres deviennent des « mères adoptives » et s'en vont libres, emportant avec elles quelques uns des bourgeons primitifs, leurs sœurs cadettes pour ainsi dire. La mère adoptive reste asexuée, ne fait que porter, et n'a plus à compliquer la série. Mais les bourgeons primitifs qui ont été emportés donnent naissance, asexuel-

lement, à des bourgeons secondaires ; ceux-ci deviennent
sexuels, et leurs œufs fécondés donnent lieu aux formes
« nourrices » originelles. Il y a donc *plusieurs* générations asexuées entre les générations sexuées, et notre formule doit être :

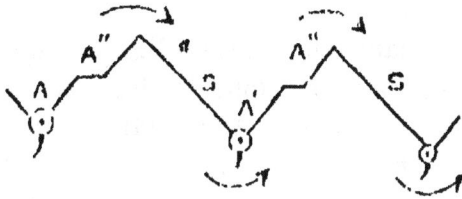

Fig. 59.

3. *Alternance entre la Reproduction Sexuelle, et la Reproduc*
tion Sexuelle Dégénérée. — Les cas sus-mentionnés sont à la
fois plus faciles à exposer, et plus faciles à expliquer que d'autres qui sont quelquefois compris sous le titre vague « d'Alternance des Générations ».

Les alternances précédentes étaient entre la reproduction
sexuelle et la reproduction asexuelle : elles doivent être distinguées, si vague que soit la ligne de démarcation, de l'alternance entre le processus sexuel ordinaire et une forme dégénérée de ce même processus.

L'histoire accidentée de quelques Trématodes peut être
prise comme premier exemple. Le commun *Distomum* ou
Fasciola hepatica qui cause chez les moutons une terrible
« maladie » a une vie pleine de vicissitudes. L'œuf fécondé
donne naissance à un embryon, qui passe du mouton que
son parent a infesté à l'eau qui court le long du champ. Là,
pendant un temps, il mène une vie active, se heurtant à
beaucoup de choses, mais s'attachant finalement à un minuscule mollusque aquatique. Il se perce un logis dans celui-
ci, perdant ses cils actifs avec le changement de vie, et
devenant très différent dans une forme passive végétative
connue sous le nom de Sporocyste. Ce Sporocyste se divise
quelquefois ; et si c'était là tout, et que les descendants fussent
des Douves. nous n'aurions que la vieille formule, et nou

perdrions moins de moutons. Mais le développement direct ne s'effectue jamais, et nous pouvons laisser de côté, pour le moment, la division accidentelle. Certaines cellules dans le Sporocyste forment des germes, et ceux-ci remplacent les véritables œufs. Ils produisent dans le corps du Sporocyste une autre génération qu'on appelle des Rédies. Il peut se produire plusieurs générations de ces dernières, et le résultat final est une génération de minuscules organismes caudés (Cercaires), qui abandonnent les mollusques aquatiques, quittent même l'eau, rampent le long des tiges des herbes, et s'enkystent. A ce point, la plupart attendent la mort, et quelques-uns seuls parviennent à la vie adulte s'ils ont la chance d'être mangés par un mouton. Cette histoire quelque peu compliquée peut s'écrire dans les lignes suivantes :

L'œuf fécondé donne naissance à un embryon aquatique (1).

Celui-ci entre dans un mollusque, et devient Sporocyste. (Le Sporocyste peut se diviser.)

Dans le Sporocyste, des cellules se développent en Rédies (2).

Il peut y avoir plusieurs générations de Rédies (3, 4).

La dernière génération (Cercaire) peut devenir des Douves sexuées adultes (5).

On ne peut pas établir un parallèle exact avec ce qui se produit chez les Tuniciers ci-dessus mentionnés, car les Rédies naissent de cellules reproductrices précoces. Celles-ci ne peuvent être classées comme œufs, et il n'y a pas de fécondation ; pourtant le processus n'est ni celui de la division, ni celui de la gemmation. C'est un processus dégénéré de reproduction parthénogénétique au début de la vie. On peut également résumer les faits en une formule qui ne tient pas compte de la division accidentelle du Sporocyste. (Voy. fig. 60.)

Les cellules germinales qui se comportent comme les œufs et pourtant ne s'élèvent pas à leur niveau, apparaissent quelquefois dans une masse centrale dans l'individu asexuel, quelquefois simplement dans l'épithélium qui sert de doublure aux parois du corps. Il peut y avoir une longue série de générations produisant et produites de cette manière, et souvent elles diffèrent les unes des autres. Douve, embryon, Sporocyste, Rédie et Cercaire, sont tous différents de structure, d'une façon très marquée, bien que l'embryon devienne Sporocyste, et la Cercaire Douve.

Cette alternance entre la reproduction sexuelle avec la fécondation habituelle, et la reproduction au moyen de cellules spéciales qui ne réclament pourtant pas de fécondation, domine chez beaucoup de plantes, telles que les Fougères et les Mousses. La fougère ordinaire, que chacun connaît, se développe d'une cellule-œuf fécondée. Mais celle-ci est entière-

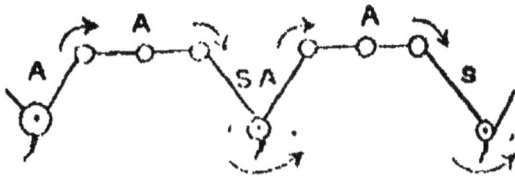

Fig. 60. — A. Larve asexuée. S. Douve sexuée ; les cercles du haut représentent les cellules germinales spéciales, et ceux du bas, des œufs fertilisés.

ment asexuelle, si l'on veut dire par là qu'elle n'est ni mâle ni femelle, et qu'elle ne produit pas d'éléments mâle ou femelle. En même temps elle produit des cellules reproductrices spéciales, non pas exactement des cellules ovulaires, pas plus que ne l'étaient celles de l'intérieur du sporocyste, mais capables cependant de se développer seules en un nouvel organisme. Ce n'est point, pourtant, une autre plante de fougère, mais un organisme vert peu voyant, encore moins végétatif, et sexuel. La soi-disante « spore » formée sur les feuilles de la fougère asexuée tombe à terre, se développe en « prothalle » qui porte des organes, soit mâle, soit femelle, ou les deux à la fois. Une cellule-œuf est fécondée par un élément mâle, et la plante connue de tous apparaît de nouveau.

La formule est donc comme l'indique la figure 61.

Maintenant prenons l'histoire d'une mousse. A l'inverse de la fougère, la mousse est sexuée. Elle porte les éléments mâle et femelle, et une cellule-œuf est fécondée par un élément mâle. La cellule-œuf fécondée, cependant, ne perd pas sa relation avec la plante mère, mais pousse dessus comme un parasite encombrant. Évidemment donc, elle ne

donne pas naissance à une autre mousse. Le résultat de
l'œuf fécondé est une tige minuscule asexuelle, qui porte à
son sommet les cellules reproductrices spéciales, ou les
spores avec lesquelles nous sommes maintenant familiarisés.
En d'autres termes, la cellule-œuf fécondée se développe en

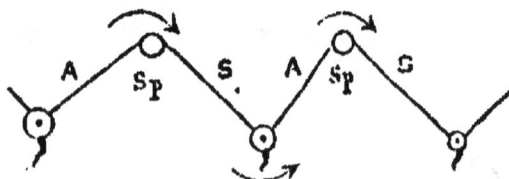

Fig. 61. — A. Fougère végétative asexuée. Sp. Cellule reproductrice
spéciale, ou spore. S. Prothalle sexué, à organes mâles et femelles.

une génération parasitaire sporifère. Les « spores » tombent
à terre, comme elles le faisaient chez la fougère, et là elles
se développent en un organisme habituellement filamenteux,
d'où bourgeonnent les mousses sexuées. Si nous n'insistons
pas sur la phase de transition filamenteuse, — on l'appelle protonema — la formule est la même aussi que dans la fig. 61[1].
Si nous insistons sur la phase du *protonema* (p) et considérons les plantes de mousse comme en étant nées par bourgeonnement asexuel la formule sera :

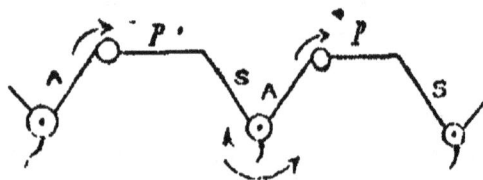

Fig. 62.

Dans la fougère, la génération végétative asexuée était la

[1]. La signification des lettres est alors la suivante : A. Génération asexuée, parasitaire sur la mousse. Sp. Cellule reproductrice
spéciale parthénogénétique, ou spore produite par A. S. Mousse
sexuée, née par bourgeonnement des filaments engendrés par
la spore.

plus voyante, chez les mousses, c'est la génération sexuée
qui l'est le plus. Cela rappelle en quelque manière le contraste entre l'histoire de plus d'un Zoophyte et celle de
la méduse commune ou Aurélie. La colonie d'Hydraires
asexuée est plus voyante que la cloche natatoire ordinairement
petite, mais la méduse sexuée est beaucoup plus voyante que
les minuscules *Scyphistomes* asexués. La comparaison qu'on
fait, communément entre les médusoïdes et les Hydraires
d'une part, et les prothalles de la plante de fougère de
l'autre, est propre à égarer, simplement parce que l'Hydre
ne fait les médusoïdes que par bourgeonnement, tandis que
la fougère produit le prothalle par une cellule reproductrice
spéciale, ou spore. Chez quelques fougères et quelques
mousses, cependant, un parallèle plus exact peut, à l'occa-

$$\frac{M}{F} - A - \frac{M}{F} - A - \frac{M}{F}$$

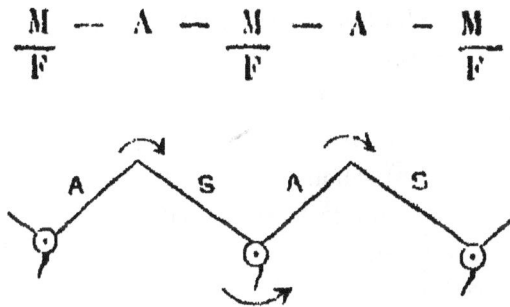

Fig. 63. — A. Hydraire asexué; S. Médusoïde sexué; au bas des œufs
fécondés.

sion, être établi. La production des « spores » peut être supprimée, et de l'endroit où elles se seraient formées, un prothalle sexuel ou une nouvelle mousse sexuée se développe
végétativement, tout comme les médusoïdes des Hydraires.
Cette occurrence exceptionnelle est appelée, techniquement,
Aposporie. Il arrive aussi absolument le contraire, c'est-à-dire
la suppression, non de la production des spores, mais des
générations sexuées. Alors la fougère naît végétativement du
prothalle; et cela pourrait se comparer au Sporocyste de la
Douve donnant par bourgeonnement des Rédies, ainsi que
cela arrive parfois, si celles-ci continuaient l'espèce sans devenir jamais réellement sexuées, et seulement au moyen des
cellules spéciales décrites ci-dessus.

4. *Combinaison de ces deux Alternances.* — Les Hydraire

asexuels donnent par bourgeonnement les médusoïdes, dont l'œuf fécondé se développe en Hydraires. Il y a ici une simple alternance entre les reproductions sexuelle et asexuelle comme dans la fig. 57, plus haut).

Une fougère asexuée forme des cellules reproductrices spéciales (spores) qui se développent parthénogénétiquement en un prothalle sexuel, de la cellule-œuf fécondée duquel sort la fougère (comme dans la fig. 64).

La différence entre ces deux alternances a été aussi souvent indiquée que négligée. La première s'appelle la véritable alternance des générations; (ou *Métagénèse*) la dernière a été appelée par les zoologistes, par allusion aux Douves, par exemple, l'*Hétérogamie*. Les comparaisons entre les alternances chez les plantes et les animaux ont rarement reconnu cette distinction.

Reconnaissons-la, cependant, et nous pourrons plus vite passer à l'examen des cas plus compliqués où les deux se combinent. En revenant au Distome et à ses semblables, nous trouvons que le Sporocyste se multiplie quelquefois d'une façon réellement asexuelle, — sans l'intervention d'œufs précoces, de cellules spéciales reproductrices, de germes ou de spores, de quelque nom qu'on les appelle — par la division directe ou gemmation. Pour des cas pareils la formule doit être modifiée ainsi :

Fig. 64.

La complication n'est pas sérieuse. C'est simplement, que, avant que la multiplication par des cellules spéciales ne s'établisse, il peut y avoir plus d'une (A' A") génération entièrement asexuée (et non simplement sans sexe.)

5. *Alternance de la Reproduction Parthénogénétique Juvénile avec le Processus Sexuel Adulte.* — Nous avons déjà remarqué la curieuse précocité de quelques larves de moucherons, qui se reproduisent pendant qu'elles sont encore toutes jeu-

nes. Des cellules à l'intérieur du corps, apparemment des œufs précoces, se développent parthénogénétiquement en larves, qui vivent aux dépens de la mère larve, finissent par la tuer et l'abandonner, pour devenir elles-mêmes, à leur tour, des victimes semblables de pareille précocité. Cela peut continuer durant une série de générations, avec une décroissance continuelle dans la grandeur des cellules reproductrices, jusqu'à ce qu'enfin la vraie sexualité et la vie adulte soient atteintes. Ici, les cellules reproductrices sont plutôt plus différenciées que celles des jeunes Douves, mais le parallélisme est indéniable. Le processus peut à peine être qualifié d'asexuel, excepté en ce qu'il n'y a, pendant quelque temps, aucune fécondation. La formule peut être exprimée par une courbe :

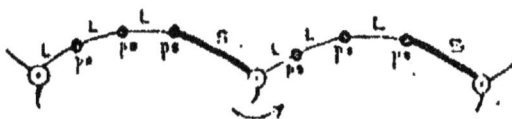

Fig. 65. — L. Larve prématurément reproductrice, pr. Pseudo-œufs parthénogénétiques, précoces. S. organisme sexué adulte mâle ou femelle. Le point de départ est un œuf fécondé.

Quelque peu différent est le cas curieux du *Gyrodactylus*, un Trématode parasite des poissons d'eau douce, où trois générations se trouvent enfermées, l'une dans l'autre, d'une façon qui rappelle les imaginations des préformationistes. Dans ce cas, cependant, il semble probable qu'une fécondation intérieure se produit en effet.

6. *Alternance de la Parthénogénèse et de la Reproduction Sexuelle Ordinaire*. — En remontant graduellement comme nous le faisons, nous atteignons maintenant l'alternance fréquente de la parthénogénèse et de la reproduction sexuelle ordinaire. Les cellules spéciales qui se développent sans fécondation sont maintenant de vrais œufs parthénogénétiques, et les organismes qui les produisent sont adultes et non juvéniles. Les formules différeront principalement par le nombre de générations à travers lequel la parthénogénèse peut être continuée. (Voy. fig. 66.)

7. *Alternance de Générations Sexuelles Différentes.* — On peut suivre le rythme encore plus haut dans l'échelle. Dans quel-

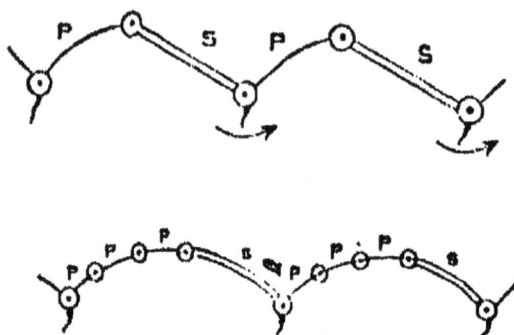

Fig. 66. — Un œuf fécondé est le point de départ, P, femelle parthéno-génétique produisant un œuf parthénogénétique d'où naissent d'autres formes parthénogénétiques, ou éventuellement des mâles et femelles S.

ques cas rares il y a une alternance entre deux générations sexuées différentes. Ainsi un des ascarides (*Leptodera appendiculata*) trouvé dans l'escargot donne naissance, par le processus sexuel ordinaire, à une forme différente, qui mène une vie libre, et subséquemment produit le parasite. Chez les deux générations les sexes sont distincts. Plus remarquable encore est l'histoire d'un autre Nématode (*Angiostomum nigrovenosum*) trouvé dans le poumon de la grenouille. Il est physiologiquement hermaphrodite, bien que son organe soit en forme d'ovaire ; ses œufs sont fécondés par ses propres spermatozoïdes qui mûrissent les premiers ; les rejetons deviennent sexuels — mâle et femelle — dans la terre, et la postérité de ceux-ci retourne à la grenouille où elle devient hermaphrodite. Un autre exemple d'alternance de générations sexuelles se trouve chez un des ascarides qui se rencontrent dans l'homme (*Rhabdonema strongyloïdes.*)

8. *Occurence de ces Alternances chez les Animaux.* — Depuis les Éponges jusqu'aux Tuniciers de telles alternances se produisent. Au delà de ces derniers, à moins de raffiner beaucoup, elles cessent. Il est nécessaire de constater le fait que la reproduction asexuelle et la reproduction sexuelle peuvent se présenter ensemble chez la même forme. L'hydre

commune bourgeonne d'une manière entièrement asexuelle,
mais elle est aussi un animal sexué, avec des organes mâle
et femelle. Il peut y avoir des périodes de croissance végétative, et des époques climatériques de sexualité dans le même
organisme, sans aucune alternance des générations.

Il est possible qu'on puisse appliquer le terme d'alternance
des générations à quelques uns des phénomènes observés
chez les Protozoaires. Ainsi Brandt soutient que tous les
Radiolaires, connus sous le nom de Sphérozoaires, forment
d'une part des *isospores*, toutes égales et, en apparence,
parthénogénétiques, et de l'autre des *anisospores*, qui sont
grandes et petites, et en réalité, sexuellement dimorphes. Il
croit, bien qu'on ne puisse dire que la chose est démontrée,
que deux anisospores inégales s'unissent pour former une
double cellule, une unité fécondée, qui produira de nouveau
des isospores, et celles-ci la colonie normale. La génération
de ces Sphérozoaires est compliquée en outre par (*a*) la division des colonies, (*b*) la division des individus des jeunes
colonies végétatives, et (*c*) la formation de corps reproduc-
tifs spéciaux « extra-capsulaires » dans les jeunes colonies.

L'histoire de l'éponge d'eau douce commune (*Spongilla*)
telle que la raconte Marshall, est remplie de vicissitudes. En
automne, l'éponge commence à souffrir du froid et de la disette de nourriture. Elle meurt, mais quelques-unes de ses
unités se sauvent elles-mêmes, et, en un sens, la mère, en
formant les « gemmules » dont nous avons déjà parlé. Elles
hivernent à l'état quiescent dans le corps maternel, mais au

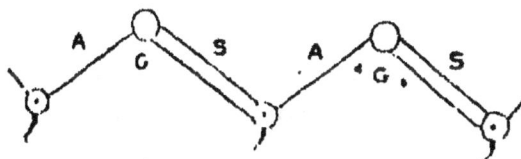

Fig. 67. — Le point de départ est un œuf fécondé qui se développe en
une éponge asexuée, A qui forme des gemmules, G, qui se développent
en éponges mâles et femelles, S.

printemps, elles sortent des débris, et débutent comme
éponges mâles et femelles. Les mâles ont la vie courte, mais

leurs éléments fécondent les œufs des femelles. L'œuf fécondé se développe en embryon cilié, et celui-ci en éponge asexuelle qui produit les gemmules. (Voy. fig 67.)

Outre les alternances de l'Hydraire et du médusoïde, du Scyphistome et de la méduse, que nous avons déjà notées, il y a beaucoup de complications de degrés parmi les Cœlentérés. La phase médusoïde dégénère par gradations insensibles, cessant d'être libre, et devenant finalement ce qui, si l'on ne connaissait son histoire, serait plutôt appelé un organe qu'un « individu » de la colonie. En outre, cet organe peut se mettre à bourgeonner, et continuer l'habitus asexuel de l'Hydraire dont il descend. En dehors des Hydrozoaires, il ne se produit pas de véritable alternance des générations, à moins qu'on n'accepte pour telle celle que Semper décrit pour certains Madrépores.

W. K. Brooks a décrit dernièrement une alternance très intéressante chez une méduse remarquable, (*Epenthesis* *m. radyi.*) Sur les organes reproducteurs poussent, comme parasites, ce qu'on peut comparer exactement aux bourgeons reproducteurs (blastostyles) d'un Hydraire, et ceux-ci forment, par bourgeonnement, des médusoïdes. Il en résulte une colonie composée, qui ressemble au Siphonophore. Ce processus rappelle, et dépasse l'apogamie de quelques fougères.

Parmi les types des vers, on a déjà discuté l'alternance stricte des générations chez quelques Chétopodes marins (*Syllides*), les phénomènes plus compliqués des Trématodes, et les rythmes sexuels de l'ascaride l'*Angiostomum*. Il faut, cependant, y ajouter le cas des Ténias, qui sont d'ordinaire compris parmi les exemples d'alternance des générations. La thèse ordinaire est que l'embryon d'un Ténia se développe en Cysticerque asexué, lequel, asexuellement aussi, produit par bourgeonnement une « tête » ou même plus d'une tête. Cette « tête » passant chez un autre hôte, produit asexuellement par bourgeonnement la chaîne d'articles reproducteurs ou individus sexuels qui constituent un Ténia.

Donc, Cysticerque asexué, tête asexuée, et segments sexués, telle est la série. Quelques autorités croient voir là une véritable alternance des générations ; mais il y a de sérieuses difficultés qui s'opposent à cette hypothèse, si l'on excepte la production accidentelle d'un cysticerque à plusieurs « têtes » dont chacune peut former, en se développant, un Ténia. Le cas est fort bien exposé par Hatchett Jackson dans son édition superbe des *Forms of Animal Life* de Rolleston, et nous tenons pour assurée son affirmation qu'il y a réellement un seul individu dans tous le cours de l'histoire, excepté quand la multiplication asexuelle des têtes a lieu. D'après ceci, le Ténia est un Cysticerque adulte, et les Cucurbitains ne sont que des segments très individualisés.

On a suffisamment parlé, déjà, des cycles parthénogénétiques des Crustacés et des Insectes, et de la reproduction juvénile de quelques uns de ces derniers, et de la véritable alternance des générations chez quelques Tuniciers.

C'est sur Von Ihering qu'il faut faire peser la responsabilité d'avoir mis en circulation le paradoxe que, chez les animaux supérieurs, une mère peut donner naissance à de petits-enfants. Il fait allusion au cas du *Praopus*, chez qui un seul œuf produit huit embryons, qui se trouvent ainsi, dans un sens, des petits-enfants. La production fréquente de jumeaux, dans tous les groupes, le cas remarquable d'un ver de terre (*Lumbricus trapezoides*) chez lequel l'embryon est constamment double, et la ressemblance morphologique des globules polaires avec des germes avortés, amenèrent Von Ihering à soutenir que l'origine des embryons multiples provenant d'un seul œuf est la condition primitive et normale, et que le développement d'un unique embryon est secondaire et adaptatif. Les données suffisent à peine pour justifier une conclusion aussi hardie.

Production de l'Alternance chez les Plantes. — Chez les

plantes inférieures, les algues et les champignons, on trouve fréquemment une alternance entre des générations produisant les spores et de vraies générations sexuelles. Chez les Mousses et les Fougères elle est presque constante, et encore plus marquée. Parfois la formation de spores, ou celle de la cellule sexuelle, peuvent être supprimées, et l'histoire se trouve ainsi simplifiée. Chez quelques unes des plantes supérieures elles sont toutes deux exceptionnellement supprimées, et nous avons ainsi un retour à un processus purement végétatif, tout comme si une hydre continuait à émettre des bourgeons-filles sans jamais devenir sexuelle.

Chez les Phanérogames, ce qui correspond à la génération sexuelle d'une fougère est fort réduit, et reste continu avec la génération végétative asexuelle, sur laquelle il réagit en influence physiologique subtile. Tout comme chez les animaux supérieurs, l'alternance des générations ne trouve, tout au plus, qu'une expression rudimentaire.

10. *L'Hérédité dans les Générations Alternantes.* — Le problème de la constance relative de l'hérédité est, maintenant, résolu en partie par la théorie de la continuité germinale. L'œuf qui se développe en un rejeton est virtuellement continu, soit en lui-même, soit par son nucléus, avec l'œuf qui a donné naissance au parent. On ne peut démontrer qu'en peu de cas une chaîne de *cellules* ressemblant à des œufs; mais Weismann a surmonté cette difficulté en supposant que ce qui maintient réellement la tradition protoplasmique ou la continuité entre l'œuf du parent et la génération suivante, est une partie spécifique et stable du nucléus, le « germeplasma ». Lorsqu'un médusoïde s'échappe d'un Hydraire il emporte avec lui une sorte de legs de ce plasma germinatif, continu avec celui qui a donné naissance à l'Hydraire. Ce legs forme les éléments reproducteurs du

Médusoïde qui, à son tour, donne naissance à des Hydraires. La méduse elle-même, n'est qu'une excroissance asexuelle modifiée, dans laquelle un peu du plasma germinatif de l'Hydraire a émigré ; elle ne fait, littéralement, que porter le plasma germinatif. Les recherches classiques de Weismann sur les Hydraires ont montré que les cellules reproductrices, qui sont supposées porter le plasma germinatif, naissent souvent dans la partie la plus profonde du corps et se transportent réellement à leur place définitive dans le médusoïde. Lorsque l'alternance a lieu non entre le processus sexuel et l'asexuel, mais entre le processus sexuel ordinaire et la multiplication par des cellules parthénogénétiques spéciales, ainsi que cela se voit chez beaucoup de Douves, nous sommes, pareillement, tenus de supposer que les cellules de l'intérieur d'un sporocyste qui donnent naissance à des rédies, sont, comme des œufs, chargées de ce germe-plasme reproducteur. Il est très intéressant de noter que, dès 1849, Owen a prévu, d'une façon nette, non seulement la distinction à faire entre les cellules formant le corps, et les cellules reproductrices, dont on fait tant de bruit maintenant, mais encore l'idée essentielle du plasma germinatif.

Parlant de la réapparition d'une forme mère après plusieurs générations intercalées, il dit : « La condition essentielle c'est la conservation de quelques rejetons de la cellule-germe primitivement imprégnée, ou, en d'autres termes, de la masse germinale non modifiée dans le corps du premier individu qui s'est développé hors de cette masse germinale, avec autant de force spermatique héritée des cellules germinales conservées de la cellule mère ou vésicule germinale qu'il en faut pour mettre en train et soutenir la même série d'actions formatives que celles qui constituaient l'individu qui les contenait. » Si dans cette phrase un peu lourde nous lisons « plasma ger-

minatif » au lieu de « force spermatique » nous avons
une explication qui se rapproche beaucoup de la conception moderne de **Weismann**. Plus loin, il dit encore :

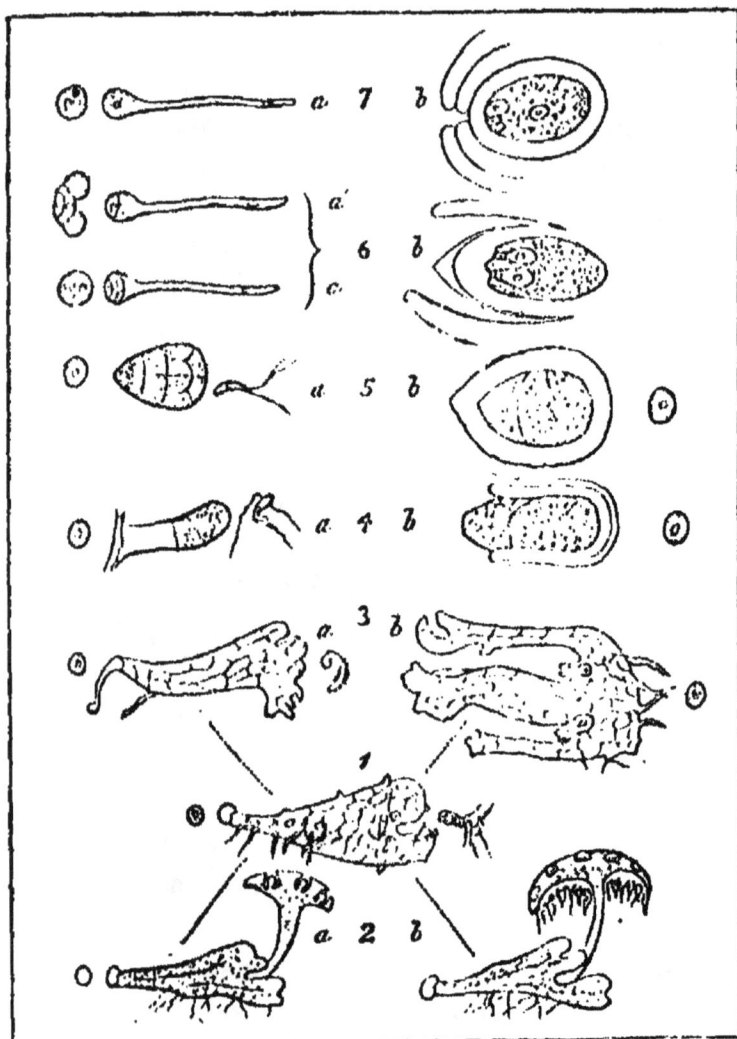

Fig. 68. — 1 Prothalle hermaphrodite de fougère, opposé au thalle mâle
(2 a) et femelle (2 b) d'une Hépatique, et aux prothalles mâle et femelle
(a. 3 b) d'une Prêle. Au-dessus, prothalles sexuels de *Salvinia* (4)
Isoetes (5) Cycadée et Conifère (6) et Phanérogame (7).

« Une cellule germinale fécondée communique sa puissance spermatique à ses rejetons cellulaires mais, quand
ceux-ci périssent, ou quand une longue descendance
épuise la puissance, il faut renouveler celle-ci par une

autre fécondation. Mais la nature est économe, et aussi longtemps que la postérité de la première vésicule imprégnée (partie essentielle de l'œuf) conserve assez de puissance, les individus sont développés hors de cette postérité sans le retour de l'acte fécondant. »

11. *Hypothèses quant à la Raison de l'Alternance.* — Nous aurons à passer de nouveau en revue l'alternance des générations quand la théorie générale de la croissance et de la reproduction aura été discutée ; cependant, en attendant, on peut indiquer simplement l'aspect physiologique des faits. Un Hydraire fixé comparé à un médusoïde nageant librement, un Hydraire sessile comparé avec une méduse active, ne sont pas des exemples d'antithèse, mais plutôt un rythme fondamental et très général de vie organique, celui de la nutrition et de la reproduction. L'Hydraire a un habitus de vie relativement passif, et une nutrition abondante ; il est, d'une façon prépondérante, végétatif et asexuel. L'habitus contraire, le contre-coup physiologique, trouve son expression dans la méduse. De la même manière, bien que l'alternance soit moins strictement asexuelle et sexuelle, le contraste entre la plante de fougère, à frondes sporifères, et le prothalle sexuel caché est encore fondamentalement parallèle. La notation adoptée a déjà suggéré notre diagramme fondamental, dont les différentes formes peuvent être séparées ou superposées :

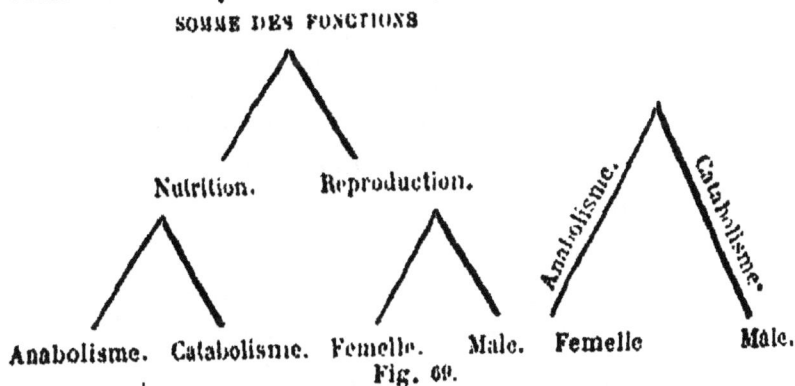

Fig. 69.

Bien qu'on ait déjà montré que le processus de l'alternance demande une analyse bien plus complète et une distinction plus exacte des différents cas que nous n'en avons jusqu'ici pris l'habitude, et cela pour le côté physiologique tout aussi bien que pour le côté morphologique, l'aspect général du processus, dans lequel une forme sexuelle alterne avec une ou plusieurs générations dimorphiques sexuelles, rend évident que nous avons là, en deux générations, ce qui est souvent si remarquable en une seule, — l'antithèse bien connue entre la nutrition et la reproduction. L'examen des distinctions physiologiques entre les générations asexuelle et sexuelle, montre que la première est l'expression de conditions nutritives favorables résultant en croissance végétative, ou tout au plus en multiplication asexuelle, tandis que la dernière se produit sous des conditions moins propices.

Tout comme une plante bien nourrie peut continuer à se propager par des bourgeons ou des coulants, et comme un Aphide, dans un été artificiel, peut, durant des années, se reproduire parthénogénétiquement, de même un Hydraire avec une nourriture abondante et un milieu favorable d'ailleurs, peut rester pendant une période prolongée végétatif et asexuel, tandis qu'une disette de nourriture et d'autres changements de conditions évoquent l'apparition de la génération sexuelle. Le contraste existant entre la plante de fougère, profondément enracinée et largement étalée, et le prothalle à racines faibles et caché, est évidemment celui qui existe entre un organisme conditionné de façon à favoriser la prépondérance des processus anaboliques et un organisme dans un milieu où le catabolisme doit, dès l'origine, gagner le dessus. Ainsi le premier est naturellement asexuel, et le second sexuel. Un examen des conditions et des caractères des deux séries de formes, nous amène à considérer la génération asexuelle comme l'expression d'un

anabolisme dominant, et la génération sexuelle comme
étant essentiellement catabolique. L'alternance des générations n'est, au fond, qu'un rythme entre la prépondérance de l'anabolisme et du catabolisme.

12. *Origine de l'Alternance des Générations.* — Chez l'individu
même, soit plante soit animal, il y a des périodes végétatives et reproductives ; l'alternance des générations implique
la séparation de ces périodes entre différents individus, par
l'intercalation de reproduction plus ou moins asexuelle.
Chez la plupart des Hydraires, la tendance végétative
asexuelle prédomine ; chez la plupart des médusoïdes, la
tendance sexuelle reproductrice a l'ascendant. Mais dans
chaque cas particulier l'origine se retrouve dans la généalo-
gie de l'organisme. Ainsi Haeckel fait une distinction entre
une origine progressive et une origine de régression ; dans
la première, les organismes sont en transition d'une reproduction asexuelle dominante vers une reproduction sexuelle ;
dans la dernière, les organismes reviennent ou dégénèrent
d'une sexualité dominante à un processus asexuel. On peut
dire, en toute sécurité, que ce dernier cas est le plus souvent
la véritable interprétation des faits. En tant qu'il s'agit de
reproduction, une de ces méduses (*Trachymedusae*) qui n'ont
pas de parent hydroïde, une méduse comme la *Pelagia* qui
n'a aucune phase asexuelle fixe, sont plus près de l'habitus
de vie de leurs ancêtres que les membres de ces deux divisions qui présentent l'alternance des générations. Là où
se trouvent des séries alternantes de formes semblables
avec des degrés différents de sexualité, (par exemple le
rythme de la parthénogénèse et de la vraie reproduction
sexuelle chez les aphides,) Weismann a interprété les faits
comme étant associés avec l'action périodique des influences
externes. (*Etudes sur la Théorie de la Descendance*, chapitre V.)
Mais, en opposition avec ces cas il distingue : (*a*) une origine
par la métamorphose, où une phase de l'histoire de la vie
devient reproductrice d'une manière précoce, comme dans le
moucheron *Cecidomyia* ; (*b*) le cas des Hydroméduses où la
sexualité, dans les premiers temps de la vie, est ajournée, et

la reproduction asexuelle prédomine; et (c) une origine, dans une colonie, provenant de la division du travail. Sans entrer dans le détail de chaque cas pour le discuter dans ses relations avec son histoire et son milieu, il n'est pas possible de faire plus qu'affirmer de nouveau que dans beaucoup de degrés différents l'alternance continue entre la croissance et la multiplication, la nutrition et la reproduction, l'asexualité et la sexualité, l'anabolisme et le catabolisme, trouve son expression dans l'histoire de la vie de l'organisme.

Post-scriptum. Nous trouvons le plan suivant dans le précieux article de M. R. J. Harvey Gibson sur « La Terminologie des Organes Reproducteurs des Plantes ». (*Proc. Liverpool Biol. Soc.*, vol. III et IV :

« Une phase asexuelle ou *sporophyte*, produit des spores dans des *sporanges* (*ovosporangia* et *spermosporangia* chez les Cryptogames supérieurs et chez les Phanérogames.

b) La phase sexuelle ou *gamophyte* (*oophyte* et *spermophyte* là où le thalle est unisexuel) produit des œufs et des spermatozoïdes dans des *ovaires* et des *spermaires*; le produit de l'union d'un œuf et d'un spermatozoïde étant un *oosperme*.

RÉSUMÉ

1. Le fait que des générations successives peuvent différer d'une façon marquée a été observé par le poète Chamisso, et précisé, pour la première fois, par le zoologiste Steenstrup.

2. Un Hydraire asexuel fixe bourgeonne, et met en liberté des méduses locomotrices sexuelles, dont les œufs fécondés produisent à leur tour des Hydraires. Des générations sexuelles et asexuelles alternent.

3. Le rejeton du Distome forme, de certaines cellules de son corps, une nombreuse progéniture; celles-ci répètent plusieurs fois le même processus; la dernière génération se développe en distomes sexuels. La reproduction par cellules spéciales ressemblant à des œufs précoces non différenciés, alterne avec la reproduction par les œufs fécondés ordinaires. Ainsi la fougère sans sexe, végétative, donne naissance à des cellules spéciales comme des cellules-œufs parthénogénétiques, qui se

développent en un prothalle sexuel peu apparent. La fougère naît de la cellule-œuf fécondée de ce dernier.

4. Ces deux différentes sortes d'alternances (2 et 3) peuvent se combiner d'une manière plus compliquée.

5. Chez quelques mouches, la reproduction parthénogénétique alterne avec la reproduction sexuelle normale des adultes.

6. Chez beaucoup d'Insectes et de Crustacés, la reproduction parthénogénétique alterne avec le processus sexuel normal. Il peut y avoir une ou plusieurs générations parthénogénétiques intercalées.

7. Un Ascaride vermiculaire hermaphrodite parasite de la grenouille féconde ses propres œufs qui se développent en mâles et femelles vivant en liberté, de qui les œufs fécondés donnent naissance au parasite hermaphrodite primitif. C'est ici une alternance des générations sexuelles.

8. Chez les animaux, ces alternances se produisent depuis les Éponges jusqu'aux Tuniciers.

9. Chez les plantes, elles se produisent parmi les Algues et les Champignons, sont presque constantes chez les Fougères et les Mousses, mais manquent chez les plantes supérieures.

10. Le problème de l'hérédité est quelque peu compliqué par des alternances de ce genre.

11. L'alternance des générations n'est qu'un rythme entre la prépondérance relative de l'anabolisme et du catabolisme.

12. L'origine a varié considérablement dans les cas différents.

BIBLIOGRAPHIE

Voir les ouvrages déjà cités, et aussi :

STEENSTRUP. — On the Alternation of Generation, traduit par la Société Ray. 1845.

OWEN. — Parthenogenesis, etc., 1849.

HAECKEL — Generelle Morphologie, 1866.

WEISMANN, A). — Die Entstehung der Sexualzellen bei den Hydromedusen, Iena, 1883, et Essais sur l'Hérédité, 1892.

VINES. — Article Reproduction (Vegetable), dans l'Ency. Brit.

Voir aussi les manuels ordinaires de zoologie et de botanique.

LIVRE QUATRIÈME

LA THÉORIE DE LA REPRODUCTION

CHAPITRE XVI

CROISSANCE ET REPRODUCTION

1. *Faits de la Croissance.* — Linné, dans un aphorisme bien connu, a fait remarquer que les organismes vivants n'étaient pas seuls doués de la faculté de croissance. Les cristaux deviennent des centres pour d'autres cristaux, jusqu'à ce qu'il en résulte une grande masse, et le produit, ainsi que le montrent les minéraux, est à la fois régulier et complexe.

Mais on ne pourrait dire qu'un corps inorganique ait une influence sur sa croissance, ni qu'il puisse en tirer vanité, et la croissance n'est pas, chez lui, la conséquence presque nécessaire d'une désassimilation précédente, ou d'une libération d'énergie. Une des plus anciennes généralisations, c'est que les organismes ont une méthode de croissance qui leur est propre, l'intussusception distinguée de celle de pure juxtaposition. Les nouvelles parcelles absorbées, et qui font plus que compenser la dépense précédente, ne sont pas déposées sur la surface d'une matière déjà établie, comme c'est le cas avec un cristal, mais elles sont intercalées dans les interstices des parcelles primitives. Il est, par conséquent, inutile d'entrer ici dans la controverse si longtemps prolongée, pour savoir si la paroi de la cellule et les grains d'amidon des plantes s'épaississent et augmentent à la manière du cristal, ou par une intercalation qu'on suppose être caractéristique du monde organique. Il est digne de remarque cependant, ainsi que l'indique Bütschli, que si la matière vivante a la forme d'un réseau de mailles complexes, les matériaux nouveaux de remplacement ou de croissance peuvent être ajoutés aux surfaces des fils qui forment la toile. Ainsi, ce qu'on appelle, en gros, l'intercalation, pourrait bien être littéralement un accroissement interne.

La faim est le caractère dominant de la matière vivante. Quand une masse d'unités, ou une cellule, a donné son énergie pour accomplir une œuvre quelconque, sa substance est chimiquement altérée, et moins capable de fournir d'autre travail avant que la nutrition ne lui ait fourni une nouvelle énergie. On a même soutenu qu'un organisme simple peut être attiré physiquement tout aussi bien que d'une façon psychique, par la nourriture. La provision que réclame la faim du protoplasme, au cours de sa vie, est souvent fournie en plus grande abondance que ne l'exigent les nécessités du moment. Il reste un excédent pour une construction ultérieure après que la réparation a été faite. Cet excédent est la condition même de la croissance. En termes familiers, et cependant exacts, on peut dire que la croissance ou l'addition au capital de la croissance a lieu quand le revenu dépasse la dépense, quand la construction l'emporte sur la destruction.

Mais à côté de ce fait il est nécessaire d'en placer un autre, aussi certain : celui de la limite de la croissance. Nous pouvons à juste titre qualifier de géants quelques uns des Protozoaires, tels que le gros *Pelomyxa* amiboïde, quelques Grégarines, et même d'une façon plus marquée les Nummulites éteints qui étaient quelquefois de la grandeur d'un écu. De même une algue, le *Botrydium*, peut s'enfler en une seule grande cellule, et les œufs des animaux, par exemple, des oiseaux, sont souvent fort étendus par l'accumulation du jaune. Cependant les masses unitaires restent généralement très petites. Elles ont leur grandeur maxima à peu près constante dans chaque espèce.

Elles vont jusque là et pas plus loin. Chacun sait qu'il en va de même pour les animaux multicellulaires. La grandeur a de légères fluctuations selon les conditions de la vie individuelle ; mais la moyenne est d'une constance frappante.

2. *Théorie de la Croissance de Spencer.* — C'est à Spen-

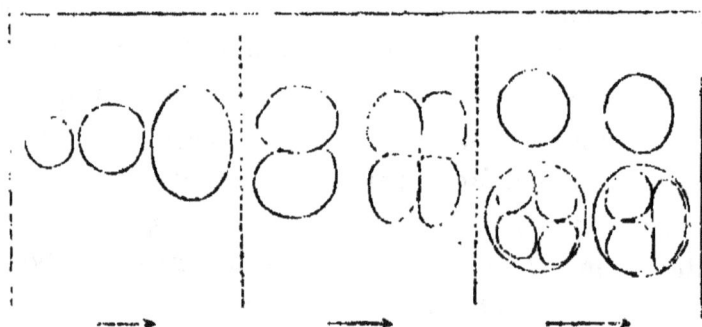

Fig. 70. — Division cellulaire à la limite de la croissance.

cer que l'on doit la première discussion adéquate sur la croissance. Il a indiqué que, dans la croissance de corps de forme similaire, l'augmentation de volume tend continuellement à dépasser celle de la surface. La masse de matière vivante doit croître plus rapidement que la surface par laquelle elle est tenue en vie. Dans les sphères et autres unités régulières, la masse s'accroît comme le cube du diamètre, la surface seulement comme le carré. Ainsi, la cellule, à mesure qu'elle croît, doit se trouver dans des difficultés physiologiques, car les nécessités nutritives de la masse qui augmente sont remplies d'une façon de moins en moins suffisante par la surface absorbante qui augmente moins rapidement. L'excédent de réparation sur la désassimilation rapide assure la

croissance de la cellule. Alors se produit la peine de
la richesse croissante. L'augmentation de surface est
nécessairement disproportionnée à celle du contenu,
et il se trouve ainsi moins de facilité pour la nutrition,
la respiration et l'excrétion. La désassimilation alors
rattrape la réparation, la contrebalance, et menace de

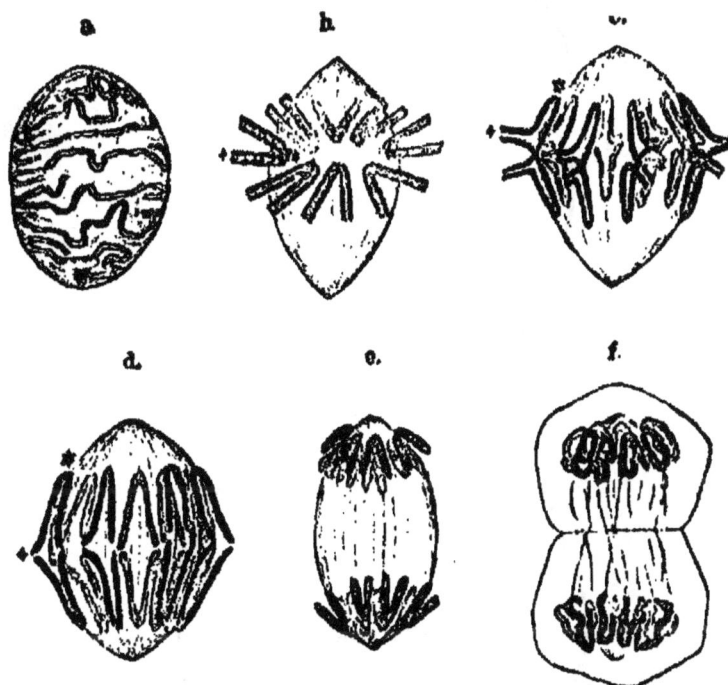

Fig. 71. — Diagramme des changements dans le nucleus durant la division des cellules. *a*, Phase rubanée; *b*, *c*, *d*, formation d'une étoile
double, et ensuite (*e*) retour des éléments chromatiques divisés aux pôles
opposés pour former les noyaux filles (*f*) des deux cellules filles. D'après
Flemming.

la dépasser. Si nous supposons une cellule aussi grande
que possible, une foule d'alternatives se présente. La
croissance peut cesser, et la balance s'établit; ou la
forme de l'unité peut être changée, et de la surface
peut être gagnée par son aplatissement, ou très fréquemment par des processus qui en émanent. D'autre
part, la désassimilation peut se prolonger, augmenter,
et amener la dissolution ou la mort; tandis que tout près

de celle-ci, se trouve la plus fréquente alternative que la cellule se divise, sépare sa masse en deux moitiés, acquiert une nouvelle surface, et rétablit l'équilibre.

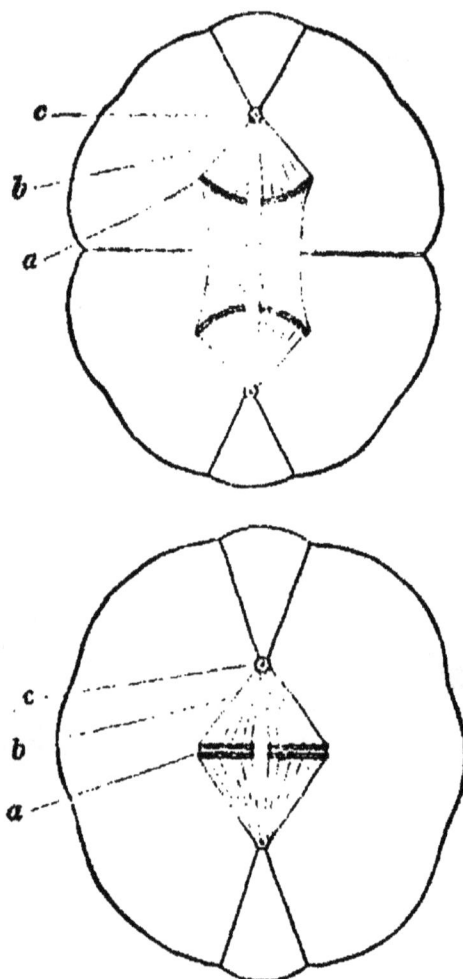

Fig. 72. — Montrant le mécanisme de la division des cellules. *a* Éléments de chromatine du noyau formant une plaque équatoriale dans l'une des figures, retirés vers les pôles pour former les noyaux filles dans l'autre. *b* Fils musculaires (?). *c* Centre protoplasmique d'où s'irradient ces derniers. D'après Boveri.

Ici, en réalité, la fameuse loi de Malthus prévaut.

3. *Division des Cellules*. — Ce qui se produit habituellement, donc, au maximum ou à la limite de la croissance, c'est que la cellule se divise. Ceci, dans les formes

les plus simples, arrive assez brusquement pour suggérer une rupture ou un écoulement, mais dans la plupart des cas, c'est un processus régulier et défini dans lequel le nucléus joue un rôle important, et probablement dominateur. Par une série compliquée de changements, de forme ou de position, les éléments nucléaires essentiels se groupent de façon à former les nucléus-filles de chaque produit de division. La régularité et la complexité de ces changements empêchent toute tentative hâtive d'analyser le véritable mouvement physiologique par lequel s'effectue la croissance de tous les organismes multicellulaires. Il est certain qu'il existe, dans les cellules, des mouvements d'attraction et de répulsion, l'analyse de leur nature précise, problème final de l'histologie, est encore éloignée. Nous ne pouvons nous en rapprocher, même de loin. Le problème s'est toujours dressé devant les embryologistes et les histologistes — les historiens et mécaniciens de l'organisme. Pander, dans le premier quart de ce siècle, a étudié la mécanique du développement, et Lotze l'a suivi avec quelques suggestions lumineuses. La tâche a été continuée par His et Rauber; les investigations expérimentales de O. Hertwig, Fol, Pflüger, Born, Roux, Schultze, Gerlach, et d'autres, ont ajouté leur pierre à l'édifice. Des observateurs tels que Van Bénéden et Boveri, dans leurs récits, faits de main de maître, des faits anatomiques, n'ont pas manqué d'essayer de résoudre le problème de la dynamique; le titre même du livre de Berthold, sur la « Mécanique Protoplasmique » montre comment le biologiste cherche avec persistance l'aide du physicien pour essayer d'expliquer l'architecture de l'organisme vivant.

4. *Nouvel exposé Protoplasmique.* — Dans sa théorie, Spencer a insisté sur ce qu'il y avait de raisonnable, et de généralement nécessaire, à ce que la cellule se divisât en arrivant à la limite de sa croissance, et il n'a pas

touché à la question bien plus profonde du mécanisme
réel qu'implique cette division.

Cette prudente réserve doit être encore observée, mais
l'analyse de Spencer peut être exprimée en termes plus
définis. La croissance précoce de la cellule, le volume
croissant du protoplasme qu'elle contient, l'accumulation des matériaux de nutrition, correspondent à une
prédominance de processus protoplasmiques qui sont
astructifs ou anaboliques.

La disproportion croissante entre la masse et la surface doit cependant impliquer une décroissance relative
de l'anabolisme. Cependant la vie, ou le métabolisme général, continue, et cela entraîne une prépondérance qui
augmente graduellement, des processus destructifs, ou du
catabolisme. Tant que la croissance continue, la somme
algébrique des processus protoplasmiques doit naturellement être en plus du côté de l'anabolisme, et la croissance peut être maintenant plus exactement définie
comme étant le produit de la prépondérance d'une tendance, ou d'un rythme, ou d'une direction anabolique.
La limite de la croissance, quand la désassimilation
l'atteint, et commence à dépasser le revenu ou la réparation, correspond de la même manière au maximum de la prépondérance catabolique qui est compatible avec la vie. La limite de croissance est le but de
la course entre l'anabolisme et le catabolisme, et c'est le
dernier qui est vainqueur. Aussi la division des cellules
s'opère surtout de nuit, quand la nutrition subit un temps
d'arrêt, et qu'il y a, par conséquent, une prépondérance
catabolique relative; plusieurs explorateurs nous ont
appris que les algues marines se reproduisent dans les
ténèbres de l'hiver Arctique.

Ce qui est vrai de la cellule, l'est aussi des agrégats de
cellules. Les organismes, dans leur entier, ont des limites
de croissance très définies. L'augmentation au-delà des

limites s'opère avec des risques; d'où il suit que les
formes géantes sont particulièrement peu stables et
éphémères. Ou encore, au moment où la cellule isolée
a trouvé, probablement d'une manière un peu pathologique, un expédient pour gagner de la surface par l'é-
mission de processus mobiles, beaucoup d'organes, notamment des feuilles, ont établi un équilibre entre la
masse et la surface en se fendant en lobes, et expansions
plus ou moins séparées.

Spencer a beaucoup appuyé sur l'importance du capital physiologique avec lequel débute l'organisme; celui-ci
représente, chez les animaux actifs du moins, l'avance
que leur anabolisme reçoit au début. Toutes choses égales
d'ailleurs, la croissance varie — (a) directement par nutrition; (b) directement par l'excédent de la nutrition
sur la dépense; (c) directement par le taux auquel cet
excédent s'accroît ou décroît; (d) directement (chez les
organismes qui font de grandes dépenses) par le volume initial; et (e) directement par le degré d'organisation — toute la série des variables étant finalement
étroitement en rapport avec les doctrines de la persistance de la matière et de la conservation de la force.
Quelques exceptions, apparentes plutôt que réelles, sont
facilement expliquées. Ainsi beaucoup de plantes semblent croître indéfiniment, mais elles dépensent peu de
force, et ont souvent une surface énorme en proportion de leur masse. Le crocodile continue à s'accroître
lentement, bien qu'à un taux qui diminue par degrés,
mais aussi il dépense peu de forces en proportion de
sa forte nutrition. Les oiseaux, qui dépensent le plus
d'énergie, ont leur taille plus nettement définie.

5. *L'Antithèse entre la Croissance et la Multiplication,
entre la Nutrition et la Reproduction.* — Il y a un rythme
évident dans la vie des organismes. Les plantes ont une
longue période de croissance végétative, et puis fleuris-

sent soudain. Les animaux, dans leurs premières étapes, croissent rapidement, et à mesure que la croissance s'arrête, la reproduction commence normalement. Ou encore, tout comme les plantes vivaces végètent, strictement, pendant une grande partie de l'année, mais ont leurs périodes fixes pour la production de fleurs et de fruits, beaucoup d'animaux, pendant longtemps, sont virtuellement asexuels, mais ont des retours périodiques d'une sorte de marée sexuelle, reproductrice. En quelques cas, tels que ceux du saumon et de la grenouille, les périodes de nutrition active et abondante sont suivies de temps de jeûne, au bout desquels a lieu la reproduction. La frondaison et la mise à fruit, périodes de nutrition et crises de reproduction, la faim et l'amour, doivent être interprétés comme des flux de vie qu'on verra n'être que des expressions spéciales du rythme organique fondamental entre le sommeil et la veille, le repos et le travail, la construction et la dépense, qui sont imprimés du côté du protoplasme comme anabolisme et catabolisme.

L'hydre commune, dans des conditions de nourriture abondante, produit de nombreux bourgeons, et ceux-ci eux-mêmes, commencent quelquefois à produire une autre génération. En d'autres termes, nous pouvons presque dire qu'avec beaucoup de nourriture, le polype croît abondamment, tant il est évident que cette reproduction asexuelle est liée à la croissance.

Toutefois, un arrêt dans les conditions nutritives amène le développement des organes sexuels et la reproduction sexuelle. Chez les Planaires, dont nous avons déjà remarqué la multiplication asexuelle, Zacharias a observé que des conditions nutritives favorables sont associées à la formation de chaînes asexuelles, tandis qu'un arrêt dans la nutrition amène à la fois la séparation et la maturité sexuelle des anneaux. Rywosch corrobore cette opinion, notant, chez le *Micros-*

tomum lineare, que les organes de la génération ne deviennent complètement mûrs que lorsque les individus cessent d'être les anneaux d'une chaîne, et que la sexualité est avancée par les influences extérieures qui arrêtent la nutrition. Le jardinier taille les racines de son pommier, afin d'arrêter la nutrition au profit du rendement en fruit, en d'autres termes, pour augmenter la reproduction. A l'inverse, la suppression des organes reproducteurs peut augmenter le développement général du « corps » soit chez la plante, soit chez l'animal — exemple, le bœuf et le chapon châtrés, etc., et la façon dont le jardinier pince les bourgeons à fleurs de ses plantes à feuillage. Allant un pas plus loin, nous trouvons le fait familier, déjà cité, des conditions favorables nutritives ou autres qui permettent aux Aphides de rester parthénogénétiques durant les mois d'été. Mais, pour le puceron commun et pour le phylloxéra de la vigne, il a été prouvé qu'un arrêt de la nutrition fait cesser la parthénogénèse, et s'associe au retour de la reproduction sexuelle.

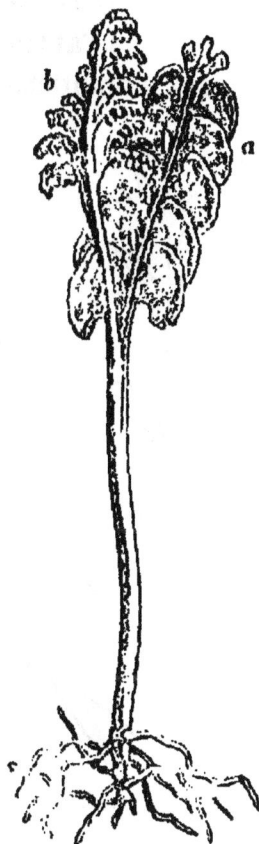

Fig. 73. — *Botrychium lunare* (fougère) montrant la fronde (*a*) et la fructification (*b*) D'après Sachs.

Les exemples ci-dessus ne sont évidemment pas sur le même plan. Ce sont, cependant, à des niveaux différents des exemples du même grand contraste. Il est nécessaire pourtant, de préciser davantage.

6. *Le Contraste entre la Croissance et la Reproduction chez l'Individu.*

a) *La Distribution des Organes.* — La position générale d'une fleur au bout de l'axe végétal est un fait si évident qu'on en perd de vue la signification. L'extrémité de l'axe est pourtant ce qui est le plus loin de la source de la nourriture. En exagérant un peu, nous pourrions l'appeler le point de la famine. C'est là, où des conditions cataboliques tendent, relativement, à prédominer, que les organes reproducteurs sont situés. La fleur occupe une position catabolique, et elle est souvent le dernier effort de la plante expirante.

Chez le lis tigré, la croissance tend, d'abord, à continuer, et la base du bulbe porte de simples boutons végétatifs. Plus haut, cependant, où la nutrition atteint le maximum, les axes des feuilles contiennent des boutons qui peuvent se séparer, bien qu'encore asexuels. Finalement, plus haut encore, où la nutrition est relativement moins active, et le ca-

Fig. 74. — Lis tigré, avec bulbilles (a) en bas, et fleur au sommet.

tabolisme atteint son maximum, la formation des fleurs indique l'apparition de la reproduction sexuelle.

Dans beaucoup de fougères, le contraste entre les régions végétatives et reproductrices de l'organisme est aussi marqué que chez la plante qui fleurit. Ainsi la lunaire, ou *Botrychium* et la langue de serpent (*Ophioglossum*) ont leurs tiges sporifères très différentes de la partie feuillée, et un contraste semblable se voit bien dans la fougère royale (*Osmunda*) et quelques unes de ses alliées.

Chez les animaux, le contraste de position entre les organes reproducteurs et le corps général n'est jamais aussi marqué. Pourtant, la position généralement postérieure des organes, leur fréquente association avec le système excrétoire, leur rupture, à l'occasion, comme sacs externes, ne doivent pas être perdus de vue.

b) Le Contraste dans la Vie Individuelle. — La croissance durant la jeunesse, la maturité sexuelle à la limite de la croissance, les alternances continuelles des périodes végétative et reproductrice, sont des lieux communs d'observation sur lesquels il est inutile d'insister. Si l'augmentation et la croissance végétatives sont le produit d'un anabolisme prépondérant, la reproduction et la sexualité, comme leur antithèse, doivent représenter la réaction du catabolisme contre elles. Mais l'anabolisme et le catabolisme sont les deux côtés de la vie protoplasmique; et les rythmes majeurs de la prépondérance respective de ceux-ci donnent les antithèses bien connues que nous venons de noter. Ces contrastes du métabolisme représentent les balancements du pendule de l'organisme; les contrastes périodiques correspondant à des surcharges ou à des allégements alternés des deux côtés. Le contraste est pourtant moins grand qu'il ne paraît. Nous avons vu, dans les chapitres précédents, comment la croissance, en devenant démesurée, se changeait en reproduction, et comment la reproduction sexuelle, se passant de fécondation, peut dégénérer au point où nous ne la distinguons plus de la croissance. La reproduction, en outre, est aussi primitive que la nutrition, car non-seulement la faim et l'amour deviennent impossibles à distinguer dans cette conjugaison égale qu'on a singulièrement nommée « isophagie, » mais la nutrition, à son tour, n'est pas

autre chose que la reproduction continuelle du protoplasme. Ici, en réalité, nous avons été devancés par
Hatschek qui a énoncé clairement le paradoxe plus que
verbal, que toute nutrition est de la reproduction.

7. *Le Contraste entre la Reproduction Asexuelle et la
Reproduction Sexuelle.* — Dans l'abondance, l'hydre bourgeonne; dans la pauvreté, elle se reproduit sexuellement.
De la même manière, l'hépatique, dans son pot de fleurs,
produit ses jolies « fleurs » cryptogames quand sa croissance et son bourgeonnement ont pris fin. Dans un sol
riche, la plante a une frondaison luxuriante; mais une
grande abondance de feuilles n'est rien moins que propre
à amener la plus riche récolte de fleurs et de fruits.
Gruber, Maupas, et d'autres, ont montré qu'une nutrition abondante favorise la multiplication asexuelle, par
exemple la division des Infusoires. En d'autres termes, la
grandeur maxima est vite atteinte quand la nourriture
abonde, mais les conditions qui existent à la limite de la
croissance amènent la reproduction. L'anabolisme prépondérant mène à la possibilité de la reproduction, mais
il nous faut l'assaut du catabolisme pour amener la crise
reproductrice. Gruber note aussi, que dans le contraire
de conditions favorables, il y a division rapide avec
diminution de taille et conjugaison; et Khawkine observe
que la division se produit à la fois au moment optimum, et au moment de la famine. Dans les deux cas,
une crise catabolique s'associe à la reproduction, bien
que la crise puisse être, et soit souvent, précédée d'une
prépondérance anabolique.

Au sujet d'un infusoire commun (*Leucophrys patula*),
Maupas remarque que tant que la nourriture abonde, la
fissiparité ordinaire continue, mais avec la disette s'opère
une métamorphose, suivie de six divisions successives
qui ont pour terme la conjugaison. C'est-à-dire que nous
avons la preuve positive que dans ces organismes infé-

rieurs, les conditions cataboliques déterminent le commencement de la reproduction sexuelle, ce qui n'est pas de mince importance pour l'évolutioniste. M. Maupas, généralisant, conclut que la puissance reproductrice des Infusoires ciliés dépend : (1) de la qualité et de la quantité de la nourriture; (2) de la température; (3) de l'adaptation aux aliments des organes buccaux. Il démontre aussi qu'avec un régime végétarien leur taux de reproduction asexuelle est bien moindre, et la taille plus petite. En prenant ces faits, joints à son importante démonstration que la vie des Infusoires ciliés parcourt des cycles de reproduction asexuelle nécessairement interrompus (si la vie de l'espèce doit continuer) par la conjugaison ou reproduction sexuelle, nous atteignons encore la conclusion générale que les conditions anaboliques favorisent la reproduction asexuelle plutôt que la sexuelle ; et que tandis qu'un anabolisme dominant est la condition indispensable du surplus de croissance qui rend possible la reproduction asexuelle, le début de la prépondérance catabolique est nécessaire à l'acte lui-même.

Semper cite une observation intéressante de Strethill Wright, malheureusement quelque peu vague, au sujet de certains polypes qui multiplient abondamment par gemmation dans les ténèbres, tandis qu'à la lumière, et avec une nourriture insuffisante, ils donnent la vie à des individus sexuels, ou méduses. Un fait plus précis a déjà été cité par Zacharias, le fait que la multiplication asexuelle spontanée des Planaires était prospère quand la provision de nourriture était copieuse (condition anabolique) mais que si la quantité de celle-ci était réduite, ou même supprimée (condition catabolique), la reproduction asexuelle cessait complètement. Bergendal rapporte que dans la division transversale d'une autre Planaire (*Bipalium*) les anneaux séparés n'avaient pas atteint leur maturité sexuelle ; et les résultats obtenus par Rywosch démontrent la même antithèse entre le processus sexuel et le processus asexuel.

De la même manière, la reproduction sexuelle est en contraste avec son expression dégénérée dans la parthénogénèse. Les conditions de cette dernière chez les aphides et le phylloxéra sont évidemment anaboliques, le processus sexuel normal revient avec le retour périodique de saisons dures, ou dans des conditions relativement caboliques. Chez les Crustacés inférieurs, un constraste semblable de conditions a été observé aussi.

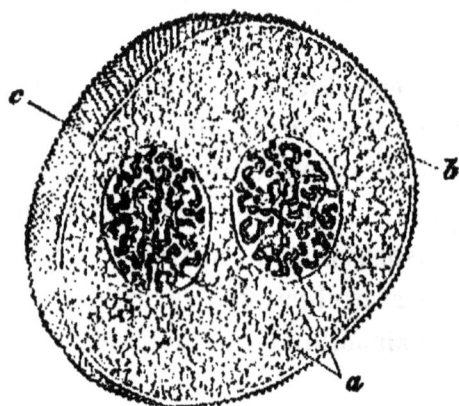

Fig. 75. — Grain de Pollen ; *a* les deux noyaux ; *b* protoplasme general ; *c* paroi exterieure. D'après Carnoy.

Avec notre théorie, il est facile de comprendre pourquoi dans le milieu anabolique exceptionnellement favorable des bactéries et de quelques champignons parasites la reproduction sexuelle n'existe pas. Marshall Ward a indiqué que plus le dégré de parasitisme, ou saprophytisme, est intime, plus la reproduction sexuelle est dégénérée. En d'autres termes, plus l'anabolisme est grand, plus grande est la croissance, et moindre la sexualité. On peut, probablement, expliquer en partie comment des organismes relativement complexes peuvent continuer leur reproduction asexuelle, se passant entièrement du stimulus reconnu de la fécondation, par la supposition que les abondants produits de désassimilation de l'hôte agissent comme stimulants extrinsèques.

D'après cette opinion, en outre, l'alternance des générations perd beaucoup de son étrangeté. Le contraste entre l'Hydraire asexuel végétatif, et l'actif médusoïde sexuel, ou méduse, est très marqué. De même, à un niveau supérieur, la fougère végétative sporigène est en contraste avec le prothalle sexuel moins nutritif. L'alternance n'est qu'un rythme de grande amplitude entre les prépondérances anabolique et catabolique.

Ce qui est le plus tranché dans l'alternance est une spécialisation des parties reproductrices ou sexuelles de l'organisme comparées à celles qui croissent, ou parties asexuelles, — spécialisation qui devient exagérée jusqu'à faire deux existences séparées, chacune dominée par sa propre tendance physiologique.

Dans la fougère, ou dans la plante Phanérogame, l'existence végétative ou asexuelle a été prépondérante, et ceci est tout à fait compatible avec la passivité caractéristique des plantes. C'est essentiellement selon cette ligne qu'elles se développent ; mais, il faut observer que, bien que dans les Phanérogames la génération nutritive soit rapetissée, et comprenne la génération sexuelle, qui semblait réellement n'être que des organes — le grain de pollen et le sac embryonnaire — c'est pourtant par ceux-ci, et à cause de ceux-ci que nous jouissons de la gloire de la fleur. (Voir fig. 68). Chez les animaux, avec leur ligne active accentuée de développement la génération reproductrice est la plus élevée, et dans les formes supérieures l'existence asexuelle séparée se perd entièrement.

RÉSUMÉ

1. La croissance caractérise les organismes vivants, bien que des processus analogues se présentent dans le règne inorganique. La faim est le trait caractéristique essentiel de la matière vivante. Aussi certain que le fait de la croissance est celui de la limite définie de celle-ci, chez la cellule, comme chez l'organisme.

2. Spencer a analysé la limite de la croissance, en termes de la tendance continuelle que l'augmentation de la masse doit avoir à dépasser l'augmentation de la surface.

3. La division des cellules à la limite de la croissance, au maximum ou optimum de volume, rétablit l'équilibre entre la masse et la surface. La vraie mécanique du processus est encore au-delà de l'analyse.

4. L'analyse de Spencer peut être énoncée de nouveau en termes protoplasmiques. La croissance exprime la prépondérance de l'anabolisme; l'augmentation de la masse, avec une augmentation moins rapide de surface nutritive, respiratoire, et excrétoire, implique une prédominance relative du catabolisme. La limite de la croissance arrive quand le catabolisme a rattrapé l'anabolisme et tend à le dépasser. Ce qui est vrai de l'unité, s'applique aussi à tout l'organisme multicellulaire.

5. A travers toute la vie organique, il y a un contraste ou un rythme entre la croissance et la multiplication, entre la nutrition et la reproduction, correspondant au mouvement de bascule organique fondamental entre l'anabolisme et le catabolisme.

6. Le contraste se voit dans la distribution des organes, dans les périodes de la vie, et dans les différents degrés de reproduction. Pourtant la nutrition et la reproduction sont fondamentalement presque de même famille.

7. Les contrastes entre la croissance continue et la multiplication discontinue, entre la reproduction asexuelle et la reproduction sexuelle, entre la parthénogénèse et la sexualité, entre les générations alternantes, sont tous des expressions différentes de la même antithèse fondamentale.

BIBLIOGRAPHIE

SPENCER. — *Principes de Biologie.*
HAECKEL. — *Generelle Morphologie.*

CHAPITRE XVII

THÉORIE DE LA REPRODUCTION

1. *Le Fait essentiel dans la Reproduction.* — Dans les chapitres qui précèdent, les faits impliqués dans les différentes formes de la reproduction ont été analysés à part, et discutés séparément. Les organismes mâles et femelles ont été interprétés comme relativement catabo-liques et anaboliques ; l'origine du sexe, chez l'individu et dans la race, a été retrouvée dans la prépondérance de conditions anaboliques ou cataboliques ; les éléments sexuels ultimes ont montré le même contraste dans son expression la plus concentrée ; la fécondation étant con-sidérée comme un stimulus catabolique pour une cellule anabolique, et de l'autre côté, naturellement, comme le renouvellement anabolique d'une cellule catabolique, aussi bien que comme l'union de caractères héréditaires opposés. Ce n'est qu'en dissociant le problème de la « reproduction sexuelle » dans les problèmes qui la composent que la solution peut être atteinte. La repro-duction sexuelle est comme un accord musical complexe dans la vie organique, car elle combine ensemble plu-sieurs éléments dont chacun, toutefois, admet la même analyse fondamentale. Il reste encore deux problèmes à résoudre : l'aspect psychique du processus ; et la signi-fication de ce trait commun à toute reproduction, à savoir la séparation d'une partie de l'organisme mère pour commencer une nouvelle vie. Ce dernier problème forme le sujet du présent chapitre.

2. *Argument tiré des Débuts de la Reproduction.* — Leconte et d'autres ont indiqué que la reproduction commence réellement avec la séparation presque mécanique d'une masse d'unités de matière vivante qui est devenue trop grande pour rester coordonnée. La reproduction, dans le fait, commence sous forme d'une rupture. De grandes cellules près de mourir, sauvent leur vie par le sacrifice. La reproduction est littéralement un sauvetage *in articulo mortis.* Que ce soit une rupture presque au hasard, d'une des formes les plus primitives, telles que les Schizogènes, ou l'expansion et la séparation de bourgeons multiples comme dans *l'Arcella,* ou la dissolution de quelques Infusoires, un organisme qui s'épuisait se sauve par la reproduction, et multiplie son espèce. En quelques cas, la reproduction, s'opère par des expansions de la cellule, qui ont été un peu trop loin. Des formes si primitives de reproduction, devenant graduellement plus définies, expriment un catabolisme dominant dans la masse des unités. La reproduction dans ses formes les plus simples est associée à une crise catabolique.

3. *Argument tiré de la Division des Cellules.* — La plupart des organismes unicellulaires se reproduisent par division cellulaire, et c'est ici, naturellement, un précédent de reproduction chez les organismes unicellulaires, qu'ils se multiplient par gemmation asexuelle ou par des éléments sexuels différenciés. Mais dans le chapitre qui précède, en suivant Spencer nous avons insisté sur la connexion qui existe entre la division et la prépondérance catabolique dans la cellule. Une période constructive peut bien précéder la division, mais c'est une rupture qui y préside. En tant, donc, que la repro-

duction se trouve comprise dans le processus de la division des cellules, ou que ce processus le précède né-

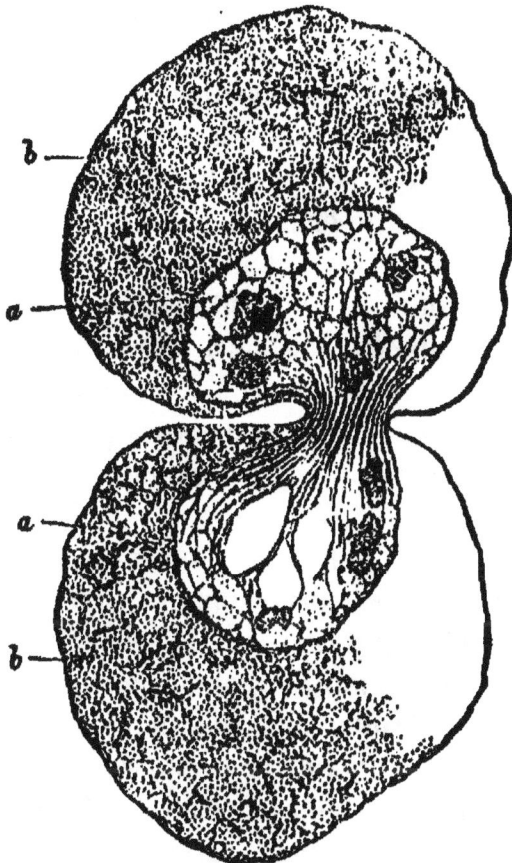

Fig. 76. — Division d'une cellule animale montrant le nucleus (a) en train de former deux nucleus filles, et montrant aussi le reseau protoplasmique. D'après Carnoy.

cessairement, elle est toujours associée à une crise catabolique.

4. *Argument tiré des Degrés entre la Séparation asexuelle des Parties et la Libération de Cellules sexuelles spéciales.* — En discutant la reproduction asexuelle, nous avons remarqué que quelques types de vers se rompent en deux parties, ou même plus, lesquelles commencent de nouveaux individus. Il est probable que quelques Némertes se divisent, normalement, en morceaux, comme

elles le font dans l'angoisse fiévreuse de la capture. C'est certainement le cas pour certaines Annélides. D'un Syllide, qui met en liberté un individu sexuel qui est l'excroissance d'un parent asexuel, à un autre qui met en liberté une série d'articulations, ou même une seule, portant les éléments reproducteurs, il n'y a qu'un pas. De ce dernier cas à la rupture qui libère les éléments sexuels, ce n'est encore qu'un léger progrès. Une série de ce genre trouve de bons exemples chez les *Hydroméduses*. La rupture, ou l'élimination, qui mettent en liberté une grande partie, sont des processus caraboliques, et dans un sens, une mort locale. La douceur des gradations nous autorise à conclure que la libération des cellules sexuelles, du moins dans ses premières expressions, est associée à une crise catabolique, soit locale, soit générale.

5. *Argument tiré de l'étroite Connexion entre la Reproduction et la Mort.* — Sans remonter en arrière jusqu'aux primitives désintégrations, ou à la séparation asexuelle de portions plus ou moins grandes, nous pouvons indiquer en outre l'étroite connexion entre la reproduction et la mort, même quand la première s'accomplit au moyen de cellules sexuelles spécialisées. Nous allons discuter tout à l'heure, plus longuement, cette peine de la reproduction, mais il est important d'insister ici sur le fait qu'il n'est pas rare que l'organisme meure en continuant la vie de l'espèce. Chez quelques espèces de Polygordius, les femelles adultes meurent en mettant en liberté les œufs. A un niveau très différent, les gemmules de l'éponge d'eau douce sont formées des ruines de l'adulte asexuel, tandis que même les formes sexuelles d'été, surtout les mâles, sont particulièrement instables et sujettes à périr. Toute l'histoire de cette forme semble être un rythme continu entre la vie et la croissance d'une part, et la mort et la reproduction de l'au-

tre. Dans son essai ingénieux sur l'origine de la mort,
Gœtte a très bien montré comment les deux faits de la
reproduction et de la mort étaient étroitement et nécessairement liés, faits que nous pouvons nommer tous deux
des crises cataboliques.

6. *Argument tiré des Conditions de Milieu qui favorisent
la Reproduction.* — Le rythme entre la nutrition et la
reproduction, ou si l'on veut, entre la croissance et la
multiplication, a été le refrain des pages qui précèdent
Ce « mouvement de bascule organique » est déterminé
par la constitution même de l'organisme ; en d'autres
termes, il exprime le trait caractéristique fondamental
de la matière vivante. C'est une conception incomplète,
cependant, à moins qu'on ne veuille bien se rappeler
qu'autour de ce « mouvement de bascule organique souffle le vent du milieu environnant, le faisant pencher
tantôt d'un côté, tantôt de l'autre. Il importe, par conséquent, de voir comment le jeu des conditions externes
accélère ou retarde la fonction reproductrice.

L'influence de la chaleur sur le pouvoir qu'ont les
Infusoires de se reproduire a été soigneusement étudiée
par Maupas. Plus la température s'élève, au-dessus d'une
certaine limite, et plus ces organismes se reproduisent
vite. Dans des conditions favorables de nutrition, la
Stylonichia pustulata se divise une fois par vingt-quatre
heures à une température de 7 à 10 degrés, deux fois
de 10 à 15 degrés, trois fois de 15 à 20, quatre fois de
20 à 24, et cinq fois de 24 à 27. En citant ce taux rapide d'augmentation, Maupas note, dans le même travail, qu'à la température de 25 ou 26 degrés une seule
Stylonichia aurait en quatre jours une progéniture d'un
million, en six d'un billion, en sept jours et demi, de cent
billions. En six jours la famille pèserait un kilogramme,
et en sept jours et demi cent kilogrammes.

L'action de la chaleur est double ; jusqu'à une certaine limite elle hâte le développement et la vie générale, favorisant la reproduction asexuelle et la parthénogénèse plutôt que le processus sexuel ; au delà de cette limite de chaleur agréable et bienfaisante, si variable suivant les animaux, elle peut amener un habitus fiévreux, et hâter la maturité et la reproduction sexuelles. En d'autre termes, la chaleur peut, en quelques cas, favoriser l'anabolisme, et, dans d'autres, le catabolisme. Il est aisé de comprendre qu'une chaleur plus forte s'associe quelquefois à une reproduction asexuelle accrue, quelquefois avec une sexualité accélérée. On trouvera des exemples des deux genres dans l'*Animal Life* de Semper, l'ouvrage classique sur l'influence du milieu sur l'organisme.

Maupas nous fournit un autre exemple marquant d'une influence de milieu encore plus importante, celle de la nourriture. Chez un autre infusoire cilié (*Leucophrys*) tant que la nourriture abonde, la fissiparité prévaut ; mais quand les provisions baissent, il y a une métamorphose sans enkystement, suivie de six divisions successives. Celles-ci, s'effectuent, toutefois, « sans croissance végétative, et ont pour objet final, non la multiplication, mais la conjugaison. » En d'autres termes, la nourriture abondante est accompagnée de reproduction asexuelle ; un arrêt dans la nutrition amène le processus sexuel. Maupas fait un exposé numérique très frappant du stimulus à la reproduction causé par un obstacle soudain à la nutrition. Le *Leucophrys*, à la température de 20° cent. dans des conditions de bonne nutrition, donnera naissance à seize mille trois cent quatre-vingt-quatre individus en trois jours ; mais si la nourriture est alors supprimée, ce grand nombre sera, en quelques heures, multiplié par soixante-quatre, et porté à un total de un million quarante-huit mille cinq cent soixante-seize individus !

Des cas que nous venons de citer, et qui pourraient être multipliés en consultant l'*Animal Life* de Semper, complété par le résumé que l'un de nous a fait des recherches les plus récentes, on peut tirer les conclusions générales suivantes : (*a*) que la chaleur augmente la reproduction, soit d'une manière directe, soit comme résultat d'une accélération préliminaire de la croissance ; (*b*) que l'augmentation de nourriture favorise, naturellement, la croissance, mais que la reproduction peut suivre d'une façon d'autant plus marquée, comme compensation exagérée ; (*c*) que les arrêts de nutrition, surtout sous forme de disette subite, favorisent la reproduction sexuelle. Le résultat le plus clair de tout ceci est qu'un changement catabolique soudain favorise la reproduction dans sa forme sexuelle, plus spécialement. Les conditions anaboliques favorisent indirectement la reproduction ; les conditions inverses ont une influence directe; dans les deux cas, la reproduction est l'*expression d'une crise catabolique*.

7. *Conclusion.* — Primitivement, donc, la reproduction était une rupture catabolique d'une masse de protoplasme. Ceci prend un caractère plus défini dans la division cellulaire de différentes sortes, qui tend toujours à se produire à la limite de la croissance quand la désassimilation a rattrapé la réparation, ou dans des conditions cataboliques dues au milieu. Chez les animaux multicellulaires, les conditions anaboliques favorisent l'excès de croissance ; une suspension de ces conditions amène la reproduction asexuelle discontinue. Avec une différenciation croissante, la multiplication asexuelle est remplacée par la libération de cellules sexuelles spéciales, par lesquelles le sacrifice qui sauve et qui continue la vie est rendu moins coûteux. Tout comme la reproduction asexuelle se produit à la limite de la croissance, de même un obstacle au processus asexuel im-

plique souvent l'apparition du processus sexuel, qui est
ainsi encore associé avec la prépondérance du catabolisme. Ce fait est confirmé par les contrastes qu'on
observe dans l'alternance des générations, où les deux
processus distincts, à des degrés divers, persistent dans
l'histoire de la vie du même organisme. Une autre corro-
boration est offerte par l'association de la reproduction
sexuelle avec divers arrêts, dus au milieu d'un caractère catabolique. Et ainsi l'opposition entre la nutrition
et la reproduction qui, après la vie et la mort, est l'antithèse la plus évidente de toute la nature, peut se
formuler plus nettement dans la thèse que, de même
qu'un surplus continu d'anabolisme entraîne la croissance, de même une prépondérance relative de catabolisme nécessite la reproduction. Ou bien cela peut se
résumer, une fois de plus, dans nos diagrammes fondamentaux.

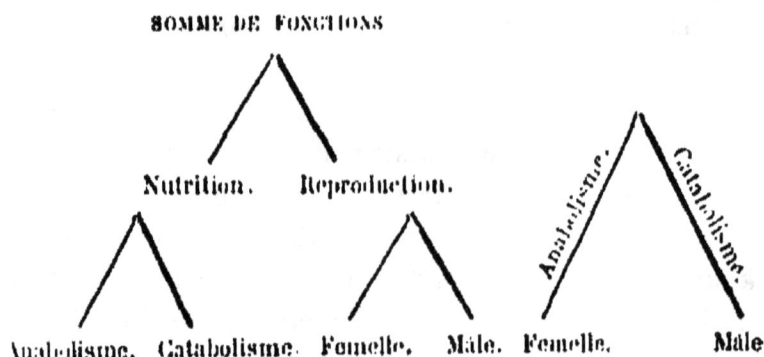

Fig. 77.

RÉSUMÉ

1. Le fait essentiel de la reproduction est la séparation d'une
partie de l'organisme parent pour commencer une vie nouvelle.

2. La reproduction commence par une rupture, une crise catabolique.

3. La division cellulaire, qui est parfois le résumé de l'acte
de la reproduction et qui l'accompagne toujours, se produit dans
une crise catabolique.

4. Les gradations entre la multiplication asexuelle discontinue et la reproduction sexuelle ordinaire montrent une diminution du sacrifice vital ; mais toutes demandent une rupture, ou une prépondérance catabolique.

5. Du commencement jusqu'à la fin, la reproduction est liée à la mort.

6. Les conditions de milieu d'un caractère anabolique favorisent la reproduction sexuelle.

7. Conclusion générale. — Une prépondérance relative de catabolisme nécessite la reproduction.

BIBLIOGRAPHIE

Geddes P. — *Theory of Growth, Reproduction, Sex, and Heredity.* — *Proc. Roy. Soc. Edin.* 1886

Haeckel. — *Generelle Morphologie*, 1886.

Semper. — *Animal Life*, 1881.

Thomson. — *Synthetic Summary of the Influence of the Environment upon the Organism. Proc. Roy. Phys. Soc. Edin.* 1887.

CHAPITRE XVIII

PHYSIOLOGIE SPÉCIALE DU SEXE ET DE LA REPRODUCTION

Il n'entre pas dans notre intention de discuter en
détail la physiologie des fonctions sexuelles et reproductives. La physiologie fondamentale des fonctions essentielles a été le sujet des chapitres précédents ; les détails
s'en trouveront dans les ouvrages classiques sur la
physiologie, la botanique, la zoologie. Pour être complet, il est pourtant nécessaire de passer rapidement en
revue quelques uns des faits, qui sont, par eux-mêmes,
d'importance capitale, et qui en outre éclairent la biologie générale du sujet.

1. *Théorie de Weismann sur la Continuité du Plasma
Germinatif.* Grâce à Weismann en particulier, la théorie
que des cellules ordinaires du « corps » se transforment
à une certaine époque en cellules reproductrices spéciales, peut maintenant être mise de côté comme étant
extrêmement improbable. Dans une minorité de cas,
déjà cités, on peut démontrer que les cellules reproductrices, ou rudiments d'organes sexuels, sont mises à part
à une phase précoce, avant que la différenciation de
l'embryon n'ait beaucoup avancé. Ces rudiments ou cellules comprennent ainsi, intact, un peu du capital primitif
de l'œuf fécondé, et continuent, sans l'altérer, la tradition protoplasmique ; quand ils sont, à leur tour, mis en

liberté, ils se développent tout naturellement comme l'œuf de l'ancêtre l'a fait. En suivant ce fait important, divers naturalistes ont atteint la conception d'une sorte de chaîne continue des cellules sexuelles, de génération en génération, chaîne continue de laquelle naissent et se détachent les organismes individuels mortels, comme autant d'appendices séparés et successifs.

Mais dans la plupart des cas, une conception de ce genre, ainsi que Weismann l'a bien exprimé, donne aux faits une simplicité qui n'est pas réelle. Il est rare qu'on puisse démontrer l'existence, en tant que nos connaissances actuelles le permettent, d'une chaîne de cellules sexuelles isolées, mettant en rapport l'œuf ancêtre fécondé avec les cellules-germes qui se développent chez les rejetons. En d'autres termes, les rudiments des organes reproducteurs font souvent leur apparition à une étape relativement tardive du développement. D'où viennent-ils? Les cellules somatiques, ou cellules ordinaires du corps, sont-elles modifiées en éléments reproducteurs? Weismann répond avec décision qu'il n'en est rien. Bien qu'on ne puisse démontrer une chaîne continue de cellules germes, il y a une continuité stricte du plasma germinatif. Une partie du double nucléus de l'œuf fécondé garde ses caractères non altérés, persiste intacte en dépit de divisions multiples, et s'établit finalement dans le rudiment des organes reproducteurs. Ou, en d'autres termes, les cellules où prédomine le plus le plasma germinatif originel deviennent les cellules reproductrices. Pour citer les propres paroles de Weismann, « dans chaque développement, une portion du plasma germinatif spécifique que l'œuf ancêtre contient, n'est pas employée à former la progéniture, mais est réservée sans changement pour former les cellules-germes de la génération suivante. » Bref, la continuité est assurée par le plasma des nucléus, plutôt que par une chaîne de cel-

lules. On observera, naturellement, que, tandis que l'isolement précoce de cellules-germes définies est un fait
possible à démontrer, qu'on voit dans quelques cas, et
qui est peut-être plus largement répandu que nous ne le
savons, la continuité du plasma germinatif est, strictement, une hypothèse.

Cela étant, la maturité reproductrice peut être définie

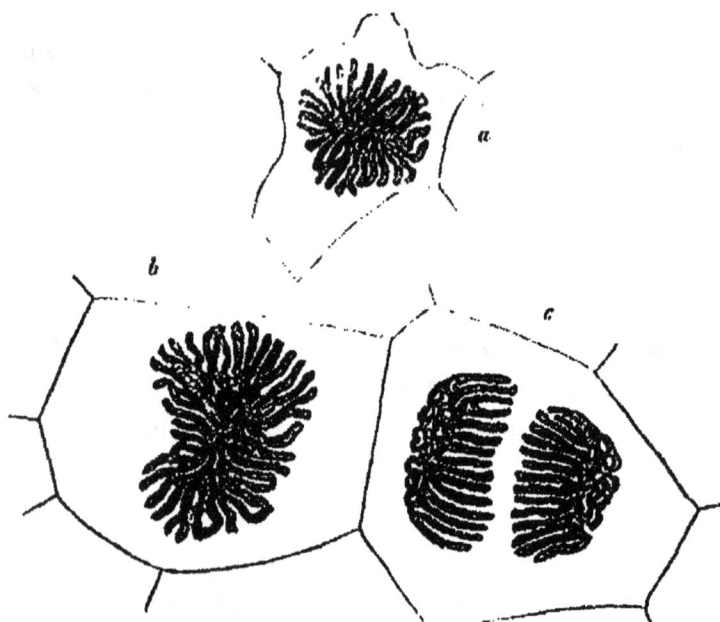

Fig. 78. — Les éléments chromatiques du nucleus en ruban (a), en étoile
double (b), et presque séparés (c). D'après Pfitzner.

comme étant la période où les cellules reproductrices
(chargées du capital héréditaire de plasma germinatif)
se sont établies à un point qui leur permet d'émettre des
organismes nouveaux, et se sont multipliées à un degré
qui, dans la plupart des cas, fait de leur libération une
nécessité physiologique. Chez les animaux inférieurs, la
maturité des fonctions sexuelles est souvent aussi légèrement marquée que la libération des éléments est passive et livrée au hasard. Chez des organismes légèrement
différenciés, tels que les éponges, il y a peu de raisons
de supposer que la distinction entre les cellules qui do-

minent dans le plasma germinatif et les cellules ordinaires du corps soit très marqué. Dans de tels cas, l'opposition anarchique entre les cellules du corps et les cellules reproductrices ne s'affirme pas d'une façon marquée, surtout en ce qui concerne les cellules femelles. Ce
n'est que lorsque la différenciation augmente que le contraste entre ces deux genres de cellules devient pro-
noncé ; à mesure que le mode asexuel de se débarrasser
d'excédents décline, et que la libération typique des éléments sexuels qui est le signe de la maturité sexuelle
devient un fait remarquable dans la vie. Il est tout à
fait d'accord avec le caractère catabolique prédominant
des cellules mâles qu'elles soient toujours plus anarchi-
ques, et d'ordinaire mures, avant les éléments femelles,
et que même chez les plantes, et que chez des animaux
passifs comme l'éponge ou l'hydre, elles s'élancent hors
de l'organisme, tandis que les cellules femelles demeurent
in situ.

2. *Maturation Sexuelle.* — La maturation des sexes
n'acquiert pas seulement un caractère de plus en plus
défini dans les formes supérieures, mais elle s'associe à
divers accompagnements caractéristiques. La réaction
profonde de la maturité reproductrice sur toute l'organisation est plus prononcée chez les oiseaux et les mammifères, et peut-être chez l'homme plus que chez tout autre. Ainsi chez un jeune oiseau mâle, la circulation dans
le testicule est grandement accrue, et ces organes augmentent beaucoup de volume et de poids, et commencent le développement de spermatozoïdes. En même
temps les « caractères sexuels secondaires » de l'adulte
— plumage plus brillant pour attirer la femelle, ou armes pour le combat contre d'autres mâles — font leur
apparition, la voix et le chant peuvent changer, et la
force et le courage augmenter d'une façon marquée.
Chez les mammifères, les changements sont d'ordre

semblable ; les caractères sexuels secondaires diffèrent en détail, naturellement. Les changements secondaires de la puberté chez l'homme, associés avec le commencement de la spermatogénèse, sont (outre l'excitation réflexe de l'érection due à la distension des vésicules séminales, et l'expulsion plus ou moins périodique de leur contenu pendant le sommeil) la croissance de poils sur la région pubienne, et plus tard de la barbe sur la partie inférieure du visage, et la modification rapide des cartilages laryngiens, et l'allongement des cordes vocales, rendant ainsi la voix dure et rauque pendant le changement, et la rendant plus grave, tombant définitivement d'environ une octave. Le renforcement marqué des os et des muscles, et les profonds changements psychiques qui accompagnent toute la série de ces processus nous sont tous familiers.

Chez les vertébrés supérieurs, la maturité sexuelle de la femelle est marquée par une activité cellulaire dans l'intérieur de l'ovaire, non moins remarquable que celle du testicule. Des caractères secondaires, mais souvent très importants, s'y associent, tels que le développement mammaire augmenté chez les mammifères. Chez quelques-uns des animaux inférieurs, tels que certaines Annélides marines, les œufs deviennent si nombreux que leur rupture ou leur mise en liberté est, en grande partie, une nécessité mécanique. On pourrait en dire autant des Poissons, des Reptiles et des Oiseaux. En même temps, il n'est pas douteux que l'agrandissement et l'émission au dehors des œufs ne soient des expressions d'un rythme cellulaire normal, que font pressentir les passages fréquents d'une phase amiboïde à une phase enkystée, le retour occasionnel à la première de ces phases, et la dégénérescence graisseuse ou la mort des œufs qui n'ont pas rempli leur destinée.

Les œufs primitifs des vertébrés reposent en grappes dans la substance ou stroma de l'organe, et sont les produits de l'épithélium germinatif essentiel. Il n'y a qu'une minorité, cependant, qui se transforme en œufs véritables ; d'autres, de moindre grosseur, formant une gaine nutritive de follicules autour d'eux. Chez les mammifères, chaque follicule forme une cavité contenant un fluide. C'est dans ce dernier que l'œuf, entouré d'une masse de cellules folliculaires, se projette. A la maturité, le follicule avec l'œuf qu'il contient est arrivé à une position superficielle. Le follicule mûr éclate, l'œuf en est expulsé, et passe dans l'extrémité supérieure ciliée et rapprochée de l'oviducte, ou trompe de Fallope. La rupture des vaisseaux sanguins dans la substance de l'ovaire remplit le follicule de Graaf de sang. Les corpuscules blancs forment une sorte de trame ressemblant à un tissu conneclif dans lequel sont retenus les solides et les corpuscules du sérum du sang, avec la matière colorante dérivée de l'hémoglobine de ce dernier. Le tout constitue le « corpus luteum » qui, si la grossesse se produit, peut persister et subir d'autres changements rétrogressifs, ou autrement disparaître par degrés.

Il y a quelque différence d'opinion quand aux causes directes de ce processus d'ovulation. On a considéré comme facteurs déterminants la congestion des vaisseaux sanguins de l'ovaire, la turgescence interne de celui-ci, et une légère contractilité du stroma. Il semble, pourtant, que le processus dépende plutôt de la croissance et de la turgescence du follicule individuel. On a beaucoup discuté, aussi, la question du rapport de l'ovulation avec le processus de la copulation chez les animaux supérieurs. Bien que nous sachions, d'une manière certaine, que l'ovulation se produit régulièrement, que la fécondation ait lieu ou non, il semble que, dans beaucoup de cas, la copulation soit promptement suivie de la mise en liberté d'un œuf ; et il n'est pas difficile de comprendre comment la profonde excitation nerveuse et circulatoire associée à ce premier processus puisse accélérer l'explosion d'un follicule. Léopold a, toutefois, démontré d'une façon concluante, que l'ovulation peut aussi précéder de longtemps l'imprégnation.

Puisque l'oviducte, en opposition avec sa contre-partie mâle, n'est pas, chez la grande majorité des vertébrés, continu avec l'organe qui lui est associé, il est souvent difficile de voir comment les œufs, une fois mis en liberté dans la cavité du corps, parviennent à se frayer une voie sûre jusqu'à la petite ouverture du conduit. Chez la grenouille, cependant, des parties de l'épithélium du péritoine deviennent ciliées, poussant ainsi les œufs dans la bonne direction. Chez les Reptiles, les Oiseaux et les Mammifères, l'extrémité ouverte de l'oviducte est élargie, frangée et ciliée, et se trouve tout près de l'ovaire et même à toucher l'ovaire; des fibres musculaires sont aussi présentes, et l'on a supposé que des mouvements plus ou moins actifs de cette extrémité ciliée sur la surface ovarienne ont dû se produire. Quand l'œuf a une fois atteint l'oviducte, sa marche descendante est assurée par les cils de l'épithélium, et probablement aussi par les mouvements péristaltiques de son revêtement musculaire.

Il n'y a pas de doute que l'arrivée de la maturité sexuelle ne varie avec les conditions de milieu, de climat, de nourriture, et du reste. Généralement parlant, la sexualité s'affirme, à mesure que la croissance cesse. Chez les organismes supérieurs, surtout, il faut évidemment faire une distinction entre l'époque où il est possible pour le mâle et la femelle de s'unir en une union sexuelle féconde, et l'époque où cette union se produira naturellement, ou aura pour résultat la progéniture la plus apte. Chez les animaux inférieurs, où la vie individuelle est habituellement plus courte, la maturité sexuelle est atteinte plus rapidement, bien que nous trouvions des cas tels que ceux de la douve (*Polystomum*) si souvent présente dans la vessie de la grenouille, où la maturité des organes reproducteurs ne se présente qu'à l'âge de trois ans, et la maturité de croissance quelques années plus tard. Chez les Cestodes parasites, le cysticerque reste indéfiniment asexuel, jusqu'à ce que le stimulus d'un nouvel hôte permette le développement du ténia sexué.

Chez les plantes, la maturité reproductrice s'établit à des âges divers; ainsi nous avons tous les degrés : à un des extrêmes, nos plantes annuelles magnifiques mais à vie courte, puis les bisannuelles, et chez celles-ci des maturités à échéance bien plus longue, comme dans le cas familier de l'aloès américain (*Aloe americana*, qui même à Mexico prend de sept à douze ans pour atteindre l'apogée de sa floraison lors de laquelle il expire, et dans nos orangeries, une ou deux générations, ce qui lui a fait donner le nom de « plante du siècle ».

En opposition avec de tels cas, la maturité reproductrice précoce se produit quelquefois. Nous avons déjà cité ces moucherons diptères (*Cecidomyiæ*) dans lesquels les larves pendant des générations successives se reproduisent, bien que seulement par parthénogénèse. Le Trématode *Gyrodactylus* qui rappelle les thèses mystiques des préformationnistes, en présentant trois générations d'embryons, l'une dans l'autre, tandis que la plus ancienne est encore à naître est très frappant aussi. L'Axolotl bien connu des lacs mexicains, bien que ses ouïes persistantes en fassent en un sens la forme larvaire de l'Amblystome, atteint naturellement la maturité sexuelle. Une précocité encore plus marquée a été observée chez la Salamandre alpine (*Triton alpestris*.)

Dans les organismes supérieurs, il arrive parfois que bien longtemps avant que la croissance ait cessé ou que l'adolescence ait été atteinte, la sexualité s'établit, surtout chez le sexe mâle; mais, heureusement, ce n'est là qu'une occurrence pathologique relativement rare. Il est une série d'organismes où la maturité reproductrice précoce a été d'importance capitale, savoir, chez les phanérogames. Ici l'étape du prothalle, comparée à celle de la végétation, a été beaucoup réduite, et est restée associée à la génération asexuelle, ou a été absorbée par elle. Ceci doit être expliqué en partie par la reproduction accélérée du prothalle comparable au processus similaire qui a réduit les personnes sexuelles séparées d'une colonie hydroïde à de simples bourgeons.

2. *Menstruation.* — Le processus de la menstruation (*menses, catamenia*) bien qu'il ait été, depuis les temps les plus anciens, le sujet de recherches médicales, n'est nullement compris d'une façon claire encore.

Il se présente, d'ordinaire, à des intervalles d'un mois lunaire chez toutes les femmes pendant leur période de fécondité potentielle, et bien loin d'être limité à l'espèce humaine il a été observé à la période de « chaleur » d'un grand nombre de mammifères. Bien que ce soit un processus physiologique normal, il paraît toucher aux frontières du changement pathologique, ainsi que le montrent non seulement la souffrance qui l'accompagne si souvent, et les désordres locaux et constitutionnels qui en naissent si fréquemment, mais encore le trouble général du système nerveux et les changements biologiques locaux dont l'hémorrhagie n'est que le résultat et l'expression extérieure. En termes généraux, et à part de l'ovulation, la menstruation peut être décrite comme une décharge périodique de sang, de sécrétion glandulaire, et de détritus cellulaire qui forme la doublure de l'utérus. Après un intervalle qui varie de trois à six jours, le sang cesse de paraître, et l'épithélium perdu est rapidement remplacé, apparemment par prolifération du col des glandes. Vers le neuvième ou dixième jour la couche muqueuse est tout à fait cicatrisée, et les débuts du prochain processus menstruel recommencent.

L'âge auquel le processus commence varie avec la race et le climat, la nutrition, la croissance, l'habitus de vie (différence entre la vie des villes et celle de la campagne), et avec les caractères moraux et mentaux. Le climat, néanmoins, semble le plus important de tous ces facteurs; ainsi, tandis que dans l'Europe du nord l'âge en est fixé au commencement de la quinzième année, sous les tropiques il commence plus tôt, à la neuvième ou dixième année, suivant quelques auteurs. La cessation des menstrues a lieu, généralement, entre quarante-cinq et cinquante ans, et de même que les caractéristiques secondaires de la puberté de la femme coïncident avec leur apparition, une réduction moins marquée de ces caractères s'associe à leur disparition ; en beaucoup de cas des ressemblances secondaires avec le type masculin peuvent survenir.

Les vieilles théories de la menstruation étaient que celle-ci servait à débarrasser l'organisme de sang impur, qu'elle correspondait simplement à la période de « chaleur » observée chez les animaux inférieurs, ou plus tard, qu'elle était associée à l'ovulation — qui à la vérité semble, d'une façon générale, correspondre à la fin de la période menstruelle. Et tandis qu'on ne peut pas soutenir que ni la « chaleur » ni l'ovulation soient *nécessairement* associées à la menstruation chez la *femme*, il y a peu de doutes sur le parallélisme physiologique général de ces trois processus. On peut dire qu'aujourd'hui deux théories rivales sont en présence. Suivant la première, le processus serait une sorte de « rafraîchissement » chirurgical de l'utérus, dans le but de recevoir l'œuf, durant lequel seul ce dernier pourrait être attaché avec sécurité pendant la guérison. L'autre théorie est exactement contraire, ceux qui la professent considèrent la croissance de la couche muqueuse avant le commencement de l'écoulement comme préparant la réception d'un œuf dûment fécondé, et le processus menstruel lui-même serait alors l'expression de l'insuccès de ces préparatifs — bref, comme la conséquence de la non-occurrence d'une grossesse. Une majorité considérable de gynécologues paraît incliner vers cette dernière théorie.

On peut, toutefois, définir le processus en termes à la fois plus généraux et plus fondamentaux. Si le sexe féminin est réellement anabolique d'une façon prépondérante, nous pouvons nous attendre à voir cette prépondérance dans des fonctions distinctives. La menstruation est une de ces fonctions, et peut s'interpréter comme expédient pour se débarrasser d'un excédent anabolique, qui n'est pas consommé à développer des rejetons — tout comme il est intelligible que le processus s'arrête après la fécondation, quand il se trouve remplacé par les exigences du fœtus qui est pratiquement un parasite. De même, la production du lait, quand ce parasitisme ultérieur s'est terminé par la naissance, a une raison d'être évidente. Le jeune mammifère est ainsi mis à même de devenir, pratiquement, un ecto-parasite vivant de l'excédent anabolique maternel qui ne lui fait point défaut; et quand l'allaitement cesse enfin, nous avons le retour de la menstruation, d'où tout le cycle peut recommencer à nouveau. Dans le monde des fleurs si différent et cependant, au fond, si semblable, l'écoulement de nectar distinctement anabolique, cesse à la fécondation, et le surplus d'anabolisme prépondérant est utilisé dans la graine ou le fruit qui croissent.

3. *Union Sexuelle.* — Dans un chapitre précédent nous avons noté que les éléments sexuels de beaucoup d'animaux inférieurs étaient libérés d'une manière passive, et comme au hasard, et vu par quels hasards ils se rencontraient dans des courants d'eau, et ailleurs, nous avons vu ceci bien que ne soit pas tout-à-fait aussi commun que notre ignorance nous le fait supposer, ainsi que le prouve l'observation récente de l'entrelacement sexuel des *Astérines* et des *Antédons*. Encore plus, chez les plantes, trouve-t-on que la libération des éléments mâles et surtout des grains de pollen, est une déhiscence passive, et que la fécondation est une affaire de chance, laquelle chance n'est accrue que par la richesse prodigue des matériaux. Si sûres que soient les méthodes de fécondation des fleurs à l'aide des insectes, il reste une marge assez

large de risques ; et ceci devient encore plus vrai quand
le pollen est transporté par le vent. Il est vrai que, chez
les plantes et chez les animaux, il y a de subtiles attractions entre les éléments essentiels, mais elles n'ont lieu
qu'à petite distance ; et, en beaucoup de cas, l'union
externe n'en reste pas moins livrée au hasard.

Il faut admettre que l'importance primaire de la rencontre opportune de l'œuf et du spermatozoïde a per-

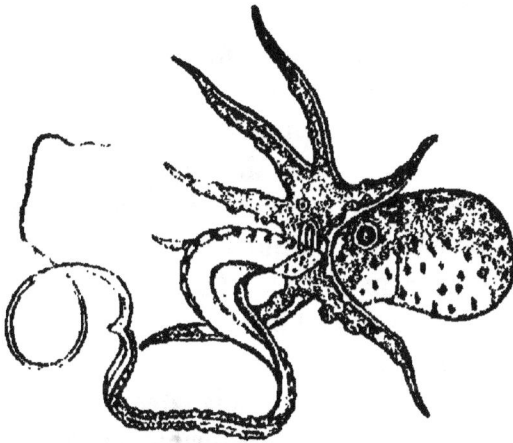

Fig. 70. — Mâle de l'Argonaute avec son bras modifié (Hectocotyle,
d'après Lennis.

pétué dans les groupes divers une série variée d'adaptations assurant la fécondation. En même temps la
différenciation croissante des sexes, chez les animaux
supérieurs, a été rehaussée par des attractions psychiques aussi bien que physiques, qui ont ainsi assuré de
plus en plus la continuation de l'espèce.

Un mode de fécondation, point rare, est celui qui s'opère
au moyen de spermatophores, ou paquets de spermatozoïdes. On peut en voir, à certains moments, qui sont attachés aux lombrics, ou trouvés à l'intérieur de la sangsue ou
de l'escargot. Même chez les petits lézards il se forme des
spermatophores qui sont recueillis par les femelles.

Chez l'araignée, les spermatozoïdes sont emmagasinés dans
un réceptable spécial dans le palpe, et de là transférés rapi-

dement à la femelle féroce. Chez les seiches, ce mode d'imprégnation est encore plus marqué. Un des « bras » du mâle, très modifié et chargé de spermatophores est lancé, ou dans quelques cas complètement abandonné dans la cavité branchiale de la femelle, où il éclate. Ce bras ainsi décoché fut, tout d'abord, considéré comme un parasite, et reçut le nom de *Hectocotylus*. On verra aussi une curieuse, aberration des relations ordinaires dans la figure 79, où deux animaux distincts (*Diplozoon*) s'enlacent dans une union qui dure presque toute la vie.

Dans beaucoup d'autres cas, surtout chez les poissons osseux, il y a une attraction sexuelle entre le mâle et la femelle, mais sans aucune copulation. La femelle, accompagnée de son compagnon, dépose des œufs qu'il féconde avec des spermatozoïdes. On trouve chez la grenouille une phase un peu plus avancée. La fécondation se passe encore en dehors du corps de la mère, mais le mâle tenant la femelle embrassée, émet des spermatozoïdes sur les œufs qui sont pondus au même moment.

Dans la plupart des cas, toutefois, des organes particuliers pour émettre et recevoir les spermatozoïdes sont développés, et la copulation se produit. L'organe mâle est souvent une adaptation de quelque organe déjà existant, comme chez beaucoup de crustacés où des appendices modifiés forment des canaux externes pour le fluide séminal. Chez les raies et autres poissons cartilagineux, les remarquables et complexes organes de copulation, appelés « pinces, » sont en rapport intime avec le membre postérieur. Le pénis des vertébrés supérieurs est virtuellement un organe nouveau. La copulation peut être tout externe, comme chez les crustacés, où le mâle, saisissant la femelle, dépose les spermatozoïdes sur les œufs déjà pondus. Le plus souvent, toutefois, elle est interne, et l'organe qui doit s'introduire s'insère dans l'ouverture génitale de la femelle. La véritable copulation peut donc s'opérer sans la présence d'organes spéciaux, — c'est le cas, en particulier, pour beaucoup d'oiseaux, où le cloaque du mâle est appliqué sur celui de la femelle. Les spermatozoïdes, fortement expulsés par les organes mâles excités, remontent dans les conduits de la

femelle, probablement, en partie, comme résultat dû au
péristaltisme, mais au moins en grande partie par leur propre
énergie locomotrice, et l'un d'eux peut finir par féconder un
œuf. Ajoutés à l'organe d'intromission et à la partie inférieure du conduit femelle qui reçoit celui-ci pendant la
copulation, il peut y avoir des organes auxiliaires, tels que
de vraies pinces pour retenir les femelles. Le visqueux « dard
de Cupidon » ou *spiculum amoris* de l'escargot, est générale-
lement regardé comme un excitateur préliminaire.

Il faut noter encore trois faits, au sujet des animaux supé-

Fig. 80. — *Diplozoon paradoxum*, organisme double formé de l'union de
deux Trématodes hermaphrodites distincts (*Diporpa*) durant leur
jeunesse.

rieurs. (1) Il y a beaucoup de raisons de croire que les follicules ont une tendance à éclater vers la fin de la menstruation ; que ceci peut être accéléré par la copulation ; que la
fécondation peut réussir à une époque quelconque, mais le
plus souvent immédiatement après la menstruation, et le
plus rarement pendant la période relativement stérile qui
est la plus éloignée de ce processus. (2) Après la conception,
quand l'œuf fécondé commence à se développer, l'orifice
de l'utérus est fermé par une sécrétion qui empêche l'entrée
d'autres spermatozoïdes dans le cas où la copulation se produirait de nouveau. (3) La période de gestation qui s'écoule
entre la fécondation de l'œuf et l'expulsion du fœtus, varie largement chez les mammifères, depuis dix-huit jours chez la sa-
rigue, ou trente chez le lapin, jusqu'à deux cent quatre-vingts
jours chez l'homme et six cents chez l'éléphant, cette période
étant plus longue dans les types les plus élevés. Mais la lon-

gueur de cette période dépend aussi : de la grandeur, étant d'environ deux cent quatre-vingts jours chez la vache et de cent cinquante chez la brebis; du nombre des rejetons, étant de trois cent cinquante chez la jument et de soixante pour la chienne ; et du degré de maturité à la naissance, étant de quatre cent vingt chez la girafe et de quarante chez le kangourou.

4. *Enfantement.* — En beaucoup de cas, comme chez les annélides de mer, les œufs mûrs éclatent, ainsi que nous l'avons déjà fait remarquer, s'échappant de l'animal mère qui, désormais, n'a plus rien à démêler avec eux. L'émission des œufs hors de l'ovaire et de l'organisme, peut coïncider presque, ainsi que cela se voit chez les poissons osseux. En d'autres cas, les œufs sont retenus dans la mère jusqu'à ce qu'ils soient fécondés, mais ils sont alors expulsés peu de temps après, avant que le développement ne soit avancé à un degré marqué.

De tels œufs sont souvent pourvus de l'important capital nutritif, si connu dans le cas des Oiseaux ; ils peuvent aussi être entourés de coquilles chitineuses ou cornées, ou membraneuses, ou calcaires. Toutes ces formes de naissance sont classées sous le nom familier d'*oviparité*.

Chez de nombreux Invertébrés, Poissons, Amphibiens et Reptiles, l'œuf se développe dans l'intérieur de la mère, et les jeunes naissent vivants, plus ou moins doués d'activité. A de tels cas, lorsqu'il n'y a pas de rapport de nutrition entre le parent et le rejeton, on a appliqué le nom d'*ovo-viviparité*. Ils sont en contraste, d'une part, avec la naissance ovipare des oiseaux, etc., et avec la naissance vivipare des mammifères de l'autre. Le caractère bien connu de la naissance vivipare est le rapport nutritif intime qui existe entre la mère et sa progéniture. Le terme « ovo-vivipare » n'a pas grande utilité, cependant, car les cas auxquels il s'applique tendent tous à se rap-

procher d'une des deux autres formes de naissance.
Ainsi parmi les poissons cartilagineux (*Mustelus lœvis*, et
Carcharias) dans le curieux poisson osseux *Anableps*, et
chez certains lézards (*Trachydosaurus* et *Cyclodus*) une
sorte de fonction ressemblant à celle du placenta est
remplie par le sac vitellin et la paroi de l'oviducte ; tandis que chez les Poissons, les Reptiles, etc., les naissances ovipares et ovovivipares peuvent se produire
chez des formes alliées de près. La distinction qu'implique le terme est par conséquent abandonnée, et il faut
aussi reconnaître que la différence entre la ponte des
œufs et la production de jeunes vivants et actifs n'est
qu'une distinction de degré. Même chez les Mammifères
qui sont, *par excellence*, vivipares, les deux genres les
plus bas — l'Ornithorynque et l'Echidné — sont ovipares. La couleuvre commune normalement ovipare, a été
amenée, dans des conditions artificielles, à produire
ses petits vivants, et il est probable que cela est vrai
pour d'autres formes. Les générations parthénogénétiques d'Aphides sont d'ordinaire vivipares, les œufs
fécondés étant pondus tels.

5. *Première Nutrition.* — La première nutrition de
l'embryon, et même des larves, est, dans la plupart des
cas, une absorption du legs de matière vitelline, qui est
probablement le plus riche dans les œufs des oiseaux.
Le têtard de la grenouille croît et se meut quelque
temps avant de commencer à se nourrir aux dépens de
ce jaune. Plus tard, chez les grenouilles par exemple, la croissance de parties nouvelles semble avoir
été prévue par l'absorption nutritive de la queue : la
larve vit littéralement sur elle-même. Il en est de même
dans la métamorphose compliquée des larves d'Échinodermes. En beaucoup de cas, les cellules de l'embryon, indépendantes et actives, dévorent le jaune et
les autres matières à portée, d'après le mode amiboïde

connu sous le nom technique d'intra-cellulaire. En même temps, les courants osmotiques peuvent effectuer, passivement, les mêmes résultats. Chez le Buccin et d'autres formes alliées, on a remarqué un curieux cannibalisme parmi la foule d'embryons que renferme une même capsule. Les plus forts et les plus âgés dévorent les plus faibles et les plus jeunes, — lutte pour l'existence qui est heureusement d'une précocité exceptionnelle. Chez les Vertébrés supérieurs (au-dessus des Amphibiens) des membranes fœtales — l'amnios et l'allantoïde — sont développées, et ajoutées au sac vitellin qui entoure le jaune de l'œuf. Chez les animaux à placenta, cependant, une fonction nutritive devient dominante, l'allantoïde formant la plus grande partie du placenta de l'embryon. Le sac vitellin devient virtuellement dépourvu de jaune, mais, dans les ordres inférieurs, il peut absorber de la nourriture comme il le fait chez les oiseaux, bien que d'une source différente — la paroi maternelle. Dans la plupart des cas, toutefois, ce qui ne faisait que commencer du côté du sac vitellin, dans les Elasmobranches et Lézards déjà mentionnés, devient la fonction prononcée de l'allantoïde, c'est-à-dire l'établissement d'une connexion vasculaire ou nutritive avec la paroi de l'utérus maternel. De cette manière, bien qu'il ne passe jamais une goutte de sang de la mère à sa progéniture, une transfusion osmotique très intime est effectuée.

6. *L'Allaitement.* — Si la menstruation est un moyen de se débarrasser d'un excédent anabolique, quand il n'y a pas de fœtus, la lactation est plus encore un courant anabolique qui s'adapte aux besoins de la progéniture bien qu'il n'ait pas été primitivement causé par ceux-ci. En même temps, il est assez évident et facile à vérifier par l'histologie, que dans leur production réelle les deux processus sont cataboliques, en ce qu'ils entraînent la rup-

ture des cellules et la mort. La tendance particulière de ces tissus utérins et mammaires à la maladie, tendance fournissant les possibilités les plus tragiques de la vie de la femme, devient ainsi moins mystérieuse. Nous pouvons concevoir plus facilement que de telles maladies accompagnent ce qu'il nous plaît de désigner sous le nom général de civilisation, et envisager avec plus d'espoir la possibilité de les diminuer énormément par l'hygiène rationnelle d'une civilisation méritant ce nom.

Les organes mammaires, sont des glandes de la peau, probablement alliées de très près au type sébacé ordinaire, excepté chez les Monotrèmes qui semblent diverger. Chacun sait que ces glandes sont l'apanage exclusif des Mammifères, et ne fonctionnent, normalement, que chez le sexe féminin. Rudimentaires chez le mâle, elles peuvent même chez lui produire du lait (lait de sorcières) à la naissance, à l'époque de la puberté, et sous certaines conditions pathologiques; on a enregistré quelques cas d'hommes qui ont réellement allaité. Merriam (*Hayden's U. S. Geol. Survey*, IV, p. 666) donne un récit défini d'allaitement par le mâle chez le *Lepus bairdi*.

Les glandes varient beaucoup par leur position et leur nombre; il est probable que primitivement, elles étaient en grand nombre. En fonction, après la naissance de la progéniture, le tissu environnant est surtout riche en corpuscules sanguins blancs, qui forment probablement quelques-uns des éléments anatomiques du lait. On a aussi montré que les nucléus des cellules des glandes subissent une dégénérescence, une rupture, une expulsion, et qu'ils forment, selon toute probabilité, les éléments de caséine du fluide nutritif.

Avant la naissance, l'embryon mammifère a été nourri par l'intermédiaire du placenta, par la transfusion à laquelle on a déjà fait allusion. Le canal alimentaire n'a, évidemment, aucune expérience de la fonction digestive. Avant qu'il ne se mette à digérer la nourriture des parents, il est soumis à ce que Sollas définit avec bonheur comme une « éducation gastrique », en se nourrissant du lait de la mère, facile à assimiler.

7. *Autres Sécrétions.* — Chacun a pu entendre parler, s'il ne l'a vu, du « lait de pigeon », et beaucoup de personnes l'ont vu administrer aux jeunes oiseaux. Les deux sexes le produisent à peu près une semaine après l'éclosion des jeunes, et il résulte d'une dégénérescence des cellules du jabot. Quelques-unes des cellules crèvent, d'autres sont déchargées en entier. Il en résulte une sorte de fluide, comme une émulsion laiteuse, qui est dégorgée par les parents dans le bec du jeune. On dit qu'une substance similaire se produit chez quelques perroquets.

Il est intéressant aussi de noter l'excès de salivation qui se produit à la saison de l'incubation chez les Salanganes (*Collocalia*) qui forment les nids d'oiseaux comestibles, tout-à-fait insipides pour nous, mais qui constituent le régal de luxe des gourmets Chinois. Certaines glandes salivaires deviennent particulièrement actives chez ces oiseaux quand ils couvent, et la sécrétion qui, suivant Green, consiste surtout en une substance de même nature que la mucine, est employée à former le nid fibreux et d'un blanc de neige.

Prenons encore un autre exemple de sécrétion particulière, curieusement liée à la précédente par une de ces profondes unions physiologiques qui montrent combien, en définitive, les contrastes les plus extrêmes dans la forme organique sont superficiels — nous voulons dire les fils visqueux avec lesquels l'épinoche mâle lisse son nid. Möbius a montré que les reins sont grandement influencés par les testicules mûrs; qu'ils produisent, par un processus pathologique, maintenant normal, des éléments de déperdition, ou éléments cataboliques, sous la forme de filaments muqueux. Le mâle se débarrasse de cet incommode encombrement (qui a un parallèle pathologique quelque peu équivalent chez les animaux supérieurs), en se frottant contre des objets, et ainsi, pour ainsi dire mécaniquement, s'est produit le tissage du nid aquatique qui nous est familier.

8. *Incubation.* — Le sacrifice physiologique des oiseaux

Fig. 81. — Nid de l'Épinoche (*Gasterosteus*). D'après Thomas Bolton.

femelles ne s'arrête point à la production du gros capital de matière nutritive dont le germe est doté, mais il se continue par la patience prolongée de la couvaison. Chez les passereaux, le mâle soulage la femelle dans sa tâche d'affection, et dans la tribu des autruches il en prend habituellement la charge. Les coucous et d'autres oiseaux évitent de couver, et, avec des degrés plus ou moins marqués de préméditation, l'animal dépose les œufs dans des nids d'adoption, et les jeunes sont ainsi mis en nourrice. Après la fatigue de la reproduction, il est peut-être assez naturel que la femelle se repose un peu sur les œufs, à l'abri du nid, et comme on a observé qu'il y avait à ce moment une circulation plus considérable dans la peau de la région abdominale, on en a conclu que l'oiseau couve uniquement pour se rafraîchir;

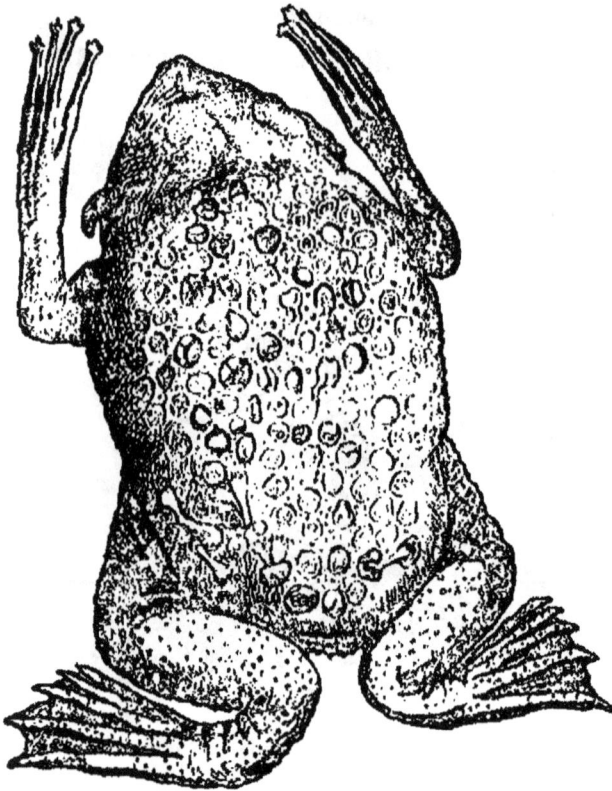

Fig. 82. — Crapaud de Surinam femelle, avec des jeunes dans la peau de son dos. D'après Leunis.

cette idée a été appuyée par la cruelle expérience consistant à roussir les plumes de la même région chez un coq, qui se mit à couver pour rafraîchir la surface irritée. Cependant l'augmentation de la circulation peut aussi être considérée comme produite par l'action de couver; en tous cas, la patience et la sollicitude de la mère, et sa diligence à soigner les petits éclos, sont évidemment l'expression d'une véritable affection maternelle.

Il faut mentionner ici la conservation des jeunes dans des poches cutanées, qui se présente chez la grande majorité des Marsupiaux et chez les Échidnés. Chez ces derniers, la poche est un organe simple, peut-être périodique, provenant d'un renfoncement de la peau dans la région mammaire de l'abdomen. Ici les œufs sont emmagasinés d'une façon quelconque, et les petits se développent. Les glandes à lait s'ouvrent simplement sur la surface de la dépression. Chez la plupart des Marsupiaux, les jeunes, nés très tôt après une vie utérine très courte, sont abrités dans des poches semblables mais plus développées, où les mamelons se trouvent.

Chez les Reptiles ovipares, les œufs sont d'ordinaire abandonnés à eux-mêmes, aidés par la chaleur du soleil et du sol. « Le python femelle s'enroule en rouleaux autour de ses œufs, et les couve durant une période prolongée, pendant laquelle on a observé que la température s'élevait à 35° cent. entre les replis. »

Fig. 84. — *Nototrema marsupiatum* femelle, portant ses œufs dans un sac dorsal qui a été en partie ouvert, d'après Gunther.

Il se produit de très curieuses adaptations des parents chez les Amphibiens qui semblent avoir fait de nombreuses expériences à ce sujet. Ainsi, chez le crapaud de Surinam (*Pipa*) le mâle étend les œufs sur le dos de la femelle, une sorte d'érysipèle se produit, et chaque œuf est entouré d'un repli de la peau où se développe le têtard. Quand le processus est terminé, la peau de des se renouvelle. En d'autres cas, ce mode de transport des œufs devient quelque peu plus défini ; ainsi chez le *Notodelphys* et le *Nototrema* les œufs sont emmagasinés dans des poches dorsales. Les mâles ne sont point sans partager la tâche de la maternité. Chez le crapaud accoucheur (*Alytes obstetricans*), le mâle aide à extraire les œufs de la femelle, les entortille en guirlandes autour de ses pattes de derrière, et s'enfonce dans l'eau jus-

qu'à ce que les têtards s'échappent et le soulagent de son
fardeau. Chez le *Rhinoderma
Darwinii*, les sacs tympaniques,
employés autrefois à des appels
amoureux, s'agrandissent pour
servir de berceaux aux jeunes.

Chez les Poissons, la tâche
des parents est grandement réduite, et il n'y a que de légères
indications de quoi que ce soit
qui rappelle l'incubation. Chez
un poisson Siluroïde (*Aspredo*)
la femelle pond ses œufs et se
couche dessus jusqu'à ce qu'ils

Fig. 84. — L'Hippocampe (*H.
guttulatus*, d'après l'album
de l'aquarium de Naples.

soient attachés à la peau spongieuse de son ventre, d'une façon qui rappelle beaucoup l'arrangement sur le dos du crapaud de Surinam. Après l'éclosion, l'excroissance de la peau redevient lisse. Chez les *Solenostoma*, les na-geoires du ventre s'unissent à la peau pour former une poche où les œufs sont conservés. En d'autres cas, c'est le mâle qui couve les œufs et les soigne. Quelques-uns se bâtissent des nids, tels que l'épinoche, sur lesquels ils veillent avec un soin jaloux. Chez quelques espèces d'*Arius* les œufs sont portés dans le pharynx ; tandis que chez les Hippocampes une poche est développée sur l'ab-domen postérieur.

Chez les Invertébrés, les chambres à incubation ou retraites pour les petits ne sont pas rares. Les capsules des Hydroïdes, les piquants de quelques oursins de mer, les dépressions dans la peau d'une ou deux Holothuries, les tentacules modifiés de quelques annélides de mer, la chambre dorsale des puces d'eau, l'abdomen courbé des Crustacés supérieurs, les cavités branchiales des Bivalves, la magnifique coquille incubatrice de l'Argonaute, sont

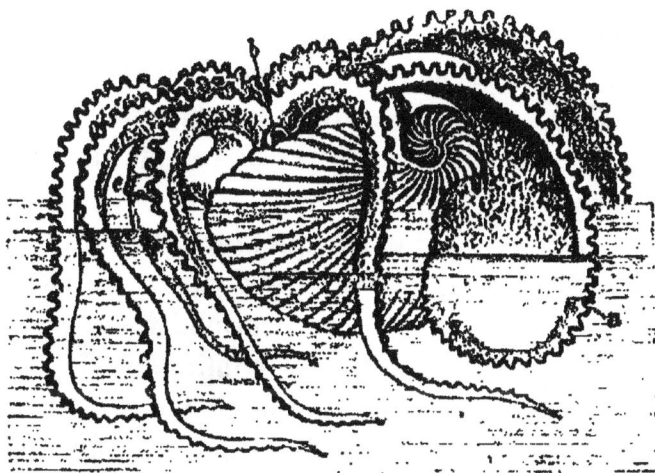

Fig. 85. — Femelle de l'Argonaute (A. Argo) avec sa chambre à incubation, d'après Leunis

des exemples d'habitudes dont une esquisse même dépasse nos limites.

9. *Coût de la Reproduction.* — Nous avons déjà montré comment, dans son origine, la reproduction est liée à la mort. Les premières divisions par lesquelles les Protozoaires réduisent leur volume encombrant, sauvent leur propre vie, et multiplient leur espèce, ne sont éloignées que d'un ou deux pas d'une dissolution plus diffuse qui est la mort.

L'association de la mort et de la reproduction est, en réalité, assez patente, mais leur rapport, dans le langage usuel, est souvent mal exprimé. Nous entendons dire que les organismes ont à mourir. Ils doivent donc se reproduire, autrement l'espèce prendrait fin. Mais cette insistance sur l'utilité ultime est presque toujours une arrière-pensée de notre invention. La véritable proposition, en tant que l'histoire nous en fournit la réponse, n'est pas que les animaux se reproduisent parce qu'ils doivent mourir, mais qu'ils meurent parce qu'ils doivent se reproduire. Ainsi que le dit Gœtte « ce n'est pas la mort qui rend la reproduction nécessaire, mais c'est la reproduction qui a la mort comme inévitable conséquence. » Ceci, naturellement, se rapporte essentiellement aux formes rudimentaires de ces deux processus cataboliques.

Il est nécessaire de donner quelques exemples. Gœtte cite la *Magosphera* de Haeckel, Protozoaire qui au moment où il s'est formé en corps multicellulaire se rompt en des unités composantes. Celles-ci continuant de vivre, il n'y a pas de cadavre ; mais en même temps, il est certain que la colonie multicellulaire n'existe plus. Puis il prend le cas des Orthonectides inférieurs et quelque peu énigmatiques, que Van Bénéden a classés parmi les Métozoaires, entre les animaux unicellullaires et les animaux polycellulaires fixes. Ici la femelle adulte forme de nombreuses cellules-germes, et termine sa vie individuelle en crevant. Les germes sont émis, l'animal mère a été sacrifié dans la reproduction. « La mort est une conséquence inévitable de la reproduction. »

Ce sacrifice n'est point l'apanage spécial des organismes multicellulaires à l'état rudimentaire. Ainsi chez quelques espèces de *Polygordius* les femelles adultes crèvent, et meurent en expulsant leurs œufs. Un genre de vers de mer des Capitellides (*Clitomastus*), frise mais évite avec intelligence cette fin. Tout l'organisme n'est point sacrifié, mais seulement une partie de l'abdomen. C'est en réalité, une des caractéristiques de la différenciation reproductrice: le sacrifice est diminué, et la fatalité est ainsi évitée.

Mais, plus loin, nous trouvons chez quelques Ascarides ou Nématodes (*Ascaris dactyluris*) que les jeunes vivent aux dépens de la mère, jusqu'à ce qu'elle soit réduite à

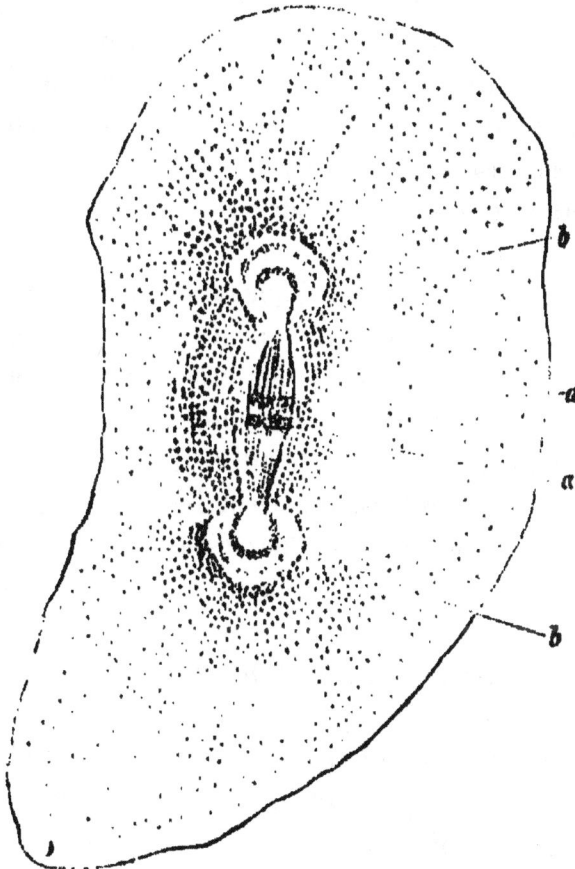

Fig. 89 — Représentation de la division cellulaire, avec désagrégation et re-agregation des elements du noyau (*a*) et du protoplasme, d'après Rauber.

rien. Chez les Polyzoaires d'eau douce, Kraepelin note que l'embryon cilié quitte la cavité du corps de la mère par un *prolapsus uteri* de cette mère sacrifiée. Dans la reproduction précoce de quelques larves de moucherons (*Chironomus*, etc.) la production des jeunes est fatale à travers des générations successives.

Weismann et Gœtte ont tous deux, bien qu'en l'interprétant différemment, observé la mort de beaucoup d'insectes (sauterelles, papillons, éphémères, etc.) peu d'heures après la production des œufs. L'épuisement est fatal, et les mâles sont aussi entraînés. En réalité, ainsi que nous devrions l'attendre du tempérament catabolique, ce sont les mâles qui sont particulièrement sujets à l'épuisement. Les mâles de quelques araignées meurent normalement après avoir fécondé la femelle, fait qui aide peut-être à éclairer le sacrifice d'autres à l'appétit de leurs compagnes. Le Rotifère mâle, minuscule (ultra-catabolique) — amant idéal mais trop peu pratique, qui n'a pas même un canal alimentaire — semble, habituellement, s'épuiser et expirer d'une façon prématurée, laissant la femelle à une parthénogénèse que rien ne trouble. Chacun connaît l'association intime de l'amour et de la mort chez les Libellules communes. En quelques heures elles émergent en liberté ailée, dansent leur danse d'amour, sont fécondées, déposent leurs œufs, et meurent avec leurs compagnons. Chez les animaux supérieurs la fatalité du sacrifice reproducteur a été grandement diminuée ; cependant la mort persiste parfois, tragiquement, même dans la vie humaine, comme la vengeance directe de l'amour.

L'effet temporairement épuisant de l'acte sexuel même modéré est bien connu, de même que l'accroissement de l'aptitude à contracter toutes les formes de maladie quand les forces individuelles sont ainsi diminuées.

10. *Immortalité Organique.* — On sait encore relativement peu de chose sur la longueur de la vie chez les animaux inférieurs, mais il est indubitable que tous les organismes multicellulaires meurent. Nous venons d'insister sur l'idée de Gœtte et d'autres naturalistes, que la reproduction est le commencement de la mort ; idée qui n'est pas incompatible avec le paradoxe apparent que la

mort locale est le commencement de la reproduction.
Admettant, donc, que les organismes multicellulaires, à
tout le moins, sont mortels, et que la floraison même de
la vie, dans la reproduction, est liée à une prophétie de
mort qui s'accomplit elle-même, nous nous trouvons en

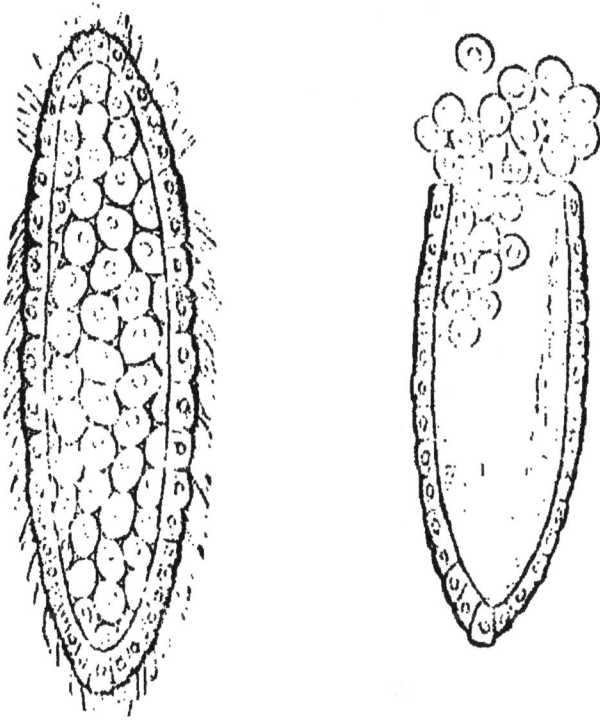

Fig. 87 — Orthonectides, montrant l'éclatement de la femelle lors de la
mise en liberté des germes, d'après Julin.

présence de deux questions. Qu'est-ce donc que la mort
des Protozoaires? Et, dans quel sens, la série organique
a-t-elle une immortalité?

Nous avons déjà eu souvent, dans les pages qui précèdent, l'occasion de réitérer les comparaisons entre les
Protozoaires et les animaux supérieurs. Les premiers
sont physiologiquement complets en eux-mêmes, et ont
de très grandes facultés, si ce n'est des facultés sans limites, pour se récupérer eux-mêmes. Ils s'arrêtent au

point où la vie animale supérieure commence, c'est-à-dire dans l'état unicellulaire. Ils ne forment aucun corps. En outre, leur reproduction est le plus souvent une simple division d'une en deux cellules. S'il y a perte d'individualité, il y a à peine perte de vie. La mort n'est pas si sérieuse quand il ne reste rien à enterrer. Et dans la plupart des cas, une moitié de l'unité divisée ne peut être l'individu mère, et l'autre la fille, car les deux paraissent impossibles à distinguer l'un de l'autre. Aussi l'idée, émise il y a longtemps par Ehrenberg, a été reprise et élaborée par plusieurs naturalistes, et notamment par Weismann, suivant laquelle les Protozoaires sont virtuellement immortels.

Dans les propres paroles de Weismann « la mort naturelle se produit seulement chez les organismes multicellulaires ; les formes unicellulaires y échappent. Il n'y a, à leur développement, aucun terme qui puisse être comparé à la mort, et la naissance de nouveaux individus ne peut non plus être associée à la mort des vieux. Dans la division les deux portions sont égales : aucune n'est plus âgée ni plus jeune. Ainsi se produit une série sans fin d'individus, chacun aussi vieux que l'espèce elle-même, chacun ayant la faculté de vivre indéfiniment se divisant toujours et ne mourant jamais. » Ray Lankester formule la question avec concision : « Il résulte de la constitution du corps des Protozoaires comme unique cellule, et de sa méthode de multiplication par fissiparité, que la mort n'a point de place comme phénomène revenant naturellement chez ces organismes. »

Il faut prendre note de quelques limitations qui rendent encore plus nette cette idée d'immortalité primitive. On affirme seulement que les Protozoaires échappent à la « mort naturelle », une destinée violente pouvant les atteindre, tout aussi bien que tout autre organisme. Ils n'ont pas une vie enchantée, étant aussi exposés à être dévorés que ceux d'un degré supérieur. Quant au milieu, cependant, leur simplicité leur donne une faculté particulière d'éviter le sort qui les menace. L'habitude des kystes protecteurs est très générale, et ainsi enveloppés, ils peuvent, comme les œufs et comme quelques adultes chez les animaux supérieurs, subir la dessiccation avec une patience qui est récompensée par un rajeunissement lorsque la pluie revient visiter les étangs. Mais la doctrine de l' « immortalité des Protozoaires » se rapporte au défi contre la mort naturelle, non violente.

L'objection psychologique que l'âme mère est réellement éteinte quand elle se divise en deux, introduit une conception qui est à peine applicable. Les individualités étant doublées, rien n'est réellement perdu. D'une difficulté plus sérieuse sont les cas où le Protozoaire produit une série de bourgeons, de spores, ou d'unités de division, et laisse un résidu central, ou reste non utilisé, destiné à mourir. Mais, en ce qui concerne les Grégarines, par exemple, où il y a un reste de cette nature, on a répondu assez justement que le résidu est plutôt une sorte d'excrétion que le parent abandonne pour périr après son sacrifice reproducteur. Weismann, toutefois, est disposé à admettre la possibilité que, chez les Acinétiens suceurs, et chez les Grégarines parasites, qui sont tous quelque peu éloignés du type normal des Protozoaires, il peut y avoir des cas de vraie mortalité.

Il est un autre point sur lequel les autorités diffèrent: c'est celui de savoir si les Protozoaires sont réellement capables de se reconstituer eux-mêmes. Ils souffrent des dommages, ils endurent la déperdition, quelques portions s'usent et peuvent être expulsées. La question se pose alors: ces défauts acquis sont-ils oblitérés, ou s'intensifient-ils ? La déperdition n'est-elle qu'une mort locale, ou est-elle le début d'un véritable vieillissement!

Voilà une question à laquelle l'observation seule peut répondre. Un raisonnement *à priori* serait futile en un cas pareil. C'est à Maupas que nous devons la critique la plus sérieuse de la théorie de Weismann. Nous en avons déjà enregistré le résultat important, que la conjugaison est essentielle à la jeunesse de l'espèce ; sans ce commencement de reproduction sexuelle, les individus, au cours de nombreuses générations asexuelles successives, deviennent vieux. Le nucléus dégénère, la taille diminue, toute l'énergie s'affaiblit, la sénilité finit par la mort. Maupas croit que tous les organismes sont voués à subir le dépérissement et la mort, et proteste énergiquement contre la théorie de Weismann qui ferait commencer la mort avec les Métazoaires.

Il faut noter, toutefois, que dans les conditions naturelles la conjugaison, interdite dans les expériences de Maupas, se produit lorsqu'elle est nécessaire, et que la vie continue. En outre, on n'a pas montré que la conjugaison se produit chez beaucoup de Protozoaires. Il semble donc qu'on soit plus autorisé à insérer la conclusion de Maupas comme réserve à la doctrine de Weismann qu'à la considérer comme lui étant contradictoire. On veut, maintenant, justifier la conclusion que les Protozoaires qui ne sont pas trop différenciés, vivant dans des conditions où la conjugaison est possible, sont affranchis de la mort naturelle. Il faut y ajouter la réserve qui a été démontrée que, chez les Infusoires ciliés, la conjugaison, qui signifie ici l'échange des éléments nucléaires, est la condition nécessaire de la jeunesse éternelle et de l'immortalité.

Acceptant donc, en insistant sur la clause conditionnelle, la conclusion générale que la plupart des organismes unicellulaires, si ce n'est tous, jouissent de l'immortalité, qu'étant affranchis de la servitude d'un « corps » ils sont nécessairement affranchis de la mort, nous passons à la considération de la question suivante : qu'implique réellement la mort des organismes supérieurs unicellulaires ?

Si la mort ne se produit pas naturellement chez les Protozoaires, il est évident qu'elle ne saurait être un caractère inhérent à la matière vivante. Pourtant elle règne universellement parmi les animaux multicellulaires. Nous pouvons ainsi dire que la mort est le prix qu'on paie pour un corps, l'amende que plus ou moins tôt la possession de celui-ci nous fait encourir. Par corps, il faut entendre une colonie complexe de cellules, chez lesquelles il y a une plus ou moins grande division du travail, où les unités de composition ne sont plus, comme les Protozoaires, en possession de toutes leurs facultés, mais, par la division du travail, n'ont que des fonctions restreintes et un pouvoir limité de réparation. De même que la famille isolée d'Infusoires de Maupas, les cellules du corps ne se conjuguent pas ensemble ; et bien qu'elles se divisent et se subdivisent pendant une saison, la vie finit par s'épuiser.

Un moment de réflexion montrera, toutefois, que dans la plupart des cas, l'organisme ne meurt pas entièrement. Quelques unes des cellules échappent d'ordinaire à la servitude du corps, comme éléments reproducteurs — dans le fait, comme de nouveaux Protozoaires. La majorité de ceux-ci peut, en effet, être perdue ; les œufs qui ne rencontrent pas d'éléments mâles doivent périr, et les derniers ont moins de puissance individuelle de vitalité. Mais quand les œufs sont fécondés et se développent pour former de nouveaux individus, il est clair que les organismes parents ne sont pas entièrement morts, puisque deux de leurs cellules se sont unies pour débuter de nouveau comme nouvelles plantes ou nouveaux animaux. En d'autres termes, ce qui est nouveau dans l'organisme multicellulaire, savoir « le corps », meurt bien, en réalité, mais les éléments reproducteurs, qui correspondent aux Protozoaires, continuent de vivre.

On peut rendre ceci plus défini dans le diagramme suivant. On y voit que l'organisme débute comme Protozoaire, à cellule simple, ou d'ordinaire comme l'union de deux cellules dans l'œuf fécondé. Celui-ci se divise, et ses cellules filles se divisent et se redivisent. Elles s'arrangent en couches, et sont graduellement transformées en les divers tissus ou organes. Par la division du travail, elles sont restreintes dans leurs fonctions, et spécialisées dans leur structure. Elles se différencient comme cellules musculaires, cellules nerveuses, cellules glandulaires, etc. Il en résulte un « corps » plus ou moins complexe, instable dans son équilibre à cause de sa complexité même, composé en outre de cellules concurrentes bien éloignées du « bon à tout faire » des cellules du Protozoaire, limité dans sa puissance de récupération, et surtout exposé à une mort locale et périodique, ou générale et finale. Mais le corps n'est pas tout : à une époque précoce, en quelques cas, toujours, tôt ou tard, des cellules reproductrices sont mises à part. Celles-ci demeurent simples et non différenciées, conservant les traditions anatomiques et physiologiques de la cellule-germe primitive. Les cel-

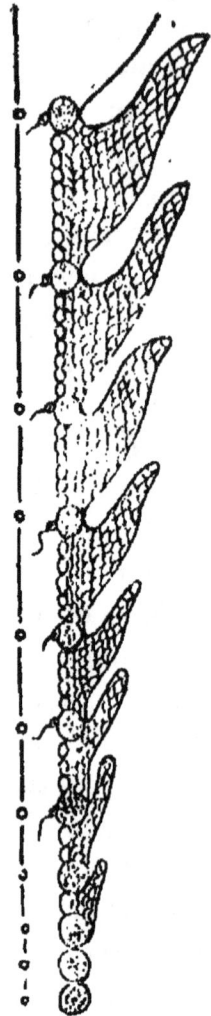

Fig 88. — La relation entre les cellules reproductrices et le corps. La chaîne continue de cellules représente d'abord une succession de Protozoaires ; plus loin elle représente les œufs au moyen duquel les corps (amas de cellules non pointillées) sont produits. A chaque génération on voit un spermatozoïde qui fertilise un œuf mis en liberté.

lules et les résultats de leur division ne sont que peu
impliqués dans la différenciation qui fait de l'organisme
multicellulaire ce qu'il est ; elles restent de simples cellules primitives comme les Protozoaires, et dans un sens
partagent l'immortalité de ces derniers. Le diagramme
(fig. 88) montre comment une de ces cellules séparée de
l'organisme mère (et s'unissant dans la plupart des cas
avec une cellule-germe d'origine différente) devient le
commencement d'un nouveau corps, et en même temps,
nécessairement, l'origine d'une nouvelle chaîne, ou plutôt
d'une chaîne continue de nouvelles cellules reproductrices.

« Le corps ou *soma*, dit Weismann, paraît ainsi, en
quelque mesure, comme un accessoire subsidiaire des
vrais soutiens de la vie, les cellules reproductrices. »
Ray Lankester a aussi très heureusement exprimé cela :
« Parmi les animaux multicellulaires, certaines cellules
ont été séparées du reste des unités constituant le corps,
telles que les cellules-œufs et les spermatozoïdes ; celles-ci se conjuguent et continuent de vivre, tandis que
les cellules qui restent, simples porteuses, pour ainsi
dire, des cellules reproductrices immortelles, meurent et
se désintègrent. Les corps des animaux supérieurs qui
meurent, peuvent, à ce point de vue, être considérés
comme quelque chose de temporaire et de non essentiel,
destiné seulement à porter, pour un temps, à soigner, et
à nourrir les produits immortels bien plus importants
de la fissiparité de l'œuf unicellulaire. »

Dans la plupart des cas, ainsi que le soutient Weismann, il est plus correct de parler de « la continuité du
protoplasme germinal, » que de la continuité des cellules
germinales, mais, avec cette clause conditionnelle, le
diagramme exprime un fait des plus importants pour
comprendre la reproduction et l'hérédité, c'est-à-dire que
ja chaîne de la vie est en un sens vraiment continue, et que

les « corps » qui meurent sont des parties caduques, qui s'élèvent autour des vrais chatnons. Les corps ne sont que les torches qui sont brûlées, tandis que la flamme vivante a traversé, sans s'éteindre, toute la série organique. Les corps sont les feuilles qui tombent, en mourant, de la branche qui continue à pousser. Ainsi, bien que la mort saisisse, inexorable, l'individu, la continuation de la vie, dans un sens profond, n'est nullement troublée ; les éléments reproducteurs ont déjà réclamé leur immortalité de Protozoaires, sont déjà occupés à créer un nouveau corps ; ainsi, dans la vie physique la plus simple comme dans la vie psychique la plus élevée, nous pouvons dire que l'amour est plus fort que la mort.

RÉSUMÉ

1. La maturité sexuelle se produit généralement vers la limite de la croissance, et est marquée par la mise en liberté des éléments reproducteurs, et par des caractères secondaires dus à la réaction de la fonction reproductrice sur l'organisme en général. La maturité précoce peut être due à des conditions de constitution ou de milieu, et a été d'une grande importance dans l'évolution des plantes phanérogames.

2. La menstruation, interprétée comme moyen de se débarrasser de l'excédent anabolique chez la femelle en l'absence de consommation par un fœtus.

3. L'union sexuelle, d'abord très passive, et livrée au hasard, devient active et définie avec l'évolution graduelle du sexe et des organes sexuels secondaires.

4. La naissance s'accomplit d'abord par rupture, mais devient un processus régulier s'effectuant, d'ordinaire, par des conduits spéciaux. La naissance ovipare et la naissance vivipare ne diffèrent qu'en degré.

5. La première nutrition est généralement l'absorption du jaune. mais, chez les mammifères, elle s'accomplit par une transfusion osmotique du sang de la mère à celui du fœtus.

6. L'allaitement est interprété comme trop plein anabolique.

7. Outre le lait, il y a d'autres sécrétions associées avec la nu-

trition et la protection des jeunes. Le lait du pigeon, les nids d'oiseaux comestibles, et les filaments muqueux des épinoches en sont des exemples.

8. L'incubation, atteignant son apogée chez les Oiseaux, a des parallèles dans beaucoup d'autres classes.

9. La reproduction et la mort représentent toutes deux des crises cataboliques. Primitivement elles sont presque de la même famille. La reproduction peut écarter la mort du Protozoaire, mais la causer chez le plus simple des Métazoaires.

10. Les Protozoaires approchent plus de l'immortalité que les autres organismes. Le fait de la continuité germinale implique une immortalité organique.

BIBLIOGRAPHIE

Consulter pour la physiologie spéciale du sexe et de la reproduction les manuels classiques tels que ceux de Foster, Landois et Stirling, et surtout l'ouvrage de Hensen déjà souvent cité.

Pour la continuité du plasma germinatif, consulter Weismann ; *Essais sur l'Hérédité*, Reinwald, 1892 : on trouvera une bibliographie complète dans *History and Theory of Heredity* par J. A. Thomson, (*Proc. Roy. Soc. Edin.* 1888), et, depuis 1886, dans le *Zoological Record*.

Sur le coût de la reproduction, et l'immortalité organique, voir A. Goette, *Über den Ursprung des Todes*; Hambourg et Lepzig, 1883 ; et A. Weismann, *Essais sur l'Hérédité* ; E. Maupas, *Archives de Zoologie Expérimentale*, 1888.

CHAPITRE XIX

POINTS DE VUE PSYCHOLOGIQUE ET MORAL

1. *Terrain commun entre les Hommes et les Animaux.* — Jusqu'ici nous avons justifié l'orthodoxie de notre éducation anatomique, en ignorant presque le fait que les animaux ont une vie psychique, ou en ne faisant que nommer l'aspect purement nerveux des fonctions. Ce n'est qu'en discutant la sélection sexuelle, et les faits généraux de l'union sexuelle et de la parenté, que nous avons introduit des mots tels que « soin », « sacrifice » et « amour ». Une étude purement physiologique du sexe et de la reproduction est, toutefois, évidemment incomplète. On la rejetterait, avec dédain, si elle se rapportait à la vie humaine ; elle doit être également rejetée en ce qui concerne les animaux supérieurs, qui, à tout prendre, présentent des analogies avec presque toutes les émotions humaines, et tous nos processus intellectuels les moins abstraits. C'est aux émotions surtout que nous avons affaire ici, et sans soulever la question difficile de savoir si les animaux présentent des émotions exactement analogues à celles qui, chez l'homme, sont associés au « sens moral », à « la religion », et au « sublime », nous acceptons les conclusions de Darwin, suivi de Romanes et d'autres, que toutes les autres émotions que nous éprouvons nous-mêmes sont reconnaissables de

même, avec une expression moins parfaite, ou quelquefois plus parfaite, chez les animaux supérieurs. Celles qui
accompagnent le sexe et la reproduction sont, à la vérité, les plus patentes; l'amour pour son compagnon,
l'amour pour sa progéniture, la volupté, la jalousie,
l'affection de famille, les sympathies sociales ne peuvent
se nier.

2. L'*Amour du Compagnon*. — Chez les animaux les
plus inférieurs, où deux cellules épuisées se confondent
dans une union sexuelle rudimentaire, il n'y a, en apparence, qu'un élément de cet accord musical si complexe de la vie que nous appelons « amour ». Il y a
l'attraction physique et le processus entier ressemble
fort à la satisfaction d'un appétit protoplasmique.

Chez les animaux multicellulaires, la mise en liberté
des éléments sexuels est, d'abord, très passive. Elle
n'intéresse que le seul individu. La fécondation est livrée
au hasard, et, bien que le sexe existe, l'attraction
est absente.

A un degré au-dessus, la véritable union sexuelle fait
son apparition. Mais, au début, elle se produit, simplement, entre n'importe quels mâle et femelle. L'union
est physiologique, non psychologique; il n'y a pas de
véritables couples, et ce serait folie que de donner le
nom d'amour à des cas pareils.

Par degrés, cependant, par exemple parmi les insectes, les sexes s'associent par couples. Il y a un peu
d'attraction sexuelle psychique, souvent accompagnée
d'une cour assez assidue; mais, ce qui est plus important, c'est le maintien, à l'occasion, de l'association pendant une période prolongée. Il peut même y avoir une
coopération dans le travail, comme chez les coléoptères
stercoraires, tels que l'*Ateuchus*, où les deux sexes
exercent ensemble leur métier désintéressé. Le mâle et
la femelle d'un autre coléoptère lamellicorne (*Lethrus*

cephalotes) habitent la même cavité, et l'on assure que la vertueuse matrone s'indigne grandement lorsqu'un autre mâle veut y pénétrer. On peut considérer comme des dégénérescences du progrès pyschique, ou comme des exemples de la prédominance de l'attraction purement physique, ces associations prolongées des deux sexes que l'on voit chez le formidable ver parasite *Bilharzia*, où le mâle emporte avec lui la femelle, ou chez quelques crustacés parasites où les rôles sont renversés (voir figures 4 et 13).

Parmi les poissons à sang froid, les combats de l'épinoche avec ses rivaux, ses manœuvres séduisantes pour conduire la femelle au nid qu'il lui a construit, sa danse de passion affolée quand elle y est entrée, et la garde jalouse qu'il monte autour de ce nid, ont souvent été observés et admirés. Chez d'autres poissons le mâle et la femelle gardent alternativement les œufs. Les habitudes monogames du saumon, et les luttes, souvent fatales, entre les mâles rivaux sont bien connues. Carbonnier a décrit éloquemment la parade sexuelle et l'ardeur de la passion chez le mâle de la blennie ocellée, et aussi chez la girelle du Gange.

Le coassement amoureux des grenouilles, les gambades d'amour de quelques petits tritons, le soin paternel remarquable de quelques mâles d'Amphibiens déjà cités au chapitre précédent, et d'autres encore, sont des exemples de quelque chose qui dépasse la grossière attraction physique. Ce n'est réellement que dans leurs rapports sexuels et reproducteurs que les Amphibiens semblent se réveiller de leur torpeur constitutionnelle.

En ce qui concerne les Reptiles, on sait peu de chose au-delà de l'ardeur sexuelle qu'ils montrent, et des combats jaloux entre mâles rivaux. Cependant Romanes cite le fait intéressant que lorsqu'un cobra est tué, sa compagne est souvent trouvée au même endroit quelques jours après.

Parmi les oiseaux et les mammifères, la plus grande différenciation du système nerveux et le degré plus élevé de toute la vie est associé au développement de ce que des pédants seuls peuvent se refuser à nommer amour. Non seulement il y a souvent association, coopération, et une affection évidente se prolongeant après le temps de la couvaison, mais il y a des exemples abondants d'un type élevé de moralité, de tous les crimes sexuels familiers à l'homme, et de toutes les nuances de coquetterie, d'assiduité amoureuse, de jalousie et sentiments semblables. Il n'y a aucun doute que, au moins dans les deux classes les plus élevées d'animaux, les sympathies physiques de la sexualité ne soient accrues par les sympathies émotionnelles, si ce n'est intellectuelles, de l'amour. Ceux qui sont sceptiques sur ce point feront bien de consulter l'ouvrage de Büchner: *Liebe und Liebesleben in der Thierwelt*, qui contient d'inépuisables richesses d'exemples.

3. *Attraction Sexuelle.* — Mantegazza a écrit un ouvrage intitulé *La Physiologie de l'Amour*, où il expose la doctrine optimiste que l'amour est la force universelle, et Büchner cite de lui cette phrase: « toute la nature n'est qu'un hymne à l'amour ». Si ce dernier mot est employé dans un sens très large, cette proposition, souvent répétée, a plus qu'une signification poétique. Mais, même dans le sens le plus littéral, elle contient beaucoup de vérité ; car beaucoup d'animaux offrent des sérénades à leurs compagnes. Le bourdonnement des insectes, le coassement des grenouilles, les appels des mammifères, le chant des oiseaux sont des exemples, à la fois du pathos et de la gloire du chœur de l'amour. Les ouvrages de Darwin, et d'autres après lui, nous ont familiarisés avec les façons, douces ou brutales, qu'emploient

les mammifères pour se faire la cour. L'étalage des ornements auquel se livrent beaucoup d'oiseaux mâles, les
danses amoureuses des autres, les phares d'amour des
vers luisants, les tournois joyeux ou les duels furieux
des rivaux, le choix très délibéré qu'on remarque chez
beaucoup de femelles, et d'autres phénomènes de même nature, montrent comment un processus, d'abord assez grossier, peut devenir relevé en faisant appel à des appétits
qui ne sont plus uniquement sexuels. Mais il est à peine
nécessaire, maintenant, de raisonner sérieusement pour
soutenir la thèse que l'amour — dans le sens de sympathie sexuelle, psychique aussi bien que physique —
existe chez les animaux à plusieurs degrés de l'évolution. Notre psychologie comparée a été, aussi, trop in-
fluencée par le sentiment de notre supériorité intellectuelle; mais tandis que celle-ci a, sans nul doute, une
augmentation de ses possibilités correspondantes d'extension émotionnelle, cela n'implique pas nécessairement
une intensité émotionnelle correspondante ; et nous
n'avons aucun moyen de mesurer, et encore bien moins
de limiter, cette ardeur d'émotion organique qui, d'une
façon si manifeste, colore l'organisme de son éclat, et
inonde le monde de chant. Le fait sur lequel il faut insister est ceci : c'est que la vague attraction sexuelle des
organismes les plus bas a suivi une évolution en une
impulsion reproductrice définie, en un désir qui prédomine souvent même sur celui de la conservation person-
nelle ; que, ensuite, relevée par des additions psychiques subtiles, elle a passé par une douce gradation à l'a-
mour des animaux supérieurs, et à celui de l'individu
humain moyen.

Mais les possibilités de l'évolution ne sont pas épuisées,
et bien que certains puissent reculer devant la comparaison de l'amour humain avec ce qui lui est analogue dans
la série organique, la théorie de l'évolution offre exacte-

ment la compensation qu'ils réclament. Si nous n'admettons les possibilités de l'évolution de l'individu ou de la race, nous sommes condamnés à la théorie de convention que le poète et son héroïne sont, l'un et l'autre, des créations exceptionnelles, qui se meuvent à une distance désespérante au-dessus de la moyenne ordinaire de la race. Tandis qu'au contraire, en admettant la théorie de l'évolution, nous avons droit, non seulement à espérer, mais nous sommes logiquement forcés à croire que ces fruits rares d'un paradis d'amour, apparemment plus que terrestre, que les précurseurs de la race ont seuls le privilège de cueillir, ou même d'apercevoir de hauteurs éloignées, sont cependant les réalités d'une vie quotidienne vers laquelle nous et les nôtres voyageons.

4. *Différences Intellectuelles et Émotionnelles entre les Sexes.* — Nous avons vu qu'une profonde différence de constitution s'affirme dans les différences entre le mâle et la femelle, qu'elles soient physiques ou mentales. Les divergences peuvent être exagérées ou diminuées, mais pour les oblitérer il faudrait recommencer l'évolution sur une base nouvelle. Ce qui a été décidé chez les Protozoaires préhistoriques ne peut être annulé par un Acte du Parlement. Dans cette simple esquisse nous ne pouvons naturellement faire plus qu'indiquer le rapport des différences biologiques entre les sexes avec les différenciations psychologiques et sociales qui en résultent; ni l'espace, ni nos facultés n'y suffiraient. Nous devons insister sur les considérations biologiques qui sont au fond de la relation des sexes, qui a été trop discutée par les écrivains contemporains de toutes les écoles, comme si les faits connus du sexe n'existaient pas du tout, ou, presque, comme s'ils n'étaient qu'une affaire de force musculaire ou de poids du cerveau. Une récente discussion, même, qui prétend être conduite au point de vue biologique, et

dont M. Romanes est l'auteur, nous a amèrement désappointés sous ce rapport.

Il est superflu de rappeler au lecteur les idées les plus anciennes, les plus traditionnelles sur la sujétion des femmes, idées héritées de l'ordre Européen ancien ; et encore moins, peut-être, celle de l'attitude du politicien ordinaire, qui suppose que cette question est essentiellement réglée en cédant ou en retirant l'affranchissement.

Le côté exclusivement politique du problème a, à son tour, dans une grande mesure, été subordonné à un « laissez faire » économique, duquel il semblait résulter logiquement que toutes choses seraient réglées aussitôt que les femmes seraient suffisamment plongées dans la lutte de la concurrence industrielle pour leur propre pain quotidien. Tandis que les résultats ruineux pour les deux sexes et la vie de famille, de cette concurrence intersexuelle pour la subsistance, ont commencé à devenir manifestes, la panacée économique plus récente de la redistribution de la richesse a naturellement été invoquée, et nous avons seulement, maintenant, à élever le salaire des femmes.

Tous ceux qui discutent la question se sont entendus sur ce seul point, qu'ils ont tous négligé les facteurs historiques, et encore plus les facteurs biologiques ; et, dans la mesure où l'on tient le moindre compte de l'évolution passée, dans l'état de choses actuel, la position des femmes est considérée simplement comme celle dans laquelle les muscles et le cerveau plus puissants de l'homme ont été à même de les placer. Le passé de la race est ainsi dépeint sous les couleurs les plus sinistres, et toute la théorie est supposée confirmée par un appel à la pratique des races les plus dégénérées, pratique décrite avec la maigre sympathie ou l'impartialité de la moyenne des voyageurs, missionnaires, ou colons de race blanche.

Ainsi que nous l'avons déjà dit, nous ne pouvons essayer une discussion complète de la question, mais notre
livre resterait, comme la plupart des livres biologiques,
sans but, et sa thèse essentielle serait inutile si nous ne
cherchions, en terminant, à appeler l'attention sur les
faits fondamentaux de différence organique, ou plutôt
les lignes divergentes de différenciation qui sont la base
de tout le problème des sexes. Nous indiquerons, seulement, comme le meilleur argument en faveur de l'adoption de notre point de vue, la manière dont il devient
possible, relativement, de rattacher les points de vue les
plus variés. Nous ne blâmerons pas aussi promptement
le pauvre sauvage qui reste couché, oisif, au soleil, des
jours entiers, au retour de la chasse, tandis que sa
femme, lourdement chargée, moud et travaille sans
plainte ni cesse ; mais en tenant compte des efforts extrêmes qu'une vie de lutte incessante avec la nature et avec
ses semblables, pour la nourriture et pour la vie, entraîne pour lui, et de la nécessité, qui en découle, d'utili-
ser chaque occasion de repos pour se refaire, et parcou-
rir la vie courte et précaire si indispensable à la femme
et aux enfants, nous verrons que cette grossière économie domestique est la meilleure, la plus morale, la
plus humainement pratiquée, étant données les circonstances. De même, le voyageur citadin qui trouve que
le laboureur est une brute gloutonne quand il avale le
morceau de salé et ne laisse que le pain à sa femme et
à ses enfants, ne voit pas qu'en agissant autrement la ra-
tion future serait encore plus maigre, par la diminution
des gains, la perte de son occupation, ou celle de sa
santé.

Les relations actuelles du pêcheur et de sa femme,
du petit fermier et de la sienne, semblent nous donner
une image plus vraie et plus saine de l'ancienne société
industrielle, que celles que nous trouvons dans la littéra-

ture courante, et si nous admettons que cette vie manque un peu de délicatesse (quoique, sur des raisons plus sérieuses, de la religion jusqu'à la poésie légère, on pût contester ceci grandement), elle a cependant de grands enseignements de simplicité et de santé à nous donner.

L'ancienne théorie de l'esclavage des femmes n'était pas, dans le fait, aussi tyrannique qu'elle en avait l'air, mais elle tendait grossièrement à exprimer la division moyenne du travail ; il est certain que les difficultés étaient fréquentes, mais elles ont été exagérées. La ratification absolue que la loi et la religion lui accordaient était d'accord avec l'ordre entier de croyance et de pratique, sous lequel les hommes s'écrasaient encore plus que leurs compagnes. Toutefois, ces théories, étant absolues, devaient être renversées, et l'application de l'idée d'égalité, qui a rendu de si grands services en abattant les castes établies, était naturelle et utile. Nous en avons, ci-dessus, tracé le développement, cependant, et il est grand temps maintenant d'affirmer de nouveau, cette fois avec une science relative au lieu, d'une autorité dogmatique, les facteurs biologiques en jeu et de montrer qu'ils pourront servir à détruire les erreurs économiques qui règnent en ce moment, et encore plus à reconstituer cette coopération complexe et sympathique entre les sexes de laquelle tout progrès passé ou futur dépend. Au lieu d'hommes et de femmes travaillant uniquement à produire les choses suivant les théories économiques passées, ou en compétition pour leur distribution, ainsi que nous croyons maintenant qu'il importe tant de le faire, une nouvelle oscillation économique nous conduira jusqu'aux faits organiques directs. Ce n'est donc pas pour la production ou la distribution, ou l'intérêt propre ou le mécanisme, ni pour aucune autre idole des économistes, que l'organisme du mâle organise la lutte et le travail de sa vie, mais pour sa compagne, de même qu'elle et lui, le font pour leurs enfants. La production est pour être consommée ; l'espèce est son produit le plus élevé, le seul essentiel. L'ordre social se perfectionnera en venant plus en contact avec la biologie.

Il est également certain que les deux sexes sont mutuellement dépendants l'un de l'autre, et se complètent l'un l'autre. Les organismes virtuellement sexuels, tels que les Bactéries, n'occupent pas de place élevée dans l'ordre de la nature ; les organismes virtuellement asexuels, comme beaucoup de Rotifères, sont de grandes raretés. La parthénogénèse peut être un idéal organique, mais il a manqué à se réaliser. Les mâles et les femelles, comme les éléments sexuels, dépendent les uns des autres, et cela non seulement parce qu'ils sont mâle et femelle, mais aussi dans des fonctions qui ne sont pas directement associées à celles du sexe. Mais disputer sur la supériorité du mâle ou celle de la femelle, c'est comme si l'on disputait sur la supériorité des animaux ou des plantes. Chacun est supérieur à sa manière, et les deux se complètent.

Quoi qu'il y ait de grandes distinctions générales entre les caractères intellectuels et surtout les caractères émotionnels des mâles et des femelles parmi les animaux supérieurs, ces caractères tendent quelquefois à devenir mêlés. Il n'y a, cependant, aucune preuve qu'ils puissent graduellement s'oblitérer. L'hippocampe, le crapaud accoucheur, beaucoup d'oiseaux mâles, ont des sentiments maternels, tandis que quelques femelles se disputent les mâles, et sont plus fortes et plus passionnées que leurs compagnons. Mais ce sont là des raretés. Il est vrai, en général, que les mâles sont plus actifs, énergiques, ardents, passionnés et variables, et les femelles plus passives, conservatrices, apathiques et stables. Pour en revenir aux termes de notre thèse, les

mâles, organismes plus cataboliques, sont plus variables, et par conséquent, ainsi que Brooks l'a fait remarquer avec insistance, marchent très souvent en tête du
progrès et de l'évolution, tandis que les femelles plus anaboliques tendent plutôt à conserver la constance et l'intégrité de l'espèce; ainsi, en un mot, l'hérédité générale
est perpétuée, essentiellement, par la femelle, tandis que
le mâle introduit les variations. Cependant, dans la voie
où le sacrifice reproducteur est un des mobiles déterminants du progrès, nous verrons plus tard qu'ils doivent avoir l'honneur d'avoir ouvert le chemin. Les mâles
plus actifs, avec un domaine d'expérience naturellement plus étendu, peuvent avoir de plus gros cerveaux
et plus d'intelligence; mais, les femelles, surtout quand
elles sont mères, ont indubitablement une part plus
grande et plus habituelle d'émotions altruistiques. Les
mâles étant d'ordinaire plus forts, ont plus d'indépendance et de courage; les femelles excellent par la constance de leur affection et la sympathie. Les éclats spasmodiques d'activité qui caractérisent les mâles, contrastent avec la patience continue des femelles, que nous
prenons comme étant l'expression d'un contraste constitutionnel, et non, ainsi que l'on voudrait nous le faire
croire, comme l'unique produit de l'oppression masculine. Le désir et la passion plus intenses des mâles est
de même l'indice d'un catabolisme prédominant.

C'est un fait qui s'accorde à la fois avec la théorie du
sexe, et avec l'expérience journalière que les hommes
ont une plus grande variété cérébrale et, par suite, plus
d'originalité, et que les femmes ont une plus grande
stabilité, et par conséquent plus de « sens commun ».
La femme, conservant les effets des variations passés,
a ce qu'on peut appeler l'intelligence la plus intégrante;
l'homme, introduisant de nouvelles variations, est plus
fort en différenciation. La passivité féminine s'exprime

en une patience plus grande, un esprit plus ouvert, une plus grande appréciation de détails subtils, et par conséquent ce que nous appelons plus d'intuition rapide. L'activité masculine fournit une plus grande puissance d'effort maximum, de pénétration scientifique, ou d'expérience cérébrale avec des impressions, et s'associe à un dédain inattentif ou impatient de menus détails, mais avec une étreinte plus forte des généralités. L'homme pense davantage, la femme sent davantage. Il découvre beaucoup, mais se souvient moins. Elle est plus réceptive et moins oublieuse.

5. L'*Amour de la Progéniture*. — De même qu'il est impossible d'indiquer l'étape où les sympathies psychiques rehaussent l'impulsion reproductrice dans l'affection des couples, de même nous ne pouvons dire où le soin paternel devient assez désintéressé pour nous autoriser à l'appeler amour de la progéniture. Car, de même que personne ne serait assez sot pour vouloir ignorer la base sexuelle ou physique de l' « amour » dans les organismes les plus élevés, de même il faut admettre que le soin maternel a aussi son côté égoïste. Prenons l'exemple de l'allaitement. La pression non soulagée des glandes mammaires d'une mère d'animal à qui l'on a volé son petit, est sans doute intéressée largement à la pousser à l'adoption de petits qui ne sont point à elle ; cependant, nous voyons ces derniers très vite établis dans ses affections. Ainsi, dans les cas normaux, il reste naturellement un alliage qui nous empêche de considérer l'affection maternelle elle-même comme entièrement désintéressée. Dans tous les cas de ce genre, nos interprétations sont exposées à un matérialisme excessif d'un côté, et un transcendantalisme excessif de l'autre, et tandis que notre tempérament moderne nous fait incliner habituellement vers le premier, nous ne devons pas considérer comme certain que tout le bon sens se trouve de ce côté,

car il ne nous faut pas oublier que le cours de l'évolution,

Fig. 89. — Une Holothurie (*Cucumaria crocea*) avec de nombreux jeunes fixes à sa peau. D'après le rapport du *Challenger*.

non seulement a été, mais doit être dirigé vers l'autre.

Chez les animaux inférieurs il se produit souvent, ainsi que nous l'avons déjà remarqué, une association intime entre la mère et la progéniture. Même chez quelques Cœlentérés, des Vers, et des Echinodermes,

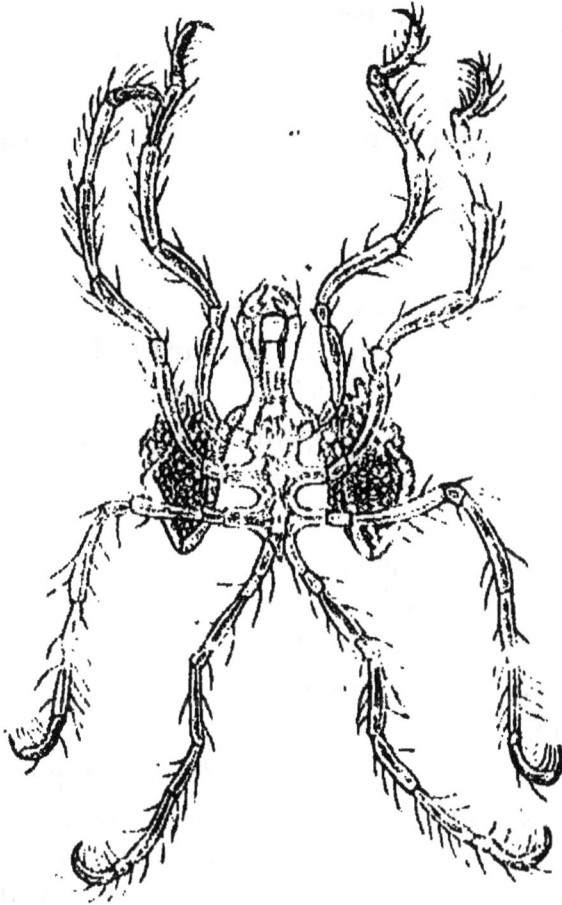

Fig. 90. — Pycnogonide mâle portant les œufs. D'après Carus Sterne.

les rejetons se serrent autour de leur mère, et peuvent être protégés en diverses sortes de chambres d'incubation. Chez quelques Crustacés inférieurs, les jeunes peuvent retourner à la cavité de la coquille de leur mère après l'éclosion, et même après avoir subi une mue. La jeune écrevisse, dit-on, retourne vers l'abri maternel après avoir été envoyée au dehors. Le soin des abeilles nourrices pour leurs jeunes, bien que n'étant pas strictement maternel, mérite d'être rappelé; et on sait comment les fourmis sauvent les cocons quand un danger les menace. De Geer décrit la manière dont un des insectes, qui infestent des plantes, se comporte envers sa jeune couvée, exactement comme une poule avec ses poussins, et Bonnet fait un récit coloré d'un cas où une araignée, tombée à la merci d'une fourmilion, combattit pour sauver ses œufs aux dépens de sa propre vie. Quelques araignées, aussi, portent leurs petits, et quelques Crustacés, tels que les Gammarus, nagent avec leurs petits, comme une poule s'entoure de ses poussins. Quelques seiches s'efforcent de garder leurs groupes d'œufs propres et en sûreté, et même la moule d'eau douce retient ses jeunes quand il n'y a pas de poisson auxquels ils puissent s'attacher. Chez les Poissons, il faut convenir que les soins, s'ils sont évidents, viennent du côté du père, chez les Amphibiens, ils sont rares; chez les Reptiles, un peu plus marqués. Chez les Oiseaux et les Mammifères, toutefois, le soin des parents est général, et, sans aucun doute, devient l'amour de la progéniture.

6. *Les Habitudes du Coucou.* — De même que les animaux montrent l'analogue des vertus humaines, il n'est pas surprenant qu'ils en présentent aussi les vices. Cependant, les vices très importants tels que la négligence maternelle ou la cruauté, sont assez rares, car les conditions de la vie sont trop simples pour admettre le développement du mal tel qu'on le voit dans la société humaine, tandis que les crimes de la sexualité sont aussi diminués par les limites que leur imposent des saisons de reproduction clairement définies. Sans entrer dans le détail de la liste des crimes, il sera instructif, comme exemple concret, de discuter un peu longuement l'instinct parasitaire du coucou.

Il n'est pas d'écolier qui ne sache que la femelle du coucou recule devant le sacrifice de la couvaison qui accompagne d'ordinaire la maternité des oiseaux. Mais bien que les Écritures disent, avec un peu trop de sévérité, de l'autruche « qu'elle est endurcie envers ses petits comme s'ils n'étaient point à elle » elle n'est pas

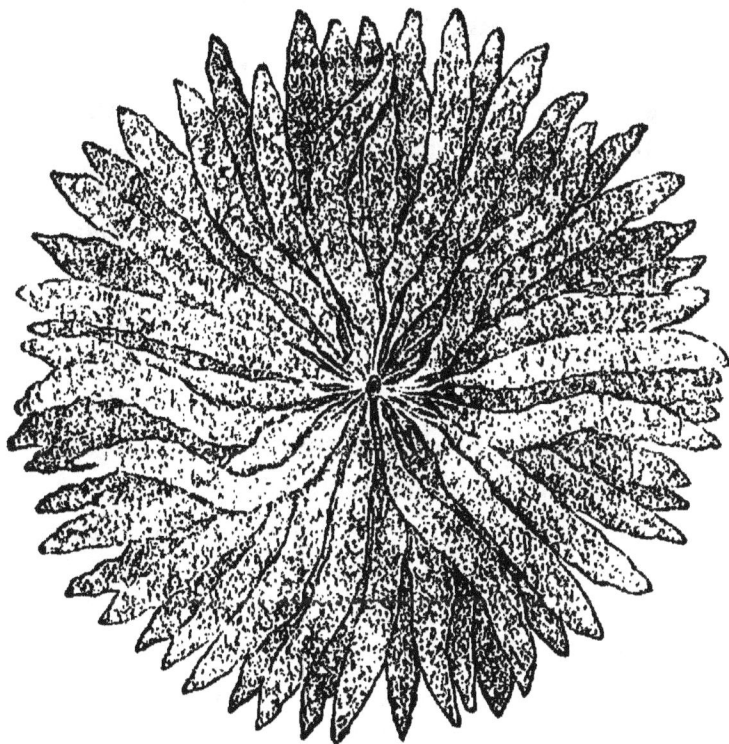

Fig. 91. — Groupe d'œufs d'une espèce de Céphalopode. D'après Hayek.

« dépourvue de sagesse »; par un tour compliqué et bien joué, la femelle faufile ses divers œufs, à intervalles de quelques jours, dans les nids de divers oiseaux, d'ordinaire insectivores et propres à bien élever l'intrus. Les parents adoptifs, profondément inconscients de la mystification, font éclore l'œuf avec les leurs. Le frère de lait croît rapidement, et dès sa naissance porte le trouble dans la couvée. Glouton et jaloux, il (c'est le plus souvent un mâle, en effet) affirme bientôt le mo-

napolé du nid, de la nourriture et des soins, en expulsant sommairement les occupants de droit, soit qu'ils
soient encore passifs dans leur œuf, ou que, nouvellement éclos, ils s'essaient gauchement à la résistance.
Comme résultat définitif, le nid reste au plus fort.

Il y a diverses explications de cette habitude, mais
celle qui prévaut considère que ce n'est qu'un cas spécial d'une méthode universelle qui favorise l'égoïsme.
Jenner fut le premier à insister sur ce qu'il regardait
comme les avantages évidents de la ruse. L'oiseau n'a
que peu de temps à rester dans le territoire où il couve,
et beaucoup à faire dans ce temps si court. « La nature,
dit il, est appelée à produire une nombreuse postérité »
et comme, en même temps, il est avantageux d'émigrer
de bonne heure, l'avantage de laisser couver les œufs à
une succession d'autres oiseaux, est manifeste. Darwin
a supposé que l'habitude s'est formée comme simple variation fortuite, ainsi que cela arrive à l'occasion chez
le coucou américain qui niche d'une façon normale. Le
résultat est avantageux pour les parents, et aussi pour
les rejetons ; les premiers peuvent partir plus tôt, les
seconds sont mieux soignés. Ceux qui apprirent l'artifice
prospérèrent ; ceux qui ne le firent pas furent éliminés,
et ainsi, en vertu de son succès, naturel ou non, la ruse,
d'exceptionnelle qu'on la croyait, devint universelle, et,
en définitive forma un instinct spécifique héréditaire.
Romanes, dans un passage sûrement quelque peu optimiste où il commente ces faits, dit : « Nous avons ici
une explication assez probable de la raison d'être de ce
curieux instinct; et que ce soit la vraie raison, ou la
seule raison, nous sommes autorisés à attribuer l'instinct à l'influence créatrice de la sélection naturelle. »

Mais à l'encontre de la supposition qu'une simple mystification été encouragée par la sélection à devenir une
habitude, il faut remarquer que pour réussir, le tour

doit être joué avec quelque soin. On ne peut le comparer
avec l'usage accidentel que fait une perdrix du nid d'un
faisan, ou un goéland de celui d'un canard eider. Et puis,
les avantages pour les parents, sauf celui de la peine qui
leur est épargnée, sont quelque peu douteux. Macgilla-
vray dit que la nourriture reste abondante, et que le climat qui ne nuit pas aux jeunes, pendant deux mois de
plus, ne saurait incommoder leurs parents. Le cas ne
gagne pas à être considéré hors du territoire anglais.
D'autre part, supposer que c'est l'avantage des enfants
qui forme la base utilitaire, nous amène d'autres difficultés. Nous ne pouvons supposer que la mère ait eu,
ou ait la prévision attentive de ce qui vaut le mieux
pour ses petits quand elle les met ainsi en nourrice.
Il n'est pas facile non plus de voir comment le confort
dont jouissent les jeunes adoptés servira d'impulsion,
chez les adultes, à faire de même à leur tour pour leurs
rejetons. La difficulté, quant à l'hérédité d'une telle
finesse, surtout les mâles étant en grande majorité, est
facile à apprécier. La difficulté commune de la combinaison de circonstances heureuses nécessaire pour
assurer même un commencement de succès est extraordinairement grande; le jeune oiseau a son rôle à
jouer tout comme les parents; l'habitude n'est point
générique; cependant, elle prévaut dans des genres alliés, et aussi chez d'autres oiseaux qui en sont bien
séparés.

Il serait plus exact de considérer cette habitude
comme l'expression délibérée de toute la constitution
de cet oiseau.

(1) Le caractère général du coucou est très significatif. Brehm le décrit comme « un oiseau mécontent,
mal conditionné, colère, bref, décidément peu aimable. »
« La note elle-même, et la manière dont elle est émise,
sont typiques des habitudes et du caractère de l'oiseau.

La même brusquerie, l'insatiabilité, l'ardeur, la même rage se remarquent dans toute sa conduite. » Il est notoire que les coucous sont insociables, émigrant même individuellement. Ils gardent, jalousement, leurs « réserves » territoriales, et justifient de mille manières la vieille légende suivant laquelle ils seraient des éperviers déguisés. L'habitus parasitaire est d'accord avec leur caractère général.

2) L'espèce consiste surtout en mâles. La prépondérance de ces derniers est probablement d'environ cinq pour un, bien qu'un observateur l'estime cinq fois plus forte. Chez une espèce si masculine, il ne faut pas s'étonner que les instincts maternels aient dégénéré.

3) Nous avons vu que la reproduction et la nutrition varient d'une façon inverse. Les impulsions de l'amour s'effacent devant celles de la faim. Il n'y a aucun doute que, même chez les oiseaux gloutons, les coucous n'occupent un rang très élevé. Ils sont remarquablement insatiables, affamés, gloutons. Les conditions anatomiques même que l'on considère comme importantes, l'estomac gonflé et pendant bas, peuvent avoir une influence chez le coucou qui a certaines autres particularités, bien que ces mêmes conditions puissent être surmontées chez d'autres oiseaux qui restent parfaitement naturels. On pourrait presque suggérer que l'habitude de se nourrir autant que le font les coucous de chenilles poilues, dont les poils indigestes forment une sorte de brosse dans le gésier, peut aussi avoir une influence dyspeptique irritante sur le gésier qu'elle excite. Mais le point principal est celui-ci. Chez un oiseau où les impulsions nutritives sont si fortes on ne peut s'étonner que les émotions reproductives soient dégénérées. Il y a là trop de faim et de gloutonnerie pour le développement plus élevé de l'amour.

(4) Les rapports reproducteurs des sexes sont à un

niveau plus bas que celui de la polygamie, ou plutôt de la polyandrie. Les mâles et les femelles ne vivent pas ensemble, dans le sens strict du mot ; on ne se fait pas la cour, bien que les mâles soient ardents, durant la saison d'amour. On ne peut non plus, à l'état adulte, distinguer la femelle du mâle.

(5) Les organes reproducteurs des deux sexes sont très petits eu égard à la taille de l'oiseau. On dit qu'il y a un approvisionnement moindre de sang. On ne peut s'étonner que les émotions reproductrices soient faiblement développées. La ponte lente, à intervalles de six ou huit jours, est aussi frappante et significative.

(6) Les œufs sont remarquablement petits. Tandis que le coucou adulte a quatre fois la grandeur d'une alouette adulte, les œufs sont environ de la même grosseur. Le coucou américain, qui n'est parasitaire que de loin en loin, pond des œufs de grosseur normale. Il est vrai que la grosseur d'un œuf n'est pas toujours proportionnée à celle de l'oiseau, mais il est raisonnable de croire que lorsqu'un oiseau, par les conditions de sa constitution, semble avoir besoin de toutes ses ressources pour lui-même, il lui en reste moins pour son sacrifice reproducteur. Dire que les petites dimensions de l'œuf du coucou sont « une adaptation destinée à tromper les petits oiseaux » semble pousser la théorie de la sélection naturelle jusqu'au point de rupture.

(7) Nous avons, d'ordinaire, en discutant les débuts, reçu des données des premières étapes. Il est bon de remarquer à cet égard la cruauté jalouse de la forme jeune — prophétie exacte du caractère adulte. Dans l'inquiétude de sa rapide croissance, le petit nouvellement éclos exprime la constitution de l'espèce dans sa gloutonnerie égoïste et accapareuse, et son appétit insatiable. On a observé la persistance de la disposition cruelle jusqu'à l'adolescence, bien que d'ordinaire elle s'efface avec

la forme anatomique particulière du dos peu de temps
après la naissance. La forme jeune, en tous cas, présente
le caractère essentiel de l'espèce.

(8) Cette appréciation est confirmée par le caractère
du coucou américain. Il semble certain qu'il est, à l'occasion, parasite, et il est intéressant de noter que les
observateurs parlent de son indifférence dénaturée à
l'égard du sort de ses petits. Le caractère, au fond, est
moins positivement mauvais; le parasitisme accidentel peut se comprendre tout aussi bien que le « retour » accidentel de notre coucou aux habitudes des
ancêtres, et même, en quelques cas, à une affection apparente pour les petits.

(9) Chez les pinsons aussi, où cette habitude se trouve
chez différentes espèces à des degrés divers de perfection
(s'il est possible d'admettre ce qualificatif) le caractère est
franchement immoral. Dans une espèce *(Molothrus ca-
dius)* un nid peut simplement être volé, ou les proprié-
taires légitimes expulsés, ou le parasitisme peut se produire exceptionnellement. Chez le *M. canariensis*, les
œufs peuvent être semés sur la terre nue, où quinze ou
vingt œufs de parents différents peuvent être paresseuse-
ment, et, par suite, fatalement entassés ensemble dans un
seul nid. On trouve parfois deux œufs de coucou dans un
nid. Chez le *M. pecoris*, qui est polygame, le crime est né,
et l'habitude s'est développée comme chez le coucou, un
œuf étant déposé dans chaque nid d'adoption. Le point
important est l'immoralité générale et la négligence
reproductrice, qui, chez une espèce, se traduit en une
combinaison organisée.

Conclusion. — Le caractère général des oiseaux —
leur vie insociable, la cruauté égoïste des petits dans le
nid, et l'habitus parasitaire paresseux — ont une base
commune dans la constitution. L'appétit insatiable, la
petite dimension des organes reproducteurs, la petitesse

des œufs, la lenteur de la ponte, la croissance rapide des
jeunes, la grande prépondérance des mâles, l'absence
d'une véritable vie en commun, la dégénérescence de
l'affection maternelle, sont tous en corrélation, et s'expli-
quent aisément, en termes de contraste fondamental entre
la nutrition et la reproduction, entre la faim et l'amour.
Des instincts dénaturés et immoraux de même genre
chez d'autres Oiseaux, des Mammifères, et même des
animaux inférieurs, sont explicables en termes semblables. L'habitude du coucou est la résultante du caractère général ou constitution, l'expression d'une diathèse
dominante.

Dans son récent et important ouvrage sur l'origine
des espéces, le professeur Eimer soutient les mêmes
idées. Il critique, en peu de mots, l'explication Darwinienne qui lui semble supposer trop d'heureuses combinaisons. Il soutient que le coucou a procédé avec préméditation, et que cette façon délibérée d'agir peut encore
persister. Il trouve l'explication de l'habitude dénaturée
dans tout le caractère et le mode de vie de l'oiseau.
Eimer insiste (a) sur l'habitus de vie vagabond, sans
repos ; (b) le relâchement des relations sexuelles, la
force de la passion et la faiblesse de l'amour ; (c) la
nutrition irrégulière et gloutonne considérée en rapport
avec le stimulus reproducteur ; (d) la ponte lente des
œufs, qui dépend elle-même de la nutrition, et indique
des conditions physiologiques modifiant même l'impulsion profondément enracinée et l'instinct de l'incubation
(e) la dégénérescence des instincts sociaux, et la prépondérance des instincts égoïstes.

8. *Égoïsme et Altruisme.* — L'optimisme qui ne trouve
dans la vie animale « qu'un hymne d'amour » manque
d'exactitude, tout comme le pessimisme qui n'y voit partout qu'égoïsme. Littré, Leconte, et quelques autres d'une
façon moins définie, ont reconnu avec plus de raison,

la coexistence de courants jumeaux d'égoïsme et d'altruisme, qui souvent s'unissent pour quelque temps sans perdre leur caractère distinct, et dont on peut suivre les traces jusqu'à une origine commune chez les formes les plus simples de la vie. Dans les attractions de la faim et de la reproduction chez les organismes les plus bas, les activités des organismes supérieurs, égoïstes ou altruistes prennent leur point de départ. Bien que quelque vague conscience coexiste peut-être avec la vie elle-même, nous ne pouvons parler avec assurance d'égoïsme et d'altruisme psychiques que lorsqu'un système nerveux central a été établi d'une façon définitive. En même temps, les activités des organismes même les plus bas peuvent souvent être rattachées à une de ces catégories.

Un organisme simple, qui ne fait que se nourrir et croître, et se libère de parties superflues de sa substance pour commencer de nouvelles existences, vit, évidemment, d'une vie égoïste et individualiste. Mais dès que se produit l'association intime avec une autre forme, nous avons les premières données grossières de l'amour. Il peut se faire que ce soit presque entièrement une faim organique qui suggère l'union, ce n'en est pas moins le commencement d'une vie qui n'est plus toute individualiste. A peine distincts au début, la faim et l'amour primitifs deviennent les points de départ de lignes divergentes d'émotion et d'activité égoïste et altruiste.

La différenciation de sexes séparés, la production de rejetons qui restent associés aux parents ; l'accouplement véritable subsistant au-delà des limites de la période sexuelle ; l'établissement de familles distinctes, avec une affection incontestable entre les parents, les rejetons et le reste de la famille ; enfin, la production de variétés animales plus étendues que celles de la famille, marquent autant d'étapes importantes dans l'évolution de l'égoïsme et de l'altruisme.

Le diagramme qui suit résume les faits importants.
Il y a deux lignes divergentes d'activité émotionnelle et

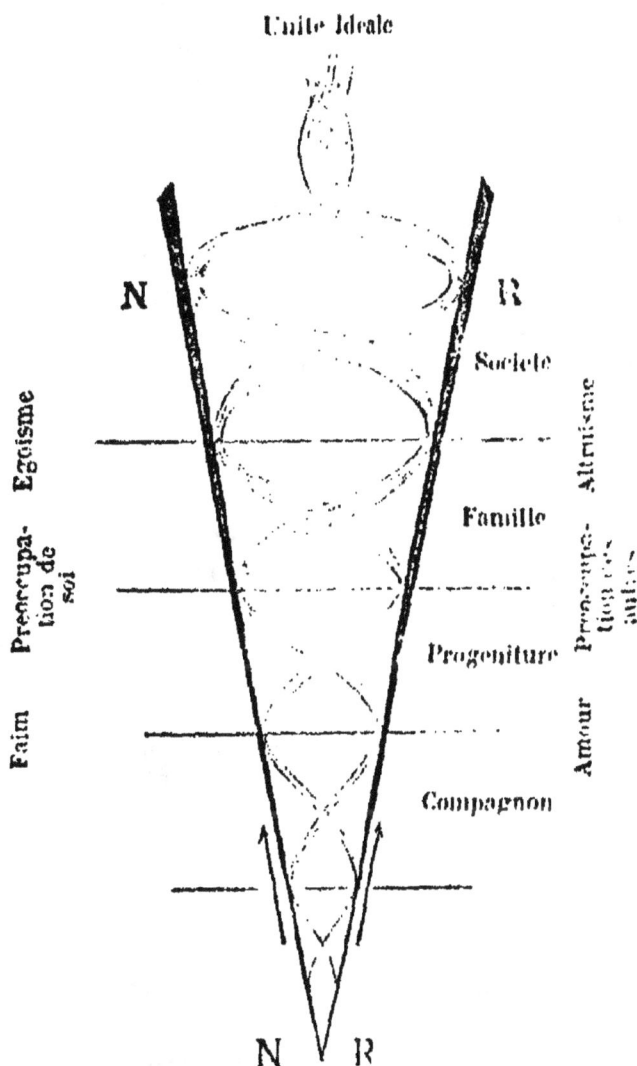

Fig. 92. — Diagramme des relations entre les activités nutritives et
égoïstes, et les activités reproductrices et altruistes.

pratique — la faim, égoïste, d'une part ; l'amour, altruiste,
de l'autre. Elles trouvent leur unité de base dans l'association primitive étroite entre la faim et l'amour, entre
les besoins de la nutrition et ceux de la reproduction.
Chaque courbe ascendante marque un élargissement, un

ennoblissement des activités ; mais chacune, en correspondance, présente des points où un des côtés est en prépondérance illégitime sur l'autre. La vraie route du progrès est représentée par l'action et la réaction entre les deux fonctions complémentaires, l'entremêlement devenant de plus en plus compliqué. L'attraction sexuelle cesse d'être entièrement égoïste ; la faim peut vaincre l'amour ; l'amour de la compagne est rehaussé par l'amour de la progéniture ; et ce dernier s'élargit et devient l'amour de la race. Finalement, l'idéal qui s'offre à nous est un mélange plus harmonieux des deux courants.

RÉSUMÉ

1. Dans la plupart des émotions, et dans les processus intellectuels les plus simples, il y a un terrain commun aux animaux et à l'homme. Cela est particulièrement vrai des émotions associées au sexe et à la reproduction.

2. L'amour du compagnon sexuel a ses racines dans l'attrait sexuel physique, mais a été rehaussé, par degrés, par les sympathies psychiques.

3. Les moyens d'attrait sexuel s'élèvent de ce qui est grossier et physique à ce qui est délicat et psychique, à mesure que amour croît.

4. Les différences intellectuelles et émotionnelles entre les sexes sont en correlation avec des différences constitutionnelles à racines profondes. Les mâles et les femelles se complètent réciproquement, chacun étant supérieur à sa manière.

5. L'amour de la progéniture a progressé comme celui des couples. L'allaitement et les soins maternels peuvent avoir une part d'égoïsme. A part quelques animaux d'une tendresse précoce, le véritable amour maternel ou paternel s'affirme surtout chez les Oiseaux et les Mammifères, où le sacrifice reproducteur chez la mère a été aussi augmenté.

6. Le coucou est un exemple de l'évolution d'une habitude criminelle, due principalement à des conditions constitutionnelles.

7. L'égoïsme et l'altruisme ont leurs racines dans la faim et l'amour primitifs, ou activités nutritive et reproductrice. Les courants divergents d'émotion et d'activité ont une origine commune, se fondent insensiblement en plusieurs points, et devraient de p'us en plus se fondre en un seul.

BIBLIOGRAPHIE

Voir les ouvrages sur la sélection sexuelle cités au Chapitre Ier.

EIMER, G.-H.-T. — *Die Entstehung des Arten auf Grund von Vererben Erworbener Eigenschaften nach der Gesetzen organischen Wachsens.* Iéna, 1888.

BÜCHNER, L. — *Liebe und Liebesleben in der Thierwelt.* Berlin, 1859.

ROLPH, W.-H. — *Op. cit.*

ROMANES, G.-J. — *L'Intelligence des Animaux. L'Évolution mentale chez les animaux.* Trad. H. de Varigny.

THOMSON, J.-A. — *A Theory of the Parasitic Habit of the Cuckoo. Proc. Roy. Phys. Soc. Édin.* 1888.

Voir aussi le livre admirable d'histoire naturelle générale, de Carus Sterne : *Werden und Vergehen.* Troisième édition, Berlin, 1886.

PLOSS. — *Das Weib in der Natur und Völkerkunde.* Seconde édition, Leipzig, 1887.

MANTEGAZZA, P. — *Die Physiologie der Liebe. Die Hygiene der Liebe. Anthropologisch-Kulturhistorische Studien über die Geschlechts-verhältnisse des Menschen.* Iéna.

CHAPITRE XX

1. *Le Taux de la Reproduction et le Taux de l'Augmentation.* — Nous en savons beaucoup plus sur le taux auquel se reproduisent les organismes que sur celui selon lequel le nombre des adultes augmente ou diminue réellement. Un de ces faits peut être précisé par l'observation ; l'autre entraîne des statistiques comparées qu'il est assez difficile d'obtenir, même pour l'espèce humaine. Le taux de la reproduction dépend de la constitution de l'individu, et de son milieu immédiat, y compris, par dessus tout, sa nutrition. Le taux d'augmentation ou de diminution dépend des conditions vastes et complexes de tout le milieu animé et inanimé, ou du degré de succès dans la lutte pour l'existence.

Il est très évident qu'il y a d'énormes différences dans le taux de la reproduction. Maupas nous apprend qu'un seul infusoire, en une semaine, devient l'ancêtre d'une progéniture qu'on ne peut estimer qu'en millions, nombre que les rejetons d'un couple d'éléphants, à supposer qu'ils vécussent tous leur vie naturelle, n'atteindraient pas en cinq siècles. Puis, Huxley calcule que la descendance d'un simple puceron parthénogénétique — qu'on suppose de même vivre sans accidents — dépasserait littéralement en poids, en quelques mois, toute la

population de la Chine. La proportion géométrique de la
reproduction, sur laquelle on a si souvent insisté, aurait
en réalité des résultats saisissants si elle impliquait un
accroissement réel, et non uniquement potentiel.

On sait pourtant que, durant de courtes périodes, et
dans des territoires spéciaux à conditions favorables,
cette proportion se réalise; par exemple, dans les inva-
sions périodiques d'insectes, ou dans l'excès de lapins
dont on ne s'est pas encore rendu maître en Australie.
Mais dans la faune et la flore établies d'un pays, sans
importations de l'étranger, ni changements climatériques
marqués, l'accroissement et la décroissance de la population sont rarement accentués. Le taux de la reproduction n'est qu'un des facteurs de la force numérique de
l'espèce, ou de son augmentation. Le ténia commun
produit des myriades d'embryons, mais (dit-on) ces derniers n'ont qu'une chance contre quatre-vingt-cinq millions pour atteindre leur plein développement. Beaucoup
d'animaux communs et nombreux se reproduisent très
lentement. Il est certain que quelques espèces sont en voie
d'augmentation, telles que les bactéries, sous les conditions, qui ne furent jamais aussi favorables autrefois,
que notre récent « progrès industriel » leur offre, tandis
que d'autres espèces, telles que beaucoup d'oiseaux,
sont en décroissance; mais dans aucun de ces cas, le
taux de la reproduction n'est une condition directe.

2. *Histoire de la Discussion sur le Taux de la Reproduction.* — En ce cas, comme en plus d'un autre, le biologiste est redevable de beaucoup à celui qui étudie les
questions sociales, car on n'avait accordé aucune attention
adéquate aux lois de la multiplication avant l'apparition
de la *Théorie de la Population* de Malthus, qui fit époque;
et il n'est encore ni possible ni profitable d'isoler la
question humaine de la question générale. A la vérité,
on adoucit d'ordinaire la forme primitive de la proposi-

tion fondamentale de Malthus, que la population tend à augmenter en proportion géométrique, et les subsistances seulement en proportion arithmétique, en énonçant simplement que la population tend à l'emporter sur les subsistances ; cette proposition n'en a pas moins servi de bases à de graves déductions à la fois chez le naturaliste et chez l'économiste. Au point de vue de Darwin, les « obstacles positifs » à la population (maladie, disette, guerre, infanticide), et les freins (moraux ou restreignant la natalité) « prudents » en viennent à être regardés comme des formes spéciales de sélection naturelle, ou artificielle, tandis que l'induction fondamentale a été étendue à toute la nature comme étant la condition essentielle de la lutte pour l'existence. Après de longues disputes, l'induction de Malthus a été acceptée ; et les économistes ne se sont pas fait faute, dans leurs déductions étendues, d'en user et d'en abuser. Cependant, quelque important à la fois pour le naturaliste et l'économiste que soit le sujet, le premier n'a pas encore effectué une étude à fond des conditions de la multiplication, ni même généralement adopté l'analyse pénétrante que nous devons à Spencer, tandis que l'économiste théoricien ou discuteur emploie encore fréquemment la doctrine même dans sa forme antérieure à Darwin. Il est donc doublement nécessaire de résumer, aussi succinctement qu'il se pourra, l'exposé laborieux des lois de la multiplication présenté par Spencer.

3. *Résumé de l'Analyse de Spencer.* — Des espèces différentes montrent des degrés divers de fécondité, qui se sont établis au cours de l'évolution comme les organismes eux-mêmes. Pour comprendre cette adaptation particulière de fonction aux conditions de l'existence, de l'organisme au milieu, nous pouvons analyser ceux-ci en leurs facteurs respectifs. Il est évident que dans le milieu de toute espèce il y a beaucoup de conditions avec lesquelles les individus sont en

équilibre mobile, tôt ou tard détruit par la mort. Pour empêcher l'extinction, l'organisme fait face à ces actions du milieu environnant de deux manières distinctes : (1) par des
adaptations individuelles, des attaques actives, ou des parades passives; (2) par la production de nouveaux individus
remplaçant ceux qui ont été détruits, en d'autres termes,
par la *genèse*. Cette dernière peut se produire, ainsi que nous
l'avons vu, sous des formes variées, sexuelle ou asexuelle,
et à des taux différents qui dépendent de l'âge, de la fréquence, de la fécondité, et la durée de la reproduction, en
même temps que de la quantité et de la nature de l'assistance des parents. Ces actions et ces réactions du milieu et de
l'organisme peuvent être groupées, différemment, en termes
plus familiers, en deux séries antagonistes ; (a) les forces
destructives de la race ; (b) les forces préservatrices de la race.

Si nous laissons de côté les cas où la prépondérance permanente des forces destructrices cause l'extinction, et aussi,
comme étant très improbables, les cas où le nombre resterait parfaitement stationnaire, la question se pose, chez les
races qui continuent à exister, de la façon que voici : quelles
lois de variation numérique résultent de ces forces variables
en conflit qui, respectivement, détruisent et conservent la
race ? Comment la prépondérance alternative des uns ou des
autres est-il rectifiée? il doit exister un équilibre qui se soutient ; la prédominance de chaque force doit être l'initiatrice
d'un excès compensateur de l'autre ; comment ceci peut-il
être expliqué?

Quand les circonstances favorables font qu'une espèce devient très nombreuse, une augmentation immédiate d'influences destructives, passives aussi bien qu'actives, a lieu;
la concurrence devient plus âpre, et les ennemis plus abondants, et réciproquement. Cependant ce n'est pas là le seul
moyen d'établir un équilibre, surtout d'une manière permanente. Cela n'explique point non plus les différences dans
le taux de la fécondité et de la mortalité, ou l'adaptation de
l'une à l'autre. Cet ajustement secondaire en implique, en
réalité, un plus grand.

On a vu que les forces préservatrices de la race sont au
nombre de deux, la puissance de conserver la vie des indi

vidus, et celle d'engendrer l'espèce. Dans une espèce qui survit, étant données, en quantité constante, les forces destructrices, les forces préservatrices doivent être aussi une quantité constante; et puisque ces dernières sont au nombre de deux, c'est-à-dire la force individuelle plus la force reproductrice, elles doivent varier en raison inverse: l'une augmente lorsque l'autre décroît. Toute espèce doit se conformer à cette loi sous peine de cesser d'exister. Énonçons cette proposition avec plus de détail. Une espèce chez qui la vie individuelle est à un niveau bas, et dans laquelle, par conséquent, les individus sont rapidement vaincus dans la lutte contre les forces destructrices, doit s'éteindre, à moins que l'autre facteur préservateur de la race ne soit fortifié en proportion, à moins, c'est-à-dire, que sa puissance de reproduction ne grandisse dans la même proportion. D'autre part, si les deux facteurs conservateurs sont augmentés, si une espèce d'une haute puissance de vie propre était aussi douée d'une puissance de multiplication dépassant le nécessaire, un tel succès dans la fécondité étant poussé à l'extrême, causerait l'extinction soudaine de l'espèce par la famine, et s'il était plus modéré, effectuant une augmentation permanente du nombre de l'espèce, il amènerait une concurrence tellement plus intense, des dangers tellement multipliés pour la vie de l'individu, que la grande puissance de vie individuelle ne suffirait pas à rivaliser avec eux.

Bref, donc, nous avons atteint le principe *a priori*, que chez les races survivant d'une façon continue, chez lesquelles les forces destructrices sont contrebalancées par les forces préservatrices, il doit y avoir une proportion inverse entre la faculté de soutenir la vie individuelle et celle de produire de nouveaux individus. Mais quelle est l'explication physiologique de cet ajustement, et comment s'est-il produit au cours de l'évolution ? Spencer a développé, ailleurs, la proposition que nous avons déjà mise en lumière, que la genèse, sous toutes ses formes, est un processus de désintégration, et ainsi essentiellement opposé à ce processus d'intégration qui est un des éléments de l'évolution individuelle. La matière et la force fournies au jeune organisme représentent autant de perte pour le parent; tandis que, réciproquement, plus la quantité de matière et d'énergie consumée dans les actions fonctionnelles du parent est grande, et moindre est celle de ce qui reste pour les actions de la progéniture. La désintégration qui constitue la genèse peut être complète ou partielle, et dans ce dernier cas le parent, ayant acquis un volume et une complexité considérables avant que la reproduction ne se soit établie, peut survivre à ce processus. De même, l'évolution individuelle peut s'exprimer par le volume, la structure, la quantité ou la variété de l'action, ou par une combinaison de tout ceci; cependant, dans chaque cas, ce progrès de chaque individualité doit, en correspondance, retarder l'établissement de nouvelles individualités.

Donc, tandis que dans la première partie du raisonnement, on a montré qu'une espèce ne peut se maintenir à moins que ses facultés de conservation propre et de reproduction ne varient en sens inverse, il est maintenant évident que, indépendamment d'aucune fin à servir, ces puissances ne peuvent faire autrement que de varier en sens inverse, et l'on voit que l'un des principes *a priori* est opposé à l'autre. Et si nous classons sous le terme d'individuation tous ces processus par lesquels la vie de l'individu est complétée et maintenue, et si nous étendons le terme de genèse de façon à y comprendre tous les processus qui aident à la formation et au perfectionnement de nouveaux individus, le résultat de tout le raisonnement pourra s'exprimer, avec concision, dans cette formule, que l'individuation et la genèse varient en raison inverse. D'importants corollaires découlent de cette conception; ainsi, toutes choses égales d'ailleurs, le progrès de l'évolution doit s'accompagner du déclin de la fécondité; si les difficultés de la conservation de la race diminuent d'une façon permanente, il y aura un accroissement permanent dans le taux de la multiplication, et réciproquement.

En essayant de vérifier, par l'induction, ces *inférences a priori*, nous rencontrons des difficultés pratiques, à cause de la grande complexité de chacune des deux séries de facteurs, et de la variabilité indépendante de leurs détails, et ainsi, il est malaisé d'estimer et de comparer les dépenses totales de l'individuation et de la genèse. Pour ce but, en effet, il faudrait successivement examiner : (1) l'antagonisme entre la croissance et la genèse, sexuelle et asexuelle ; (2) celui qui existe entre le développement et la genèse ; (3) celui qui existe entre la dépense et la genèse ; (4) la coïncidence entre une nourriture forte et la genèse. Il est impossible même de résumer la quantité de preuves tirées d'un rapide examen du monde animal et végétal que renfermeraient les chapitres qui seraient consacrés à ces chefs principaux, mais nous pouvons appeler l'attention sur les derniers et les plus obscurs. Il est, en effet, évident *a priori*, qu'une fois que la dépense de l'individuation a été faite, une nutrition plus abondante rendra possible une plus grande propagation, soit sexuelle soit asexuelle, et il est facile de vérifier ce fait par l'observation et l'expérience. Il suffit de rappeler le cas des Aphides, chez qui le taux de la reproduction parthénogénétique se trouve directement en proportion avec la température et l'approvisionnement de nourriture ; ou, encore, celui d'animaux domestiques, les moutons, par exemple, dont la fécondité est en rapport direct avec la richesse du pâturage et la douceur du climat ; ou, enfin, l'exemple plus évident que tout autre, le cas des récoltes des champs ou des vergers, sur lesquels on ne peut nier l'influence d'une distribution libérale d'engrais. Cependant on a quelquefois soutenu, soit pour les plantes, soit pour les animaux, qu'un excès de nutrition met obstacle à la multiplication, tandis qu'une nourriture limitée la stimule ; à l'appui de cette opinion, on cite des cas tels que la stérilité d'une plante de végétation très luxuriante, et la fécondité qui se produit lorsqu'elle commence à dépérir. Mais si cette objection était vraie, l'engrais ne serait utile en aucun cas, tandis qu'il l'est chez les plantes où la croissance d'axes non sexuels est encore trop luxuriante ; et un arbre qui a porté beaucoup de fruits, serait, par un commencement de déplétion, encore plus chargé de fruits l'année suivante, tandis qu'il est, au contraire plus ou moins stérile à moins de fumure. On peut tourner la difficulté en interprétant la luxuriance de la végétation, non comme un cas d'individuation supérieure, mais simplement comme un cas de multiplica-

tion asexuelle des axes secondaires; ou encore, plus simplement, en considérant l'apparition de la reproduction sexuelle
après la déplétion comme un cas de l'antagonisme déjà
observé entre la genèse et la croissance.

Mais encore, puisque l'embonpoint accompagne la stérilité,
on a souvent soutenu qu'une forte nourriture est défavorable
à la reproduction. Cependant, on sait, maintenant, que l'obésité s'associe à une assimilation défectueuse, à un appauvris-
sement physiologique ou dégénérescence, et non avec cette richesse constitutionnelle qui favorise la fécondité. Bref, si nous
tenons présent à l'esprit le fait qu'une véritable nutrition
forte signifie une abondance convenable, et la proportion
convenable de toutes les substances que réclame l'organisme,
et que leur parfaite assimilation à l'organisme est aussi
nécessaire, non seulement les objections à cette généralisation s'évanouiront, mais le phénomène de la coïncidence
du retour de la fécondité avec la disparition de l'obésité nous
apportera un argument victorieux.

Les organismes qui ont des modes de vie aberrants ont
aussi été appelés à rendre témoignage en faveur de ces doctrines générales. Ainsi, en nous tournant du côté des parasites végétaux d'animaux qui combinent une nourriture surabondante avec une dépense grandement diminuée, on voit
que l'énorme fécondité que présentent toutes ces formes est
nécessairement en corrélation avec cet état de nutrition et de
dépense, et point du tout une simple adaptation acquise à
leurs difficultés particulières de survie. La reversion, observée
chez tant d'espèces, (surtout chez les Arthropodes supérieurs,
Aphis, Cecidomya) de la reproduction sexuelle à des formes
de genèse primitives, est expliquée par l'indication du fait que
des espèces de ce genre sont placées dans une situation particulière pour obtenir, avec peu de peine, une nourriture
abondante. Chez les abeilles, les fourmis, et les termites, la
fécondité prodigieuse de la reine mère, inactive et fortement
nourrie, est évidemment aussi un cas concluant dans cette
question.

La variation inverse de la genèse avec l'individuation a
maintenant été démontrée par induction tout comme par
déduction, et cela, dans chaque élément de cette dernière

(croissance, développement, ou activité). Cependant, avant d'en discuter l'application aux problèmes de la multiplication de l'espèce humaine, il reste deux points : il faut répondre à une question, et faire une réserve. La question, à laquelle l'argument qui précède n'a pas entièrement répondu, est : comment la proportion entre l'individuation et la genèse s'établit-elle en chaque cas spécial ? La réponse est : par la sélection naturelle. Celle-ci peut décider si la quantité de matière prélevée sur l'individuation pour la genèse sera divisée en beaucoup de petits œufs ou en quelques gros œufs; s'il y aura de petites pontes, à de courts intervalles, ou de grandes pontes, à de plus longs intervalles ; ou s'il y aura beaucoup de rejetons non protégés, ou quelques uns protégés avec soin par les parents. Et encore, la survivance du plus apte joue un rôle dans la détermination de la proportion de matière soustraite à l'individuation par la genèse. Toutefois, cette opération de la sélection naturelle a lieu strictement, dans les limites de l'organisme décrit ci-dessus.

La réserve nécessaire à faire naît de l'introduction de l'idée du changement évolutionnaire. Si, comme nous l'avons fait jusqu'ici, nous ne tenons aucun compte du temps, — ou, ce qui revient au même, si nous considérons toutes les espèces comme permanentes — la proportion inverse entre l'individuation et la genèse est absolument exacte. Mais chaque progrès de l'évolution individuelle (peu importe qu'il soit dans le volume, l'anatomie, ou les activités) implique une économie; l'avantage doit dépasser la dépense, sans quoi il ne serait point perpétué.

Fig. 93. — Un oignon avec bulbilles végétatifs asexuels (b) parmi les fleurs (a).

L'animal devient ainsi plus riche, physiologiquement; il a un accroissement de richesse totale à partager entre l'individuation et la genèse. Et, de la sorte, bien que l'accroissement d'individuation tende à produire une décroissance correspondante de genèse, cette dernière ne sera plus si strictement proportionnée. Le produit des deux facteurs est plus grand qu'auparavant ; les forces préservatrices de la race deviennent plus grandes que les forces destructrices, et l'espèce se propage. Bref, la genèse décroît à mesure que croît l'individuation, mais pas tout à fait aussi vite.

D'où il suit que chaque type qui est le mieux adapté à ses conditions — chaque type supérieur — a un taux de multiplication qui assure sa tendance à dominer. Car bien que l'organisme le plus développé soit le moins fécond, d'une façon absolue, il est relativement le plus fécond.

L'exemple graphique le plus simple suffit pour toute cette généralisation. Car, si la ligne A. B. représente l'agré-

$$A \underline{\hspace{5cm}}^{C}\underline{\hspace{3cm}} $$

gat de matière, ou de forces, les organes ou les fonctions de l'organisme dont A. C. indique la quantité consacrée à l'individuation, et C. B. celle qui est consacrée à la reproduction, la variation inverse de A. C. à C. B. est évidente, tandis que A. C. et C. B. représentent l'envers psychologique de ces deux classes de fonctions. Et une augmentation d'énergie totale ne modifie pas ceci comme lorsque les membres les plus forts d'une espèce possèdent fréquemment aussi une puissance reproductrice plus grande ; car si dans un des cas A. B. = 20, et C. B. = 4, et, dans un autre, A. B. = 25, C. B. peut devenir 5, sans élever aucunement la proportion reproductrice, puisque $\frac{4}{20} = \frac{5}{25}$. Mais, si l'espèce est en cours d'évolution, le progrès de l'individuation implique une certaine économie dont une part peut aller diminuer la décroissance de la genèse, ainsi que nous l'avons expliqué ci-dessus.

4. *Application à l'Homme de ces Résultats, par Spencer.* En étendant au cas de l'homme cette généralisation pé-

niblement obtenue, on voit de suite la concomitance de l'individuation totale la plus élevée avec le taux le plus bas de multiplication (le volume énorme de l'éléphant impliquant une réduction encore plus grande de la genèse). On retrouve la même loi en comparant les races ou les nations différentes, ou même des castes sociales à occupations différentes ; tandis que la prédominance d'une multiplication élevée chez des races où la nutrition est évidemment en excès sur la dépense, se voit clairement comme chez les Boers et les Français du Canada. Une difficulté apparente comme celle des Irlandais, chez qui une multiplication rapide se produit malgré une nourriture insuffisante, peut s'expliquer par le dépense relativement peu élevée faite pour se la procurer (puisque la « loi de production décroissante » implique par réciprecité celle du travail décroissant) et, sans doute aussi, en partie, par l'habitude de se marier de bonne heure, si ce n'est, en quelque mesure, par une individuation quelque peu abaissée. La proposition principale étant établie, Spencer passe à la discussion de la question de la population humaine dans l'avenir, et insiste fortement sur la nécessité d'un excès de population qu'il considère comme le stimulant principal du progrès, à la fois dans le passé, le présent, et l'avenir. En passant en revue les possibilités de progrès en volume, en complexité de structure, en multiplication et variation fonctionnelles, il en conclut que l'équilibre mobile le plus complet et la correspondance la plus parfaite entre l'organisme et le milieu qu'une telle évolution implique, doit s'effectuer surtout dans la direction du développement psychique. Pourtant ce développement, tout en étant stimulé par la pression de la population, tend constamment à en diminuer le taux de fécondité: en d'autres termes, cette cause de progrès tend à disparaître à mesure qu'elle finit de produire son effet. L'excès de la population, avec le cortège de maux qui l'accompagnent, tend ainsi à cesser à mesure qu'une race de plus en plus supérieurement individualisée s'occupe d'activités de plus en plus complexes mais pourtant normales et agréables, son taux de reproduction descendant pendant ce temps vers le minimum requis pour la compensation de ses pertes inévitables.

5. *Résumé de la Question de la Population.* — La question générale, en tant qu'on l'a développée jusqu'ici, peut être, maintenant, résumée d'une façon commode sous la forme d'un tableau :

AUTEUR	THÉORIE DE LA POPULATION		CONCLUSION PRATIQUE
Écrivains non naturalistes : devanciers, adversaires de Malthus.	L'accroissement de la population ne tend pas à dépasser les ressources.		
Malthus, 1798.	L'accroissement tend à dépasser les ressources.	Mais rencontre des obstacles : *a.* positifs. *b.* préventifs.	P. ne doit adopter b.
Darwin, 1859.	id.	De la lutte pour l'existence : *a.* Sélection naturelle. *b.* Sélection artificielle.	Laissez faire, établissement de la cause de l'avantage de l'espèce.
Spencer, 1852 65.	id. Il étudie le taux de multiplication pour différentes espèces et montre qu'il varie à l'inverse de l'individualité.	id.	id. Individualiser.

L'utilité de cette élaboration croissante ne sera pas contestée si nous prenons note du vaste progrès de la science, en précision et en extension, que Darwin a fait faire à la conception de Malthus. Il est intéressant aussi de comparer l'idée de Malthus, suivant laquelle la population tendrait à augmenter en proportion géométrique, et ses subsistances seulement en proportion arithmétique, avec la démonstration de Spencer sur la limite de la croissance, déjà résumée (voir chap. XVI), surtout en nous rappelant que la reproduction est une croissance discontinue. L'assertion précise de Malthus est confirmée, en ce qui concerne la cellule, sinon l'agrégat de cellules.

Ainsi la vérification inductive complète de la loi de Spencer entraîne une comparaison détaillée des taux de reproduction de chaque groupe d'espèces organiques, avec le degré d'individuation qu'on a observé chez elles (d'abord dans chacun de ses facteurs, et finalement dans la somme des facteurs), les déviations de la symétrie renversée des courbes théoriques (voir figure 94) devant être discutées séparément. La sélection naturelle exige aussi une analyse encore plus profonde; on connaît peu les limites et les possibilités de la sélection artificielle, et on est encore loin d'être d'accord sur une théorie de la variation. Si, cependant, nous tenons présent à l'esprit le fait que la quantité d'évolution, en un temps donné, n'est que petite, nos connaissances ne nous semblent pas insuffisantes pour les déductions pratiques qui sont exigées d'une manière si pressante. C'est pourtant là que c'est produit le désaccord le plus sérieux. Le raisonnement Malthusien est évidemment inadéquat, en ce qu'il n'admet pas celui de Darwin. Cependant, la proposition inverse est tout aussi indéniable, car le terrain du *laissez faire*, sur lequel Darwin et Spencer se placent tous les deux, non seulement néglige presque entièrement le bien-être de l'individu en considérant l'avancement de l'espèce, mais est alors même trop optimiste, puisque non seulement il ne réussit pas à accélérer l'évolution progressive qu'il fait entrer seule en ligne de compte, mais manque aussi à empêcher la possibilité égale d'un changement dégénérateur. Nous faut-il donc, simplement, revenir aux propositions quelque peu gros-

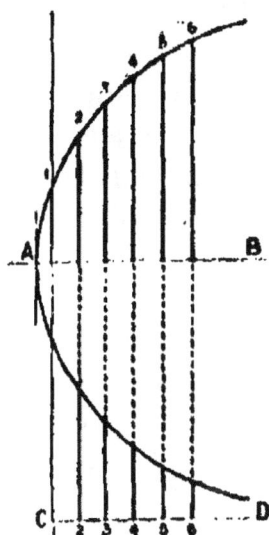

Fig. 94. — Les perpendiculaires au-dessus de la ligne A B indiquent les degrés croissants d'individuation totale d'une série de formes 1, 2, 3, 4, 5, 6, (Ver, Poisson, Batracien, Oiseau, Homme, Éléphant, par exemple). Les perpendiculaires C D indiquent les taux de multiplication des mêmes types. Les courtes qui rattachent entre elles ces deux séries de points montrent par leur symétrie inverse les relations inverses de de l'individuation et de la genèse.

sières, et aux espérances démesurées pour l'augmentation du bien être individuel, que nous devons à Malthus ou à ses disciples, basées comme elles l'ont été sur une connaissance imparfaite, avant le temps de Spencer ?

Il ne faut pas chercher bien loin la réponse. Elle se trouve dans la généralisation établie plus haut. Il est étonnant cependant, que M. Spencer, après avoir, non seulement établi la variation inverse de l'individuation et de la genèse chez les espèces en général, mais nous ayant montré pour l'espèce humaine, en particulier, que c'est essentiellement de l'individuation augmentée et de la genèse diminuée que l'avenir doit dépendre, n'ait pas procédé à une application plus complète. Car, à moins de renoncer à la généralisation principale, il est évident que le progrès, à la fois de l'espèce et de l'individu, est assuré et accéléré toutes les fois que l'action est transférée du côté négatif, consistant uniquement à réprimer la genèse, au côté positif et cependant indirect de l'individuation croissant proportionnellement. Ceci est vrai de toutes les espèces, et cependant plus complètement de l'espèce humaine que de toute autre, puisque cette modification d'activités psychiques en laquelle consiste principalement son évolution est, par excellence et d'une façon croissante, le point où la sélection artificielle vient remplacer la sélection naturelle. Sans négliger cette dernière, par conséquent, ou nous flatter de l'espoir de jamais échapper à l'étreinte de fer de la nature, nous avons pourtant, de plus en plus, la puissance de diminuer l'excès de la population, et cela sans sacrifier aucun progrès, mais, tout au contraire, en le hâtant. Puis, donc, que le remède à l'excès de population et l'espoir du progrès se trouvent également dans l'individuation perfectionnée, la marche à suivre est indiquée, c'est l'organisation de ces réactions alternées entre un milieu amélioré (matériel, mental, social, moral) et un meilleur organisme où toute l'évolution de la vie est définie, dans l'ajustement conscient et rationnel de la lutte dans la culture de l'existence.

Les corollaires pratiques de la théorie Malthusienne sont le célibat, le mariage tardif et le contrôle moral; les objections sont le vice, une mortalité accrue lors de la naissance des enfants, et l'évolution inférieure actuelle de notre nature morale. Le corollaire pratique de la théorie Darwinienne est virtuellement *nil;* l'objection est que la survivance de ce que nous considérons les meilleurs types est douteuse, et que la survivance du plus apte est sujette à être cruelle. Les corollaires pratiques du principe Spencérien, bien qu'on puisse à peine accuser M. Spencer d'avoir insisté dessus, sont : individualisez et cultivez. L'objection est que déjà l'on sent l'excès de la population, et que l'individuation est une affaire de siècles. En outre, l'effet de la culture par exemple, pour réduire la sexualité, aura plus de force là où il sera moins requis, c'est-à-dire, parmi les meilleurs.

Nous sommes donc tenus de comprendre, comme continuant le tableau qui précède, l'amendement proposé par quelques-uns des plus sérieux représentants de ce qui est généralement appelé la doctrine néo-Malthusienne. Cette doctrine prêche l'emploi d'obstacles préventifs artificiels à la fécondation. Il est difficile, pour le moment, de discuter cette proposition, à cause de l'absence relative d'opinions exprimées d'une façon distincte par des experts médicaux, et à cause des violents préjugés superficiels qui existent non seulement contre le projet, mais même contre sa discussion. Cependant, ces préjugés vont s'éteignant, et c'est heureux, car ils ne font qu'obscurcir l'appréciation tant des mérites que des démérites de la doctrine. Une réalisation croissante des faits simples de la reproduction et de la population doit exterminer rapidement les absurdités théologiques persistantes que les gens vont disant, sans toujours les croire. Le sentiment vague que contrôler la fécondation est « s'immiscer les affaires de la nature » d'une façon que rien n'autorise, ne pourra plus être énoncé logiquement par ceux qui vivent au milieu de notre civilisation si artificielle. Le préjugé le plus fort semble être basé sur une poltronnerie morale qui jauge un projet d'après sa « respectabilité », tandis qu'un préjugé, encore plus coupable, est celui qui, consciemment ou inconsciemment, dérive de l'utilité pour les classes en possession du capital d'une concurrence illimitée de travail à bon marché. Car jamais le prolétariat n'a plus littéralement mérité son nom que depuis l'ouverture de la période des usines, leur augmentation rapide et de leur dégénérescence représentant en principe « le progrès des placements ».

L'attitude générale des Malthusiens modernes peut, tout d'abord, être indiquée en gros, en citant les devises placées en tête de l'organe de leur ligue. « Pour un être rationnel, il devrait être aussi naturel de limiter par prudence, la population, que de mettre des obstacles à la pauvreté et à la mortalité prématurée. » (Malthus, 1806.) « On ne peut attendre beaucoup d'amélioration dans la moralité, tant que la production de grandes familles ne sera pas regardée sous le même aspect que l'ivrognerie, ou tout autre excès physique. » (John Stuart Mill, 1872.) « Il est sûrement meilleur de n'avoir que trente-cinq millions d'êtres humains, menant des vies utiles et intelligentes, que d'avoir quarante millions luttant péniblement pour une maigre subsistance. » (Lord Derby, 1870.) Partant de l'induction bien connue que « la population a une tendance constante à dépasser les moyens de subsistance, » ils croient voir dans cet excès de population, « la source la plus féconde en paupérisme, en ignorance, en crimes, et en maladies. »

Pour s'opposer à cela, il y a des freins, positifs et destructeurs de vie, d'une part, prudents et empêchant la naissance, de l'autre. « Les freins positifs ou destructeurs comprennent la mort prématurée des enfants et des adultes par la maladie, la famine, la guerre et l'infanticide. » Les freins positifs étant, heureusement, réduits avec le progrès de la société, l'attention doit être concentrée sur l'autre côté. Il s'agit ici de limiter la progéniture, en s'abstenant du mariage, ou par la prudence après le mariage. « Mais, quant à la première, à l'abstention prolongé du mariage, recommandée par Malthus, elle est « une source de beaucoup de maladies et de vice sexuel », tandis que « un mariage précoce, au contraire, tend à assurer la pureté sexuelle, le confort domestique, le bonheur social et la santé individuelle. » Le frein qu'il reste à recommander est donc la « prudence *après le mariage* » et, par là, les néo-Malthusiens entendent très clairement appeler l'attention sur les méthodes qui assureront au commerce sexuel la certitude de n'être pas accompagné de fécondation. Nous renvoyons le lecteur à la littérature Malthusienne pour les détails des diverses méthodes; mais une courte esquisse est nécessaire pour comprendre le problème, ne fut-ce même qu'approximativement.

a) Ainsi nous avons l'idée que les rapports devraient être limités à la période relativement inféconde qui se trouve la plus éloignée de la menstruation, et où la conception peut, sans doute, se produire quelquefois, mais est moins probable qu'à d'autres périodes. Bien que les gynécologues ne soient pas d'accord quant au degré de cette probabilité, il y a peu de doute que cette limitation n'eût une influence utile, bien qu'en elle-même on avoue qu'elle est incomplète. Le contrôle soi-disant artificiel est ici réduit au minimum, et l'idée est évidemment inspirée par cette tempérance croissante que chacun doit trouver désirable.

b) En second lieu, il y a des méthodes employées par le sexe masculin, telles que celle qui consiste à se retirer avant l'émission du fluide séminal, habitude assez commune aux communautés sauvages aussi bien qu'aux civilisées. La fécondation se trouve ainsi absolument empêchée, mais, outre une objection plus générale sur laquelle on insistera plus tard, on a soutenu que cette pratique avait des inconvénients pour l'homme et encore plus pour la femme. Il y a plus, bien que les risques de surcroît de population et d'épuisement de la femme par l'enfantement soient ici réduits au minimum, il y a encore danger d'épuisement de l'homme.

c) Troisièmement, encore sévèrement critiqués par quelques uns des experts de la médecine, il y a les moyens employés par les femmes : des pessaires qui empêchent les spermatozoïdes d'entrer en contact avec les œufs, ou des lotions qui rendent sans effet les éléments mâles. En réponse aux objections médicales à ces deux méthodes de frein artificiel, on dira (*a*) qu'il peut, en beaucoup de cas, être nécessaire de choisir de deux maux le moindre, le risque entraîné par le frein artificiel étant de beaucoup inférieur à celui d'une production d'enfants exagérée ; (*b*) que c'est à peine loyal, *jusqu'ici*, de plaider que les freins proposés par les néo-malthusiens abondent en dangers. Quant à la croyance populaire qui fait supposer que l'allaitement d'un enfant empêche une nouvelle conception, il est nécessaire d'insister sur la négative ; le prolongement de la fonction de l'allaitement et de son régime au delà des limites naturelles nuit sérieusement, à la fois, à la mère et à l'enfant.

Tout en reconnaissant la justesse de ces objections, les néo-malthusiens invoquent le nombre des avantages qui ressortent clairement, la réduction du taux rapide actuel de multiplication ; la possibilité de mariages plus précoces, et la diminution probable du vice ; un accroissement d'aptitude de la race par la diminution de la propagation des types incapables et des mères épuisées par de trop nombreuses maternités. Supposant encore l'adoption générale de leur proposition, les néo-malthusiens insistent sur la possibilité d'un diapason plus élevé de confort parmi les membres les plus pauvres de la communauté, et la suppression des obstacles au mariage qui empêchent, à l'heure actuelle, de se marier, ceux qu'il pourraient se marier mais ne peuvent se permettre d'être parents.

Sans invoquer les objections médicales citées plus haut,

— car en ce qui concerne leur discussion, les experts dans la profession doivent en porter la responsabilité — il nous faut insister sur quelques arguments contraires. Ainsi on a soutenu, bien que sans un grand degré de certitude, qu'une proposition entraînant un mouvement délibéré et concerté serait peut-être adoptée surtout là où elle serait le moins nécessaire, c'est-à-dire parmi les types les plus individualisés, qui seraient, en conséquence, proportionnellement réduits. La diminution du taux de la multiplication, qui est le résultat le plus évident de l'adoption répandue des pratiques néo-malthusiennes, est connue depuis longtemps de ceux qui s'occupent de population; et dans quelques pays, notamment en France — bien que ce soit là, sans doute, en quelque mesure, le résultat d'une individuation particulièrement élevée — c'est devenu un danger national, que tous reconnaissent, surtout depuis que la population diminuée, étant largement affranchie de l'âpreté normale de la lutte pour l'existence, a perdu, tout aussi bien, quelques-uns des avantages de celle-ci.

Le statisticien continuera, sans doute, longtemps, à estimer avec confiance l'importance des populations, et à prédire leur survivance, en se basant sur leur quantité, et sur leur taux de reproduction seulement; mais les naturalistes ne peuvent que rire de son point de vue. Le défenseur le plus conventionnel de la lutte pour l'existence chez nous sait, comme les conquérants barbares d'autrefois, que « plus l'herbe est épaisse, et plus aisément on la fauche; » et que « le loup ne s'inquiète point du nombre des brebis. » C'est le type le plus individualisé qui domine malgré sa lenteur d'accroissement, et même, dans un autre sens, précisément à cause de la lenteur de celui-ci; en un mot, la survivance d'une espèce ou d'une famille ne dépend pas, primitivement, de la quantité, mais de la qualité. L'avenir n'appartient pas aux populations les plus nombreuses, mais à celles qui sont le plus individualisées. Et comme nous voyons, de plus en plus, que l'histoire naturelle doit être traitée, dans le principe, au point de vue du sacrifice favorable à l'espèce plutôt que la lutte individuelle, nous apercevons l'importance de la position générale néo-malthusienne, en dépit des risques qu'entraînent les modes particuliers de sa mise en pratique.

En outre de l'excès de la population, il est temps que nous apprenions : (1) que l'enfantement annuel encore si commun, épuise cruellement la vie de la mère, et cela souvent en durée réelle aussi bien qu'en qualité ; (2) qu'il est, semblablement, nuisible à la progéniture ; (3) d'où il suit qu'un intervalle de deux années franches entre les naissances (quelques gynécologues vont même jusqu'à trois) est dû, tant à la mère qu'aux rejetons. Il est donc temps, ainsi que nous l'avons entendu dire, dernièrement, par un brave pasteur à son troupeau, « d'en finir avec ces expressions blasphématoires avec lesquelles on veut constamment essayer de nous faire regarder une foule de chétifs enfants sans mère (et quelquefois même sans père) comme une dispensation mystérieuse de la Providence. » Regardons franchement en face les faits biologiques, et admettons que ces cas sont, habituellement, des exemples de la punition organique, poussée à l'extrême, de l'intempérance et de l'imprévoyance, fautes d'un genre bien plus répréhensible que ces actions auxquelles la coutume donne le nom de vices, puisqu'elles sont des vices contre l'espèce et non des vices personnels comme le sont les premiers, dans leur première phase du moins. Il suffit d'approfondir les conséquences sociales de l'intempérance sexuelle pour hésiter à critiquer le néo-malthusianisme, quelle que soit la conclusion à laquelle on arrive sur sa suffisance.

Le moment est venu, cependant, d'indiquer le principal côté faible des propositions néo-malthusiennes, qui
s'accordent à permettre la satisfaction des appétits
sexuels, ne visant que la suppression de la famille qui
en serait la conséquence naturelle. Pour beaucoup de
gens, nul doute que les tentations ne se trouvassent multipliées par l'adoption d'une méthode permettant les
plaisirs sexuels égoïstes sans les responsabilités de l'enfantement. La sexualité tendrait à augmenter à mesure
que ses responsabilités se trouveraient annulées ; il
pourrait se faire que la proportion d'immoralité, avant
le mariage, fût augmentée, et la vie conjugale elle-
même courrait grand danger de s'abaisser jusqu'à la
« prostitution monogamique. » D'autre part, il se pourrait que la transition même d'un animalisme inconscient
à l'empêchement délibéré de la fécondation, tendît chez
quelques personnes à diminuer plutôt qu'à augmenter
l'appétit sexuel.

Il nous semble, cependant, essentiel de reconnaître
que l'idéal à poursuivre n'est pas uniquement un taux
de multiplication réglementé, mais des vies conjugales
régulières. Le néo-malthusianisme pourrait assurer le
premier par ses méthodes plus ou moins mécaniques,
et il n'y a pas de doute qu'une limite posée à la famille
n'augmentât souvent le bonheur de l'intérieur ; mais il
y a le danger que, en en supprimant le résultat, l'intempérance sexuelle ne devient de plus en plus organique.
Nous voudrions démontrer, au fond, la nécessité d'une
prudence éthique plutôt que mécanique, « après le
mariage, » c'est-à-dire d'une tempérance qui s'impose-
rait autant au mari et à la femme que la chasteté aux
célibataires. Si l'on considère les conséquences inévitables de l'intempérance, même en évitant les dangers de
trop grandes familles, et la possibilité qu'une sexualité
exagérée s'accumule par hérédité, on ne peut mécon-

naître que le couple intempérant s'achemine vers le
niveau moral des prostituées et des débauchés de nos
rues.

Tout comme nous protestons contre les théories de
faux docteurs qui prêchent la satisfaction de préférence
à la restriction, nous devons aussi protester contre l'ac-
ceptation de moyens artificiels d'empêcher la fécondation comme étant une solution adéquate de la responsabilité sexuelle. La solution, après tout, est en principe,
une solution de tempérance. Ce n'est point un idéal
nouveau, ni irréalisable, que de garder, pendant sa
vie conjugale, une grande mesure de cet empire sur soi-
même qui doit toujours être la base organique de l'enthousiasme et de l'idéalisme de ceux qui s'aiment. Mais,
de même que les anciennes tentatives pour la régle-
mentation de la vie sexuelle ont toujours abouti, après
un idéalisme ardent, à un état languissant et morbide,
il est à peine besoin d'ajouter que le même sort récom-
pensera tout effort vers la tempérance qui ne sera point
soutenu par la collaboration d'autres réformes nécessaires. Nous avons besoin d'une nouvelle morale des
sexes ; et ce n'est pas seulement, ou même principalement, comme théorie intellectuelle, mais comme discipline de vie qu'il nous la faut. Il nous faut plus encore.
Il nous faut, pour les femmes, une éducation et un ci-
visme croissants ; dans le fait, une économie des sexes
très différente de celle qui est si commune aujourd'hui,
qui tout en attaquant l'ancienne coopération de l'homme
et de la femme à cause de ses imperfections manifestes,
ne nous offre, à sa place, qu'une concurrence industrielle plus destructive entre eux. Les problèmes pratiques de la reproduction deviennent, dans le fait, dans
une grande mesure, ceux de la fonction améliorée, et du
milieu qui a achevé son évolution ; et la limitation de la
population, tout comme nous commençons à voir la

guérison des formes plus individuelles d'intempérance,
doit être atteinte, en principe, non pas seulement par la
restriction de l'individu, mais par la réorganisation, non
pas isolée et individuelle, mais sociale de l'agrégat de la
vie, de son travail, et de l'entourage. Si nos études biologiques ne font, la plupart du temps, que montrer la
route qui mène à des études sociales plus approfondies,
elles offrent aussi un principe qui l'éclaire, ce parallélisme complet et cette entière coïncidence des considérations psychiques et matérielles, au sujet desquelles le
moraliste et l'économiste, chacun de son côté, ont trop
accoutumé de se spécialiser.

6. *Taux de la Reproduction nul : Stérilité.* — Si nous
considérons la reproduction en termes de croissance
discontinue — c'est-à-dire comme un phénomène de
désintégration — il est évident que l'intégration complète de la matière acquise par l'organisme dans son
propre volume, et pour son propre développement,
exclut la reproduction — c'est-à-dire implique la stérilité — et de même en ce qui concerne les forces du corps.
Ce n'est ici qu'un nouvel exposé de la généralisation de
Spencer que nous avons discutée plus haut, car il est
évident que si la genèse varie en raison inverse de l'individuation, elle doit être entièrement supprimée si l'individuation devient complète. Les véritables phénomènes,
toutefois, ne peuvent aucunement, d'ordinaire, s'expliquer
comme étant de ces réalisations de l'idéal de l'évolution,
d'où il suit que la cause et le traitement de la stérilité
passent d'ordinaire dans le domaine du naturaliste expérimental et du médecin physiologiste. Dès les premiers
temps, en effet, médecin et naturaliste, prêtre et légis-
lateur, ont tous consacré leur attention à ce sujet ; et
c'est sans doute ainsi, comme le fait remarquer un
écrivain récent, que les recherches se tournèrent vers le
problème, bien plus grand, de la reproduction en géné-

ral. Les questions biologiques principales, à savoir les relations entre la stérilité, dans les limites d'une espèce, avec les changements dans le milieu, ou celles de la stérilité parmi les hybrides, sont discutées longuement dans la littérature abondante qui se groupe autour de la *Variation des Animaux et des Plantes Domestiques* de Darwin ; quant à l'espèce humaine, il y a, naturellement, une bibliographie médicale très étendue ; toute encyclopédie de médecine, ou pour plus de commodité, la monographie récente très soignée de P. Müller, *(Die Unfruchtbarkeit der Ehe*, Stuttgard, 1885) en fournira les détails bibliographiques.

RÉSUMÉ

1. Le taux de la reproduction est principalement déterminé par la constitution de l'organisme ; la proportion d'augmentation, par ses rapports avec le milieu animé et inanimé.

2. Le naturaliste doit rendre grâces au sociologiste de ce que celui-ci a dirigé avec insistance l'attention sur les lois de la multiplication.

3. Résumé de l'analyse de Spencer. L'individuation et la genèse varient en raison inverse

4. Touchant l'homme, Spencer insiste sur l'importance de l'excès de la population comme étant un stimulant au progrès, et conclut que l'évolution future de l'homme doit continuer surtout dans la direction du développement psychique ; il prédit une diminution de fécondité en correspondance avec l'accroissement d'individuation.

5. Les prédécesseurs et les adversaires de Malthus niaient que l'augmentation de population tendît à dépasser les subsistances ; Malthus réussit à prouver sa thèse, et prit note des obstacles qui arrêtaient l'augmentation ; Darwin insiste sur l'avantage de l'excès et des freins ; Spencer montre la proportion inverse du degré de développement et du taux de reproduction ; les néo-malthusiens proposent l'usage de moyens artificiels préventifs de la fécondation. Discussion de ces diverses généralisations, et propositions.

6. L'individuation complète, si elle était possible, serait théoriquement associée à la stérilité.

BIBLIOGRAPHIE

MALTHUS. — *Theory of Population*, 1806.

SPENCER. — *Principles of Biology*, Londres 1886.

GEDDES. — « *Reproduction.* » *Ency. Brit;* et *Lecture on Claims of Labour*, Edimbourg 1886.

DRYSDALE. — *The Population Question*, Lond. 1878.

BESANT. — *The Law of Population*, Lond. 1878.

CLAPPERTON. — *Scientific Meliorism.*, Lond. 1885.

CHAPITRE XXI

LE FACTEUR REPRODUCTION DANS L'ÉVOLUTION

1. *Histoire Générale de l'Évolution*. — L'histoire de la doctrine de l'évolution est essentiellement moderne ; car bien que l'idée ait pu passer comme une lueur devant l'esprit de beaucoup de philosophes anciens, d'Empédocle à Lucrèce, ce ne fut qu'au dix-huitième siècle que les naturalistes commencèrent, sérieusement, à appliquer cette idée au problème de l'origine de notre faune et de notre flore. En pensant à l'histoire, il est nécessaire de distinguer d'une part, la démonstration graduelle du fait que l'évolution est une explication modale de l'origine des organismes, et de l'autre, le problème plus profond du mécanisme réel de ce processus. Le premier, le fait empirique de l'évolution, peut être tenu pour avoir été démontré, virtuellement, peu après la moitié de ce siècle, par les travaux de Spencer, Darwin, Wallace, Haeckel, et autres ; le second, la véritable étiologie des organismes, le « comment » du processus, est encore le sujet d'une enquête minutieuse et de débats passionnés.

L'idée de l'évolution, germe latent durant tant de siècles, prit pour la première fois une forme précise, en ce qui concerne la biologie, dans l'esprit de Buffon (1749) qui non seulement appuya la conception générale avec une adresse de diplomate et une ironie puissante, mais chercha à élucider le mécanisme du processus. Il donna des exemples de l'influence de conditions nouvelles pour évoquer de nouvelles fonctions; il montra comment ces dernières réagissent à leur tour sur la structure de l'organisme, et comment, d'une façon plus directe que tout, le changement de climat, de nourriture, et des autres éléments du milieu, deviennent des facteurs externes de changements intérieurs, soit vers le progrès, soit vers la dégénérescence.

Erasme Darwin (1794) l'aïeul de l'auteur de l'*Origine des Espèces*, était en opposition avec Buffon, de bien des manières, soit dans son mode de traiter le sujet, soit dans son opinion sur les facteurs. En rime et en raison, avec tout l'*humour* et le sens commun d'un véritable anglais, et un sentiment réél et vivant de la nature, il appuyait la conception générale de l'évolution, insistait sur la puissance inhérente à l'organisme de se perfectionner lui-même, l'influence modelante de besoins, de désirs, d'exercices nouveaux, et l'action *indirecte* du milieu qui les évoque.

Quant à Tréviranus (qui écrivait de 1802 à 1831) — biologiste trop négligé et de son temps et du nôtre — les organismes lui apparaissaient presque indéfiniment plastiques, surtout, cependant, sous l'influence directe de forces externes. Son analyse pénétrante des facteurs possibles ne manqua pas de reconnaître — ce que Brooks, Galton, Weismann et d'autres ont depuis élaboré — que l'union d'éléments sexuels divers dans la fécondation est, en soi, une source de changement. « Chaque forme de la vie, dit-il, peut avoir été produite par des forces physiques de l'une ou l'autre de deux manières; soit d'une matière informe, soit par la modification continue de la forme. Dans ce dernier cas, la cause du changement peut être soit *l'influence de la matière reproductrice mâle hétérogène sur le germe de la femelle*, soit l'influence d'autres puissances après la génération. »

Son contemporain Lamarck (qui écrivait de 1801 à 1809) — d'une renommée posthume plus considérable — combattit, dans la pauvreté, en véritable héros, pour les conceptions évolutionistes de ses dernières années. On sait qu'il a insisté sur l'importance des changements de conditions pour évoquer des besoins, des désirs, des activités que l'organisme ne connaissait pas, et en même temps sur la perfection qu'une pratique constante amène dans les organes, et réciproquement la dégénérescence qui est la punition de la désuétude, du non-usage. L'évolution lui semblait due à l'interaction de deux forces, une puissance interne, vitale, progressive, et la force externe des circonstances, rencontrée dans la double lutte contre le milieu inanimé et les concurrents vivants.

Parmi les philosophes aussi, et surtout dans l'esprit de ceux qui avaient subi la discipline de recherches physiques ou historiques, les spéculations des anciens prenaient des formes nouvelles, devenant, en outre, de plus en plus concrètes. Ainsi Kant considérait l'évolution des espèces surtout en termes des lois mécaniques de l'organisme lui-même, mais admettait aussi l'influence du milieu ; il prit note de l'importance de la sélection pour l'élevage artificiel, et, comme les anciens, Empédocle et Aristote, eut des aperçus de la notion de la lutte pour l'existence. Sa même idée se retrouve, plus distincte, dans la *Philosophie de l'Histoire* de Herder, là où, probablement sous l'influence de Gœthe, il parle de la « lutte, chacun pour soi, comme s'il était le seul », des limites de l'espace, et de l'avantage pour le bien général de la concurrence des individus. Oken (1809) entrevit l'idée de l'évolution dansant comme un feu follet dans le brouil-

lard de ses spéculations sur l' « Urschleim, » et parut,
principalement, interpréter le progrès organique en
termes d'action et de réaction entre l'organisme et son
milieu ; tandis que dans le noble poème épique de l'évolution que nous devons à son contemporain Gœthe, l'influence adaptive du milieu est clairement reconnue.

Wells, en 1813, et Patrick Matthew en 1831, devan-
cèrent Darwin en suggérant l'importance de la sélection
naturelle ; mais leurs doctrines virtuellement enterrées,
toutes intéressantes qu'elles soient historiquement,
étaient de moindre importance pratique que celles de
Robert Chambers, l'auteur longtemps inconnu des
« Vestiges de la Création. » (1844-1853.) Son hypothèse
de l'évolution insistait sur les puissances de croissance et
d'évolution des organismes eux-mêmes, qui se développaient en impulsions rythmiques à travers des degrés
ascendants d'organisation, modifiés en même temps par
des circonstances externes, qui agissaient avec le plus
d'effet sur l'appareil de la génération. Il est malaisé de
se défendre d'un sourire ou d'un mouvement d'irritation
en présence de la simplicité naïve avec laquelle il produit
l'évolution d'un mammifère issu d'un oiseau, par la méthode courte et simple qui consiste à prolonger l'existence utérine dans des conditions nutritives favorables ;
mais bien qu'une oie ne pût pas aussi simplement donner
naissance à un rat, son insistance sur l'influence d'une
gestation prolongée est très suggestive, surtout en relation avec l'évolution des animaux. En dehors de son
point de vue sensé, faisant de l'évolution un processus de
croisssance continue, Chambers mérite un souvenir
comme étant un des premiers qui aient apprécié « la
force de certaines conditions externes opérant sur l'appareil de la parturition ».

En France, Geoffroy et Isidore Saint-Hilaire — père
et fils — nièrent les variations indéfinies, regardaient

la fonction comme d'importance secondaire, et attachè-
rent une valeur spéciale à l'influence directe du milieu.
Pour eux, ce n'était pas tant l'effort pour voler, que la
proportion (supposée) diminuée d'acide carbonique dans
l'atmosphère qui avait déterminé l'évolution des oiseaux
hors d'anciens reptiles. Une histoire complète des théories évolutionistes, jusqu'à la publication de l'*Origine
des Espèces* (1859) aurait à tenir compte, en outre, des
opinions du géographe Von Buch et de l'embryologiste
Von Baer, de Schleiden, de Naudin, Owen et Carus, et
beaucoup d'autres ; mais il n'entre pas dans notre but
de passer ici cette revue.

Car on doit déjà avoir vu, par la courte esquisse de
ces opinions représentatives, que les naturalistes ont,
successivement, insisté tantôt sur un facteur du processus évolutioniste, et tantôt sur un autre. A l'un, il
semblait que l'organisme avait une puissance motrice
de développement — souvent métaphysique, il faut
l'avouer — en lui-même, et que l'évolution dût être
expliquée, « selon les lois de la croisssance organique ; » à un autre, la fonction paraissait d'importance suprême, perfectionnant d'un côté les organes,
et les laissant s'évanouir par le non-usage de l'autre ;
pour un troisième, les organismes étaient comme sous
le marteau des forces et des circonstances extérieures,
étant continuellement forgés en formes de plus en plus
parfaitement adaptées. L'organisme, sa fonction, son
milieu, c'étaient les trois facteurs du problème sur lesquels on insistait tour à tour.

C'est dans cette conjoncture que Darwin élabora sa
théorie de l' « origine des espèces au moyen de la sélection naturelle et de la conservation des races favorisées
dans la lutte pour l'existence » et qu'il fut soutenu,
simultanément, et d'une façon indépendante, par Alfred
Russel Wallace. Ils ne nièrent pas, à la vérité, une

puissance spontanée de changement dans l'organisme lui-même, ni l'influence de la fonction et du milieu, mais, sans discuter d'une manière définie l'origine des variations, ils essayèrent de montrer comment les agents de destruction ou d'élimination, et les agents de conservation ou de sélection du milieu animé et inanimé, étaient les facteurs principaux de l'évolution. Étant donnée une moisson suffisante de variations indéfinies — non analysées ou non analysables quant à leur origine — la lutte pour l'existence séparait la minorité d'épis de blé de la majorité de l'ivraie, et assurait des moissons de plus en plus riches.

L'œuvre magistrale de Darwin a eu une si grande part à la diffusion de l'idée générale de l'évolution que nous pouvons aisément comprendre comment non seulement l'élite cultivée, mais la majorité des naturalistes de profession aient identifié leur adhésion à la doctrine en général en souscrivant au principe spécifique de la sélection naturelle, et en devenant évolutionistes se soient faits en même temps darwiniens, c'est-à-dire ont adopté la sélection naturelle. Dans les dernières années, toutefois, la lutte, ayant passé des ouvrages extérieurs au cœur même de la citadelle de l'évolution, étant venue se concentrer autour du problème de l'origine des variations, l'histoire s'est répétée. Des naturalistes tels que Nägeli, Mivart, et Eimer se sont mis à la tête de la cause des variations internes de l'organisme, de l'évolution en termes de constitution de l'organisme, suivant les lois définies de la croissance organique. Une école active de néo-Lamarckiens, tels que Cope et Packard, est née en Amérique; Spencer, en même temps, insistait de nouveau sur l'importance et de la fonction et du milieu comme facteurs d'évolution organique, soutenu d'ailleurs dans cette position par le travail expérimental de Semper et d'autres. On peut citer

comme exemples de l'état inachevé de la controverse les
derniers essais publiés par Spencer; on y voit, pourtant,
se développer une tendance à limiter l'importance de la
sélection naturelle, et l'auteur y fait un effort, souvent
heureux, pour constater la mesure de vérité que contiennent les différentes théories. C'est Wallace qui reste le
défenseur le plus vaillant de la théorie de la sélection
naturelle, théorie dont sa modestie ne lui laisse pas
prendre la part qui lui revient. Il est intéressant de
remarquer, dans son récent et estimable ouvrage, qu'en
invoquant de nouveau ses vieilles objections contre l'importance que Darwin attachait à la sélection sexuelle, il
a fait des concessions qui réjouissent ceux qui pensent,
comme nous, qu'on a mis trop de choses sur le dos de
la sélection naturelle. Ainsi que nous l'avons déjà remarqué, les phénomènes de l'ornementation du mâle sont
discutés et classés comme étant « dûs aux lois générales
de la croissance et du développement » et, comme
tels, « nous n'avons pas besoin d'appeler à notre aide
une cause aussi hypothétique que l'action cumulative de
la préférence de la femelle. » Et aussi : « si l'ornement
est le produit naturel, le produit direct de la santé
et de la vigueur surabondantes » vue à laquelle le lecteur des pages précédentes ne peut être étranger —
« alors aucun autre mode de sélection n'est nécessaire
pour expliquer la présence d'ornements semblables. »
D'accord; mais l'auteur ne voit-il pas que, si l'origine
de caractères aussi importants que ceux que possèdent souvent les mâles doit être attribuée plutôt à la
constitution interne qu'à la sélection externe, l'origine
de tel, tel, et tel autre caractère, ou série de caractères,
sera bientôt expliquée de la même manière, ainsi que le
font déjà les hérétiques. En détruisant la théorie de la
sélection sexuelle pour favoriser celle de la sélection naturelle, M. Wallace a, en réalité, livré les ouvrages

extérieurs compliqués de Darwin à l'ennemi, qui ne
manquera pas de voir la valeur de cet brèche pour un
nouvel assaut.

Avant de terminer cette esquisse historique, qui était
nécessaire, nous devons, cependant, toucher au sujet des
débats que Weismann a récemment ouverts de nouveau;
nous avons déjà, fréquemment, appelé l'attention du
lecteur sur ce naturaliste, un des premiers de l'Europe.
Dans une très grande mesure, nos pères et nous, avons
cru que des caractères acquis par un organisme individuel, par des conditions de fonction ou de milieu, pouvaient être transmis, en héritage, à la progéniture.
Suivant Weismann, et un certain nombre d'autres, indépendants, ou disciples de celui-ci, c'est là une erreur.
Non seulement la preuve positive d'une transmission
semblable de caractères *acquis*, c'est-à-dire autres que
ceux d'origine constitutionnelle, congénitale ou germinale, est si pauvre et si peu satisfaisante que Ilis n'a
pas hésité à appeler le catalogue des cas une simple
« poignée d'anecdotes; » la connexion entre les cellules
du corps et les éléments sexuels semble, pour Weismann
et son école, si loin d'être intime ou en dépendance,
qu'il y a une grande probabilité qu'aucune empreinte ou
modification « somatique » n'affecte directement les éléments reproducteurs, c'est-à-dire, n'affecte la progéniture. Si ces éléments, malgré la connexion intime entre
toutes les parties du corps, ou même entre cellule et cellule (voir la figure 95) ont une existence physiologique
tellement enchantée, dans l'organisme, qu'elles ne sont
pas affectées directement par les changements des autres
parties du corps, alors l'optimisme de l'hérédité peut
être démontré. Nous ne pouvons exposer ici combien
nous sommes loin de le croire, mais il nous faut insister
de nouveau sur les conséquences de la conclusion de
Weismann pour la théorie générale de l'évolution. Si les

caractères acquis individuellement ne sont importants
que pour l'individu, ils ne comptent évidemment pas
dans l'évolution de l'espèce, du moins au-dessus du
niveau des Protozoaires ; et, ainsi que Weismann le dit
lui-même, le terrain se dérobe ainsi sous les pas des
Buffoniens, des Lamarckiens, des néo-Lamarckiens, etc.

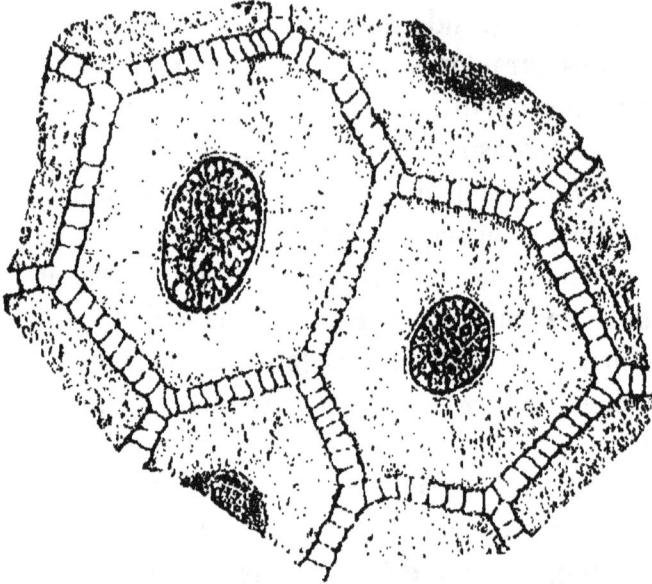

Fig. 95. — Deux cellules animales adjacentes. On voit les communica-
tions à travers la substance intracellulaire, le réseau de protoplasme,
et les noyaux. D'après Pfitzner.

La place reste nette pour la sélection naturelle, et la
lutte pour l'existence agissant sur les variations devient
ainsi l'unique facteur dans le mécanisme de l'évolution.
Mais quel est donc l'initiateur de ces variations que la
sélection naturelle élimine ou encourage, selon le cas ?
La réponse de Weismann est claire et définie ; la fusion
des éléments sexuels dans la fécondation est l'unique
source de variation ; thèse qui accentue certainement le
« facteur reproducteur dans l'évolution » bien qu'il nous
semble qu'elle ne se conforme guère à l'opinion qu'il
avait précédemment énoncée ; que l'action du spermatozoïde sur l'œuf est plutôt quantitative que qualitative.

Mais, quand même les variations constitutionnelles
ou germinales seraient seules transmissibles, nous ne
sommes pas obligés d'adopter exclusivement la sélection naturelle. Il est encore loisible au naturaliste
de démontrer que beaucoup d'adaptations, à tout le
moins, ne peuvent s'expliquer comme résultat d'un long
processus de sélection encourageante ou éliminante
parmi une armée de résultats sporadiques de mélanges
sexuels, mais sont plutôt les résultats directs et nécessaires des « lois de la croissance », de « tendances constitutionnelles, » ou de la nature chimique précise du
métabolisme du protoplasme dans les organismes en
question. Si les variations constitutionnelles se produisent le long de quelques lignes définies, comme Eimer,
Geddes, et d'autres ont montré que cela était en certains
cas, alors nous pouvons comprendre l'origine des espèces, quoique peut être pas leur distribution, en dehors
de tout processus prolongé de sélection, pour lequel, si les
variations sont strictement définies, les matériaux doivent être grandement réduits. En d'autres termes, nous
ne nous représentons pas l'organisme comme étant seulement modelé sous l'influence de ses fonctions, ni uniquement comme le produit du marteau du milieu qui le
forgerait, encore moins comme survivant à une foule de
concurrents malheureux, mais, comme étant l'expression
d'une destinée interne, qui n'est plus mystique, mais
se peut formuler en termes de constitution chimique
prédominante.

2. *Le Facteur Reproduction.* — Sans discuter plus avant
la controverse encore ouverte relative aux divers facteurs
de l'évolution, discussion qui ne serait pas en place dans
un ouvrage tel que le nôtre, nous devons colliger,
succinctement, les opinions les plus en vue sur le rôle
que la reproduction joue dans le processus. Nous y
avons déjà fait des allusions dans le courant du livre.

(*a*) Tout d'abord, quant à l'origine des variations, nous trouvons que Tréviranus a reconnu, dans les premières années de ce siècle, ce sur quoi plusieurs, tels que Brooks et Galton, ont insisté, et ce qui a été spécialement élaboré par Weismann, à savoir: l'influence de la fécondation pour évoquer le changement. Ainsi que nous venons de le voir, Weismann trouve que la fusion des deux « germe-plasmas » qui est l'essence de la fécondation, est l'unique origine des variations dont on doit tenir compte dans l'évolution des espèces. On peut contester que ceci soit compatible avec la théorie de la fécondation de Weismann, mais il n'y a aucun doute que son insistance sur la valeur évolutionaire de la reproduction sexuelle ne soit une contribution des plus importantes à la théorie générale. Il y a un contraste quelque peu marqué avec cette vue dans celle qu'a soutenue, récemment, Hatschek, qui voit dans la fusion essentielle à la fécondation une neutralisation des idiosyncrasies, un moyen de contrôle et de répression des irrégularités individuelles nuisibles. Ces deux positions ne sont point opposées, mais plutôt complémentaires.

(*b*) Aucun juge impartial du Darwinisme ne peut se refuser à admettre que dans « la lutte pour l'existence » une grande valeur est accordée aux fonctions et efforts nutritifs et conservateurs de l'individu, tandis que les activités reproductrices et conservatrices de l'espèce sont considérées comme étant d'importance secondaire. Il est impossible d'oublier, en effet, combien Darwin a insisté sur le rôle de la « sélection sexuelle ; » cependant, on a déjà fait voir que cette reconnaissance du facteur reproduction est, après tout, très externe ; que la sélection sexuelle n'est qu'un cas spécial de sélection naturelle ; qu'elle cherche à expliquer la complexité, non l'origine des particularités sexuelles ; et, enfin, que les arguments de Darwin en faveur du mécanisme sur

lequel il insistait, ont été sérieusement combattus par
Wallace dans une attaque qui réagit fortement sur la
propre position du critique.

(c) Romanes a récemment mis en lumière ce que
d'autres semblent avoir aussi suggéré, c'est-à-dire l'importance de la stérilité mutuelle pour la division d'une
seule espèce en plusieurs espèces. « Toutes les fois
qu'une variation quelconque dans l'appareil reproducteur si variable se produit, tendant à la stérilité avec la
forme parente, sans empêcher la fécondité avec la forme
qui varie, une barrière physiologique doit s'interposer,
divisant l'espèce en deux parties, libres d'avoir des his-
toires distinctes, sans croisement réciproque, ou par
variation indépendante. » L'appareil reproducteur est
très sujet à varier — il ne nous dit pas pourquoi — la
conséquence pourrait bien être que parmi les rejetons
d'une même race quelques-uns seraient féconds *inter se*,
mais stériles avec les membres réguliers de la race des
parents ; ceux-ci seront isolés par une barrière physiologique, tout comme ils pourraient l'être par une barrière géographique, et ils restent libres de se développer selon des voies divergentes. Ici encore, il y a
une reconnaissance du facteur reproduction dans l'évolution ; mais à quel point, et dans quels cas les espèces
se sont-elles ainsi formées, c'est évidemment une question qui entraînerait la discussion de chaque exemple
individuel.

(d) L'idée de Robert Chambers mérite d'être rappelée,
si grossiers qu'aient pu être ses exemples, l'idée que les
circonstances du milieu agissent avec une puissance spéciale sur l'appareil de la génération, et que la durée
prolongée de la gestation est un sacrifice maternel qui
porte en soi sa propre récompense dans l'évolution su
périeure de la progéniture. Mlle Buckley, dans un ordre
d'idées semblable, a bien indiqué comment l'augmenta-

tion de soins des parents est un facteur aussi bien qu'un résultat de la marche ascendante générale ; que le succès des oiseaux et des mammifères surtout, doit être, en partie, interprété par la profondeur croissante d'affection des parents qui est digne d'être remarquée, et par le renforcement des liens organiques et émotionnels entre la mère et la progéniture. En insistant sur la valeur progressive d'une enfance prolongée, Fiske a, de même, reconnu l'importance du facteur reproduction.

3. *Hypothèses ultérieures.* — La tendance générale de toutes les théories de l'évolution a été de partir de l'organisme individuel, comme de l'unité, et de considérer les activités de conservation individuelle et de nutrition comme primaires, et les activités reproductrices et conservatrices de l'espèce comme seulement secondaires. Mais selon beaucoup de lignes de recherches, telles qu'on les a indiquées au paragraphe qui précède, l'importance du facteur reproduction a été reconnue, et le centre de gravité de l'enquête s'est déjà quelque peu déplacé. De récentes investigations sur l'hérédité par exemple, empêchent l'attention de se concenter sur le type individuel, ou de considérer la reproduction comme un simple processus de répétition ; la continuité vivante des espèces est tenue pour plus importante que les individualités des anneaux séparés de la chaîne. Les physiologistes et les évolutionistes en sont arrivés à ne voir dans les vies individuelles les plus complexes, selon la phrase de Foster, « que le jeu d'organismes porteurs d'œufs. » L'espèce est une chaîne immortelle d'unités unicellulaires reproductrices, qui, à la vérité, construisent d'elles-mêmes, et autour d'elles-mêmes, des corps multicellulaires transitoires, mais les processus de la différenciation nutritive, et les autres développements individuels, sont secondaires, non primaires.

Ainsi la généralisation centrale de la botanique est,

que malgré la différenciation individuelle de la fougère,
de la Sélaginelle, des Cycadées, des Conifères, et des
fleurs, celles-ci ne sont, après l'analyse la plus profonde,
que les phases survivantes d'une augmentation continue
et définie dans la subordination des parents sexuels à
leur progéniture asexuelle. (Voir chap. XV.)

Si nous prenons, en particulier, l'origine de la fleur,
que tous les botanistes s'accordent à considérer comme
un rameau raccourci, l'explication de la sélection naturelle, (si la théorie s'inquiétait de questions pareilles) sem-
blerait être que la fleur est née par sélection entre deux
autres alternatives, celle d'axes allongés et d'axes non rac-
courcis. Mais ceci est, dès l'abord, exclus par l'explication physiologique que le raccourcissement de l'axe était
inévitable, puisque la dépense des fonctions reproductrices arrête nécessairement celle des fonctions végétatives, car il est évident qu'on ne peut parler de *sélection*
là où les alternatives imaginables sont physiquement
impossibles. De même, le raccourcissement de l'inflorescence de la grappe à l'épi ou au capitule, ou plus encore, au sycone d'une figue, avec la réduction correspondante dans la grandeur des fleurs, est encore le
résultat de l'arrêt imposé par la reproduction à la croissance de l'axe et de ses accessoires.

La même conception simple du frein continuellement
imposé à la végétation par la reproduction, est la clé d'innombrables problèmes de la structure des fleurs, petits
ou grands, depuis le développement inévitable des Gym-
nospermes en Angiospermes par la subordination continue de la feuille reproductrice carpellaire, jusqu'aux variations des choux, montrées par les transitions entre le chou
feuillu et le chou fleur. Ou encore, l'origine des couleurs
des fleurs, comme étant, en principe, une conséquence
inévitable du même principe de subordination végétative par le sacrifice reproducteur, a été depuis longtemps

indiquée par Spencer, et peut-être élaborée en détail,
sans attacher une importance plus que secondaire à la
sélection par les insectes.

D'une autre manière, l'antithèse entre la reproduction
et la nutrition peut être montrée parmi les ordres et
espèces de plantes phanérogames qui existent. De même
que les lis, par exemple, tendent d'un côté vers l'herbe
caractéristiquement végétative, et de l'autre, vers l'orchidée reproductrice, il en est de même pour les variations principales de chaque alliance naturelle. Ainsi les
Renonculacées ont leurs types végétatifs et reproducteurs, respectivement, dans la rue des prés, et le pied-
d'alouette, tandis que les espèces de ces mêmes genres
montrent, en des limites plus étroites, des oscillations
semblables de variation. Ce que nous appelons des espèces supérieures ou inférieures sont ainsi l'avant-garde
ou l'arrière-garde de ces deux lignes de variation.

Chez les animaux, l'importance du facteur reproduction peut être montrée dans les séries les plus diverses.
Ainsi, la différence la plus considérable dans la nature
organique, celle qui sépare les animaux unicellulaires des
multicellulaires, détruite comme elle l'est par l'existence
de colonies faiblement agrégées, dont quelques-unes sont
à un niveau morphologique très bas, n'est point due à la
sélection des formes les plus individualisées ou les mieux
adaptées, mais à l'union de cellules relativement non-
individualisées en un agrégat où chacune devient de
moins en moins concurrente et de plus en plus subordonnée au tout social. Les formes coloniales ou multicellulaires, ayant, selon toute probabilité, une origine
pathologique, peuvent bien avoir rapidement justifié leur
existence dans la lutte pour l'existence, tout comme
des unions de beaucoup de sortes le font dans la société humaine, mais les Protozoaires ne sauraient être
accusés d'avoir prévu quelque avantage futur en restant

réunis ensemble en coopération, ni être loués pour des
sentiments altruistes primitifs pour avoir agi ainsi. Il
n'en est pas moins clair que ce progrès morphologique,
le plus considérable de tous, a été dû directement, non à
une lutte mais plutôt à une sociabilité organique, ou,

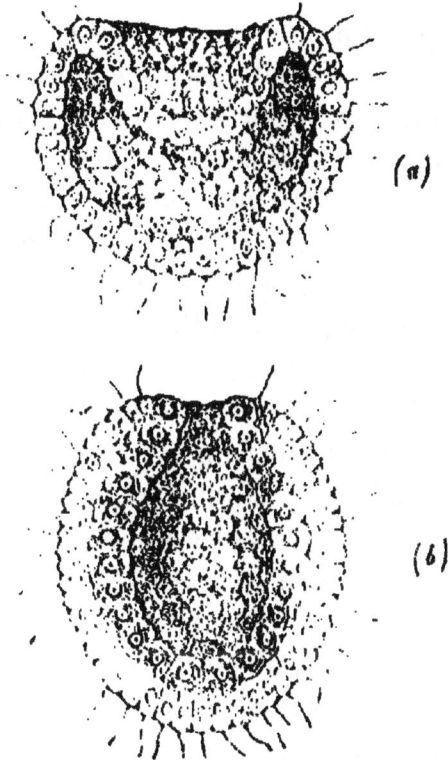

Fig. 96. — Formation de la Gastrula. D'après Haeckel.

en tous cas, à un processus qui ne se peut interpréter
en termes d'avantage pour l'individu.

Aucun organe n'est nutritif d'une façon aussi prononcée, dans sa forme adulte, que la cavité intesti-
nale de la gastrula embryonnaire. Il vaut la peine de
rechercher si cet important degré de différenciation fut
atteint, dans l'histoire, en réponse à des besoins de
nutrition. La supposition ordinaire est, certainement,
que la cavité de la gastrula, par quelques particularités
de croissance qu'elle soit née, s'est justifiée dès le début

par un avantage de nutrition supérieure. Mais Salensky, dans ses études sur la forme primitive des Métazoaires, a donné des arguments puissants en faveur de la théorie que la cavité primitive, était à l'origine une cavité d'incubation, ou « génitocœle », et qu'elle n'a acquis sa signification nutritive que secondairement. Il serait vraiment frappant que ce pas morphologique important dans l'établissement de l'appareil nutritif eut été atteint par voie de modification reproductrice ; car si cet avantage, le plus fondamental de tous ceux qui nourrissent et conservent l'individu, le ventre lui-même, n'est qu'une résultante secondaire d'un progrès originellement d'ordre reproducteur et visant l'espèce, cet utilitarianisme inférieur, qui a si longtemps bataillé, appuyant tantôt sur l'Économie politique et tantôt sur la Biologie, est évidemment plus près d'être montré sous son véritable jour.

Ou bien, cet accroissement du sacrifice reproducteur, qui crée le mammifère, et marque les étapes essentielles de progrès ultérieur à travers les Monotrèmes ovipares, les Marsupiaux à naissance prématurée, et divers degrés d'animaux Placentaires ; cette augmentation des soins des parents ; cette fréquente apparition de la sociabilité ou coopération qui, même dans ses formes les plus grossières, assure d'une façon si certaine le succès des espèces qui y sont parvenues, qu'elles soient mammifère, oiseau, insecte, ou même ver — tous ces phénomènes de la survivance du véritablement plus apte, par l'amour, le sacrifice, et la coopération, exigent une bien plus grande place qu'ils n'en pourraient obtenir dans l'hypothèse du progrès essentiel des espèces par la lutte intestine de ses individus pour la subsistance. Chacun des plus grands pas du progrès est, en réalité, associé à un accroissement de subordination de la concurrence individuelle à des fins reproductrices ou sociales, et de la concurrence interspécifique à l'association coopérative.

Le progrès correspondant, dans le monde historique
et individuel, depuis le sexe et la famille jusqu'à la tribu
ou la ville, la nation et la race, et enfin jusqu'à la conception de l'humanité elle-même, devient aussi de plus
en plus apparent. La concurrence et la survivance du plus
apte ne sont jamais entièrement éliminées, mais reparaissent, à chaque nouveau niveau pour y produire la
prédominance du type supérieur, c'est-à-dire le plus

Fig. 97. — *Didelphys dorsigera* portant ses petits sur son dos. D'après Carus Sterne.

intègre et le plus associé, la phalange étant victorieuse
jusqu'au moment où elle rencontre la légion. Mais ce
service ne nous oblige plus à considérer ces actions
comme le mécanisme essentiel du progrès, à l'exclusion
pratique des facteurs associés desquels dépend la vic-
toire, ainsi que l'économiste et le biologiste se sont souvent induits réciproquement à le faire. Car nous voyons
qu'il est possible d'interpréter l'idéal du progrès moral,
par l'amour et la sociabilité, la coopération et le sacrifice, non comme de pures utopies que contredit l'expérience, mais comme les expressions les plus élevées

du processus évolutif central du monde naturel. L'idéal de l'évolution est, à la vérité, un Éden ; et bien que la concurrence ne puisse jamais être entièrement éliminée, et que le progrès doive ainsi toujours approcher de son idéal sans jamais l'atteindre, c'est déjà beaucoup pour notre histoire naturelle de reconnaître que « la loi finale de la création » n'est pas la lutte, mais l'amour. L'exposé plus complet de cette thèse, toutefois, nous mènerait bien au-delà de nos limites actuelles, vers un nouvel énoncé de toute la théorie de l'évolution organique. Laissant cela pour un ouvrage futur, qu'il suffise ici, pour conclure, d'indiquer un changement important dans le point de vue général. Les plus anciens biologistes ont été, dans le principe, anatomistes, analysant, comparant la forme de l'organisme, isolé, et mort ; si incomplètement que ce soit, nous avons plutôt essayé d'être physiologistes, étudiant et interprétant l'activité la plus haute et la plus intense des choses vivantes. De l'étude des organes individuels, ils avaient l'habitude de passer, il est vrai, à celle des organes reproducteurs, et même, de ceux-ci, aux fonctions ; d'où il suit que le couple, et la totalité de l'espèce passaient, enfin, successivement, devant leurs yeux ; mais ceci avec la théorie individualistique de la sélection naturelle se massant comme pratiquement d'importance vitale sur le devant du terrain, la sélection sexuelle elle-même n'en étant qu'un pur corollaire harmonieux. Pous nous, toutefois, la perspective s'est entièrement renversée. L'individu n'est plus qu'un anneau dans l'espèce, et ses processus reproducteurs sont ainsi d'une importance fondamentale pour l'interprétation de ses processus préservateurs. D'où il suit que nous ne considérons plus, avec Darwin et la majorité des naturalistes, l'opération de la sélection naturelle sur les caractères individuels comme le plus simple des pro-

blèmes, cherchant le reste de l'explication dans la sélection sexuelle, et n'invoquant à notre aide que dans les
cas d'extrême difficulté les « principes de corrélation, »
« les lois de la croissance, » etc., qui apparaissent enveloppés d'un mystère presque inscrutable. Au contraire,
c'est la corrélation continuelle et cependant l'antithèse
— l'action et la réaction — des processus végétatif et
reproducteur en prépondérance alternante, qui nous
semble d'importance fondamentale, puisque c'est avec
elles que le rythme général de la vie individuelle et de
la vie de la race est en parallèle complet. D'où il suit
que nous avons le lis primitif se développant d'une part
en herbe végétative, et pourtant aussi en l'orchidée reproductrice souverainement spécialisée; et que nous
pouvons suivre les traces (ainsi que nous professons de
le faire) de la même oscillation d'évolution divergente,
de variation définie, dans chaque ordre naturel, et
même dans chaque genre, souvent même dans les variétés d'une espèce. De là vient aussi, que le rythme des
Hydroïdes et des médusoïdes dans la vie individuelle
des formes typiques devient fixée dans le corail ou le
Cténophore comme tempérament de la race. Cette prépondérance de passivité ou d'activité (que nous pouvons
lire clairement, dans le Cirrhipède et l'Insecte, aussi bien
que dans la tortue et l'hirondelle) une fois qu'elle est
établie, va s'accumulant jusqu'à ce qu'elle rencontre
une opposition par le milieu ou par d'autres causes, et
la limitation ou l'extinction par l'agence de la sélection
naturelle qui, cependant, a plus souvent une force d'évolution retardante qu'accélérante. Le problème du progrès organique doit donc être ainsi interprété non purement sur des lignes de convention, à l'aide d'analogies
dérivées d'un siècle de progrès mécanique qui nous a
donné la montre, ou la machine à coudre, ou le tricycle,
par le brevetage accumulé, pour ainsi dire, d'amélio-

rations de détail qui sont utiles. Le problème essentiel n'est pas celui du mécanisme, mais bien celui du caractère, pour lequel l'incident est accessoire mais non fondamental — non des détails réunis, mais de la vie organique agrégée ou tempérament. La vie de l'individu, ou de l'espèce, est essentiellement une unité, dont les caractères spécifiques ne sont que les symptômes, quelles que soient la mesure subséquente de leur importance et de leur utilité adaptive, leur modification par le milieu, leur augmentation ou leur diminution par la sélection naturelle. Notre étude spéciale du processus de la reproduction nous a donc conduits au seuil d'une étude bien plus considérable, la première des sciences organiques, celle des facteurs de l'évolution organique. Car dans la nature, comme Schiller le vit, il y a long-temps dans la vie humaine : « Tandis que les philosophes se disputent l'empire du monde, la Faim et l'Amour accomplissent cette tâche. »

RÉSUMÉ

1. Courte revue de l'histoire des théories évolutionistes et de l'état actuel de la question.

2. Quelques naturalistes ont suggéré un facteur reproduction dans l'évolution.

3. Indications ultérieures de l'importance, dans l'évolution, des activités reproductrices et conservatrices de l'espèce, en opposition avec les activités nutritives et conservatrices de l'individu.

BIBLIOGRAPHIE

Voir les articles des auteurs dans *Chambers's Encyclopædia:* surtout: *Biology, Botany, Environment, Evolution*, et de moindres articles, tels que : *Cœlenterates, Flower, Fruit*, etc.; et aussi : *Encyclopædia Britannica :* Articles : *Variation, Selection;* aussi, Geddes : *A Restatement of the Theory of Organic Evolution. Proc. Roy. Soc. Edin.*, 1888, 1889, non encore publié. Voy. aussi Spencer, Mivart, Eimer, Wallace, Weismann, etc : *Op. cit.*

TABLE DES MATIÈRES

LIVRE I

LES SEXES ET LA SÉLECTION SEXUELLE

LIVRE II

ANALYSE DU SEXE; ORGANES, TISSUS, CELLULES

CHAPITRE V

CHAPITRE VI

LIVRE III

PROCESSUS DE LA REPRODUCTION

CHAPITRE XI

LIVRE IV

THÉORIE DE LA REPRODUCTION

Châteauroux. — Typ. et Stéréotyp. A. MAJESTÉ.

www.ingramcontent.com/pod-product-compliance
Lightning Source LLC
Chambersburg PA
CBHW060519220326
41599CB00022B/3370